物質化学100問集

大阪大学 インタラクティブ物質科学・カデットプログラム
物質化学100問集出版プロジェクト 編

今田 勝巳
奥村 光隆
久保 孝史
塚原 聡
中澤 康浩
監 修

大阪大学出版会

出版にあたって

化学は，物質の構造，反応，性質を分子のレベルで理解し，その理解に基づいて新しい物質を生み出すことを得意としている学問です．これまで行われてきた膨大な数の研究によって，化学は体系化が随分と進み，学問としてはかなり高度に発達しています．その分，学ぶべきことがたくさんあります．しかし，限られた時間で化学のすべてを知ることは極めて困難です．とはいえ，化学を心の底から楽しみ，化学を使いこなしていくには，化学を十分に理解しておくことが必要です．真の歓びと意味のある成果は，本物の知識の上にしか成り立ちません．

本問題集『物質化学 100 問集』は，化学者のなかでも特に物質を専門に扱う研究者を目指す人を対象に，そのエッセンスを理解してほしいという意図で企画・立案され，作成されたものです．本問題集の内容に関する企画・立案は，博士課程教育リーディングプログラム「インタラクティブ物質科学・カデットプログラム」を履修する博士前期課程・後期課程の学生たちを中心に行われました．膨大な知見の何を 100 題に選ぶかは，大変困難なことでありますが，本問題集では学生の視点で重要だと思われる概念や反応が選出されています．そして，実際の問題作成にあたっても，学生は中心的な役割を果たしました．教員が行ったのは，問題の難易度のチェックや間違いを指摘したことぐらいです．つまり，本書は学生によって作られた極めて珍しいタイプの問題集です．

そもそも博士課程教育リーディングプログラムは，将来，産・学・官でリーダーとなって活躍する人材を育成することが重要なミッションとなっています．リーダーの形は色々あると思いますが，自ら率先して行動し，自らの思いを他と協力して形あるものに変えていくのもリーダーと言えるでしょう．言うは易く行うは難しですが，カデットの学生はそれを実際にやり遂げたことになります．

学生が長い時間をかけて議論し，作り上げていった一つの作品です．もちろん，限られた紙面でありますので，大切なものであっても載せることのできなかったものがたくさんあります．本問題集は，化学を好きになっていただく一つの触媒でありますので，問題集で選ばれたものを起点に，知識の幅を広げていっていただければと思います．それと同時に，本問題集の作成に携わった学生たちの熱い想いも，感じ取っていただければ幸いです．

平成 29 年 11 月

大阪大学 インタラクティブ物質科学・カデットプログラム
教務・教育システム実践 WG リーダー　久保 孝史

本書について

本書『物質化学 100 問集』は，大阪大学博士課程教育リーディングプログラム「インタラクティブ物質科学・カデットプログラム」の化学系履修生の有志が集まり，「物質」を基礎から理解する上で重要になる概念や手法など 100 個のトピックスをとり上げ，それぞれについて問題および解答・解説を編纂して，100 問の問題集へと集約したものです．

化学系の大学生向けの教科書や問題集の多くは，有機化学・無機化学・生化学といった対象とする物質の違いや，量子化学・化学熱力学といった背景となる物理学体系の違いに基づいて分類・構成されることが一般的です．また，大学院生向けの教科書はさらに細分化された専門書が多数を占めます．しかし，最先端の研究現場では様々な分野が融合した形で発展が進んでおり，分野横断的な理解がより必要とされてきています．そのため各分野の詳細な理解だけでなく，分野間の関係を俯瞰的に理解することも重要になります．本書は後者により重点を置き，化学を「物質」という一つの観点からまとめ直し，「物質化学」という新しい切り口で再整理することで，これまでにない俯瞰的な視野の提供を目指す一冊となっております．

問題の選定および編纂はカデットプログラム履修生の我々が主体的に行い，プログラム担当教員を中心とする監修体制のもとで，問題集の形に仕上げました．当教育プログラムでは，「物質科学」で括られる広い分野の大学院生が分野の垣根を越えて交流し，複眼的かつ俯瞰的な物質観を身に付けることを目指しています．プログラムの活動を通して，自分たちが，「広範囲にわたる物質観を習得するためには，これだけは知っておきたい」と身をもって感じた 100 個のトピックスを厳選しました．問題のレベルは「化学系の大学院生」を想定しており，大学院入試より一歩進んだ難易度で，研究室に配属されて最初に勉強するような，各分野において必ず知っておきたい内容をとり上げました．それぞれの問題には，物質化学における位置づけや出題の意図を簡潔に示す「出題趣旨」と，自力で最後の答えにまで辿り着けるような丁寧な「解答」を用意しました．また，問題の背景や実際にその知識が必要とされる現場の感覚を「解説」という形で詳細に紹介しており，その分野に馴染みのない方はもとより，既にある程度理解している方でも，多角的な視点で問題を捉え直すことができるように配慮をしました．本書は問題集としての体裁をとっていますが，「解説」をまとめて読むことで参考書として活用することも可能です．さらに深い理解を得たいという読者の方々に向けて，より詳しい専門書を「参考文献」としてリストアップしていますので，是非ご参照ください．

本書の前半では「物質」を基礎から系統的に理解するために，第 1 章で物理法則，第 2，3 章で原子，第 4〜6 章で分子，第 7 章で分子集合体を取り扱います．物理や化学の基本を復習してから，ミクロ現象からマクロな集団現象へと順を追って理解を確認する構成になっており，化学反応や合成手法についてもカバーしています．後半では，実際に物質をどのように調べるかを理解するために，第 8 章で物性測定法，第 9 章では計算手法，第 10 章では産業への展開を意識した化学工学を取り扱っています．分野横断的に「物質」を根源から理解することを目標としたため，このような章立てを採用しました．大学院生レベルの教科書や問題集において，このような章立ては大変珍しいものであり，本書の大きな特徴と言えます．物質化学を基礎から学びたい方は，最初から順番に問題を解いていくことをお薦めします．研究上での簡単な調べものとして，第 8，9 章を参考にしていただくことも可能です．本書が，これから物質化学分野で研究を始める大学院生や，物質化学の全体像を理解し直したい研究者の手助けとなれば幸いです．

最後になりますが，本書は物質化学という広い分野の膨大な知見を 100 問に絞り込んだものであり，収録されていない重要な内容も多く残されていることをお断りしておきます．本書は，現代的な視点に立ったときの「物質化学」の新しい切り口を提供する一つの提案・試みでもあります．今後，読者の皆様の手によって，更に洗練された「物質化学」が発信されていき，本書がその際の礎になることを期待しています．

平成 29 年 11 月

大阪大学 インタラクティブ物質科学・カデットプログラム
物質化学 100 問集出版プロジェクト
プロジェクトリーダー　今城 周作

著者紹介

［編者］

大阪大学　インタラクティブ物質科学・カデットプログラム
物質化学100問集出版プロジェクト

池下 雅広（いけした まさひろ）

大阪大学 大学院基礎工学研究科 物質創成専攻 機能物質化学領域 博士前期課程

今城 周作（いまじょう しゅうさく） プロジェクトリーダー

大阪大学 大学院理学研究科 化学専攻 博士後期課程

大場 矢登（おおば なおと）

大阪大学 大学院理学研究科 高分子科学専攻 博士後期課程

岡上 大二朗（おかうえ だいじろう）

大阪大学 大学院基礎工学研究科 物質創成専攻 機能物質化学領域 博士後期課程

河野 雅博（こうの まさひろ）

大阪大学 大学院理学研究科 化学専攻 博士後期課程

佐々木 友弥（ささき ともや）

大阪大学 大学院工学研究科 応用化学専攻 博士前期課程

重河 優大（しげかわ ゆうだい）

大阪大学 大学院理学研究科 化学専攻 博士後期課程

鈴木 晴（すずき はる）

大阪大学 未来戦略機構第三部門 特任助教（常勤）

高椋 章太（たかむく しょうた）

大阪大学 大学院基礎工学研究科 物質創成専攻 化学工学領域 博士後期課程

野本 哲也（のもと てつや）

大阪大学 大学院理学研究科 化学専攻 博士前期課程

秦 大（はた だい）

大阪大学 大学院工学研究科 応用化学専攻 博士後期課程

溝手 啓介（みぞて けいすけ）

大阪大学 大学院理学研究科 化学専攻 博士後期課程

満田 祐樹（みつた ゆうき）

大阪大学 大学院理学研究科 化学専攻 博士後期課程

森本 祐麻（もりもと ゆうま）

大阪大学 大学院工学研究科 生命先端工学専攻 助教

[監修者]

今田 勝巳（いまだ かつみ）

大阪大学 大学院理学研究科 高分子科学専攻 教授

1992年 大阪大学 理学研究科 高分子学専攻 修了 博士（理学）

大阪大学 インタラクティブ物質科学・カデットプログラム 担当教員

奥村 光隆（おくむら みつたか）

大阪大学 大学院理学研究科 化学専攻 教授

1994年 北海道大学 理学研究科 化学第二専攻 修了 博士（理学）

大阪大学 インタラクティブ物質科学・カデットプログラム 担当教員

久保 孝史（くぼ たかし）

大阪大学 大学院理学研究科 化学専攻 教授

1996年 大阪大学 理学研究科 有機化学専攻 修了 博士（理学）

大阪大学 インタラクティブ物質科学・カデットプログラム 担当教員

塚原 聡（つかはら さとし）

大阪大学 大学院理学研究科 化学専攻 教授

1993年 東北大学 理学研究科 化学専攻 博士（理学）

中澤 康浩（なかざわ やすひろ）

大阪大学 大学院理学研究科 化学専攻 教授

1991年 東京大学 理学系研究科 物理学専攻 修了 博士（理学）

大阪大学 インタラクティブ物質科学・カデットプログラム 担当教員

謝辞

本書の出版にあたり, 以下の学生および教員の方々にご協力いただきました. 学生の方々には, 問題原案の提供や問題内容の検証を手伝っていただきました．また，教員の方々には，問題や解答，解説の正確さやわかりやすさに関して貴重なご意見をいただきました．この場を借りまして深く感謝申し上げます．当然のことながら，本書に掲載した多くの問題の原案は，化学分野における先達の方々によって作り上げられてきたものです．それらの問題によって，我々自身も深い理解を得ることができました．この 100 問集をまとめることによって，その素晴らしさを読者の皆様に伝えるとともに，偉大な先達の方々に感謝の意を表したいと思う次第です．

大阪大学インタラクティブ物質科学・カデットプログラムの飯島賢二特任教授，馬場基彰特任講師には，この出版プロジェクトの推進に関する的確な教示を賜りました．この場を借りて御礼申し上げます．最後に，本プロジェクトを様々な側面で支えていただいたカデットプログラムの教員，事務員の方々，そしてご協力していただいた全ての皆様へ心から感謝の気持ちと御礼を申し上げます．

大阪大学 大学院基礎工学研究科 物質創成専攻 化学工学領域

西山 憲和 教授，菊辻 卓真 氏

大阪大学 大学院基礎工学研究科 物質創成専攻 未来物質領域

米田 勇祐 氏

大阪大学 大学院基礎工学研究科 物質創成専攻 物性物理工学領域

山神 光平 氏

大阪大学 大学院工学研究科 応用化学専攻

浅田 貴大 氏，熊谷 康平 氏，永田 貴也 氏

大阪大学 大学院工学研究科 精密科学・応用物理学専攻

山西 絢介 氏

大阪大学 大学院理学研究科 化学専攻

圷 広樹 准教授，山田 剛司 助教，大成 仁太 氏，北川 甲 コリン 氏，丸山 智大 氏，森川 高典 氏

大阪大学 大学院理学研究科 高分子科学専攻

青島 貞人 教授，井上 正志 教授，橋爪 章仁 教授，岡田 祐樹 氏，友藤 優 氏

大阪大学 大学院理学研究科 物理学専攻

足立 徹 氏，今岡 成章 氏

目次

問題

第 1 章　物質化学のための物理

第 2 章　原子の電子状態

第 3 章　原子の性質

第 4 章　分子の電子状態

第 5 章　分子の性質・反応性

解答

第 8 章　物性測定法［解答］

第 9 章　計算化学［解答］

第 10 章　化学工学［解答］

問題

第1章　物質化学のための物理

問1　古典力学：振動

出題趣旨：古典力学は物理の基本であり，物質化学においても分子や原子の運動を理解するためのベースになっている．この問では，分子振動の基礎である「振動系の力学（調和振動，減衰振動，強制振動）」について出題する．

問題 1　バネ定数 k のバネの先端に付いた質量 m のおもりの運動は調和振動になる．自由度が 1 のこの調和振動では，バネの伸び（おもりの平衡位置からの変位）$x(t)$が以下の式，

$$x(t) = A\cos(\omega t + \phi)$$

で与えられる（x 方向のみの運動を記述する場合は自由度を 1 と考える．次元性があり y, z 方向が入ると，この自由度が増える）．この場合の振動数 ω を m，k を用いて表せ．ただし，A は振幅，t は時間，ϕ は初期位相を表す．

問題 2　上記の調和振動に速度に比例する抵抗力が加わると，抵抗力の大きさに依存して，時間の経過とともに変位 x が減少する「減衰振動」や「過減衰」に移行する．抵抗がない調和振動を表す図 1. 1（問題 1 の式の $\phi = 0$ の場合に相当する）に，減衰振動および過減衰になった場合の $x(t)$を定性的に描き加えよ．また，減衰振動をする振動子に振動数 ω の外力を加えて強制振動させた際に，単位時間あたりに吸収されるエネルギー（パワーP）の ω 依存性を模式的に示せ．ただし，図の左端が $t = 0$ であり，ここから減衰が始まるものとする．

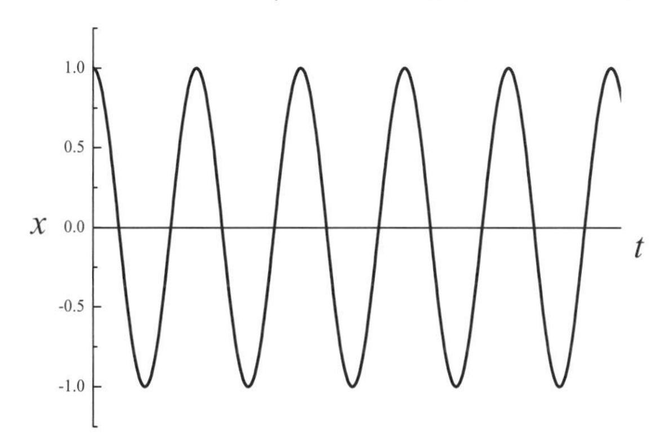

図 1. 1　一次元調和振動の変位 x の時間依存性

問題 3　N 個のおもりがバネで連結されて三次元的に運動する系では，系全体の振動は $3N$ 個の調和振動（モード）の総和として考えることができ，「基準モード」「基準座標」「固有振動数」と呼ばれる概念を用いて解釈される．3 つの概念について簡単に説明せよ．

問2　古典力学：回転

出題趣旨：回転系の力学は，原子・分子の回転運動だけでなく電子の軌道運動やスピン角運動量の取り扱いの基礎にもなっている．この問では，回転運動の特性に関して出題する．

問題 1　古典力学で物体の運動を考える場合，「慣性系」と「非慣性系」という 2 つの空間概念が前提となる．それぞれの概念について簡単に説明せよ．また，Newton の運動方程式はどちらの系

で成り立つかを答え，以下の4つの座標系が慣性系・非慣性系のどちらに属するか分類せよ．

(1) 等速直線運動する座標

(2) 等加速度直線運動する座標

(3) 等速円運動する座標

(4) 静止座標

問題2　角運動量 $\boldsymbol{l}$ は，運動量 $\boldsymbol{p}$ のモーメント*として定義される．質量 m，位置 $\boldsymbol{r}$，速度 $\boldsymbol{v} = \mathrm{d}\boldsymbol{r}/\mathrm{d}t$ で運動する質点を考えた場合，慣性系における原点まわりの角運動量の時間変化が原点まわりの力のモーメントに相当することを導き，中心力場（ある点から力がはたらき，その大きさが原点からの距離にのみ依存するような力場）を運動する質点に対して，角運動量保存の法則が成り立つことを示せ．

＊原点からベクトル $\boldsymbol{r}$ 離れた点で定義されるベクトル量 $\boldsymbol{A}$ に対して，外積 $\boldsymbol{r}\times\boldsymbol{A}$ で定義されるベクトルを原点まわりの $\boldsymbol{A}$ のモーメント（能率）と呼ぶ

問題3　xy 平面内にある質点（質量：m）が z 軸周りに回転する場合を例に，角運動量の大きさ l が z 軸周りの慣性モーメント I と角速度 ω の積で表されることを示せ．また，力のモーメントの大きさ（トルク）N および運動エネルギー K を I と ω で表せ．なお，質点の位置は極座標 $\boldsymbol{r} = (x, y) = (r\cos\theta, r\sin\theta)$ で考え，r, θ をそれぞれ $\boldsymbol{r}$ の大きさ，x 軸から見た角度とする．

問3　電磁気学：静電相互作用，誘電体

出題趣旨：物質を構成する分子や原子の間にはたらく主要な相互作用は，電磁気相互作用である．この問では，静電相互作用と物質の電気的性質を特徴づける誘電特性について出題する．

問題1　真空中で電気双極子（双極子モーメントの大きさ：p）が図 3.1 のように置かれた場合に距離 r だけ離れた点Pにおける電場 E を求めよ．ただし，電気双極子から点Pの方向を正とし，r は電気双極子の大きさ l よりも十分大きいものとする．また，得られる式を利用して，隣接する Na^+ イオン（半径 $r_{Na^+} = 0.095$ nmの球体とみなし，電荷分布は球体中心の点電荷で代表する）と水分子（半径 $r_{H_2O} = 0.14$ nm，双極子モーメント $p = 1.85$ D の球形分子として取り扱う）を無限遠にまで引き離すのに必要なエネルギーを計算せよ．ただし，水分子の分極は図 3.1 の様な電気双極子モーメントのモデルを使って表すことができるとする．また，$1\ \mathrm{D} = 3.336\times10^{-30}$ C m とする．

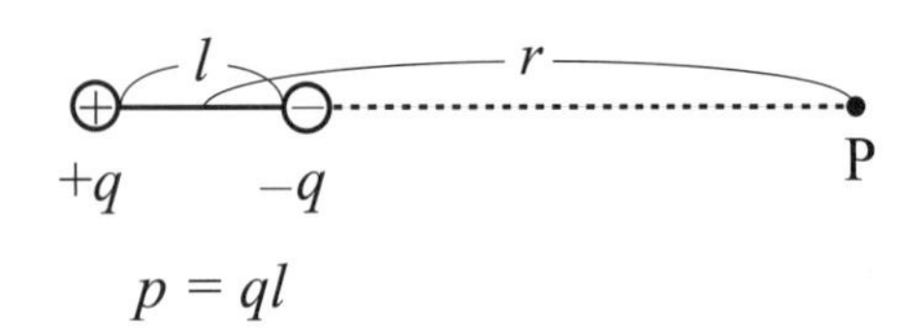

図 3. 1　点Pから距離 r だけ離れて置かれた電気双極子モーメントの模式図

問題2　電場 $\boldsymbol{E}$ の一様な真空中に比誘電率 ε_r の誘電体を挿入したとき，誘電体内部の電束密度 $\boldsymbol{D}$ を求めよ．また，比誘電率 ε_r を用いて誘電体の分極 $\boldsymbol{P}$ を表し，分極 $\boldsymbol{P}$ が N 個の電気双極子モーメント $\boldsymbol{p}$ の和として表されるとして，比誘電率 ε_r と分極率 α を関連づけよ．

問題 3　物質の分極率 α は，主に(1)原子の分極率，(2)イオンの分極率，(3)配向の分極率の 3 つに分類される．それぞれについて，簡単に説明せよ．

問 4　電磁気学：物質中の電磁波

出題趣旨：物質化学の研究において，物質と光（電磁波）の相互作用を調べる光物性測定が頻繁に行われる．この問では，光物性の基礎となる「物質中の光のふるまい」に関して電磁気学の観点から出題する．

問題 1　Maxwell の方程式（MKS 系）は以下の 4 つの式で与えられる．

$$\nabla \cdot \boldsymbol{D} = \rho \qquad \text{式 4.1}$$

$$\nabla \cdot \boldsymbol{B} = 0 \qquad \text{式 4.2}$$

$$\nabla \times \boldsymbol{E} = -\frac{\partial \boldsymbol{B}}{\partial t} \qquad \text{式 4.3}$$

$$\nabla \times \boldsymbol{H} = \boldsymbol{i} + \frac{\partial \boldsymbol{D}}{\partial t} \qquad \text{式 4.4}$$

それぞれの式の物理的な意味を簡単に説明せよ．なお，$\boldsymbol{D}$ は電束密度，$\boldsymbol{B}$ は磁束密度，$\boldsymbol{E}$ は電場，$\boldsymbol{H}$ は磁場，t は時間，$\boldsymbol{i}$ は電流密度，ρ は電荷密度をそれぞれ表す．

問題 2　Maxwell の方程式から，物質中において電場が以下の式を満たすことを示せ．

$$\nabla^2 \boldsymbol{E} = \mu\varepsilon\left(\frac{\sigma}{\varepsilon}\frac{\partial \boldsymbol{E}}{\partial t} + \frac{\partial^2 \boldsymbol{E}}{\partial t^2}\right) \qquad \text{式 4.5}$$

ただし，ε は物質の誘電率，μ は透磁率，σ は伝導率であり，電荷密度 $\rho = 0$ とする．導出にあたっては，以下のベクトル積の一般公式を用いてよい．

$$\boldsymbol{A}\times(\boldsymbol{B}\times\boldsymbol{C}) = \boldsymbol{B}(\boldsymbol{A}\cdot\boldsymbol{C}) - \boldsymbol{C}(\boldsymbol{A}\cdot\boldsymbol{B})$$

また，電磁波の電場成分が平面波 $\boldsymbol{E} = \boldsymbol{E}_0 \mathrm{e}^{\mathrm{i}(\omega t - \boldsymbol{k}\cdot\boldsymbol{r})}$ で記述されることを前提に，電磁波の角振動数 ω と波数ベクトル $\boldsymbol{k}$ の絶対値 $k = |\boldsymbol{k}|$ の関係を求めよ．ただし，上式における $\boldsymbol{E}_0$ は電場振幅，$\boldsymbol{r}$ は位置ベクトルをそれぞれ意味する．

問題 3　問題 2 の式 4.5 を用いて，絶縁体（$\sigma = 0$ の物質）の屈折率 n と誘電率 ε および透磁率 μ の関係を導出せよ．また，導電性物質（$\sigma \neq 0$ の物質）における（ω に依存する）複素屈折率 $n^*(\omega)$ を導出せよ．ただし，屈折率 n は真空中の位相速度（光速）c を物質中の位相速度 $v = \omega/k$ で割った値として与えられる．

問 5　熱力学：熱力学関係式

出題趣旨：熱力学は，分子や原子の集合状態を議論する上で基礎になる原理を与える．この問では，物質が満たすべき「熱力学的な制約」や「様々な熱力学量の間の関係」について出題する．

問題 1　熱力学の法則のみから（統計力学などを使わずに）導かれるものを以下の中から選べ．ただし，T は温度，p は圧力，V は体積，N_i は粒子 i の数，n はモル数，H は磁場，M は磁化，C

は Curie 定数をそれぞれ表す．

(1) Gibbs エネルギーの熱力学関数 $G(T, p, N_i)$の具体的な形

(2) 熱力学関係式：$(\partial G/\partial T)_p = -S$

(3) 理想気体の状態方程式：$pV = nRT$

(4) Curie の法則：$M/H = C/T$

(5) 定積熱容量 C_V と定圧熱容量 C_p の大小関係：$C_V < C_p$

問題 2　熱力学第一法則によれば，ある閉鎖系において状態 1 から状態 2 に変化する場合，外界から与えられる仕事 w と熱量 q の総和は 2 つの状態によって定まり，途中の過程によらない．また，可逆過程におけるエントロピーS の微分変化は，熱力学第二法則によって全微分形式で $\mathrm{d}S = \frac{\mathrm{d}q_{\mathrm{rev}}}{T}$ と定義される．ただし，T は温度，q_{rev} は可逆過程で系に供給される熱量を示す．以上から閉鎖系可逆変化に対する（非膨張仕事がない場合の）内部エネルギー全微分形式 $\mathrm{d}U$ は，T，S，p, V を使ってどのように表されるか示せ．また，エンタルピーH, Gibbs エネルギーG, および Helmholtz エネルギーA の全微分形式 $\mathrm{d}H$, $\mathrm{d}G$, $\mathrm{d}A$ についても T, S, p, V を用いて表し，得られた関係式から $(\partial G/\partial T)_p = -S$，$(\partial G/\partial p)_T = V$ を導け．

問題 3　物質の断熱圧縮率 κ_S，熱膨張率 α，定積熱容量 C_V を T, S, p, V を用いてそれぞれ表し，これらの熱力学量の中で，熱力学的に必ず正の値でなければならないものを選べ．また，その理由を熱力学関数 $U(V, S)$が図 5.1 のように下向きの凸関数になることを用いて説明せよ．

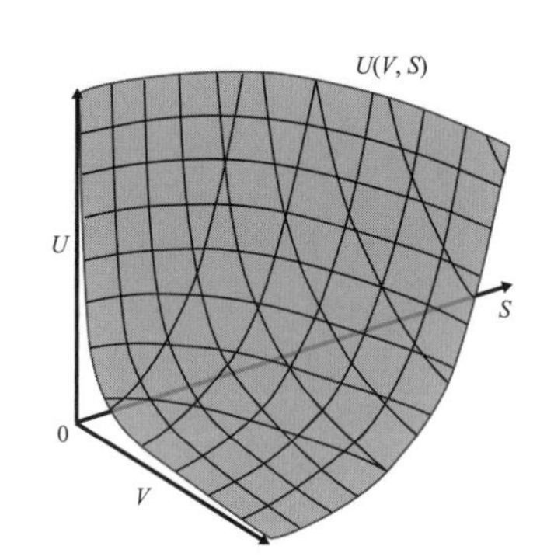

図 5.1　熱力学関数 $U(V, S)$

問 6　熱力学：相平衡

出題趣旨：この問では相平衡に関する基本事項を取り扱う．平衡の種類，平衡の条件，相境界の熱力学的な特性について出題する．

問題 1　「2 つの系（物体）A と B が熱力学的な平衡状態にある」というときに，①力学的な平衡（2 つの系の間に力学的な相互作用がある平衡状態），②熱的な平衡（2 つの系の間に熱の移動という形でエネルギーの交換が行われる平衡状態），③化学的な平衡（2 つの系の間に物質のやりとりが行われる平衡状態）の 3 種類が主に考えられる．それぞれの場合における平衡の条件を示せ．また，融解，蒸発をはじめとする各種の相転移点では，2 つ以上の相が平衡状態にあると考えることができるが，この平衡が①～③のどのタイプの平衡に相当するか答えよ．

問題 2　「Gibbs の相律」について簡単に説明して，純粋物質（単一成分系）の圧力−温度(p-T)相図に三重点よりも高い次数の点（四重点や五重点など）が現れない理由を説明せよ．

問題 3　純粋物質の一次相転移において，二相共存状態における圧力 p と温度 T との間に Clapeyron の式と呼ばれる以下の関係が成り立つことを，化学的な平衡の条件から導出せよ．

$$\frac{\mathrm{d}p}{\mathrm{d}T} = \frac{\Delta_{\mathrm{trs}} H}{T \Delta_{\mathrm{trs}} V}$$

ただし，$\Delta_{\mathrm{trs}}H$，$\Delta_{\mathrm{trs}}V$ は，それぞれ転移エンタルピーおよび転移による体積変化を表す．

問題 4　ある物質が，標準状態圧力下で融点 T_{fus}（標準融解エンタルピー$\Delta_{\mathrm{fus}}H^\circ$，標準融解エントロピー$\Delta_{\mathrm{fus}}S^\circ$）および沸点 T_{vap}（標準蒸発エンタルピー$\Delta_{\mathrm{vap}}H^\circ$，標準蒸発エントロピー$\Delta_{\mathrm{vap}}S^\circ$）をもつ場合，標準エンタルピー$H^\circ(T)$，標準エントロピー$S^\circ(T)$，標準 Gibbs エネルギー$G^\circ(T)$の温度変化を模式的に図に示せ．

問 7　熱力学：混合系，化学平衡，電池

出題趣旨：この問では，混合系，化学平衡，酸化還元反応の熱力学を取り扱う．基本的な混合モデルや平衡定数と Gibbs エネルギーの関係，Nernst の式について出題する．

問題 1　A と B の 2 成分が混合した気体あるいは溶液系を考える．(1) 理想混合気体，(2) 理想溶液, (3) 正則溶液の 3 つのモデル系について, 混合のエントロピー$\Delta_{\mathrm{mix}}S$, 混合のエンタルピー$\Delta_{\mathrm{mix}}H$, 混合の Gibbs エネルギー$\Delta_{\mathrm{mix}}G$ をそれぞれ求めよ. 必要な物理パラメーターは適宜定義して用いてよい．なお，(3) 正則溶液においては，混合のエンタルピーは$\Delta_{\mathrm{mix}}H = \Omega x_{\mathrm{A}} x_{\mathrm{B}}$ で与えられるものとする．Ωは係数（系ごとに異なる），x_{A}，x_{B} は成分 A，B のモル分率を表す．

問題 2　理想気体 A と B が A ⇌ 2B という単純な化学反応をする系において，平衡定数 K と標準反応 Gibbs エネルギー$\Delta_{\mathrm{r}}G^\circ$が，

$$\Delta_{\mathrm{r}}G^\circ = -RT\ln K$$

の関係をもつことを導け．ただし，理想気体の化学ポテンシャル$\mu(T, p)$が，

$$\mu(T, p) = \mu^\circ(T) + RT\ln(p/p_0)$$

となることを用いてよい. また, A → 2B の反応が発熱反応である場合, 平衡定数 K の大きさは, 圧力上昇および温度上昇に伴ってどのように変化するか答えよ．なお，R は気体定数，T は温度，$\mu^\circ(T)$は標準化学ポテンシャル，p_0 は標準圧力をそれぞれ表す．

問題 3　電池の半反応（反応式：$\mathrm{Ox}^{n+} + ne^- \rightleftharpoons \mathrm{Red}$　（Ox：酸化体，Red 還元体））が起こる溶液に金属電極を浸したときの電極電位 E が，以下の Nernst の式，

$$E = E^\circ - \frac{RT}{nF}\ln\left(\frac{a_{\mathrm{Red}}}{a_{\mathrm{Ox}}}\right)$$

で表されることを示せ（E：電極電位，E°：基準となる電位（固定値），a：活量，R：気体定数，T：温度，F：Faraday 定数）．なお，導出にあたって z^+に帯電した粒子が電位ϕにある場合の電気化学

ポテンシャル$\tilde{\mu}$が

$$\tilde{\mu} = \mu^{\circ} + RT\ln a + zF\phi$$

と書けることを用いてよい（μ°：標準化学ポテンシャル）．また，電極電位 E は金属の電位 E_M と溶液の電位 E_S の差 $E = E_M - E_S$ と定義して，金属中の電子の活量 a_e は $a_e = 1$ とする．

問 8　量子力学：波動方程式

出題趣旨：量子力学は，原子や分子の微視的な状態を理解する上で基礎となる．この問では，Schrödinger 方程式と演算子，固有関数，固有値について出題する．

問題 1　質量 m の粒子が x 軸上を $V(x)$のポテンシャルを感じながら運動するときに，粒子の波動関数$\phi(x, t)$が満たす Schrödinger 方程式を示せ．また，定常状態の波動関数が，

$$\phi(x,t) = u(x)\mathrm{e}^{-\frac{\mathrm{i}Et}{\hbar}}$$

と表されることを用いて，$u(x)$が満たす，時間に依存しない Schrödinger 方程式を示せ．ただし，t は時間，E はエネルギーをそれぞれ表す．

問題 2　時間に依存しない Schrödinger 方程式を，Hamilton 演算子$\hat{H} = -\frac{\hbar^2}{2m}\frac{\partial^2}{\partial x^2} + V(x)$ を用いて書き直すと $\hat{H}\phi = E\phi$ と書ける．これは線形代数における固有方程式になっており，これを満たす固有値が観測可能なエネルギーEになる．固有関数ϕは状態を表す波動関数であり，エネルギーだけでなく一般的な物理量 $F(q,\ p)$についても求めることができ，その観測量 f は固有方程式 $\hat{F}\phi = f\phi$ の固有値として求められる．ここで，$\hat{F}$ は$F(q,p) \to \hat{F}\left(q, \frac{\hbar}{\mathrm{i}}\frac{\partial}{\partial q}\right)$ の変換で得られる数学的な操作を表し「演算子」と呼ばれる（p, q はそれぞれ座標，運動量）．以上を踏まえて，以下の問いに答えよ．

(1) 一次元運動の運動量固有値 p_x を求める固有方程式を書け（固有関数はψとする）．

(2) 系が波動関数$\Psi(x)$で表される状態にあるとき，物理量 F を測定したときの期待値$\langle F\rangle$の導出方法を示せ．

(3) 演算子$\hat{F}$の固有値 f がエネルギーE と同時に観測できるために，$\hat{F}$が満たすべき（数学的な）条件を示せ．

(4) 量子力学的な「定常状態」とはどのような状態を指すか，演算子と固有関数，固有値に関連させて説明せよ．

(5) 「量子数」と「良い量子数」について簡単に説明せよ．

問題 3　通常，固有方程式の解を解析的に得ることは困難であるが，限られた条件の解析解はよく知られている．物質化学に関連する以下の対象に対して，固有値を示せ．

(1) 質量 m の粒子がバネ定数 k で一次元調和振動するときの，エネルギー固有値 E_n

(2) 質量 m の粒子が角運動量 $\boldsymbol{l}$ で三次元自由回転するときの，軌道角運動量の z 成分の固有値μ_m

(3) (2)と同じ回転運動における軌道角運動量の 2 乗の固有値λ_l

問 9　量子力学：スピン，角運動量の合成，粒子の同等性

出題趣旨：この問では，電子スピンと磁気モーメントの関係，角運動量の合成方法，量子統計力学で重要になる Fermi 粒子と Bose 粒子の区別について出題する．

問題 1　電子のスピン角運動量演算子（z 成分）$\hat{s}_z$ と磁気モーメント演算子（z 成分）$\hat{\mu}_z$ には $\hat{\mu}_z = \frac{g_e e}{2m_e}\hat{s}_z$ という関係がある．ここで 1 個の電子スピンに z 方向の磁場 B_z を印加すると，上向きスピン状態 α（固有値 $\hbar/2$）と下向きスピン状態 β（固有値 $-\hbar/2$）のエネルギー準位に分裂する（Zeeman 分裂）．$B_z = 1$ T のとき，分裂幅 ΔE に共鳴する電磁波の周波数 ν を有効数字 3 桁で答えよ．なお，単位換算：[T] = [kg s^{-1} C^{-1}] を用いてよい．

問題 2　角運動量演算子 $\hat{\boldsymbol{J}}_1$（$\hat{\boldsymbol{J}}_1^2$ の固有値：$J_1(J_1+1)\hbar^2$，$\hat{J}_{1z}$ の固有値：$M_1\hbar$）と $\hat{\boldsymbol{J}}_2$（$\hat{\boldsymbol{J}}_2^2$ の固有値：$J_2(J_2+1)\hbar^2$，$\hat{J}_{2z}$ の固有値：$M_2\hbar$）の合成角運動量 $\hat{\boldsymbol{J}} = \hat{\boldsymbol{J}}_1 + \hat{\boldsymbol{J}}_2$（$\hat{\boldsymbol{J}}^2$ の固有値：$J(J+1)\hbar^2$，$\hat{J}_z$ の固有値：$M\hbar$）を考える．$J_1 = 2, J_2 = 1$ の場合，$\hat{\boldsymbol{J}}$ のとり得る固有関数 $\Psi(J, M)$ の (J, M) 全ての組み合わせを求めよ．

問題 3　Bose 粒子と Fermi 粒子の性質を，スピン量子数と波動関数の対称性の観点から説明せよ．また，下記の選択肢に示す粒子を Bose 粒子と Fermi 粒子に分類せよ．

(1) 電子　(2) 水素原子　(3) 重水素原子　(4) ^{3}He 原子　(5) ^{4}He 原子

問 10　統計力学：基礎

出題趣旨：統計力学は，微視的な（分子）状態と巨視的な観測量（熱力学量）の架橋である．この問では，統計分布を導出する過程について出題する．

問題　以下の文章は，粒子数とエネルギーが一定の系について統計分布を導出するものである．空欄に入る言葉および式を示せ．

N 個の同等であるが区別が可能な粒子が全エネルギー E をもっているとする．各粒子のエネルギー準位が $\varepsilon_0, \varepsilon_1, \varepsilon_2, \ldots, \varepsilon_i, \ldots$ で与えられ（縮重度はすべて 1 とする），それぞれの準位にある粒子数を $n_0, n_1, n_2, \ldots, n_i, \ldots$ とすると，全エネルギー E と粒子数 N は（　a　），（　b　）で表すことができる．ここで，とり得る状態の数 W は（　c　）で表されることから，Boltzmann の公式より系のエントロピー S は（　d　）と書くことができる．全体の粒子数 N とエネルギー E が保存している場合，熱平衡状態は（　e　）が最大になる粒子分布になる．この条件と（　a　），（　b　）の条件を同時に満たす粒子分布は，$\ln W$ を Stirling の近似式 $\ln N! \cong N\ln N - N$ で簡略化した後に（各エネルギー状態を占める状態数 n_i も大きな数として $\ln n_i! \cong n_i \ln n_i - n_i$ と展開する）Lagrange 未定係数法を用いて求められる．最終的にエネルギー準位 ε_i をとる粒子数 n_i は，温度 T の関数として（　f　）で表される．これは Boltzmann 分布と呼ばれる．この式の分母は（　g　）と呼ばれ q で表されることが多い．q は Helmholtz エネルギー A と（　h　）という関係にあり，q がわかれば（熱力学関係式を用いて）様々な熱力学量が計算できる．なお，粒子のエネルギー準位 ε_i の縮重度が g_i である場合は，とり得る状態の数 W は（　i　）に，エネルギー準位 ε_i をとる粒子数 n_i は（　j　）

になる．

次に N 個の粒子が非局在化していて区別ができない場合を考える．各粒子のエネルギー準位が $\varepsilon_0, \varepsilon_1, \varepsilon_2, \ldots, \varepsilon_i, \ldots$ で与えられ，各準位の縮重度は $g_0, g_1, g_2, \ldots, g_i, \ldots$，それぞれの準位にある粒子数を $n_0, n_1, n_2, \ldots, n_i, \ldots$ としたとき，Bose 粒子（粒子の交換に対して波動関数の符号が反転しない粒子）のとり得る状態の数 W_{Boson} は（　k　），Fermi 粒子（粒子の交換に対して波動関数の符号が反転する粒子）のとり得る状態の数 W_{Fermion} は（　l　）となる．それぞれのケースで（　e　）が最大になる粒子分布を計算すると，エネルギー準位 ε_i をとる粒子数 n_i は化学ポテンシャル μ を用いて Bose 粒子の場合は（　m　），Fermi 粒子の場合は（　n　）にそれぞれなる．これらの統計分布は Bose–Einstein 分布，Fermi–Dirac 分布とそれぞれ呼ばれる．温度 T が十分高く，各エネルギー準位 ε_i を占有する粒子数 n_i が縮重度 g_i よりもはるかに小さいと見なせる場合($g_i >> n_i$)では，(Bose 粒子，Fermi 粒子にかかわらず）とり得る状態の数 W_{tot} は $\prod_i \frac{{g_i}^{n_i}}{n_i!}$ と近似することができる．このとき，エネルギー準位 ε_i をとる粒子数 n_i は $n_i = \frac{N g_i}{\mathrm{e}^{(\varepsilon_i - \mu)/k_{\mathrm{B}}T}}$ となる．この式は，化学ポテンシャル μ と q の関係（　o　）を用いて変形すると（　j　）と同じになり，Boltzmann 分布になることが確認できる．Bose–Einstein 分布や Fermi–Dirac 分布のような量子統計が顕になるのは，粒子どうしの交換が可能で，量子力学的な波動関数の広がりが顕著な場合である．Bose 粒子の理想気体は，極低温で多数の Bose 粒子が 1 つの状態をとる（　p　）を起こすことが知られている．また Fermi 粒子の理想気体は，2 つ以上の粒子が同じ状態をとれないことから極低温でも $\varepsilon = \mu$ の準位まで粒子が占有される．この準位のことを（　q　）と呼ぶ．

問 11　統計力学：物性との関わり

出題趣旨：この問では，統計力学が実際の物質の性質をどのように説明するかを簡単な例を挙げて確認する．問題 1 では，結晶中の格子欠陥の数と温度の関係について，問題 2 では分子集合体の熱容量の温度依存性について出題する．

問題 1　N 個の原子が配列した結晶において，n 個($n \ll N$)の原子を結晶内部の格子点から結晶表面の格子点に移動して Schottky 型の格子欠陥を形成する場合を考える．1 個の原子を内部から表面に移すのに要するエネルギーを ε としたときに，温度 T ($\varepsilon \gg k_{\mathrm{B}}T$)の熱平衡状態で $n \cong N\mathrm{e}^{-\varepsilon/k_{\mathrm{B}}T}$ となることを示せ．また，ある物質の ε が 1 eV のとき，この物質の 300 K および 1200 K における欠陥数の比率(n/N)を求めよ．ただし，欠陥形成による結晶の体積変化は無視してよく，格子や欠陥の数に対しては Stirling の近似式 $\ln x! \cong x\ln x - x$ を用いてよい．

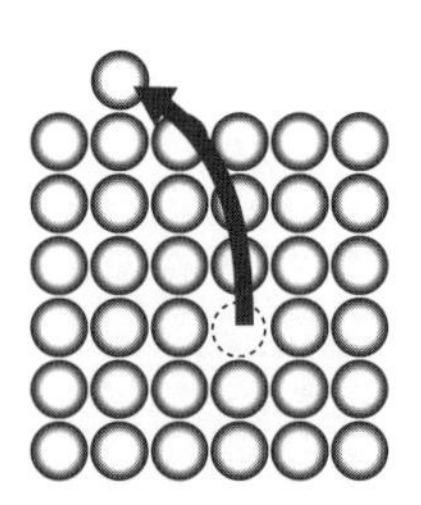

図 11. 1　Schottky 格子欠陥の模式図

問題 2　物質の熱容量 $C_V(T)$は，構成する粒子の（運動モードの）エネルギー準位占有率から算出できる．Boltzmann 分布を前提として，熱容量 $C_V(T)$に関する以下の問に答えよ．

(1) N 原子分子（非直線形）が 1 mol あるとき，熱容量の算出にあたって考慮すべき運動モードの種類と数を答えよ．ただし，熱容量には原子の運動モードのみが寄与するとする．

(2) エネルギー準位がエネルギー幅 ε で等間隔に無限大まである運動モードについて（調和振動モードがこれに相当する）熱容量を算出すると図 11. 2 のような温度依存性になる．熱容量が，低温では 0，高温で有限の値をもつ理由を簡単に説明せよ．また，エネルギー準位間隔εが大きくなったときに，熱容量の温度依存性はどのよう変わるかを図示せよ．

(3) エネルギー準位が 2 つしかない場合，熱容量の温度依存性は図 11. 3 のようになる．(2)の場合とは異なり，高温で熱容量が再び 0 に近づく理由を説明せよ．

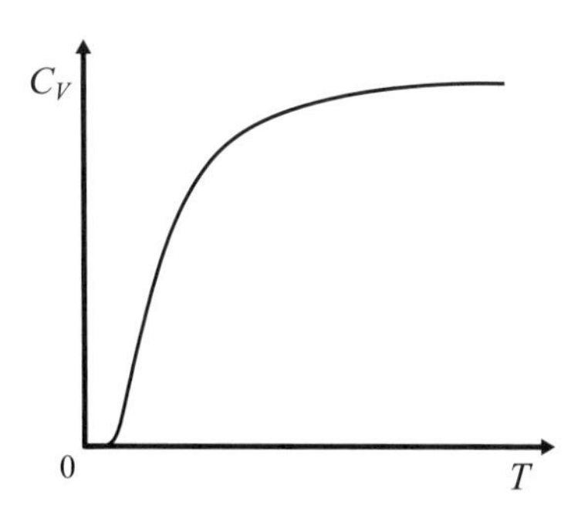

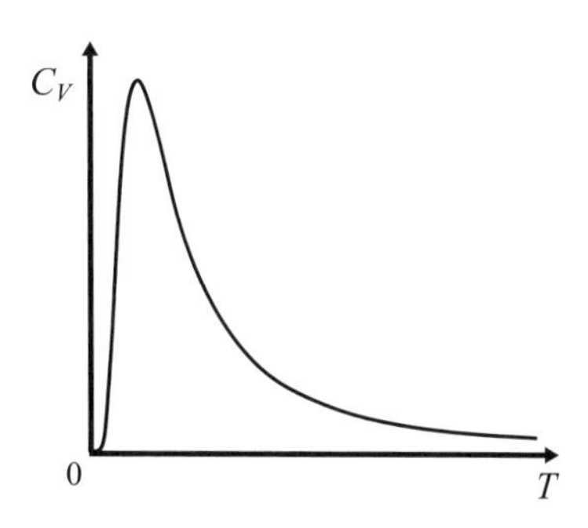

図 11. 2　振動子系の熱容量　　　　図 11. 3　二準位系の熱容量

第 2 章　原子の電子状態

問 12　水素原子

出題趣旨：物質化学の主役である原子や分子の状態は量子力学によって記述される．この問では最も単純な原子である水素原子の電子状態について出題する．

問題 1　水素原子の電子状態を記述する Hamilton 演算子は，

$$\hat{H} = -\frac{\hbar^2}{2m}\Delta - \frac{\hbar^2}{2m_\mathrm{e}}\Delta - \frac{e^2}{4\pi\varepsilon_0}\frac{1}{r} \qquad \text{式 } 12.1$$

である．ただし m は水素原子の原子核の質量である．それぞれの項がどのような相互作用を記述しているか説明せよ．

問題 2　問題 1 の Hamilton 演算子を用いて水素の定常状態の Schrödinger 方程式を，

$$\hat{H}\Psi = E\Psi \qquad \text{式 } 12.2$$

と表すことができる．方程式を極座標系(r, θ, φ)において解くとエネルギー固有値，および波動関数として，以下の式を得ることができる．

$$\begin{cases} E_n = -\dfrac{m_\mathrm{e}e^4}{8\varepsilon_0^2 n^2 h^2} \\ \Psi(r,\theta,\phi) = R_{n,l}(r)Y_{l,m}(\theta,\phi) \end{cases} \qquad \text{式 } 12.3$$

ただし，$R_{n,l}(r)$は動径分布関数，$Y_{l,m}(\theta, \varphi)$は球面調和関数で以下のようにかける．

$$\begin{cases} R_{n,l}(r) = -\left(\dfrac{2}{na_0}\right)^{\frac{3}{2}}\sqrt{\dfrac{(n-l-1)!}{2n\{(n+l)!\}^3}}\left(\dfrac{2r}{na_0}\right)^l \exp\left(-\dfrac{r}{na_0}\right) L_{n+l}^{2l+1}\left(\dfrac{2r}{na_0}\right) \\ Y_{l,m}(\theta,\phi) = (-1)^{(m+|m|)/2}\sqrt{\dfrac{(2l+1)}{4\pi}\dfrac{(l-|m|)!}{(l+|m|)!}}\,P_l^{|m|}(\cos\theta)\mathrm{e}^{\mathrm{i}m\phi} \end{cases} \qquad \text{式 } 12.4$$

ただし，$L_{n+l}^{2l+1}\left(\frac{2r}{na_0}\right)$は Laguerre の陪多項式，$P_l^{|m|}(\cos\theta)$は Legendre の陪多項式であり，$n = 1, 2, 3,\ldots;$ $l = 0, 1, 2,\ldots, n-1;$ $m = -l, -l+1,\ldots, l$ である．n，l，m の名前を答え，その物理的な意味を説明せよ．

問題 3　$(n, l, m) = (1, 0, 0), (2, 1, 0)$それぞれの波動関数の xz 平面$(\phi = 0)$における概形を図示せよ．ただし，それぞれの場合の波動関数は式 12. 3 より以下の様にかける．図示する際には，適当なθに対して，Ψの正と負の等値面を導くような r を考えればよい．

$$\begin{cases} \Psi_{1,0,0}(r,\theta,\phi) = \dfrac{1}{\sqrt{\pi}}\left(\dfrac{1}{a_0}\right)^{\frac{3}{2}}\exp\left(-\dfrac{r}{a_0}\right) \\ \Psi_{2,1,0}(r,\theta,\phi) = \dfrac{1}{4\sqrt{2\pi}}\left(\dfrac{1}{a_0}\right)^{\frac{5}{2}} r\exp\left(-\dfrac{r}{2a_0}\right)\cos\theta \end{cases} \qquad \text{式 } 12.5$$

問 13　多電子原子：電子配置

出題趣旨：水素原子以外の原子や分子は複数の電子をもつ多電子系であり，その電子状態を表す Schrödinger 方程式を厳密に解くことはできない．この問では多電子原子の電子状態の量子化学的な取り扱いについて出題する．

問題 1　最も単純な多電子系として 2 電子系を考える．スピン自由度σ（αスピン or βスピン）のラベルを 1, 2 で表すとき，2 個の電子が同じ軌道に入る場合の波動関数$\Psi(1,2)$は次の関係式を満たさなければならない．

$$\Psi(1,2) = -\Psi(2,1)$$

上記の式を使って Pauli の排他原理を導け．

問題 2　問題 1 では同一の軌道において電子のスピンは平行にならないことを述べた．では磁気量子数の異なる軌道に電子が配置されるときはどのように考えればよいか．窒素(N)原子の基底状態の電子配置を例に，Hund の規則に触れながら説明せよ．

問題 3　多電子原子の電子配置は，基本的に Pauli の排他原理と Hund の規則に従いながらエネルギーの低い軌道から順番に電子を入れていくことで予想できる．しかしクロム(Cr)原子は，この方法で予測される結果とは異なる電子配置をとる．Cr 原子が実際にはどのような電子配置になるのかを，理由とともに説明せよ．

問 14　多電子原子：スピン軌道相互作用

出題趣旨：多電子系の電子状態は，電子の占める軌道から現れる軌道角運動量と電子のもつ角運動量であるスピン角運動量を考慮した全角運動量をもとにして記述される．この問では，原子の全角運動量の近似や LS 結合について出題する．

問題 1　スピン軌道相互作用とは何か，以下の語句を用いて説明せよ．
［電子スピン，磁気モーメント，電流，磁場］

問題 2　ある原子の価電子数を N とおく．スピン軌道相互作用を考慮すると系のエネルギーは全角運動量 J で指定される．一般的に，この全角運動量は軌道角運動量 L とスピン角運動量 S で近似的に表すことができる．このことを LS 結合という．このとき，J と L,S の間の関係式を書け．また，$N = 1$ のとき，$L = 0, 1$ のそれぞれの場合で得られる LS 項を求めよ．これを用いてナトリウムの蒸気から放出される光のスペクトルのうち，3p ^{2}P $\rightarrow$ 3s ^{2}S遷移が二重線となることを説明せよ．

問題 3　LS 結合はすべての原子に適用できるわけではない．どのような原子で，LS 結合の近似が成立しなくなるか述べよ．また，そのときのスピン軌道相互作用は軌道角運動量やスピンではなく全角運動量の結合を考えるが，これを何というか．

第3章　原子の性質

問15　イオン化エネルギー，電子親和力

出題趣旨：イオン化エネルギーや電子親和力は原子と電子の相互作用の特徴を表す，観測可能な物理量である．この問ではこれらの数値の量子力学的な理論づけについて出題する．

問題1　次の文章の（　a　）～（　f　）に当てはまる言葉または数値を答えよ．

イオン化エネルギーIは，気相中の（　a　）から電子を1つとり除くのに最低限必要なエネルギーである．中性の（　a　）から電子を1つ取り除く第一イオン化エネルギーは

$$I_1 = E\left(X^+ + \mathrm{e}^-, g\right) - E(X, g)$$

と書くことができる．一般的に，1価の正電荷をもつ（　a　）から2番目の電子を取り除く第二イオン化エネルギーI_2はI_1よりも（　b　）．その一方で電子親和力は（　a　）が電子1つを（　c　）するときに吸収または放出されるエネルギーで，陰イオンが真空中においてどれだけ安定かを示す．元素番号が小さい元素ではオクテット則に従い，最外殻電子が（　d　）個あると安定となるので，同じ周期の中で比べると（　e　）のイオン化エネルギーが最も大きい．

水素類似原子（電子が1つ）の場合，Schrödinger方程式は解析的に解くことができ，軌道エネルギーは以下のようになる．

$$E_n = -\frac{Z^2 \mu e^4}{32\pi^2 \varepsilon_0^2 \hbar^2 n^2}$$

以上を用いると，水素様原子Li^{2+}のイオン化エネルギーは有効数字3桁で計算すると（　f　）eVとなる．ここでZは核の電荷素量数，μは電子の換算質量，nは量子数である．

問題2　電子が複数ある場合，解析的な解を求めるのは困難である．実験的には原子に電磁波をあて，放出された電子を測定することによって求めることができる．ヘリウムランプの光(58.4 nm)をルビジウム原子に当てたところ，$2.45\times10^6\ \mathrm{ms^{-1}}$で電子が放出された．ルビジウムの第一イオン化エネルギーをeVで求めよ．

問題3　第5周期までの15族元素(N, P, As, Sb)を，第一イオン化エネルギーの小さい順に並べ，またその理由も述べよ．

問16　Sブロック元素

出題趣旨：典型元素のアルカリ金属，アルカリ土類金属とそのイオンの性質についての基礎知識は，これらの元素が関係する化学反応や物質の構造，輸送などの物理現象を理解する上で重要である．この問ではこれらに関する基本を出題する．

問題1　Sブロック元素の定義を答え，現在までに確認されているものをすべて書け．

問題 2　第 2 周期以降の S ブロック元素は，水に対して非常に高い反応性をもつ．アルカリ金属の単体 M の水との反応式を示し，その反応が激しい理由をイオン化エネルギーという単語を使って説明せよ．

問題 3　アルカリ金属イオン Li^+，Na^+，K^+，Rb^+のイオン半径と水和半径の大きさについて，不等号でその大小関係を示せ．

問 17　P ブロック元素：元素の性質

出題趣旨：典型元素の多くを占める P ブロック元素の性質を系統的に理解するために，P ブロック元素の性質と電子状態の関係性について出題する．

問題 1　典型元素化合物に関する以下の用語について，カッコ内のキーワードを使い，具体的に例を挙げて簡潔に説明せよ．

(1)　不活性電子対効果　（酸化数）

(2)　三中心二電子結合　（電子不足化合物）

問題 2　同じ周期の元素の第一イオン化エネルギーは，族番号の増大とともに大きくなる傾向にある．しかし，(1) Be と B および(2) N と O では第一イオン化エネルギーの大小が逆となっている．その理由をそれぞれ述べよ．

問題 3　酸素およびその酸化還元体の O_2，O_2^+，O_2^-，O_2^{2-}について，以下の問いに答えよ．

(1)　結合距離が最も長い化学種を答え，その理由を結合次数の観点から説明せよ．

(2)　これら 4 種のうち，基底状態において常磁性を示す化学種を選択せよ．

問 18　P ブロック元素：化合物の性質

出題趣旨：典型元素の多くを占める P ブロック元素の性質を系統的に理解するために，P ブロック化合物の性質と元素の関係性について出題する．

問題 1　次のオキソ酸について，酸として強いものから弱いものへと順に並べ，理由を述べよ．

(a) $HClO_2$,　　(b) $HClO_3$,　　(c) $HClO_4$

問題 2　NH_3 および H_2O は，対応する第 3 周期の元素の水素化物に比べて，分子量が小さいにもかかわらず，それぞれ沸点が高い．その理由を電気陰性度の観点から述べよ．

問題 3　F_2，Cl_2，Br_2，I_2 の結合エネルギーは I_2，Br_2，Cl_2 の順に大きくなるが，F_2 の結合エネルギーは Cl_2 に比べて極端に小さい．その理由を述べよ．

問19　Dブロック元素：電子配置

出題趣旨：多様な電子配置をもつDブロック元素の性質を理解するために，Dブロック原子の電子配置について出題する．

問題1　Fe^{2+}とFe^{3+}ではどちらのイオン半径が大きいか．また，Mn^{2+}とFe^{2+}ではどちらのイオン半径が大きいか．その理由とともに答えよ．

問題2　金属イオンが歪のない八面体場におかれた場合，反磁性となり得るイオンはFe^{2+}，Fe^{3+}，Co^{2+}，Co^{3+}のうちどれか，結晶場分裂から考察して答えよ．

問題3　CuとZnの第二イオン化エネルギーはどちらが大きいか，その理由とともに答えよ．

問20　Dブロック元素：結晶場，Jahn–Teller効果

出題趣旨：d電子をもつ遷移金属イオンの物質的な性質は配位構造によって大きく変化する．この問では電子状態と幾何構造の関係を記述する結晶場理論についての問題を出題する．

問題1　d軌道に8つの電子をもつNi^{II}イオンは，配位原子や合成条件によって，八面体や四面体，平面四角形構造をとり得る．これら3つの幾何構造のNi^{II}イオンについて，d軌道のエネルギー準位，および電子がそれぞれの軌道にどのように配置されているかを矢印で図示し，それぞれ常磁性か反磁性か答えよ．

問題2　ヘキサアクア銅(II)イオンは，配位子が全て同じものであるにもかかわらず，Jahn–Teller効果によってz軸方向に伸びた構造をしている．その理由をエネルギー図を示して説明せよ．

問題3　Ni^{III}イオンが強いJahn–Teller歪みを示すのは，高スピンおよび低スピンのどちらの状態か，エネルギー図を示して答えよ．

問21　Dブロック元素：配位子場

出題趣旨：d軌道の分裂を説明する配位子場理論は，遷移金属錯体の構造，物性，反応性の理解に必要な知識である．この問ではd軌道の電子配置と構造および性質の関係について出題する．

問題1　ヘキサアンミンコバルト(III)錯体($[Co^{III}(NH_3)_6]^{3+}$)（図21.1左）は，その磁化率から反磁性種である事がわかった．この錯体の配位子場安定化エネルギー(LFSE)を配位子場分裂パラメーター(Δ_o)の倍数の形で求めよ．

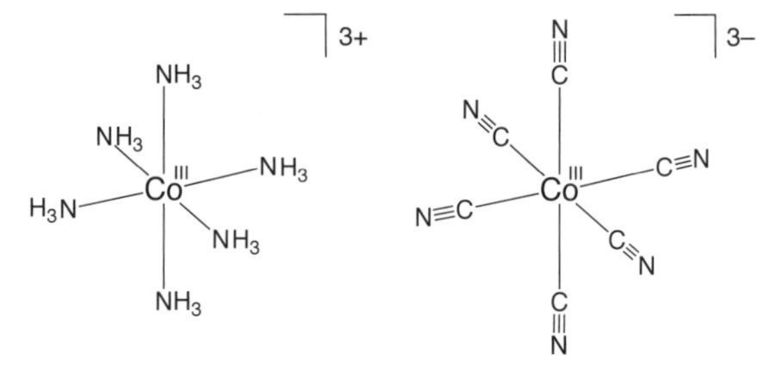

図21.1　$[Co^{III}(NH_3)_6]^{3+}$（左）および$[Co^{III}(CN)_6]^{3-}$（右）の構造

問題 2　アンモニア配位子をシアン化物イオンで置き換え，ヘキサシアノコバルト(III)錯体($[Co^{III}(CN)_6]^{3-}$)（図 21. 1 右）とすると，d-d 遷移が大きくブルーシフトした．この理由を考察せよ．

問題 3　ヘキサアンミンコバルト(III)錯体を還元することによって，ヘキサアンミンコバルト(II)錯体を得た．この錯体の磁化率は 1.71μ_B であった．錯体の電子配置と構造を予測せよ．

問題 4　ヘキサアンミンコバルト(II)錯体の配位子を 1 つクロライドイオンによって置換した．この置換反応の速度は，ヘキサアンミンコバルト(III)錯体の置換反応と比べて著しく大きかった．この理由を価数の違いと LSFE の違いから考察せよ．

問 22　F ブロック元素

出題趣旨：F ブロック元素の代表であるランタノイドは，発光材料や，磁性体材料，触媒として用いられる．この問ではランタノイドの性質を，原子軌道，電子配置から系統的に理解することを目的にした問題を出題する．

問題 1　ランタノイドは基本的に+3 価のイオンが安定であり，他の酸化数はとりにくい．例外として，+4 価のセリウムおよび+2 価のユウロピウムは安定に存在する．その理由を電子配置から説明せよ．

問題 2　ランタノイドは原子番号が増加するにしたがって原子半径が小さくなり，その結果，第 6 周期の 4 族以降の元素の原子半径が，同じ族内で単純に下方に補外したときに予想される原子半径より小さくなる現象がみられる．その現象の名前を答え，このような現象が起こる原因について説明せよ．

問題 3　ランタノイド錯体の f-f 遷移に由来する吸収スペクトルは，一般に D ブロック元素の錯体よりも狭く，明確なバンドを示す．この理由を 4f 軌道の動径方向の広がりに着目して説明せよ．

問 23　原子核：放射壊変

出題趣旨：放射性同位元素は放射壊変によって放射線を放出するため，安定元素の標識剤として使うことができ，元素や化合物の移動や化学反応の追跡などに活用されている．この問では，放射性同位元素における放射壊変の基礎知識について出題する．

問題 1　図 23. 1 に示す ^{137}Cs の壊変図式における（　a　）および（　b　）に入る娘核種は何か．

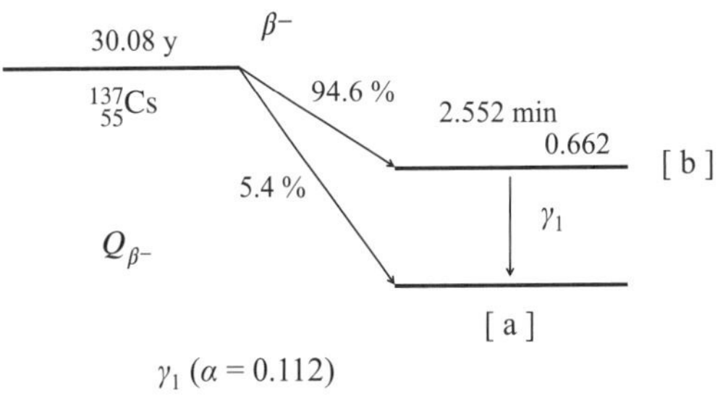

図 23. 1　^{137}Cs の壊変図式

問題 2　放射壊変における Q 値とは何か．また，^{137}Cs の壊変の Q 値を求めよ．ただし，^{137}Cs,（　a　）の質量偏差を，それぞれ−86.556 MeV,

–87.732 MeV とする．

問題 3　^{137}Cs の壊変の際に放出される全ての放射線の種類，分岐比，エネルギーを図 23. 1 から答えよ．

問題 4　^{137}Cs から（　a　）および（　b　）を分離して除去した後，十分に時間が経過した壊変率 1.0 kBq の ^{137}Cs を含む溶液について，溶液中に含まれる ^{137}Cs と（　b　）の物質量をそれぞれ mol 単位で求めよ．また，その溶液から（　b　）を分離した場合，分離した（　b　）の放射能量が 1.0 Bq になるまでの時間を求めよ．ただし，分離直後の時間を 0 とする．

第 4 章　分子の電子状態

問 24　原子価結合法

出題趣旨：2 個以上の原子が結合して分子を形成する場合，各原子の最外殻軌道（原子価軌道）の不対電子どうしが相互作用することで結合が形成されるという考え方を原子価結合法（VB 法）と呼ぶ．この問では原子価結合法の基本について出題する．

問題 1　水素分子の波動関数を原子価結合法で記述する．水素原子 1 の1s原子軌道を$\chi_1(\boldsymbol{r})$，水素原子 2 の1s原子軌道を$\chi_2(\boldsymbol{r})$，電子aの位置を$\boldsymbol{r}_\mathrm{a}$，電子bの位置を$\boldsymbol{r}_\mathrm{b}$とおく．このとき，原子価結合法における水素分子の波動関数を記述せよ．また，電子i $(i = \mathrm{a}, \mathrm{b})$のスピンが$\alpha$のときのスピン軌道を$\alpha(i)$，$\beta$のときのスピン軌道を$\beta(i)$とおくと，スピンを含めた水素分子の波動関数はどうなるか記述せよ．ただし規格化定数は考慮しなくてよいものとする．

問題 2　メタン(CH_4)分子を炭素(C)原子と水素(H)原子から形成するとき，原子価結合法における C 元素の価電子は以下の軌道ψ_1～ψ_4で表される．

$$\psi_1 = \frac{1}{2}(\psi_{2\mathrm{s}} + \psi_{2\mathrm{p}_x} + \psi_{2\mathrm{p}_y} + \psi_{2\mathrm{p}_z})$$

$$\psi_2 = \frac{1}{2}(\psi_{2\mathrm{s}} - \psi_{2\mathrm{p}_x} - \psi_{2\mathrm{p}_y} + \psi_{2\mathrm{p}_z})$$

$$\psi_3 = \frac{1}{2}(\psi_{2\mathrm{s}} + \psi_{2\mathrm{p}_x} - \psi_{2\mathrm{p}_y} - \psi_{2\mathrm{p}_z})$$

$$\psi_4 = \frac{1}{2}(\psi_{2\mathrm{s}} - \psi_{2\mathrm{p}_x} + \psi_{2\mathrm{p}_y} - \psi_{2\mathrm{p}_z})$$

それぞれの軌道を図示し，その形状から CH_4 分子の概形を説明せよ．

問題 3　次の分子の概形を VSEPR 理論に基づいて説明せよ．

(1) BeH_2　　(2) H_2O　　(3) SF_4　　(4) I_3^-

問 25　分子軌道法

出題趣旨：分子軌道法では分子に対する電子の軌道を仮定し，その軌道への電子配置を決めることで分子全体の波動関数を構築する理論である．この問では分子軌道法の基本について出題する．

問題 1　分子軌道法で水素分子 H_2 の波動関数について考える．水素原子 1，2 の 1s 原子軌道をそれぞれ$\chi_1(\boldsymbol{r})$，$\chi_2(\boldsymbol{r})$とおいたときの分子軌道$\psi_\pm(\boldsymbol{r})$（2 個）を原子軌道の一次結合で表せ．なお規格化定数はNとしてよい．また，得られる軌道のうちエネルギーが低い軌道を選び，その理由を答えよ．

問題2　図 25. 1 に異種二原子分子(A–B)の分子軌道ダイアグラムを示す．ここでχ_A, χ_Bは原子 A, B の原子軌道をそれぞれ表し，各原子軌道に電子が 1 つずつ入っていたものとする．図 25. 1 を用いて，原子 A，B のどちらの電気陰性度が大きいかを説明せよ．また，χ_Aとχ_Bの原子軌道エネルギー差が大きくなると，どういった状態に近づくのか説明せよ．

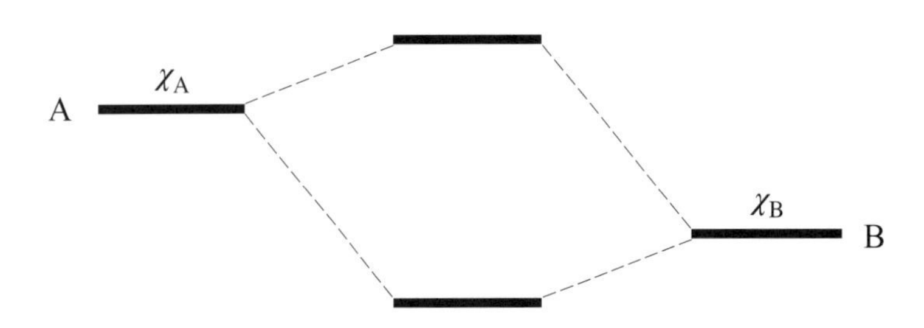

図 25. 1　異種二原子分子(A–B)の分子軌道ダイアグラム

問題3　図 25. 2 は H_2X（X = O または Be）分子における H 原子の 1s と X 原子の 2s, $2p_x$, $2p_y$, $2p_z$ 軌道を元に描いた Walsh ダイアグラムの概略図である．結合角は H–X–H のなす角を，縦軸のラベルは価電子の軌道を意味する．BeH_2 および H_2O の概形について Walsh ダイアグラムを元に説明せよ．

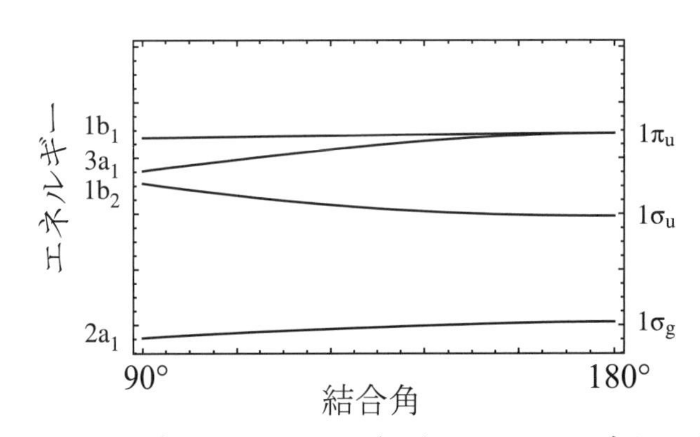

図 25. 2　H_2X（X = O または Be）分子の Walsh ダイアグラム

問 26　Hückel 法

出題趣旨：π 電子系の電子状態を量子化学的に記述し，定性的に理解する，簡単な近似として Hückel 法がある．この問では，Hückel 法の基礎的な概念について出題する．

問題1　エチレンについて Hückel 法を用いて軌道エネルギーを求め，エネルギー準位と電子配置を書け．永年方程式を立てる際に，軌道エネルギーϵはα, β（α : Coulomb 積分，β : 共鳴積分）を用いてよい．なお，計算に際しては，$x = (\epsilon - \alpha)/\beta$を変数に選ぶとよい．

問題2　シクロブタジエンについて，問題 1 と同様に Hückel 法を用いて軌道エネルギーを求め，エネルギー準位と電子配置を書け．

問題3　問題 1，2 の結果から，シクロブタジエンとエチレンの全エネルギーを比較せよ．

第 5 章　分子の性質・反応性

問 27　分子軌道法の応用：フロンティア軌道論

出題趣旨：有機反応における結合の組み換えを量子化学的に扱う方法について出題する．

問題 1　図 27. 1 に示すように，2 つの分子 A，B の 3 番目の分子軌道どうしが相互作用する場合を考える．各分子軌道の HOMO と LUMO の軌道番号を答えよ．また，この反応において分子 A および B は電子供与的か電子吸引的かをそれぞれ答えよ．

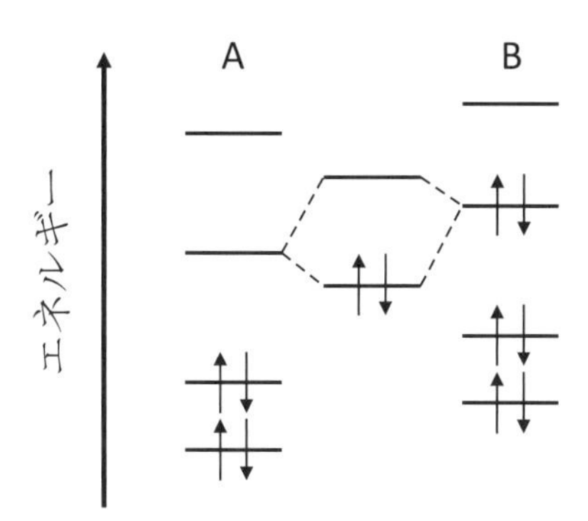

図 27. 1　分子軌道の準位図

問題 2　酢酸 CH_3COOH のメチル基 CH_3 の水素原子 1 個を塩素に置き換えると，酸性度はどのように変化するか答えよ．またその理由を酢酸アニオンの HOMO のエネルギー準位および水素原子軌道の HOMO への寄与の変化をもとに説明せよ．

問題 3　(2,4,6)-オクタトリエンの電子環状反応は立体選択的であり，その説明には軌道相互作用を考える必要がある．図 27. 2 に示す熱的な閉環反応が立体選択性をもつ理由を説明せよ．

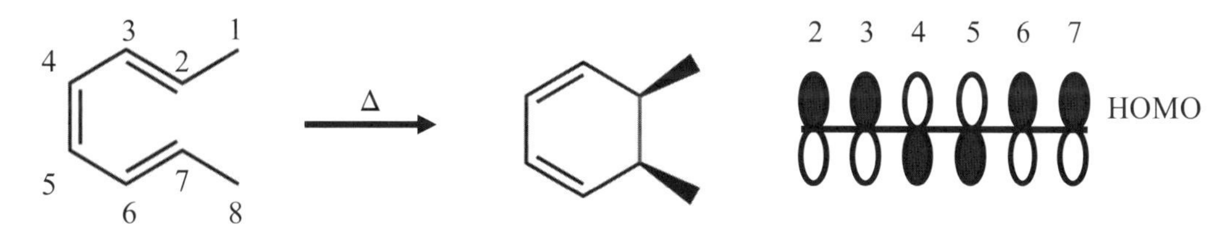

図 27. 2　電子環状反応の立体選択性および HOMO の各原子における位相

問 28　分子軌道法の応用：共有性相互作用

出題趣旨： 軌道の相互作用によって，分子の構造，化学反応の反応性や選択性を説明することができる．この問ではその共有性相互作用の基本について出題する．

問題 1　π 電子の織り成す芳香族性，反芳香族性を軌道エネルギーの観点から考察する．Hückel 法を用いると，平面型のベンゼン(**A**)とシクロオクタテトラエン(**B**)における軌道エネルギー準位は次のようになる（図 28. 1）．ただしα，βは Coulomb 積分と共鳴積分である．このとき，**A** および **B** の電子配置を求め，全エネルギーを求めよ．また，**A** と **B** それぞれについて二重結合の数に対応するエチレンの π 軌道のエネルギー（α，βで表す）と比較し，**A** および **B** の共鳴安定化エネルギーを見積もれ．

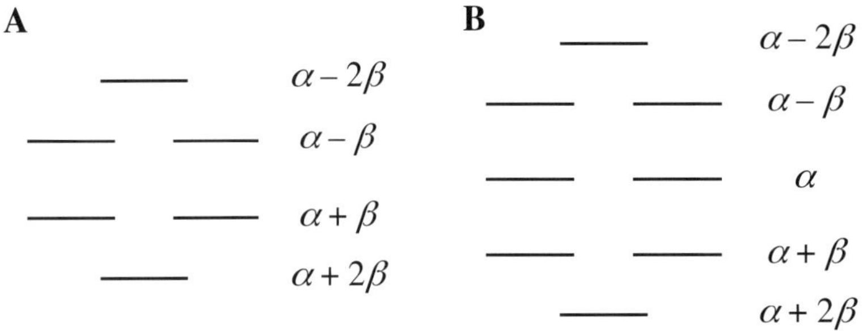

A		B	
―	$\alpha-2\beta$	―	$\alpha-2\beta$
―　―	$\alpha-\beta$	―　―	$\alpha-\beta$
		―　―	α
―　―	$\alpha+\beta$	―　―	$\alpha+\beta$
―	$\alpha+2\beta$	―	$\alpha+2\beta$

図 28. 1　ベンゼン(**A**)とシクロオクタテトラエン(**B**)における軌道エネルギー準位

問題 2　プロペンと塩化水素を反応させたとき, 1-クロロプロパンではなく 2-クロロプロパンが生成する理由を超共役の概念を用いて説明せよ．

問題 3　アリルアニオン系は π 電子の共鳴構造が存在することで安定化されている．この安定性を Hückel 法で説明したい．2-プロペニルアニオンについて, π 軌道エネルギー準位が図 28. 2 のようになることを用いて電子配置を描き, エネルギーを求めよ. また, エチレンと 1 個の独立した p 軌道のエネルギーの和を比較して, どちらが安定かを答えよ．

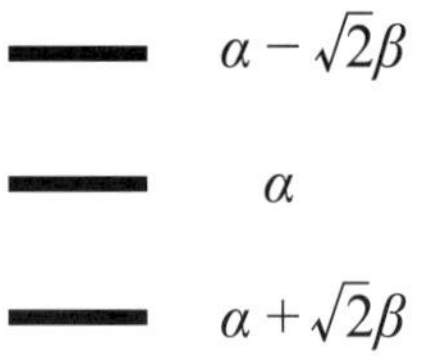

― $\alpha-\sqrt{2}\beta$

― α

― $\alpha+\sqrt{2}\beta$

図 28. 2　2-プロペニルアニオンの軌道エネルギー準位

問 29　速度論的支配と熱力学的支配

出題趣旨：速度論的支配と熱力学的支配の概念は反応の選択性を考える上で基本的な概念の 1 つである．この問では，速度論的支配と熱力学的支配の考え方について出題する．

問題 1　1,3-ブタジエンに対する臭化水素の付加反応は, (a) 40 °C で反応を行うと 1-ブロモ-2-ブテンが主生成物で得られる．一方で(b) –80 °C で反応を行うと，3-ブロモ-1-ブテンが主生成物で得られる．温度によって生成物が異なる理由を反応座標の概略図を描き説明せよ．また，各反応が速度論的支配もしくは熱力学的支配のどちらで進行しているのか答えよ．

(a)　HBr / 40 °C　→　Br

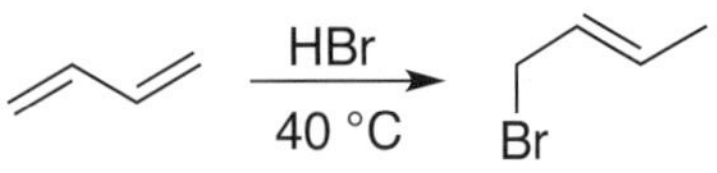

(b)　HBr / -80 °C　→　Br

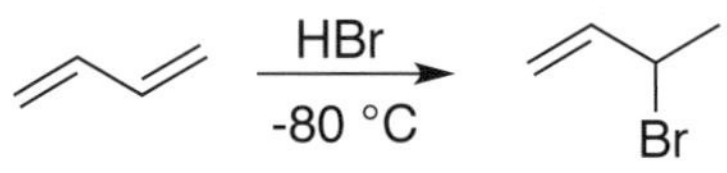

問題 2　Wittig 反応はリンイリドを用いてカルボニルからアルケンを作り出す反応である（イリドとは，正の形式電荷をもつヘテロ原子により隣接基のアニオンが安定化された化学種である）．この問題では，アルデヒドとリンイリドの反応について考える．この反応は以下のように E 体および Z 体の生成が考えられる．

$$R^1CHO + Ph_3P{=}CHR^2 \longrightarrow \left(R^1CH{=}CHR^2 \text{ or } R^1CH{=}CHR^2 \right) + Ph_3P{=}O$$

E-olefin　*Z*-olefin

リンイリドの置換基 R^2 がカルボニル基などの電子求引基の場合，*E* 体化合物が主生成物として得られる．一方で，R^2 がアルキル基などの電子供与基の場合，*Z* 体化合物が主生成物として得られる．この理由をリンイリドの安定性から説明せよ．

問 30　芳香族性

出題趣旨：芳香族性は，π 電子をもつ原子が環状に並んだ構造をもつ化合物にみられ，化合物の性質を決める重要な因子となる．この問ではその定義および性質について出題する．

問題 1　次の語句を用いて芳香族性を簡潔に定義せよ．

［鎖状，環状，$(4n+2)\pi$ 電子，共役，熱力学的安定化（性），反磁性環電流，HOMO，LUMO］

問題 2　アセン類（アントラセンやペンタセンなど）とフェナセン類（フェナントレンやピセンなど）はどちらが化学的に安定か，その理由とともに答えよ．またこれらの化合物群の環数の増大に伴う色の変化の違いを，Clar's aromatic sextet の考え方を用いて説明せよ．

問題 3　図 30. 1 に示した ^{1}H-NMR シグナルの化学シフト値を参考に，ケクレンの基底状態の電子構造を適切に表す極限構造式は構造 A と B のどちらであるか，その理由とともに答えよ．

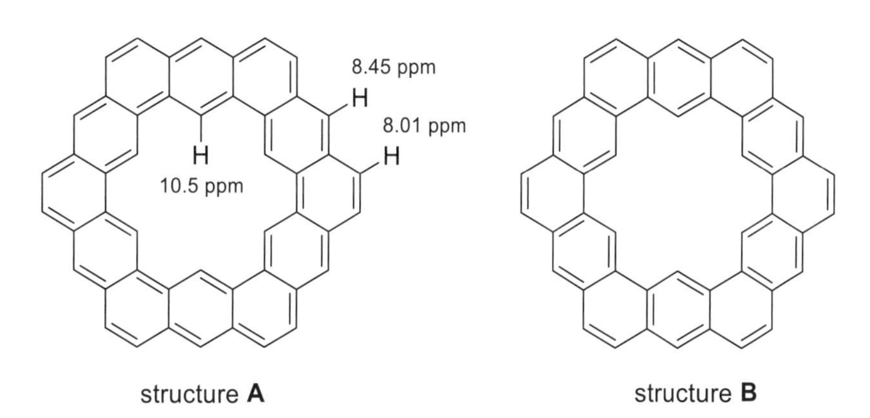

図 30. 1　ケクレンの構造および各 ^{1}H サイトにおける化学シフト値

問 31　酸性・塩基性：定義と HSAB 則

出題趣旨：酸・塩基と HSAB(Hard and Soft Acids and Bases)則は物質間の相互作用や化学反応を考える上で基本的な概念の 1 つである．この問では HSAB の定義と，反応選択性について出題する．

問題 1　酸・塩基の定義について(1) Arrhenius による定義，(2) Brønsted と Lowry による定義，(3) Lewis による定義をそれぞれ説明せよ．

問題 2　(1) 硬い酸・塩基および軟らかい酸・塩基の一般的な特徴を，中心原子の大きさ，分極率，電荷密度について述べよ．

(2) 次に示す酸・塩基が Hard か Soft のどちらであるか分類せよ（R：アルキル基）．

酸：H^+　BF_3　B_2H_6　Li^+　Mg^{2+}　Ag^+　Hg^+　RCH_2^+

塩基：OH^-　H^-　F^-　I^-　RNH_2　ROH　RSH　R_3P　R^-

問題 3　(1) 次の反応の主生成物を描け．

(a) 1) MeLi　2) H^+

(b) 1) Me_2CuLi　2) H^+

(2) 次の反応の主生成物を描け．塩化セリウム($CeCl_3$)は，メタノール(MeOH)と水素化ホウ素ナトリウム($NaBH_4$)との反応を促進し，水素化メトキシホウ素ナトリウム($NaH_nB(OMe)_{4-n}$)を生成させるはたらきをもつ．

(a) $NaBH_4$ / MeOH

(b) $NaBH_4$, $CeCl_3$•$7H_2O$ / MeOH

問 32　酸性・塩基性：Brønsted 酸

出題趣旨：有機分子の酸性度・塩基性度の大きさは Brønsted の酸塩基の定義に基づき H^+の移動の起こりやすさで説明される．この問では置換基が有機分子の酸性・塩基性度に与える影響について出題する．

問題 1　酢酸，エタノール，フェノールを酸性度の大きい順に並べよ．また，その理由を答えよ．

問題 2　酢酸，トリフルオロ酢酸，トリメチル酢酸を酸性度の大きい順に並べよ．また，その理由を答えよ．

問題 3　*n*-ブチルアルコールと *t*-ブチルアルコールのうち酸性度の大きい方を答えよ．また，その理由を答えよ．

問 33　電子移動特性

出題趣旨：生体内の電子移動（特に光の関与する高速なプロセス）から有機エレクトロニクスに至るまで，電子移動速度が系の効率を決定する重要な因子となっている．この問では外圏型電子移動の速度を記述する Marcus 理論について出題する．

問題 1　フラーレン M_1 にフラーレンラジカルアニオン M_2^-から電子が 1 つ移動する電子移動反応（自己交換反応）について考える．図 33.1 は横軸に反応座標 x，縦軸にエネルギーEをとった電子移動エネルギーダイアグラムであり，曲線 A，B はそれぞれ反応前と後のポテンシャル曲面である．同種の分子間での電子移動反応であるため，反応前後での Gibbs エネルギー変化 ΔG は 0

となる．以下の問いに答えよ．

(1) 図 33. 1 中の λ は再配列エネルギーと呼ばれる物理量であり，分子の電子状態の変化に伴う内部構造の変化や溶媒和などの外部環境の変化によるエネルギー変化に対応する．反応前後のポテンシャル曲面は二次関数で記述できると仮定し，ポテンシャル曲面の最低エネルギーを $E = 0$ とすれば，曲線 A，B はそれぞれ $f(x) = \lambda x^2$，$g(x) = \lambda(x-1)^2$ と書くことができる．このとき，反応活性化エネルギー$\Delta G^‡$は 2 つの曲線の交点におけるエネルギーに等しい．λ を用いて $\Delta G^‡$を表せ．

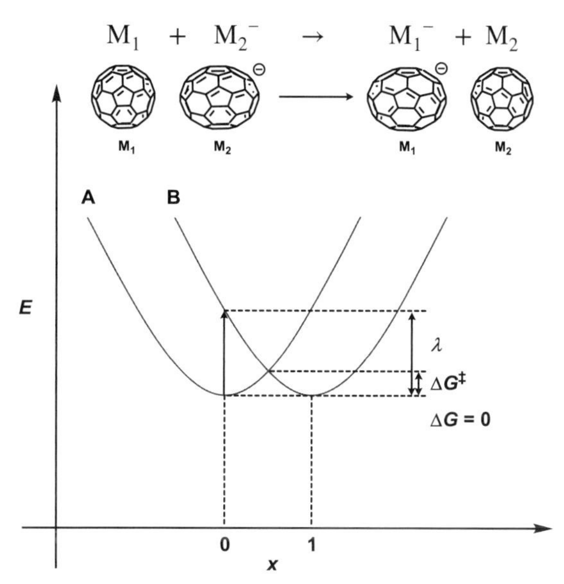

図 33. 1　フラーレンの自己交換反応における電子移動エネルギーダイアグラム

(2) フラーレンラジカルアニオン上の電子は分子上に強く非局在化している．このことは，フラーレン間の電子移動反応における再配向エネルギーを小さく抑える効果として作用する．フラーレン類を用いた半導体が高い電子移動度を示す理由を，(1)の結果を踏まえて説明せよ．

問題 2　異分子間の電子移動反応については，問題 1 で用いたエネルギーダイアグラムの考え方を $\Delta G < 0$ の場合に拡張することで同様に取り扱うことができる．反応前のポテンシャル曲面の最低エネルギーを $E = 0$ として以下の問いに答えよ．

(1)　反応前後のポテンシャル曲面をそれぞれ $f(x) = \lambda x^2$，$g(x) = \lambda(x-1)^2+\Delta G$ とおく．$\Delta G^‡$を ΔG，λ を用いて表せ．

(2)　$\lambda > -\Delta G > 0$，$-\Delta G = \lambda$，$-\Delta G > \lambda$ の場合について，電子移動エネルギーダイアグラムの概形を図 33. 1 と同様の形式でそれぞれ示せ．また，それぞれの場合について $\Delta G^‡$を図中に示せ．

(3)　電子移動反応の反応速度定数 k_{ET} は，Arrhenius の式から，

$$k_{\mathrm{ET}} = \upsilon \exp\left(-\frac{\Delta G^‡}{k_{\mathrm{B}}T}\right)$$

と表される．ここで，υは衝突頻度因子と呼ばれる定数である．k_{ET} を ΔG, λ を用いて表せ．また，縦軸に $\ln k_{\mathrm{ET}}$，横軸に$-\Delta G$ をとったグラフの概形を示せ．

問34　キラリティー

出題趣旨：キラリティー(chirality)は，その分子の光学活性や生理活性を決定する重要な因子となる．この問ではキラリティーを有する有機化合物の性質について出題する．

問題1　分子量が200である純粋な物質(1.0 g)の溶液(10 mL)を長さ10.0 cmの試料測定管に入れ，旋光計にセットしたところ，偏光面が反時計回りに15°回転することが観測された．この化合物の比旋光度はいくらか．

問題2　次のそれぞれの組の化合物が互いに同一分子かあるいはエナンチオマー，ジアステレオマー，構造異性体のどれかを示せ．

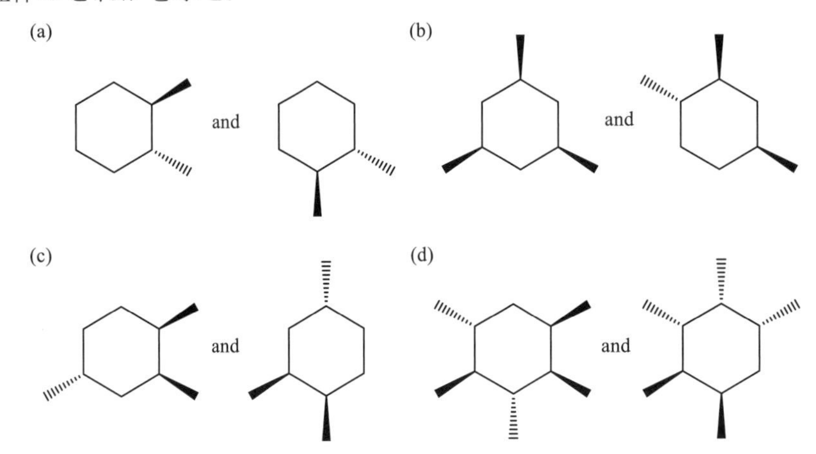

問題3　以下に示した**BINAP**および**BINOL**は不斉炭素原子を有さないにもかかわらず光学活性を示すことが知られている．その理由を述べよ．

PPh_2　PPh_2　OH　OH

BINAP　　**BINOL**

問35　酸化・還元電位

出題趣旨：物質から物質への電子移動がどのような条件で進行するかについては，それぞれの物質の標準電位から予測することができる．この問では，酸化・還元反応の進行をNernstの式を用いて定量的に理解する方法について出題する．

問題1　化合物AおよびCの半反応式を以下に表す．

$A + e^- \rightarrow B$　　式35.1　　$C \rightarrow D + e^-$　　式35.2

それぞれの化合物AとCを含む溶液を混合したところ，AとCはほとんどがBとDに変化した．式35.1と式35.2の標準電位をそれぞれE^o_{AB}とE^o_{DC}としたとき，E^o_{AB}とE^o_{DC}の大小関係について答えよ．

問題 2　化合物 E および G の半反応式を以下に表す．

$$\mathrm{E} + \mathrm{e}^- \rightarrow \mathrm{F} \qquad \text{式 35.3} \qquad \mathrm{G} \rightarrow \mathrm{H} + 2\mathrm{e}^- \qquad \text{式 35.4}$$

式 35. 3 と式 35. 4 のそれぞれ半反応式の標準電位を $E^{\mathrm{o}}_{\mathrm{EF}}$ と $E^{\mathrm{o}}_{\mathrm{HG}}$ とし，$E^{\mathrm{o}}_{\mathrm{EF}} = E^{\mathrm{o}}_{\mathrm{HG}}$ とする．化合物 E を含む溶液と化合物 G を含む溶液を混ざらないようにセパレーターを用いて区切り，それぞれに電極を入れると，酸化還元反応が発生して濃度変化を起こした後，一定の状態になった．それぞれの物質の活量($a_{\mathrm{E}}, a_{\mathrm{F}}, a_{\mathrm{G}}, a_{\mathrm{H}}$)にはどのような関係が成り立つか示せ．

問 36　反応速度論：Michaelis–Menten 式

出題趣旨：反応速度論は物質量の時間変化を解析することで，化学反応のメカニズムを考察する方法の 1 つである．この問では，酵素反応でよくみられる，Michaelis–Menten 型の反応速度式について出題する．

問題 1　触媒存在下の化学反応における定常状態とは何か説明せよ．

問題 2　基質 S が酵素 E と結合し複合体 ES を形成し，その後，ES が E と S に戻る，もしくは反応生成物 P を生成し，酵素 E が再利用される，という一連の反応を仮定する．各反応の速度定数をそれぞれ k_1，k_{-1}，k_2 とする．

$$\mathrm{E} + \mathrm{S} \underset{k_{-1}}{\overset{k_1}{\rightleftharpoons}} \mathrm{ES} \xrightarrow{k_2} \mathrm{E} + \mathrm{P}$$

各種濃度をそれぞれ[E]，[S]，[ES]，[P]とし，酵素 E の初期濃度を[$\mathrm{E_0}$]とする．反応生成物 P の生成速度 v を，定常状態近似を用いて求めよ．ただし，最大の反応速度 $V_{\max}$ と Michaelis 定数 K_{m} は以下の通りである．

$$V_{\max} = k_2[\mathrm{E_0}]$$

$$K_{\mathrm{m}} = \frac{k_{-1} + k_2}{k_1}$$

問題 3　(1) [S]に対して v をプロットしたグラフの概略を描き，グラフ上に $V_{\max}$，$V_{\max}/2$，K_{m} を明記せよ．

(2) 1/[S]に対して $1/v$ をプロットしたグラフの概略を描け．ただし，縦軸および横軸の切片の値を明記すること．

問 37　極性反応：酸性条件

出題趣旨：極性反応は有機化学反応の基礎的反応の 1 つである．この問では酸性条件下，カチオンを活性種とする反応に関して出題する．

問題 1　(1) (*R*)-2-クロロブタンをアセトン中，シアン化物イオンと反応させると(*S*)-2-メチルブチロニトリルが生成する．一方で，(*R*)-2-ヨードブタンをメタノールと反応させると，ラセミ体の 2-メトキシブタンが生成する．この 2 つの反応を説明せよ．

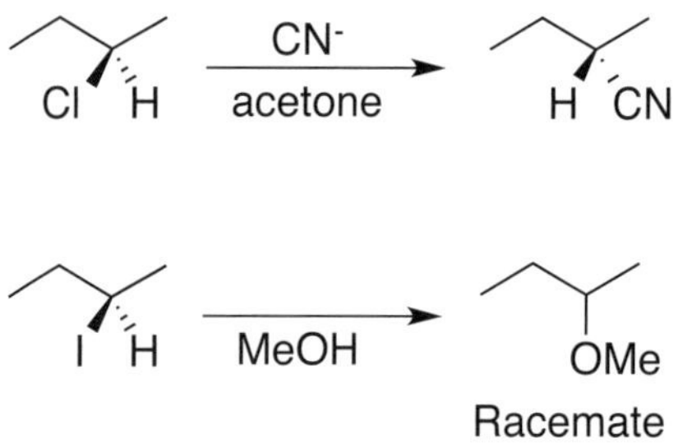

CN^-
Cl H　acetone　H CN

MeOH
I H　OMe
Racemate

(2) 3-メチル-2-ブタノール **1** に臭化水素を作用させると，2-ブロモ-2-メチルブタン **2** が主生成物となり，2-ブロモ-3-メチルブタン **3** は副生成物となる．この反応を説明せよ．

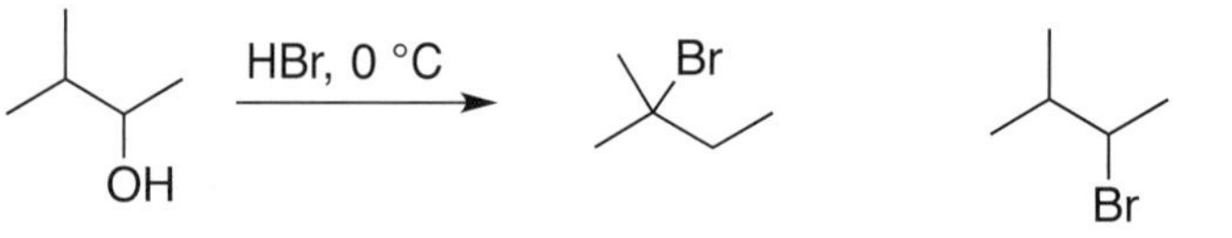

HBr, 0 °C
OH　Br　Br
1　**2** Major product　**3** Minor product

問題 2　次の反応の反応機構と主生成物を描け．

HO　OH　aq H_2SO_4 reflux

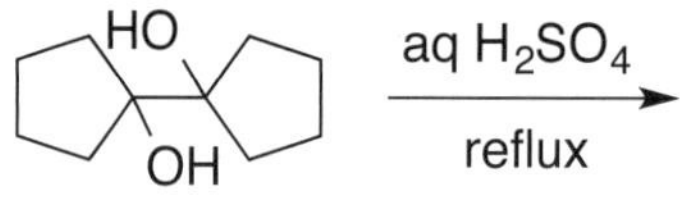

問題 3　次の反応の反応機構と主生成物を描け．

MeO　Cl　O　$H_2C{=}CH_2$, $AlCl_3$　CH_2Cl_2　-78 °C to rt

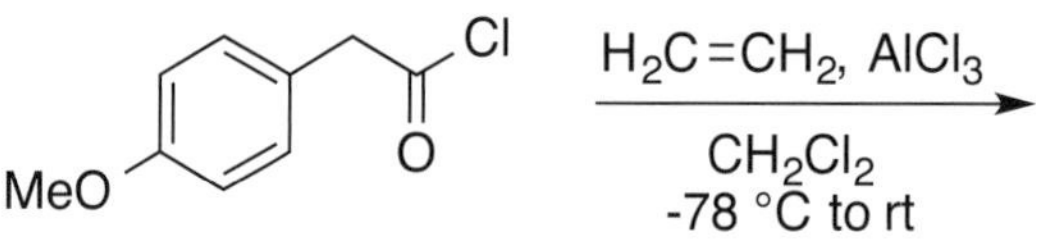

問 38　極性反応：塩基性条件

出題趣旨：極性反応は有機化学反応の基礎的反応の 1 つである．この問では塩基性条件下，アニオンを活性種とする反応に関して出題する．

問題 1　2-フェニルシクロヘキサノン **1** をリチウムジイソプロピルアミドとテトラヒドロフラン(THF)中, 室温下で反応させた後ヨウ化メチル(CH_3I)を作用させると **2** が主生成物として得られる．一方，この反応を−78 °C で行うと，**2** の構造異性体である **3** が主生成物となる．反応温度によりこれら主生成物が変化する理由を述べよ．

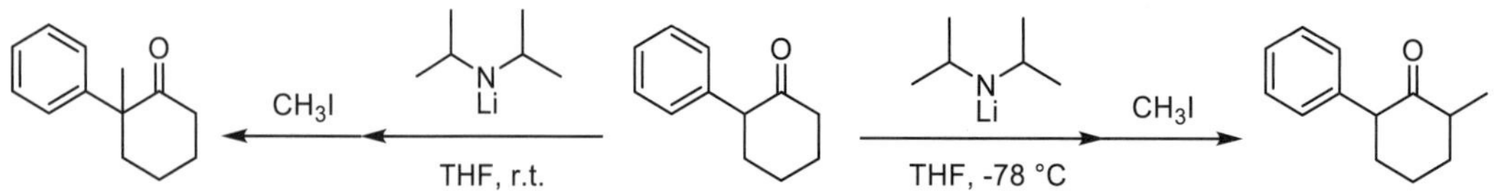

O　N Li　CH_3I　THF, r.t.　O　N Li　CH_3I　THF, -78 °C　O
2　**1**　**3**

問題 2　次の反応の主生成物を書け．またその化合物が主生成物となる理由を述べよ．

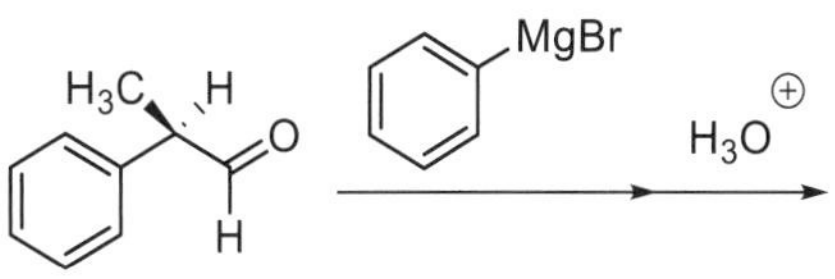

H_3C, H, O, H　MgBr　$H_3O^{\oplus}$

問 39　ラジカル反応

出題趣旨：ラジカルの関与する反応は偶数電子の移動により理解できる極性反応とは大きく異なる．この問では，ラジカルの典型的な反応について出題する．

問題 1　光照射下，イソブタンに対して塩素を作用させると，第三級 C–H 結合が塩素化された生成物と第一級 C–H 結合が塩素化された生成物が 35 : 65 の比で得られる．一方，臭素を用いた場合には，第三級 C–H 結合の臭素化が選択的に進行する．選択性が著しく異なる理由を説明せよ．

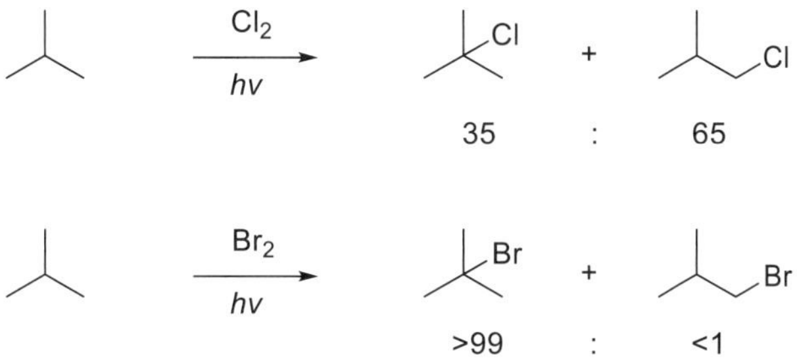

Cl_2, $h\nu$　Cl + Cl　35 : 65

Br_2, $h\nu$　Br + Br　>99 : <1

問題 2　以下の反応において，ブロモ基を Bu_3SnD により還元しようとしたところ，芳香環が重水素化された生成物の他に，アルキル基上の炭素が重水素化された生成物が多く得られた．その理由を答えよ．

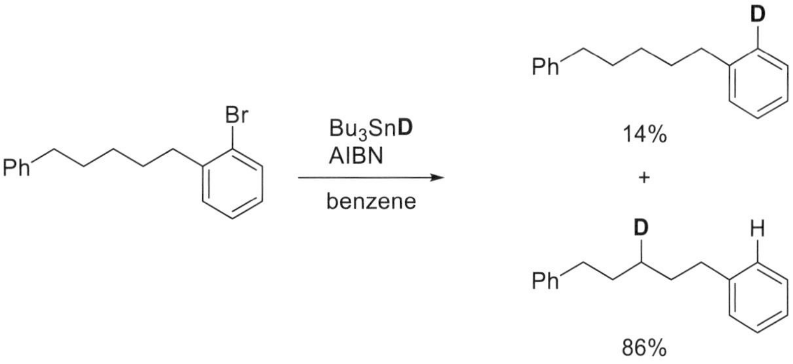

Ph, Br　Bu_3Sn**D**, AIBN, benzene　Ph, **D**　14%　+　Ph, **D**, H　86%

問題 3　次の反応で得られる生成物を反応機構とともに示せ．

(a)　Br　AIBN, Bu_3SnH

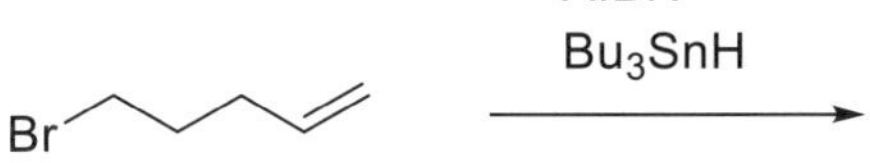

(b)　Ph　AIBN, PhSH

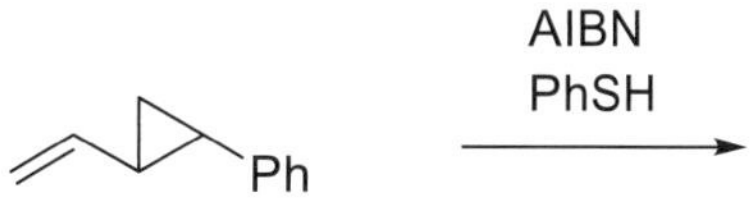

問 40　ペリ環状反応

出題趣旨：環状の遷移状態を経て 1 段階で結合形成が起こる反応をペリ環状反応と呼ぶ．この問ではフロンティア軌道論で説明されるペリ環状反応の反応性およびその反応機構について出題する．

問題 1　次の電子環状反応を分子軌道の考え方に従って説明せよ．

(a)

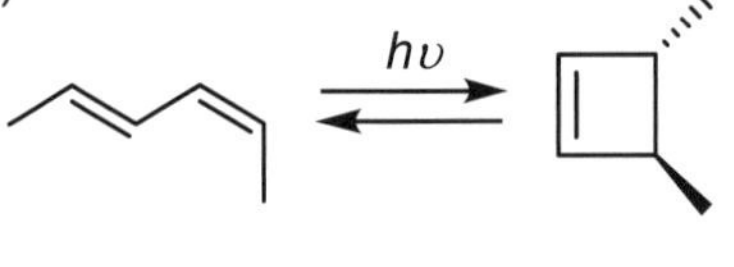
hυ

(b)

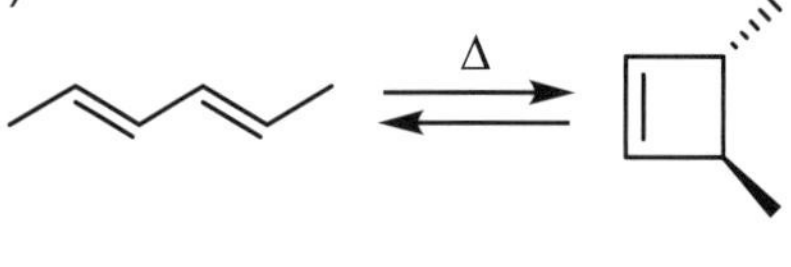
Δ

問題 2　次の Diels–Alder 反応を行った場合，どちらの化合物が主生成物として得られるか．理由とともに述べよ．

(a)

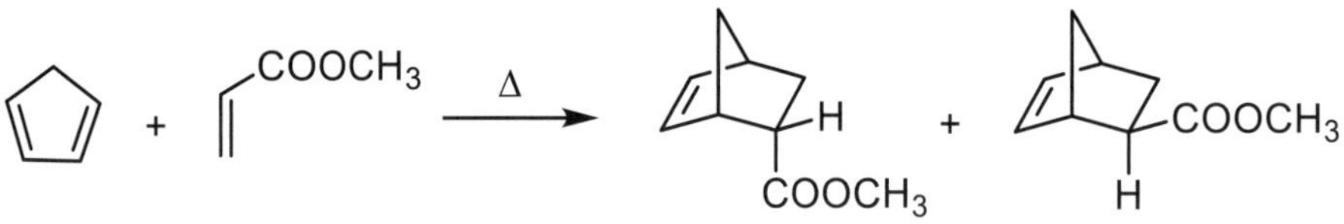
COOCH3
Δ
H
COOCH3
COOCH3
H

(b)

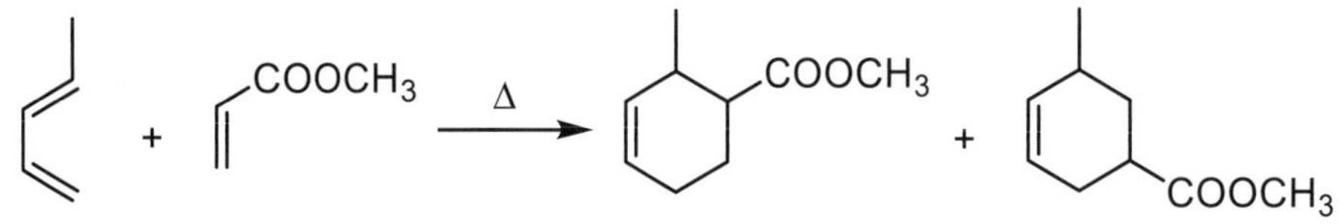
COOCH3
Δ
COOCH3
COOCH3

問題 3　次の化合物の Claisen 転移によって得られる生成物およびその反応機構を示せ．

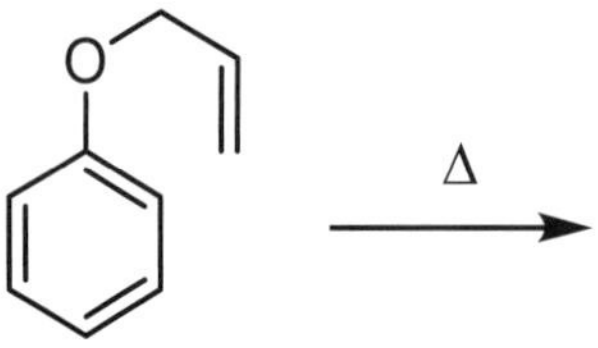
O
Δ

問 41　遷移金属反応

出題趣旨：遷移金属はその d 軌道の介在により多彩な反応形式を有する．この問では，いくつかの典型的な反応形式とそれに基づいた代表的な遷移金属反応について出題する．

問題 1　酸化的付加に対して高い反応性を示しうる有機金属錯体を以下の中から全て選べ．

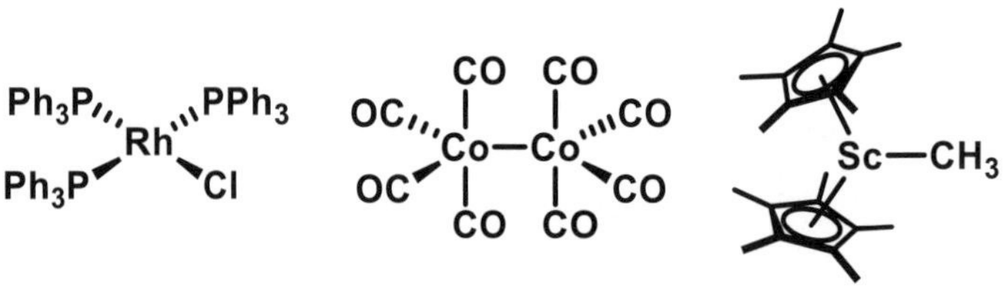
Ph3P
PPh3
Rh
Ph3P
Cl
CO
CO
OC
Co
Co
CO
OC
CO
CO
CO
Sc
CH3

A　B　C

問題 2　σ 結合メタセシスは d^0 の有機金属錯体において一般的な反応である．以下の Lu(III)錯体と ^{13}C 標識したメタン過剰存在下において σ 結合メタセシスが進行したときの生成物を示せ．

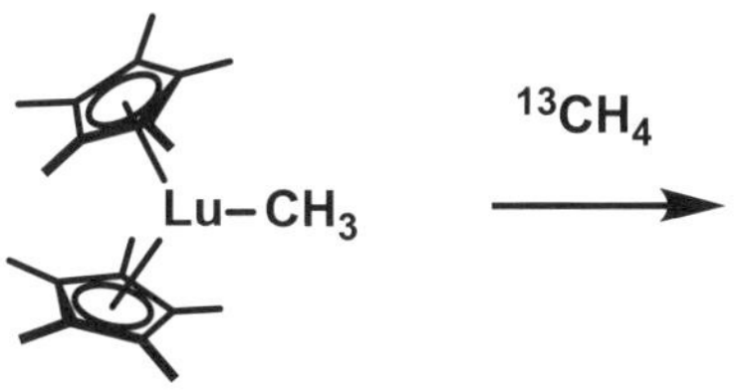

$$Cp^*_2Lu{-}CH_3 \xrightarrow{^{13}CH_4}$$

問題 3　シクロペンタジエニル基 (Cp) が結合したヒドリドジルコニウム錯体がアルケンに挿入する場合，直鎖型のアルキル金属錯体が単一の生成物として得られることが知られている．反応機構を示し，直鎖型のアルキル金属錯体が選択的に生成する理由を考察せよ．

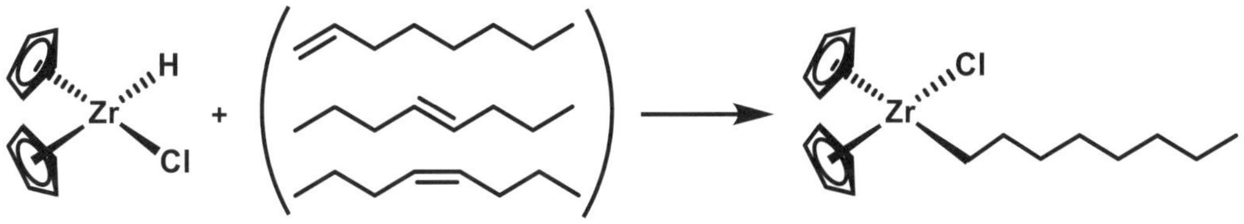

$$Cp_2Zr(H)Cl + (\text{octene isomers}) \longrightarrow Cp_2Zr(Cl)(n\text{-}C_8H_{17})$$

問 42　高分子合成：概要

出題趣旨：モノマーの重合によって高分子は合成される．この問では基本的な重合の種類，およびモノマーの配列によって分類される高分子の種類について出題する．

問題 1　逐次重合，連鎖重合について特徴を述べ，それぞれに主に当てはまる重合法を下からすべて選べ．

重縮合，配位重合，ラジカル重合，アニオン重合，重付加，カチオン重合，開環重合，付加縮合

問題 2　1 種類のモノマーから作られた高分子を単独重合体，2 種類以上のモノマーが重合して高分子鎖を形成する場合を共重合体と呼ぶ．今，モノマーA と B の共重合体を考える．分岐が存在しないとすると，どのような共重合体が考えられるか，下の例に従って名称とともに図示せよ

例：ランダム共重合体，~B-A-A-A-B-A-B-A-B-B-A-B~

問題 3　ナイロン 66 の合成にはどのような重合様式が用いられているか，反応式とともに答えよ．また，同様の重合様式において高分子量ポリマーを合成する条件を，「平衡」，「反応度」，「組成比」という言葉を用いて述べよ．

また，A, B の 2 つの官能基が両末端についた分子 A—B を考える．A と B は互いとのみ結合し，そのほかの反応が起こらないとして，数平均重合度が 200 の高分子量体が生成している反応系における反応度 p を概算せよ．ただし，反応度 p は官能基の反応後の濃度および初濃度をそれぞれ C，C_0 としたとき，$p = (C_0 - C)/C_0$ と定義される．

問 43　高分子合成：ラジカル重合

出題趣旨：重合反応の中でも不飽和化合物の付加重合は最も汎用的に利用されている．この問ではその代表例としてラジカル重合を出題する．

問題 1　ラジカル重合における開始反応，成長反応，停止反応（再結合，不均化）を，Styrene をモノマー，2,2'-azobis(isobutyronitrile)(AIBN)を開始剤として示せ．

問題 2　2種類のモノマーM_1とM_2をラジカル共重合させる場合を考える．成長末端と各モノマーの反応が，末端ラジカルの種類にのみ支配されるとすると，M_i ($i = 1,\ 2$) のラジカル $M_i\cdot$が M_j ($j = 1, 2$) と反応する速度は，$k_{ij}[M_i\bullet][M_j]$と書ける．ただしk_{ij}は反応速度定数．$M_1\cdot$と$M_2\cdot$の濃度が定常状態の場合を考えると（定常状態近似），

$$\frac{d[M_1]}{d[M_2]} = F\left(\frac{r_1F+1}{F+r_2}\right)$$

$$F = \frac{[M_1]}{[M_2]},\qquad r_1 = \frac{k_{11}}{k_{12}},\qquad r_2 = \frac{k_{22}}{k_{21}}$$

が得られる．これは共重合組成式と呼ばれ，重合反応中のある任意の瞬間に生成する共重合体の組成を示すものである（定常状態近似は問 36 を参照）．

一般的な共重合組成曲線を図 43. 1 に示す．この A～D に該当する r_1 と r_2 の組み合わせを次の中から選べ．ただし，反応開始直後に速やかに定常状態になり，また，F は反応停止までほとんど変化がないものとせよ．

(r_1, r_2) = ①(3, 4), ②(3, 0.4), ③(0.3, 0.4), ④(0.3, 4)

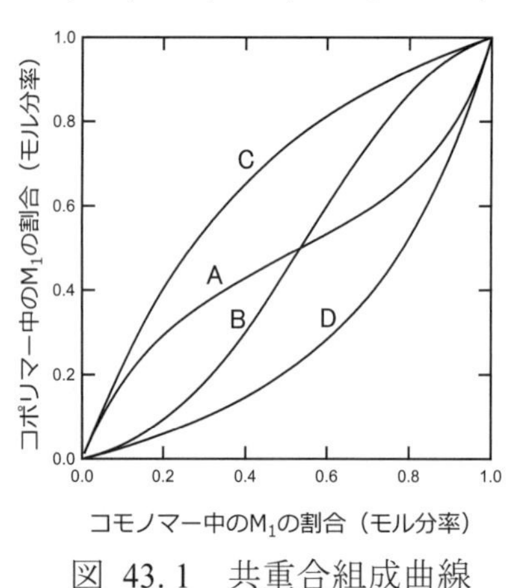

図 43. 1　共重合組成曲線

問題 3　リビング重合は，開始反応と成長反応以外の反応が全く起こらない重合反応のことであり，開始反応が成長反応より十分に速い場合，得られた高分子の分子量分布が狭くなる．構造の制御された高分子を合成できるため，学術的にも物性制御の観点からも非常に重要なものである．イオン重合や配位重合に次いで，近年ではラジカル重合でもリビング重合が達成され，工業的にも広がりを見せている．リビングラジカル重合にはいくつか種類があるが，その基本原理は共通している．「ドーマント種」（反応を停止している分子）という言葉を用いてリビングラジカル重合の重合原理について述べよ．

問44　アミノ酸・ペプチド・タンパク質

出題趣旨：タンパク質は生体内において，化学反応を起こす触媒（酵素）や生体構造の形成，輸送，貯蔵，免疫など，多種多様な機能をもっている．この問では，タンパク質の構成成分であるアミノ酸およびペプチドの基礎とタンパク質の化学合成について出題する．

問題1　以下の説明文において，カッコ内の選択肢のうち正しいものを選べ．

自然界には500種類以上のアミノ酸が存在するが，ほとんどの生物種のタンパク質は①(20 / 50 / 100)種類のα-アミノ酸から構成されている．最も単純なアミノ酸であるグリシンを除いて，C2は立体中心であり，通常は②(*S*/*R*)配置をもつ③(D/L)-アミノ酸である．

R
H_2N　COOH
アミノ酸

それぞれのアミノ酸は，その側鎖(R)によって分類されることが多い．例えば，バリンやロイシンといった④（アルキル基 / ヒドロキシ基 / カルボキシ基）をもつものや，セリンやスレオニンのような⑤（アルキル基 / ヒドロキシ基 / カルボキシ基）をもつもの，リシンやアルギニンのような⑥（酸性 / 中性 / 塩基性）アミノ酸や，アスパラギン酸やグルタミン酸のような⑦（酸性 / 中性 / 塩基性）アミノ酸などに分類される．

問題2　2つのアラニンからなるジペプチドの構造式を描き，ペプチド結合の平面性について説明せよ．

問題3　ポリペプチドやタンパク質を化学合成するためにR. B. Merrifieldにより固相合成法が開発された（1984年Nobel化学賞）．一部のベンゼン環がクロロメチル化されたポリスチレンを固相担体に用いて，2つのアラニンからなるジペプチドの固相合成を行ったときの以下の説明文を読み，一連の反応スキームを描け．

アミノ基が*tert*-ブトキシカルボニル(Boc)基で保護されたアラニンをカルボキシラートによる塩化ベンジルに対する求核置換反応によってポリスチレンに固定化する．トリフルオロ酢酸(TFA)によるBocの切断後，縮合剤であるジシクロヘキシルカルボジイミド(DCC)を用い，アミノ基がBocで保護されたアラニンとカップリングさせる．再びBocの切断をTFAにより行い，最後にフッ化水素によりジペプチドを遊離させ，目的のジペプチドを得る．

問45　糖

出題趣旨：糖はエネルギーの貯蔵や代謝中間体としてはたらくだけでなく，細菌や植物の細胞壁の構成成分である．また，多くのタンパク質や脂質と結合し，細胞間コミュニケーションや細胞とそれをとり巻く他の構成要素との相互作用を媒介する上で重要な役割を担う．この問では，最も単純な糖質である単糖の基本的な事項を出題する．

問題1　以下の説明文において，カッコ内の選択肢のうち正しいものを選べ．

最も単純な糖質である単糖は，2個以上のヒドロキシ基をもつアルデヒドまたはケトンである．代表的な単糖の1つであるD-グルコースは，①（アルデヒド / ケトン）を含むため②（アルドー

ス / ケトース）の一種であり，また③（ペントース / ヘキソース / ヘプトース）の一種である．D-グルコースなどの多くの糖は，溶液中では開いた鎖状構造だけでなく，環化してエネルギー的により安定な環状構造をとり，新たな不斉中心ができる．D-グルコースの場合，C1 に結合しているヒドロキシ基がアキシアル位にあると④（α / β）- D-グルコース，エクアトリアル位にあると⑤（α / β）- D-グルコースと呼ばれる．C1 の炭素原子はアノマー炭素原子と呼ばれ，α 体および β 体はアノマーと呼ばれる．

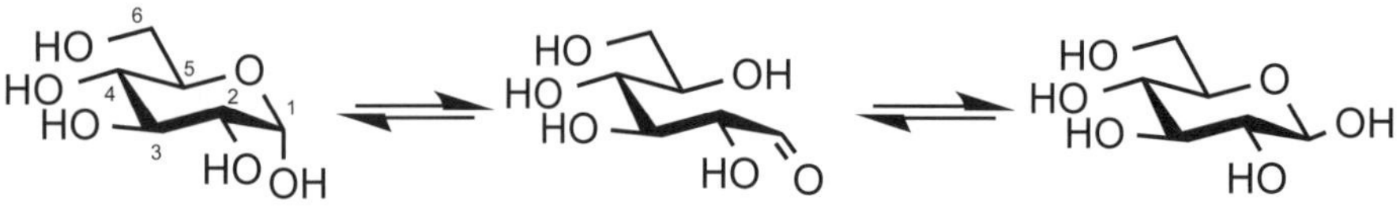

図 45. 1　D-グルコースの平衡

問題 2　一般的に六員環のアキシアル置換基は立体ひずみの原因となり，エクアトリアル置換基よりも熱力学的に不安定な化合物となる．しかし，D-グルコースのメタノール溶液に酸触媒を加えて生じるメチル- D-グルコシドは，アキシアル型の方が多く得られる．この効果はアノマー効果と呼ばれ，①「超共役による説明」と，②「双極子反発による説明」の 2 通りの説明がされている．①と②の内容をそれぞれ説明せよ．

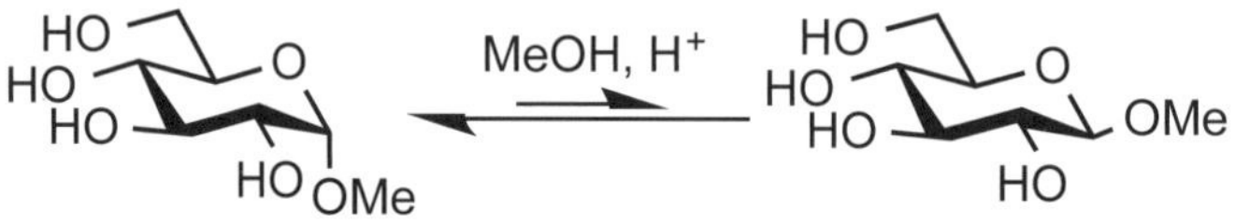

図 45. 2　メチル- D-グルコシドのアノマー効果

第 6 章　分子の運動

問 46　分子運動の基礎

出題趣旨：この問では，分子の運動を記述する上で重要な Born–Oppenheimer 近似と原子核運動の座標変換について基礎的な内容を出題する．

問題 1　n 個の電子（番号 $i = 1, 2, \ldots, n$）と N 個の原子核（番号 $A = 1, 2, \ldots, N$）からなる分子全体の量子状態を考える際に，計算を簡単にするために電子の運動と原子核の運動を分離して考えることが多い．分子全体の波動関数を $\Psi(\boldsymbol{\tau}_1, \boldsymbol{\tau}_2, \cdots, \boldsymbol{\tau}_n; \boldsymbol{R}_1, \boldsymbol{R}_2 \cdots, \boldsymbol{R}_N)$，電子の波動関数を $\Psi_{\mathrm{el}}(\boldsymbol{\tau}_1, \boldsymbol{\tau}_2, \cdots, \boldsymbol{\tau}_n; \boldsymbol{R}_1, \boldsymbol{R}_2 \cdots, \boldsymbol{R}_N)$，原子核の波動関数を $\Psi_{\mathrm{nucl}}(\boldsymbol{R}_1, \boldsymbol{R}_2 \cdots, \boldsymbol{R}_N)$としたときに，

$$\Psi(\boldsymbol{\tau}_1, \boldsymbol{\tau}_2, \cdots, \boldsymbol{\tau}_n; \boldsymbol{R}_1, \boldsymbol{R}_2 \cdots, \boldsymbol{R}_N) = \Psi_{\mathrm{el}}(\boldsymbol{\tau}_1, \boldsymbol{\tau}_2, \cdots, \boldsymbol{\tau}_n; \boldsymbol{R}_1, \boldsymbol{R}_2 \cdots, \boldsymbol{R}_N)\Psi_{\mathrm{nucl}}(\boldsymbol{R}_1, \boldsymbol{R}_2 \cdots, \boldsymbol{R}_N) \quad \text{式 46. 1}$$

を仮定すると電子と原子核の分離が容易になる．これを Born–Oppenheimer 近似と呼ぶ（$\boldsymbol{\tau}_1, \boldsymbol{\tau}_2, \ldots, \boldsymbol{\tau}_n$ は各電子の座標，$\boldsymbol{R}_1, \boldsymbol{R}_2, \ldots, \boldsymbol{R}_N$ は原子核の座標を表す）．多くの分子ではこの近似が成り立つとみなせる理由を，電子の波動関数Ψ_{el}に原子核の座標 $\boldsymbol{R}$ が含まれる理由と合わせて簡単に説明せよ．

問題 2　Born–Oppenheimer 近似によって分離された原子核の Schrödinger 方程式は，

$$\left(-\sum_{A=1}^{N} \frac{\hbar^2}{2M_A} \Delta_A + U(R)\right) \Psi_{\mathrm{nucl}}(\boldsymbol{R}) = E\Psi_{\mathrm{nucl}}(\boldsymbol{R}) \quad \text{式 46. 2}$$

と書くことができる．ここで M_A は原子核 A の質量，$\hbar$ はプランク定数，$U(\boldsymbol{R})$は原子核が感じるポテンシャルエネルギーをそれぞれ表す．この方程式は，このままの形で解くことは容易でない．しかし，$U(\boldsymbol{R})$を平衡位置 $\boldsymbol{R}_{\mathbf{e}}$ のまわりの調和ポテンシャルと仮定して，原子核の座標 $\boldsymbol{R}$ を適当な座標（基準座標）$\boldsymbol{Q}$ に座標変換することで，Schrödinger 方程式は

$$\left[\sum_{i=1}^{N} \left(-\frac{\hbar^2}{2} \frac{\partial^2}{\partial Q_i^{\,2}} + \frac{1}{2}\kappa_i Q_i^{\,2}\right)\right] \Psi_{\mathrm{nucl}}(\boldsymbol{Q}) = E\Psi_{\mathrm{nucl}}(\boldsymbol{Q}) \quad \text{式 46. 3}$$

となり，エネルギー準位が求められるようになる．ここで，κ_i は座標変換の際に現れる定数で i は座標変換後のモードを表し，原子核の質量や調和ポテンシャルの力定数に依存する．座標変換が果たした役割を，式 46. 2 と式 46. 3 を比較しながら簡単に説明せよ．

問 47　分子振動

出題趣旨：分子はその原子核によって作られるポテンシャルに沿って振動する．したがって，分子振動からその分子の構造に関する重要な情報を得ることができる．この問では 2 原子分子の振動について出題する．

問題 1　調和振動子のエネルギー準位は波数表示で，

$$E(v) = \left(v + \frac{1}{2}\right)\nu_0 \quad (v = 0, 1, 2, \ldots) \quad \text{式 47. 1}$$

と与えられる．ここで v は振動量子数，ν_0 は固有振動数[cm^{-1}]である．以下の問いに答えよ．

(1) 隣り合うエネルギー準位の間隔を求めよ．

(2) 固有振動数ν_0を力の定数 k，換算質量 μ，光速 c を用いて表せ．

(3) 振動量子数vが増加するに従って，核間距離の確率分布はどのように変化するか説明せよ．

問題 2　水素(H_2)分子の振動モードは，伸縮振動 1 モードだけである．このモードの固有振動数が 4340 cm^{-1} であったすると，重水素(D_2)分子の固有振動数はどうなるか調和振動子モデルを用いて計算せよ．ただし，H 原子の質量は 1.00794 u，D 原子の質量は 2.0141 u とする．

問題 3　調和振動子のポテンシャルは二次の放物線として近似されるが，実際の二原子分子ではどうなるか．ポテンシャル形状およびエネルギー準位を模式的に図示し，調和振動子モデルとの違いについて説明せよ．

問 48　分子の並進・回転

出題趣旨：この問では，分子の並進・回転運動の量子力学的な取扱いを確認する目的で，分子の閉鎖空間における並進運動と自由空間における回転運動に関して出題する．

問題 1　質量Mの粒子が一辺の長さがLの立方体に閉じ込められている場合の並進エネルギーは，

$E_{\mathrm{trans}} = \frac{h^2}{8ML^2}\left(n_x^2 + n_y^2 + n_z^2\right)$ と表すことができる．ただし，n_x, n_y, n_zは正の整数（量子数）である．以下の問に答えよ．

(1) この並進モードの基底状態および第一励起状態の縮重度 g_0，g_1 をそれぞれ求めよ．

(2) 一酸化炭素分子 $^{12}C^{16}O$ が一辺 1.00 cm の立方体に閉じ込められているとき，基底状態と第一励起状態とのエネルギー差を波数単位(cm^{-1})で求めよ（有効数字 3 桁）．

(3) (2)のエネルギー差を 1.00 cm^{-1} にするには，一酸化炭素分子を閉じ込める立方体をどこまで小さくすればよいか答えよ（有効数字 3 桁）．

問題 2　分子の回転エネルギー準位を表す式は，対象とする分子の対称性によって変わってくる．分子が対称回転子（2 つの慣性モーメント I_aが等しく他の 1 つ I_cが異なるような回転子）である場合，エネルギー準位は

$$E_{J,K} = hc\left\{BJ(J+1) + (A-B)K^2\right\} \qquad (J = 0, 1, 2, \ldots, K = 0, \pm 1, \ldots, \pm J)$$

で与えられる．ただし，A, B は 2 種類の慣性モーメント I_a，I_cに対応する回転定数，

$$A = \frac{h}{8\pi^2 c I_a} \quad , \quad B = \frac{h}{8\pi^2 c I_c}$$

を表し，J は角運動量の大きさの 2 乗 $\boldsymbol{J}^2$ の量子数，K は角運動量の z 軸成分 J_zの量子数をそれぞれ表す．以下の問に答えよ．

(1) 球対称分子（CH_4，SF_6 など）および直線分子（CO_2, HCl など）のエネルギー準位が，

$$E_J = hcBJ(J+1) \qquad (J = 0, 1, 2, \ldots)$$

と書けることを示せ．

(2) マイクロ波分光測定によって得られた $^1H^{127}I$ 分子の回転エネルギー準位 $J = 0$ と $J = 1$ の間隔が 392.1 GHz であったとき，$^1H^{127}I$ の結合長 r を求めよ．ただし，$^1H^{127}I$ 分子の回転第一近似として，静止している ^{127}I 原子から平衡結合長 r だけ離れたところを ^1H 原子が回っていると考えてよい．

(3) H_2 や F_2 などの等核 2 原子分子では，回転量子数 J の偶奇によって核スピンの状態が異なる．この理由を，粒子の同等性に関する量子力学の基本法則を踏まえて簡単に説明せよ．

問 49　拡散

出題趣旨：拡散は多くの分子が関与する物質移動過程の 1 つである．この問では，気体中での拡散の分子論的な起源と巨視的な物質移動の関係について出題する．

問題 1　気体中の分子は他の分子と衝突を繰り返しながら運動する．こうした分子同士の衝突について次の問題に答えよ．

(1) 気体中を 1 つの分子が運動しており，他の分子は全て静止している状況を考える．分子間の衝突が起こるまでに運動する分子によって占められる体積を求めよ．ただし，運動する分子は衝突までに衝突断面積 σ をもって平均自由行程 λ の距離を進むと仮定する．

(2) (1)の体積と系の数密度 n を用いて平均自由行程 λ を求めよ．

(3) 実際にはすべての分子は同時に運動している．このとき，分子間の相対速度 $\boldsymbol{u}$ は 2 分子の速度 $\boldsymbol{v}$ と $\boldsymbol{v}'$ のベクトルから求められる．非常に多くの分子が同時に運動するとき，この 2 分子の速度の間には $\langle \boldsymbol{v} \cdot \boldsymbol{v}' \rangle = 0$ の関係があることが知られている．この関係を用いて全分子が移動する場合の平均自由行程 λ を求めよ．ただし，速さの代表値には根二乗平均速度 $v_{\mathrm{rms}} = \sqrt{\langle \boldsymbol{v} \rangle^2}$ を用いよ．

問題 2　前問では平衡状態での気体の微視的な分子運動を考えた．濃度が一様でない場合は，気体は衝突を繰り返しながら拡散することにより物質輸送が起こる．ここで巨視的な拡散現象と微視的な拡散現象を直接的に関係づける．

(1) 図 49. 1 に示すように一次元の空間において位置 x から位置 $x + \mathrm{d}x$ に向けて一定の濃度勾配が存在する場合を考える．拡散係数 D を用いて流束 J_x を求めよ．ただし $C(x) > C(x + \mathrm{d}x)$ とする．

(2) 微視的な考察によって気体中の流束が，

$$\boldsymbol{J} = -\frac{1}{3}\lambda v_{\mathrm{rms}} \nabla \boldsymbol{C} \qquad \text{式 49. 1}$$

と記述できることが知られている．前問の結果と式 49. 1 を用いて，拡散係数と分子の微視的な運動を記述する物理量との関係式を導け．

(3) (1)の結果を用いて拡散方程式を導く．x から $x + \mathrm{d}x$ の間における濃度の時間変化は，分子が x から $x + \mathrm{d}x$ の空間へ入る流束と出る流束で決まる．x と $x + \mathrm{d}x$ のそれぞれの位置における流束の差から濃度の時間変化を求め，x 軸方向に対する拡散方程式を導け．

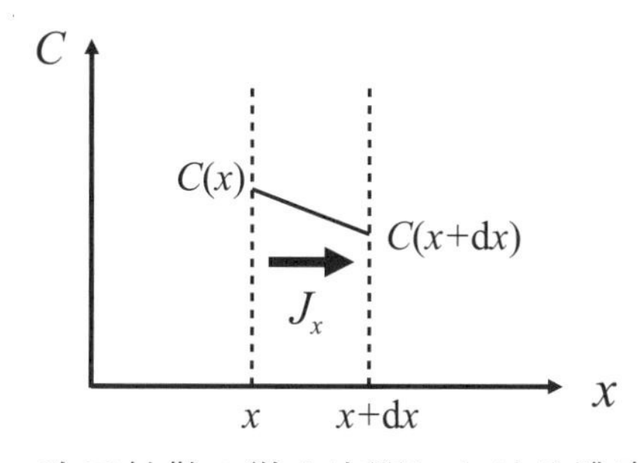

図 49. 1　一次元拡散の微小空間における濃度の定義

第7章　分子集合体

問50　分子間力：van der Waals 相互作用

出題趣旨：分子間力は，分子集合体の構造や物性を決める重要な因子である．この問では，双極子−双極子，双極子−無極性分子，無極性分子−無極性分子間にはたらく相互作用（とりわけ van der Waals 相互作用）について出題する．

真空中における双極子−双極子，双極子−無極性分子，無極性分子−無極性分子間にはたらく相互作用の種類とエネルギーを以下にまとめて示す．

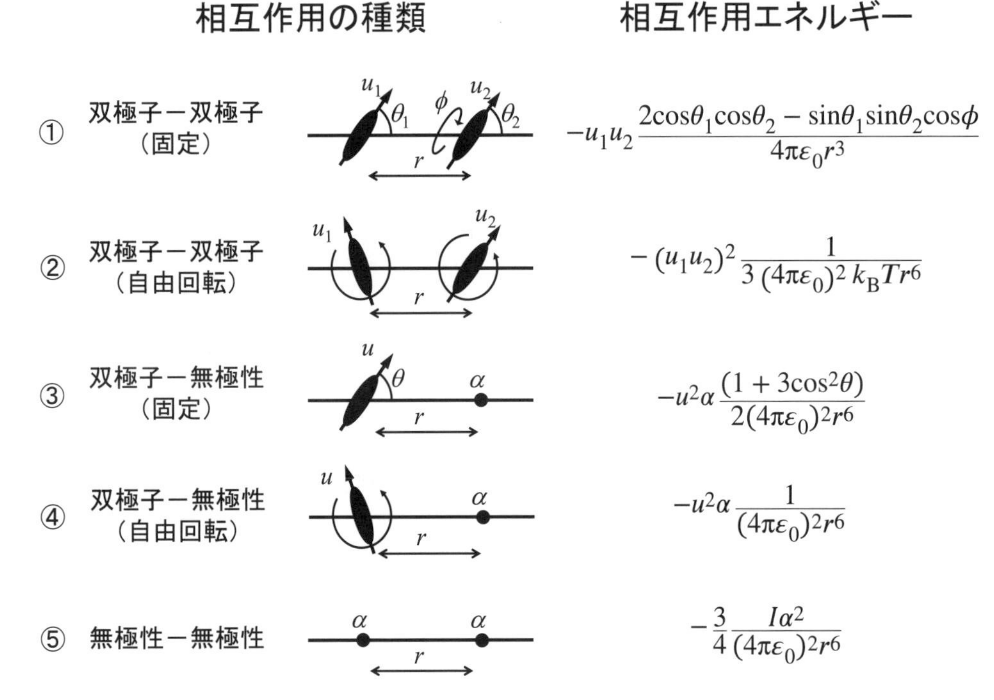

u は双極子モーメント，α は分極率，r は分子間距離，T は絶対温度，I はイオン化エネルギー，θ, ϕ はそれぞれ分子の傾きを表す．ただし，⑤では同一の無極性分子の場合を考えている．以上を踏まえて以下の問に答えよ．

問題1　主要な分子間力である van der Waals 力は「London 分散力」，「Keesom 相互作用」，「Debye 相互作用」の 3 成分からなる．それぞれの力が上記の①から⑤のどれに相当するかを選び，力の起源について簡単に説明せよ．

問題2　メタン（直径 0.400 nm）は結晶中で 12 個の最近接分子をもつ最密充填構造をとる．格子エネルギー（結晶を構成することで安定化するエネルギー量）が，主として最近接分子間にはたらく分子間力で主に決まるとした場合，メタンのモル凝集エネルギーを計算せよ．ただし，メタンの分極率は$\alpha/4\pi\varepsilon_0 = 2.60\times10^{-30}\ \mathrm{m}^3$，イオン化エネルギーは$I = 12.6\ \mathrm{eV}$とする．

問題3　問題 2 の凝集エネルギーの計算は，同じ球状分子であっても四塩化炭素(CCl_4)については実測値とよい一致を示さない．その理由を簡単に述べよ．

問 51　液体：沸騰・融解

出題趣旨：液体物性の中で融点・沸点は最も基本的かつ（産業応用などで）重要な性質である．この問では，分子の形状と沸点・融点の関係性，および液体の蒸発熱と沸点の間に成り立つ「Trouton の規則」について出題する．

問題 1　(1) ～ (4)に示した 2 個の物質について融点の高い方を選べ．

(1)　(a) *n*-ヘキサン　(b) *n*-オクタン　(2)　(a)ネオペンタン　(b) *n*-ペンタン

(3)　(a) *trans*-アゾトルエン　(b) *cis*-アゾトルエン　(4)　(a) 水　(b) 硫化水素

問題 2　ネオペンタンと *n*-ペンタンの沸点の大小関係は，融点の大小関係と逆であることが知られている．この理由について簡潔に説明せよ．

問題 3　Trouton の規則とはどのようなものか説明せよ．また，水がこの規則に従わない理由を簡潔に説明せよ．

問 52　結晶：空間群・逆格子

出題趣旨：結晶状態では，構成原子の性質だけでなく原子位置の周期性（結晶構造）も物性に大きな影響をおよぼす．この問では結晶構造を議論するための基本ルールに関して実空間，逆格子空間の両視点から出題する．

問題 1　以下は結晶構造の分類に関する文章である．括弧内の言葉を答えよ．

結晶は，原子が三次元的で周期的に配列した集団を指す．結晶構造は，構造の繰り返し単位となる「格子」と，格子内部の「基本構造」で決まる．並進対称性と点対称性の組み合わせを考慮したときに可能な（ユニークな）三次元格子は 14 種類（結晶系 7 種類）に限られ，これを（　a　）と呼ぶ．例えば，図 52. 1 に示すダイヤモンドの（　a　）は（　b　）格子である．（　a　）には両立できる対称要素（部分並進，回転，鏡映，反転など）

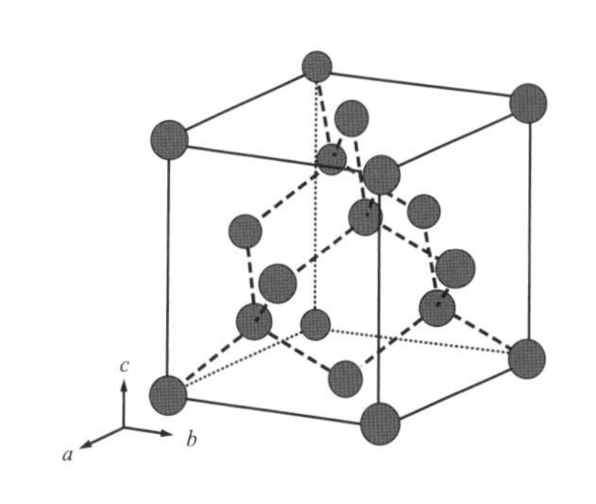

図 52. 1　ダイヤモンドの結晶構造

が限られており，全部で 230 通りの組み合わせが存在する．これを（　c　）と呼び，すべての結晶構造はいずれかの（　c　）に分類される．（　c　）の記号は $X_{\alpha\beta\gamma}$ で表され，X は（　a　）の分類を表す．例えば P は（　d　），F は（　e　），I は（　f　）を表す，α, β, γ は，3 個の軸に関する対称要素の情報を含む．3 個の軸は，対称性の低い斜方晶などでは a, b, c 軸が対応するが，どれを主軸 α として指定するかという点には任意性が残る．ダイヤモンドなどの対称性の高い立方晶では a, b, c 軸が等価になるため，c 軸（[001]軸）を主軸 α に選ぶと a, b 軸が使えなくなり，β, γ に対応する軸は[111]軸，[110]軸が選ばれる．対称性の低い（　c　）の場合は，添え字は省略されることもある．ダイヤモンドの（　c　）は $Fd\bar{3}m$ であり，添字の d は[001]軸に関する対称操作が鏡映操作後に部分並進操作 $(\boldsymbol{a} \pm \boldsymbol{b})/4$ をする（　g　）操作であることを意味する．また，添字の $\bar{3}$ は，[111]軸に関する操作が（　h　）操作と（　i　）操作の組み合せであることを意味する．

問題 2　結晶の基本単位格子（Wigner–Seitz 胞）を逆格子空間に射影したものを第一 Brillouin ゾーンと呼ぶ．基本逆格子ベクトル $\boldsymbol{a}_j'$ は基本並進ベクトル $\boldsymbol{a}_i$ に対して $\boldsymbol{a}_i \cdot \boldsymbol{a}_j' = 2\pi\delta_{ij}$ の直交関係がある．図 52.2 のような格子定数 a の二次元正三角格子の第一 Brillouin ゾーンを描け．

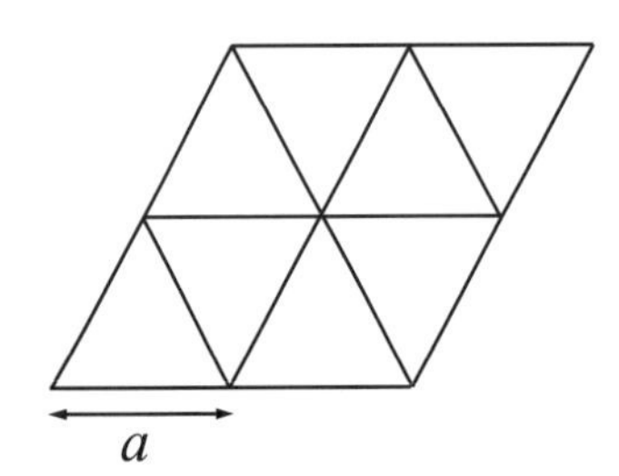

図 52. 2　格子定数 a の二次元正三角格子

問 53　固体・ガラス

出題趣旨：固体は原子や分子が共有結合，静電引力，分子間力などの相互作用により凝集した状態である．この問では凝集力や凝集構造が異なる様々な固体の性質について出題する．

問題 1　結晶の強度や安定性，融点などは，結晶を構成する原子や分子の間にはたらく凝集力によって特徴づけられる．分子性結晶，イオン性結晶，共有結晶における結合の種類を答え，融点を比較せよ．

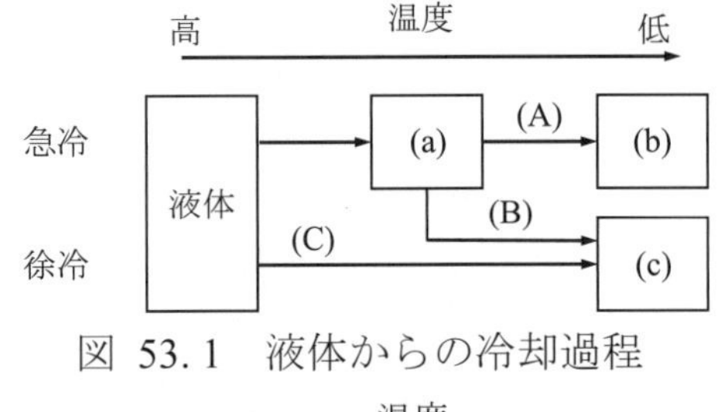

図 53. 1　液体からの冷却過程

図 53. 2　ガラスからの加熱過程

問題 2　固体には，原子や分子が規則的に配列した結晶状態と周期性をもたないアモルファス状態が存在する．アモルファス状態の 1 つであるガラスは周期性をもたないという点では液体と同じであるが，（測定時間スケールでは）流動性が確認できないという点では固体に近い．熱力学的には，ガラスは非平衡状態に分類される．図 53. 1 に液体を冷却してガラスもしくは結晶をつくる過程を，図 53. 2 にガラスを昇温して液体をつくる過程をそれぞれ示す．(a) – (f)には状態の名前，(A) – (F)には状態変化の名前がそれぞれ入る．適当なものを以下の選択肢から選べ．ただし選択肢は複数回使ってもよい．

(1) 過冷却液体	(i) 結晶化
(2) ガラス	(ii) ガラス転移
(3) 結晶	(iii) 融解
(4) 液体	

問題 3　高分子では系全体を 100%結晶化させることは難しい．結晶性高分子を融点以下に冷却すると部分的に結晶領域が現れ，結晶領域とアモルファス領域の 2 相共存とみなせる状態になる（2 相モデル）．このうち結晶領域の割合（結晶化度）は，高分子材料の Young 率や密度，吸湿性などの特性に関わる．そのため，物性制御の観点から結晶化度を自在にコントロールできることは重要である．高分子の結晶化度を増加させるために有効な方法を答えよ．

問 54　相転移：次数，Landau 理論

出題趣旨：平衡状態では Helmholtz エネルギーを最小にする相が最安定になる．外的な変数を制御して Helmholtz エネルギーを変化させると別の相が最安定になる（相転移が起きる）ことがある．この問では相転移の種類と簡単な理論（Landau 理論）について出題する．

問題 1　一般的に相転移は，Helmholtz エネルギーA の微分量の相転移温度 T_c における不連続性から一次相転移か二次相転移に分類される．図 54. 1 にそれぞれの相転移における Helmholtz エネルギーの温度変化を示した．それぞれの場合におけるエントロピーS と定積熱容量 C_v の温度依存性を示せ．

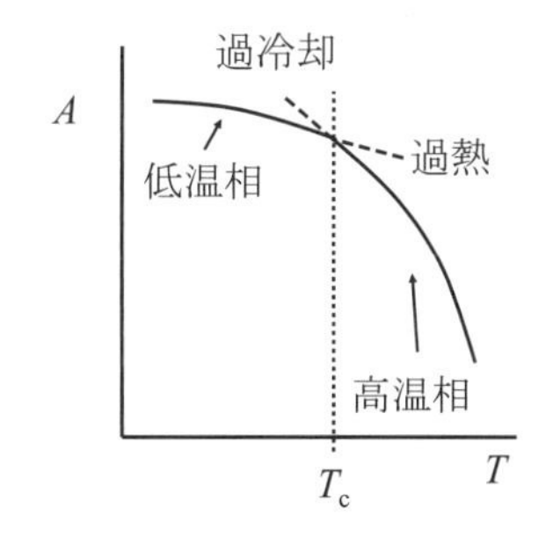

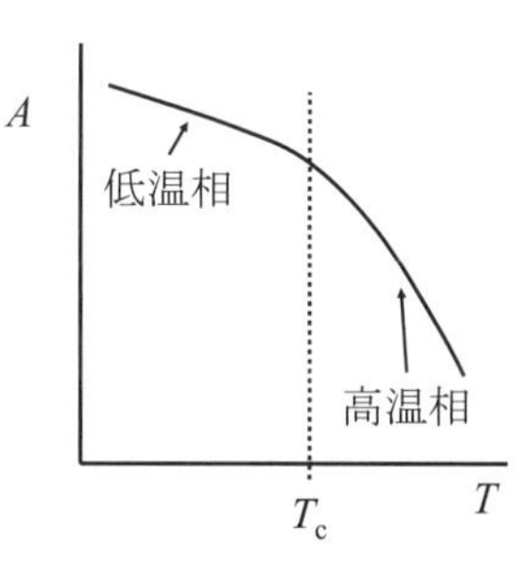

図 54. 1　Helmholtz エネルギーの温度依存性（左：一次相転移，右：二次相転移）

問題 2　図 54. 2 のように相転移温度 T_c より高温の相では分子配向が無秩序で，$T < T_c$ の低温相では分子が配向秩序化する場合を考える．ここで秩序を特徴づける変数（秩序変数）を水平軸からの配向角度 θ として，Helmholtz エネルギーA を配向角 θ で展開して（高温相の対称性から）θ の一次の項と三次の項を無視すると，$A(T) = A_0(T)+A_2(T)\theta^2+A_4(T)\theta^4$ となる．A_2 の符号変化が相転移に重要であると考え，$A_2(T) = a(T-T_c)$，$A_4(T) = b(>0)$とすると相転移前後の

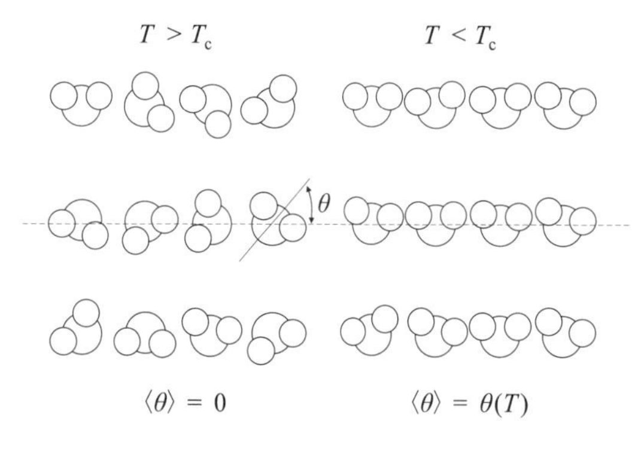

図 54. 2　分子の配向（左：高温相，右：低温相）

Helmholtz エネルギーは図 54. 3 のようになる. Helmholtz エネルギーと配向角 θ の温度変化について係数 a, b を用いて導出し, $|\theta|$ vs. T の図で示せ.

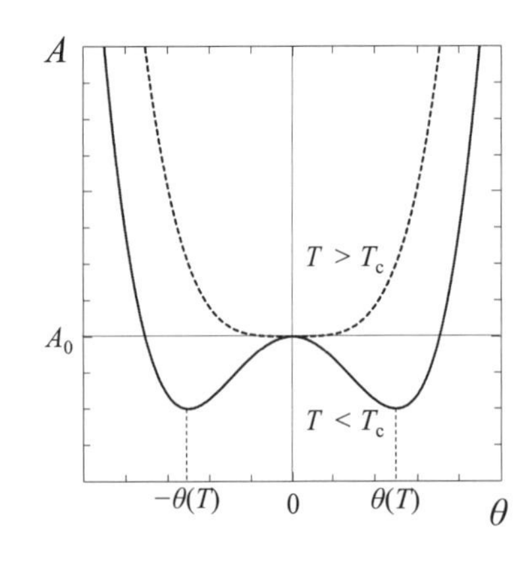

図 54. 3　Helmholtz エネルギーの配向角度依存性

問題 3　問題 2 で得られた Helmholtz エネルギー A からエントロピー S と定積熱容量 C_v を求め, この相転移が一次相転移, 二次相転移のどちらか答えよ.

問 55　溶液：溶解度

出題趣旨：溶液は単一成分の液体とは異なる性質を示す. この問では, 溶液について成り立つ基本的な法則と性質, 熱力学的な安定性について出題する.

問題 1　溶液の物理化学的な性質に関係する以下の問いに答えよ.

(1)「Raoult の法則」と「Henry の法則」を簡潔に説明せよ.

(2) 溶液の「束一的性質」とは何か簡潔に述べよ. また, 束一的性質に該当する具体例を挙げよ.

問題 2　液体の混ざりやすさを予測するために, Hildebrand によって導入された正則溶液に関する溶解度パラメーター（SP 値）δ について考える. δ は凝集エネルギー密度の平方根として $\delta = (\Delta E/V)^{1/2}$ と定義される. ただし, ΔE は凝集エネルギー（内部エネルギー）, V は液体のモル体積である. 以下の問いに答えよ.

(1) δ を蒸発モルエンタルピー $\Delta_{vap}H$, 温度 T, モル体積 V を用いて表せ.

(2) 25 °C の水について SP 値を求めよ. ただし, 水の蒸発モルエンタルピーを $\Delta_{vap}H = 40.6\ \mathrm{kJ\ mol^{-1}}$, 分子量 $M = 18.0\ \mathrm{g\ mol^{-1}}$, 密度 $\rho = 1.00\ \mathrm{g\ mol^{-1}}$ とする.

(3) n-ヘキサンは $\delta \sim 15\ \mathrm{J^{1/2}\ cm^{-3/2}}$, フェノールは $\delta \sim 30\ \mathrm{J^{1/2}\ cm^{-3/2}}$ である. n-ヘキサンとフェノールではどちらが水に溶けやすいか, 溶解度パラメーターから判断して答えよ.

問題 3　液体の水と非極性分子の液体は混ざり合わずに二相に分離する. これを一般に「疎水性効果」と呼ぶ. この現象は, 主に系のエントロピーの変化に由来すると言われている. 水と非極性分子の混合状態におけるエントロピー変化とその起源に触れながら, この現象について説明せよ.

問 56　溶液：浸透現象

出題趣旨：浸透現象は巨大分子のモル質量の決定などに使われるほか，生体内の物質輸送や透析を制御する目的で医療分野でも広く活用されている．この問では，浸透圧を記述する van ‘t Hoff の式と束一的性質の熱力学的取り扱いについて出題する．

問題　以下は van ‘t Hoff の式を導く文章である．（　a　）～（　h　）に当てはまる式を書け．ただし，溶媒 A と溶質 B のモル数をそれぞれ n_A，n_B とする．

温度 T の環境下に置かれた純溶媒と同じ溶媒にわずかに溶質を溶かした希薄溶液が図 56. 1 のように半透膜で隔てられた系を考える．溶媒分子は半透膜を自由に透過できるが，溶質分子は溶液側に留まるとする．溶媒側から溶質側に浸透が起こるため，半透膜をはさんで圧力差Π（浸透圧）が生じる．ここで，圧力が p であるときの純溶媒側の化学ポテンシャルを$\mu_A^*(p)$と定義する．また，溶液側では溶媒のモル分率がx_Aに減少し，かつ溶液が受ける圧力がΠだけ大きいことから，化学ポテンシャルを$\mu_A(x_A, p+\Pi)$と定義する．純溶媒と溶液が平衡にあるとき，化学ポテンシャルについて（　a　）の関係が成り立つ．ここで$\mu_A(x_A, p+\Pi)$は純溶媒の化学ポテンシャル$\mu_A^*(p+\Pi)$を用いると（　b　）のように分解できる．さらに$\mu_A^*(p+\Pi)$は，純溶媒のモル体積 V_m を使って（　c　）と表現できることから，両辺から$\mu_A^*(p)$を消去して（　d　）の関係が得られる．圧力が p から $p+\Pi$ の範囲では純溶媒のモル体積 V_m が一定であるとみなし，溶媒のモル分率 x_A が溶質のモル分率 x_B を用いて $\ln x_A = \ln(1 - x_B) \approx -x_B$ と近似できるほどの希薄溶液を仮定すると，浸透圧 Π は Π =（　e　）となる．ここで，溶液が十分希薄であれば $x_B \approx n_B/n_A$ となるため，浸透圧 Π は溶質のモル濃度[B]を用いて Π =（　f　）と書くことができる．これを van ‘t Hoff の式と呼ぶ．

タンパク質や合成高分子などが溶質である場合，溶液が理想溶液として取り扱うことができない．このとき，van ‘t Hoff の式に補正項 $ART[\mathrm{B}]^2$ を加えた式がしばしば用いられる．なお，A は第二浸透ビリアル係数と呼ばれる定数である．A は溶質の排除体積に等しいと考えることができ，溶質を半径 r の剛体球と仮定すると，A =（　g　）と書ける．したがって，非理想的な溶液の van ‘t Hoff 式は，（　h　）となる．

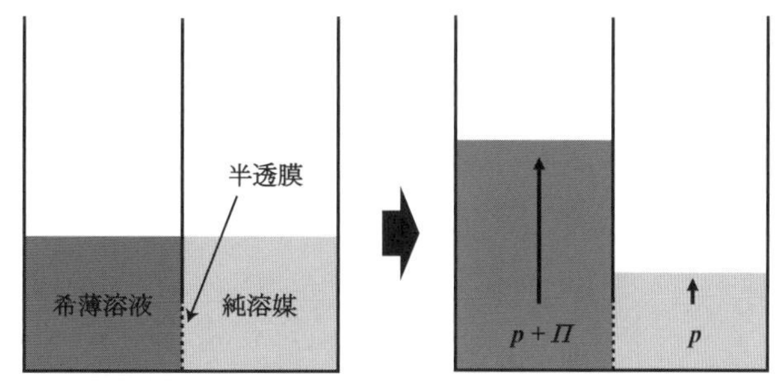

図 56. 1　純溶媒と希薄溶液が半透膜で隔てられた系の模式図
（左側：初期状態，右側：平衡状態）

問 57　溶液：化学平衡

出題趣旨：物質化学において，溶液は反応や分離が進行する場としての役割も果たす．溶液中の化学平衡を理解することは，反応の制御や特定の化学成分の抽出などに役立つ．この問では，酸塩基平衡，錯形成反応，キレート滴定，溶媒抽出法について出題する．

問題 1　エチレンジアミン四酢酸(H_4edta)を用いたキレート滴定法について以下の問に答えよ．ただし，H_4edta の 4 つの酸解離定数を，$K_{a1} = 1.0\times10^{-2}$，$K_{a2} = 2.2\times10^{-3}$，$K_{a3} = 6.9\times10^{-7}$，$K_{a4} = 5.5\times10^{-11}$ とする．

(1) pH 5.0 において，H_4edta の総量のうち $edta^{4-}$として存在する割合は何%か．

(2) 1.0×10^{-3} M の Cd^{2+}水溶液 50 mL を，pH 5.0 において 0.010 M H_4edta 標準溶液により滴定した．当量点において遊離している Cd^{2+}の濃度を計算せよ．ただし，Cd^{2+}と $edta^{4-}$から $Cd(edta)^{2-}$が生成するときの錯生成定数を 2.88×10^{16} とする．

問題 2　pK_a = 9.0 の弱酸であるアセチルアセトン（IUPAC 名：2,4-ペンタンジオン，HA と略記）を用いた溶媒抽出について以下の問いに答えよ．

(1) A^-は Cu^{2+}と反応して錯体 CuA^+，CuA_2 を形成する．Cu^{2+}を含む水溶液に，HA を含む等体積のトルエンを加えて二相を平衡状態としたとき，Cu^{2+}の分配比 D を A^-の濃度の関数として表せ．ただし，水溶液中における $Cu^{2+} + A^- \rightleftharpoons CuA^+$，$Cu^{2+} + 2A^- \rightleftharpoons CuA_2$ の全生成定数をそれぞれ β_1，β_2 とし，トルエン−水間の CuA_2 の分配係数を K_{DM} とする．

(2) (1)において，pH 5.0，HA のトルエン相中の初濃度を 0.10 M，Cu^{2+}の水相中の初濃度を 1.0×10^{-4} M としたとき，Cu^{2+}の分配比 D の値を求めよ．ただし，$\beta_1 = 1.0\times10^8$，$\beta_2 = 1.0\times10^{15}$ とし，トルエン−水間の HA，CuA_2 の分配係数をそれぞれ $K_D = 1.0$，$K_{DM} = 10$ とする．

問 58　高分子鎖：基本的な取り扱い

出題趣旨：高分子の物性は構造式だけでなく，分子量分布や，その鎖状構造がとる形態なども考慮する必要がある．この問では，その基本となる概念について出題する．

問題 1　高分子試料には分子量の不均一性（多分散性），すなわち分子量分布が存在する．分子量分布をもつ高分子試料の性質は，平均分子量によって議論されることが多い．平均分子量には次式で定義される数平均分子量 M_n と，重量平均分子量 M_w がよく用いられる．

$$M_n = \frac{\sum_i N_i M_i}{\sum_i N_i}, \quad M_w = \frac{\sum_i N_i M_i^2}{\sum_i N_i M_i}$$

ここで，M_i は i 成分目の高分子鎖の分子量，N_i は M_i の分子量をもつ高分子鎖の本数である．この式を i 成分目の高分子鎖の重量分率 ω_i $(= N_i M_i / \sum_j N_j M_j)$を用いて書き直せ．また，静的光散乱法，蒸気浸透圧法，末端基定量法で得られる分子量は M_n，M_w のどちらか答えよ．

問題2　以下の文章中の（　a　）〜（　g　）に当てはまる数式を記せ．

図 58. 1 に示すような n 個の主鎖結合（各結合の長さ：b）からなる直鎖状高分子を考える．このとき，両末端間ベクトル $\boldsymbol{R}$ は，結合ベクトル $\boldsymbol{r}_i$ を用いて次のように表される．

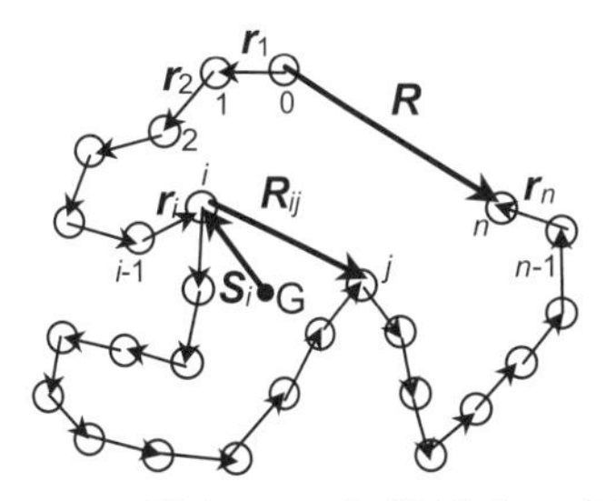

図 58. 1　長さ b の主鎖結合 n 個からなる直鎖状高分子の模式図

$$\boldsymbol{R} = \sum_{i=1}^{n} \boldsymbol{r}_i$$

また，重心 G を始点，主鎖原子 i を終点とするベクトル $\boldsymbol{S}_i$ を使って，高分子鎖の二乗回転半径 S^2 は次の式で定義される．

$$S^2 \equiv \frac{1}{n+1} \sum_{i=0}^{n} \boldsymbol{S}_i^2$$

今，異なる結合ベクトルの間には向きの相関がなく，各結合ベクトルは自由に方向を変えられるとする（このような高分子鎖を自由連結鎖という）．$\boldsymbol{R}$ の二乗の統計平均（二乗平均両末端間距離）$\langle \boldsymbol{R}^2 \rangle$ を結合長 b と結合数 n を用いて表すと，

$$\langle \boldsymbol{R}^2 \rangle = (\quad \text{a} \quad)$$

となる．i 番目と j 番目の主鎖原子をそれぞれ始点，終点として結んだベクトル $\boldsymbol{R}_{ij}$ の絶対値を $R_{ij}{}^2$ とすると，$R_{ij}{}^2$ は余弦定理より $\boldsymbol{S}_i$ と $\boldsymbol{S}_j$ を用いて

$$R_{ij}^2 = (\quad \text{b} \quad)$$

と表せる．$R_{ij}{}^2$ の i，j についての和を計算すると，重心の定義から $\boldsymbol{S}_i$ の和が 0 になるので，

$$\sum_{i=0}^{n} \sum_{j=0}^{n} R_{ij}^2 = \sum_{i=0}^{n} \sum_{j=0}^{n} (\quad \text{b} \quad) = (\quad \text{c} \quad) \sum_{i=0}^{n} \boldsymbol{S}_i^2$$

と書ける．これより，S^2 は，

$$S^2 = \frac{1}{n+1} \sum_{i=0}^{n} \boldsymbol{S}_i^2 = (\quad \text{d} \quad) \sum_{i=0}^{n} \sum_{j=0}^{n} R_{ij}^2$$

となる．$\langle \boldsymbol{R}^2 \rangle = (\quad \text{a} \quad)$ の関係を用いると，S^2 の統計平均 $\langle S^2 \rangle$ は n と b を用いて，

$$\langle S^2 \rangle = (\quad \text{d} \quad) \sum_{i=0}^{n} \sum_{j=0}^{n} (\quad \text{e} \quad) = (\quad \text{f} \quad) \sum_{0 \le i \le j \le n} (j-i) = (\quad \text{f} \quad) \sum_{j=0}^{n} \sum_{i=0}^{j} (j-i) \approx (\quad \text{g} \quad)$$

と表すことができる．

問題3　一般に，$\langle \boldsymbol{R}^2 \rangle$ および $\langle S^2 \rangle$ が n に比例し，$\boldsymbol{R}$ の確率密度が Gauss 関数に従う鎖を Gauss 鎖と呼ぶ．n が十分大きいとき，自由連結鎖の $\boldsymbol{R}$ の分布 $P(\boldsymbol{R})$ は次の Gauss 分布に従う．

$$P(\boldsymbol{R}) = \left(\frac{3}{2\pi n b^2} \right)^{3/2} \exp\left(-\frac{3\boldsymbol{R}^2}{2nb^2} \right)$$

この確率密度関数を用いて，$\langle \boldsymbol{R}^2 \rangle$ を求めよ．必要であれば次の式を用いてよい．

$$\int_0^{\infty} x^4 \exp(-ax^2) \mathrm{d}x = \frac{3}{8} \sqrt{\frac{\pi}{a^5}}$$

問 59　高分子溶液

出題趣旨：孤立した 1 本の高分子鎖の研究には希薄溶液が用いられる．また，成型加工や材料応用においては濃厚溶液の物性が重要である．この問では高分子溶液の基礎について出題する．

問題 1　Flory–Huggins 理論は，格子モデル（図 59. 1）を用いた高分子溶液の理論である．溶液中に n_{site} 個の格子点があり，各格子点を高分子鎖のセグメントか溶媒分子のいずれかが占有すると仮定する．高分子鎖 1 本当たりのセグメント数 N，高分子鎖の数を n_{P}，溶媒分子数を n_{S}，溶液中の高分子鎖の体積分率を φ とする．絶対温度を T，溶液の体積を V として，以下の問いに答えよ．

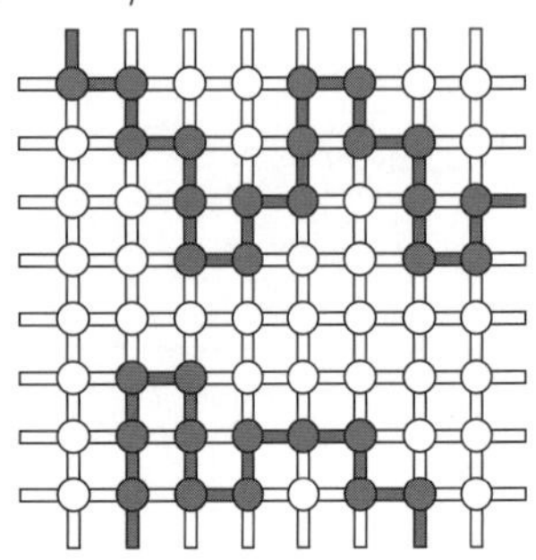

図 59. 1　格子モデル($Z = 4$)．灰色の丸はセグメント，白丸は溶媒分子，灰色の長方形はセグメント間の結合を表す．

(1) セグメントと溶媒の接触，セグメント同士の接触，溶媒同士の接触によるエネルギーをそれぞれ $\varepsilon_{\mathrm{PS}}$，$\varepsilon_{\mathrm{PP}}$，$\varepsilon_{\mathrm{SS}}$，各格子点に隣接する格子点の数を Z とすると，溶媒と高分子鎖の相互作用を示す χ パラメーターは，

$$\chi = \frac{Z\left[\varepsilon_{\mathrm{PS}} - (\varepsilon_{\mathrm{PP}} + \varepsilon_{\mathrm{SS}})/2\right]}{k_{\mathrm{B}}T}$$

と定義される．混合による内部エネルギーの変化 $\Delta_{\mathrm{mix}}U$ を χ パラメーターを用いて表せ．ただし，セグメントと溶媒分子の接触が起こる確率は $2\varphi(1-\varphi)$で表され，内部エネルギー変化は，分子同士の接触の変化にのみ由来するものとする．

(2) Flory は，格子モデルにおける混合エントロピー$\Delta_{\mathrm{mix}}S$ が以下のようになることを示した．

$$-\frac{\Delta_{\mathrm{mix}}S}{k_{\mathrm{B}}n_{\mathrm{site}}} = \frac{\varphi}{N}\ln\varphi + (1-\varphi)\ln(1-\varphi)$$

高分子試料と溶媒の混合 Helmholtz エネルギー$\Delta_{\mathrm{mix}}A$ を求めよ．

問題 2　浸透圧 Π は，以下のようにビリアル展開される．

$$\frac{\Pi}{N_{\mathrm{A}}k_{\mathrm{B}}T} = \frac{c}{M} + A_2c^2 + A_3c^3 + \cdots$$

ここで，c は kg m^{-3} の次元をもつ高分子の濃度，A_2，A_3 は，それぞれ第二，第三ビリアル係数，N_{A} は Avogadro 定数である．混合による Gibbs エネルギー変化 $\Delta_{\mathrm{mix}}G$ が $\Delta_{\mathrm{mix}}A$ に等しいとすると，Flory–Huggins 理論から浸透圧が計算され，次のように展開される．

$$\frac{\Pi V}{n_{\mathrm{site}}k_{\mathrm{B}}T} = \frac{\varphi}{N} + \left(\frac{1}{2} - \chi\right)\varphi^2 + \frac{1}{3}\varphi^3 + \cdots$$

第二ビリアル係数 A_2 を，χ を用いて表せ．また，χ の値ごとに，高分子鎖のセグメント間の相互作用について説明せよ．ただし，c と φ の間には以下の関係がある．

$$c = \frac{M}{N_A N} \frac{n_{site}}{V} \varphi$$

問題 3　溶液中の高分子の濃度が増加すると，ある濃度で高分子鎖が溶液中で孤立せず，平均として高分子鎖どうしが接触をはじめる．この濃度を重なり濃度と呼び 1 本の高分子鎖の濃度と溶液全体の濃度が等しくなる濃度として定義される．重なり濃度は希薄溶液と濃厚溶液との大まかな境界を表す．モル質量 M, 平均二乗回転半径$\langle S^2 \rangle$の高分子試料の，重なり濃度 c^*を求めよ．また，Flory–Huggins 理論から求めた Π は，c^*より濃厚な溶液でしか使えない．Flory–Huggins 理論の仮定に注目して，その理由を説明せよ．

問 60　高分子材料：力学物性

出題趣旨：高分子の力学物性の理解は，プラスチックやゴムなど高分子材料の特性制御や，その成形加工に不可欠である．この問では高分子の力の起源や，力の緩和に関する基礎を出題する．

問題 1　ここでは物質の弾性の起源について，熱力学的に考える．次の（　a　）～（　e　）に入る数式または文字を答えよ．ただし，数式は一項とは限らない．

圧力 P, 温度 T のもとで，材料に張力 f を印加したところ，長さが L から $L + \mathrm{d}L$ になったとする．これに伴う内部エネルギーの増分を $\mathrm{d}U$ とすると，熱力学第一法則および第二法則から，

$$\mathrm{d}U = T\mathrm{d}S - P\mathrm{d}V + (\quad a \quad)$$

となる．ただし S, V はそれぞれエントロピー，体積である．また，エンタルピー H, Gibbs エネルギー G の全微分はそれぞれ，

$$\mathrm{d}H = \mathrm{d}U + P\mathrm{d}V + V\mathrm{d}P, \quad \mathrm{d}G = \mathrm{d}H - T\mathrm{d}S - S\mathrm{d}T$$

となる．3 つの式から $\mathrm{d}G$ は，

$$\mathrm{d}G = (\quad a \quad) + (\quad b \quad)$$

となる．したがって，（　c　），（　d　）一定において f を H と S を用いて表すと，

$$f = \left(\frac{\partial G}{\partial L}\right)_{(c)(d)} = (\quad e \quad)$$

となる．ゴムを伸長したときの力は，（　e　）におけるエントロピー変化の項が支配的であることが実験的に知られている．また，高分子鎖を伸長したときの力を分子論的に議論する際も，エントロピー変化に注目した考察が行われる．

問題 2　屈曲性高分子は，平衡状態ではランダムコイル状の形態をとる．この様子は，自由連結鎖モデルで表すことができる．自由連結鎖モデルでは，長さ b のボンドを N 本，自由連結させたモデルである．このモデルによると，N が大きい場合には，両末端間ベクトル $\boldsymbol{R}$ の分布関数は，次式の Gauss 分布で近似することができる．

$$w(\boldsymbol{R}) = \left(\frac{3}{2\pi N b^2}\right)^{3/2} \exp\left(-\frac{3}{2Nb^2}\boldsymbol{R}^2\right)$$

Boltzmann の式を用いて，鎖のエントロピー S を $\boldsymbol{R}$ の関数として表し，張力 $\boldsymbol{f}_e$ を求めよ．

問題 3　図 60. 1 は十分に高分子量の単分散直鎖高分子メルトに時間 $t = 0$ で大きさ γ の変形をステップ状に加えた後に，力 σ がどのように緩和するかを模式的に表したものである（このような測定を応力緩和測定と呼ぶ）．また，図 60. 2 は図 60. 1 の C から D にかけての応力緩和測定の結果を拡大したものである．

(1) 図の A～D の領域に対応する名称を次のカッコ内の語句から選べ．

（ゴム状平坦域，ガラス転移領域，流動域，ガラス領域）

(2) より高温で実験した場合と，高分子の分子量を増加させた場合のそれぞれについて，予想される応力緩和測定の結果を図 60. 2 との違いがわかるように描け．ただし，温度はガラス転移温度より高温であり，分子量範囲は C の領域が見える程度である．

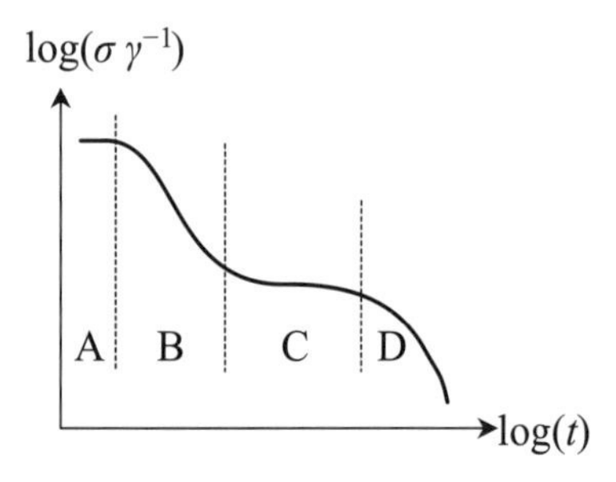

図 60. 1　単分散直鎖高分子メルト系の応力緩和の模式図

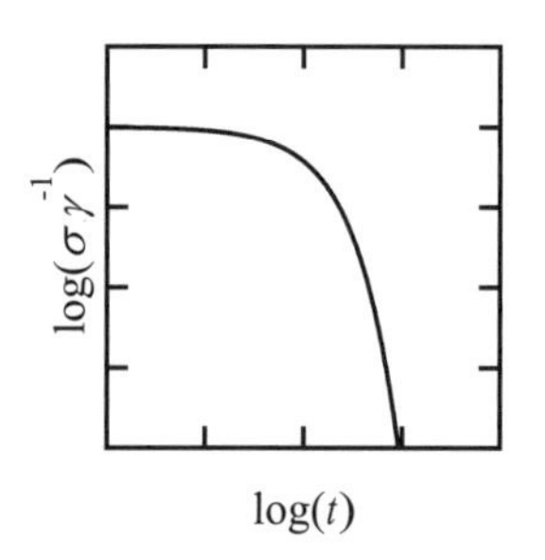

図 60. 2　応力緩和の模式図

問 61　核酸

出題趣旨：デオキシリボ核酸(DNA)とリボ核酸(RNA)は，いずれも核酸と呼ばれる長い直鎖状重合体であり，遺伝情報をある世代から次世代へと伝達できる形で貯蔵している．この問では，DNA および RNA の役割とその構造について出題する．

以下は，DNA および RNA の役割と構造に関する文章である．文章を読み問題に答えよ．

細胞で作られるタンパク質は遺伝子によって決められている．まず，DNA の 1 本の鎖をコピーしてメッセンジャーRNA(mRNA)がつくられ，これがタンパク質合成の際に情報を伝達する．これを（　a　）と呼ぶ．これに続く（　b　）過程で，mRNA 鋳型に従ってタンパク質が合成される．このような情報の流れを仲介するのが遺伝暗号であり，（　c　）と呼ばれる DNA および RNA の 3 塩基配列が，1 個のアミノ酸を指定する．DNA から RNA，タンパク質と遺伝情報が伝達される概念を（　d　）と呼ぶ．

DNA は 2-デオキシリボースとリン酸（5’位），塩基（1’位）からなる．塩基はアデニン(A)，グアニン(G)，シトシン(C)，チミン(T)の 4 種類が存在する（図 61. 1）．RNA はリボースとリン酸および塩基からなる．塩基は DNA と比較して，チミンの代わりにウラシル(U)が含まれる（図 61. 2）．

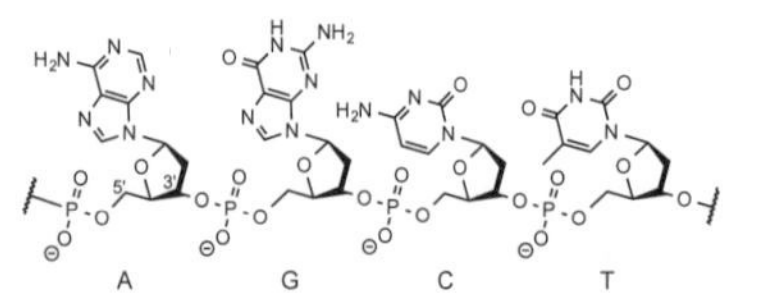

図 61. 1　DNA の化学構造

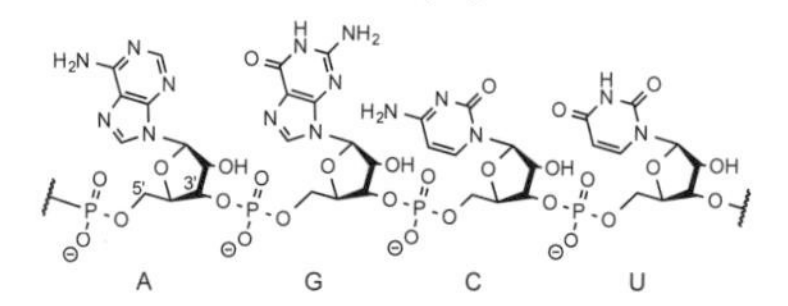

図 61. 2　RNA の化学構造

問題 1　(a)～(d) に当てはまる適切な語句を答えよ．

問題 2　DNA は，グアニン(G)とシトシン(C)，アデニン(A)とチミン(T)がそれぞれ対をつくり，特異的な水素結合によって二重らせん構造が安定化される．それぞれの塩基対の水素結合様式を描け．

問題 3　DNA は安定な二重らせん構造により塩基性条件下でも加水分解されない．一方，RNA は塩基性条件下で加水分解される．RNA の加水分解反応のメカニズムを簡単に説明せよ．

問 62　脂質

出題趣旨：細胞の境界は生体膜によって形成される．様々な生体分子の運搬やシグナル伝達などの生体膜の多くの過程は，膜脂質の流動性に依存することが知られている．この問では，生体膜の構成成分である脂質とそれによる膜物性の変化について出題する．

問題 1　ホスファチジルコリンは生体膜を構成する成分の 1 つである．図 62. 1 にその構造を示す．

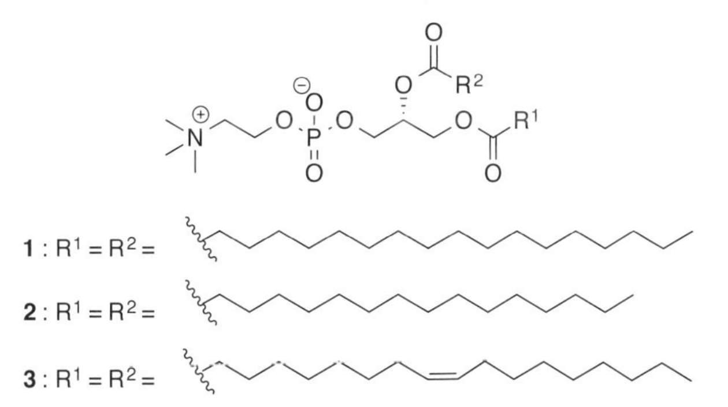

図 62. 1　ホスファチジルコリンの分子構造．R^1 と R^2 は脂肪酸を表す．

同じ脂肪酸を 2 つもつホスファチジルコリン($R^1 = R^2$)について，以下の問いに答えよ．

(1) 脂肪酸がステアリン酸（図 62. 1 の化合物 **1**）の場合とパルミチン酸（化合物 **2**）を比べたとき，相転移温度（融点）はどちらの方が高くなるか．理由とともに答えよ．

(2) ステアリン酸（化合物 **1**）の場合とオレイン酸（化合物 **3**）を比べた場合はどうか．理由とともに答えよ．

問題 2　細菌や細胞の脂質二重膜には膜表面，内部もしくは上下に貫通するように膜タンパク質がモザイク状に付着している．脂質や膜タンパク質は生体膜に緩やかに束縛されつつも，水平方向に自由に動くといった流動性を示し，生体膜自体はその基本構造を維持している．この生体膜の基本構造についての概念を流動モザイクモデルと呼ぶ．

　脂質二重膜の流動性は，脂肪酸鎖の性質に依存する．37 °C で成育している細菌の培地が 25 °C へ移されたとき，細菌は自身の膜脂質の脂肪酸構成をどのように変化させると予想されるか．理由とともに下記の語句を用いて説明せよ．

［*cis* 型二重結合，van der Waals 相互作用，充填密度］

問題3　図 62. 2 はコレステロールの構造式である．図 62. 3 の実線は温度変化に対するリン脂質二重膜の脂肪酸の流動性の変化を示す．破線はコレステロール存在下での流動性の変化を示す．

(1) 脂質二重膜の流動性に対するコレステロールの効果を説明せよ．

(2) この効果が生物学的に重要なのはなぜか説明せよ．

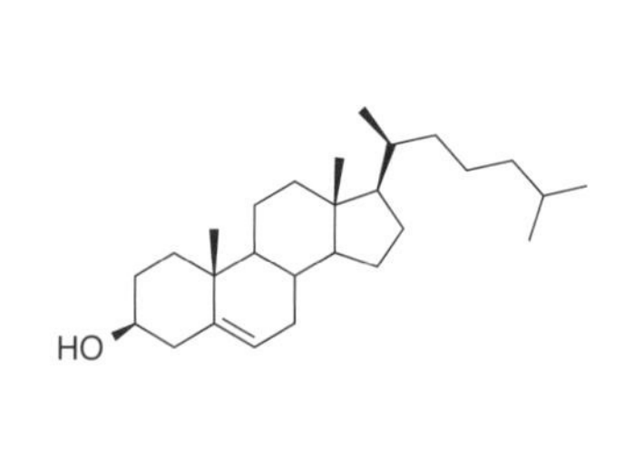

図 62. 2　コレステロール

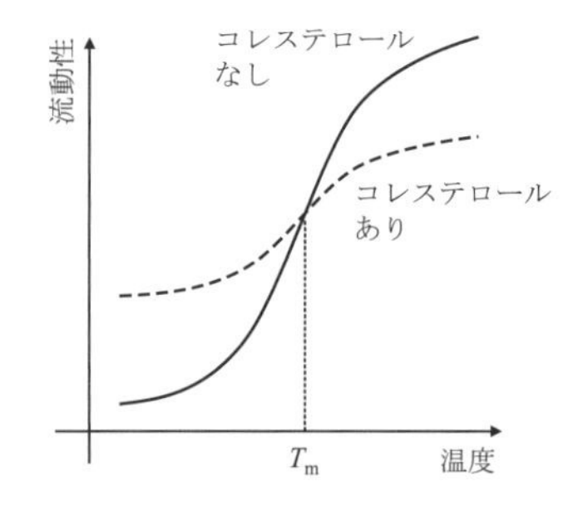

図 62. 3　膜流動性の変化

問 63　ソフトマター：液晶・ミセル

出題趣旨：金属や無機物の結晶のような「ハード」な材料に対し，高分子や液晶，コロイドなどの「ソフト」な応答を示す材料のことをソフトマターと呼ぶ．この問ではソフトマターに関する簡単な分類と，その具体例について出題する．

問題1　次の中からソフトマターと密接な関係をもつものを選べ．

マヨネーズ，液晶ディスプレイ，鉄パイプ，陶器，塗料，プラスチック，紙，

ネオジウム磁石，水族館の水槽，de Gennes

問題 2　液晶相は，液体に特有な流動性と結晶に特有な秩序構造および異方性を併せもつ．液晶相は複数種類が知られており，代表的なものは棒状分子がつくるネマチック相である．ネマチック相は分子の重心配列には秩序はないが，分子の向きは一方向に揃っている．ネマチック相に磁場を印加すると，ある閾値以上の磁場で分子配向の方向が変化する転移現象が起こる．ここでは，転移が起こる磁場の閾値を考える．

2 枚の平行な基板（間隔 L）の間にネマチック液晶を挟む場合を考える（図 63. 1）．基板にはあらかじめ表面処理を施しておき，液晶の分子配向が基板に対して平行に揃うようにしておく．ここで，基板に垂直な方向を z 軸（基板表面で $z = 0$），分子配向の方向を x 軸にとる．z 軸に沿って磁場 $\boldsymbol{H}(|\boldsymbol{H}| = H)$を加えると，分子は z 軸方向に配向しようとする．このとき，各分子の配向の方向に対する単位ベクトル $\boldsymbol{n}$ が xz 面内に存在すれば，$\boldsymbol{n}$ の成分は z 座標のみで以下のように記述できる．

$$n_x(z) = \cos\theta(z),\quad n_y(z) = 0,\quad n_z(z) = \sin\theta(z)$$

x
z
y

図 63. 1　平行基板に挟まれたネマチック液晶の模式図

ここで，$\theta(z)$は $\boldsymbol{n}$ と x 軸とがなす角であり，基板表面からの距離 z に依存する．基板表面では，（表面との相互作用により）$\theta(0) = \theta(L) = 0$ となることより，θ の z 依存性は $\theta(z) = \theta_0 \sin(\pi z/L)$となる．ここで，$\theta_0$ は定数であり，$H = 0$ で各分子の配向が一様に x 軸方向

に揃っていることから，$\theta_0 = 0$ となる（$\theta_0 > 0$ は，分子の配向方向が x 軸からずれることを意味する）．分子が磁化率に異方性をもつ場合，エネルギーは θ 依存性を示し，Helmholtz エネルギーは，簡単には以下のように書ける．

$$F_{\text{tot}} = \int \left[\frac{1}{2}K_1(\nabla \bullet \boldsymbol{n})^2 + \frac{1}{2}K_2(\boldsymbol{n} \bullet \nabla\times\boldsymbol{n})^2 + \frac{1}{2}K_3(\boldsymbol{n}\times\nabla\times\boldsymbol{n})^2 - \frac{1}{2}\Delta\chi(\boldsymbol{H} \bullet \boldsymbol{n})^2\right]\mathrm{d}z$$

ただし，K_1，K_2，K_3 は Frank 弾性定数，$\Delta\chi$ は磁化率の異方性などに関係する定数である．

以上の条件において，分子配向に変化が起こる($\theta_0 > 0$)場合の磁場の閾値 H_C を答えよ．なお，ここでは閾値の議論を目的としているので，$\theta_0 \ll 1$ と仮定し，θ_0 の H 依存性は最低次の項まで計算すればよいものとする．

問題 3　球状ミセルのような自己組織体の集合状態の構造と，分子構造とを関連付ける有用な指針として，臨界充填パラメーター(Critical Packing Parameter: CPP)が知られている．CPP はミセルおよび液晶などの自己組織体中での疎水基の占有容積 V_L，自己組織体中の疎水基の長さ l，疎水基と親水基との界面における有効断面積 a_s を用いて次式から求められる．

$$\text{CPP} = V_L/(la_S)$$

① ～ ④の CPP の範囲において，形成されるのに最も適した構造を A～D から選べ．

CPP：① < 1/3，② 1/3 ～ 1/2，③ 1/2 ～ 1，④ ～ 1

形成される構造：A ベシクル，B 球状ミセル，C ひも状ミセル，D 平面状 2 分子層

問 64　相図：分子集合体

出題趣旨：相図を参考にすると，温度や圧力，組成比を変化させたときにどのような相変化が起こるかを推測することができる．この問では，種々の相図の見方について出題する．

問題 1　(1) 図 64. 1 は炭素の圧力–温度相図（p-T 相図）である．図中の(a) ～ (c)の領域はどのような状態に対応するか答えよ．

(2) 図 64. 1 の曲線 OA は，(b)相と(c)相の相境界線に相当する．(b)相から(c)相への標準状態における転移エンタルピーが $-1.9\ \text{kJ mol}^{-1}$ であるとするならば，(b)相と(c)相で単位体積あたりの質量が大きいのはどちらか．理由も含めて答えよ．

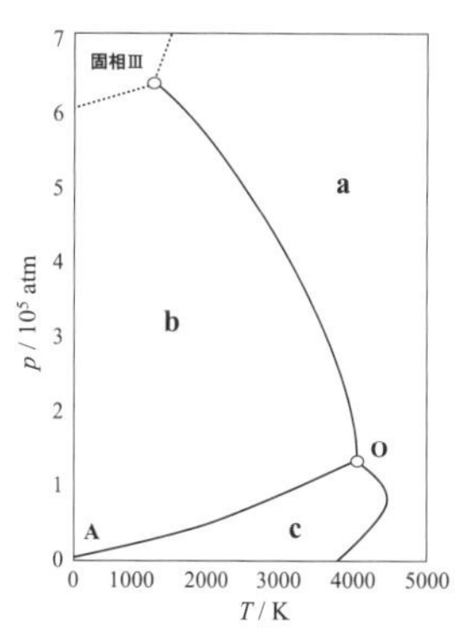

図 64. 1　炭素の p-T 相図

問題 2　図 64. 2 の(I)は二成分 A と B，(II)は A と C の混合溶液の温度–組成の相図である．各組成(a) ～ (d)の溶液に対して分留操作（溶液を沸騰させ，蒸気を凝集して集める操作）を繰り返したとき，最終的に得られる凝縮物の組成はどのようになるか答えよ．ただし，x_M を共沸組成とする．

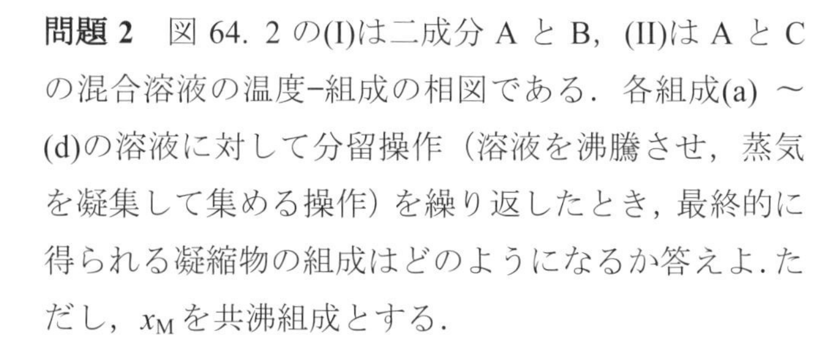
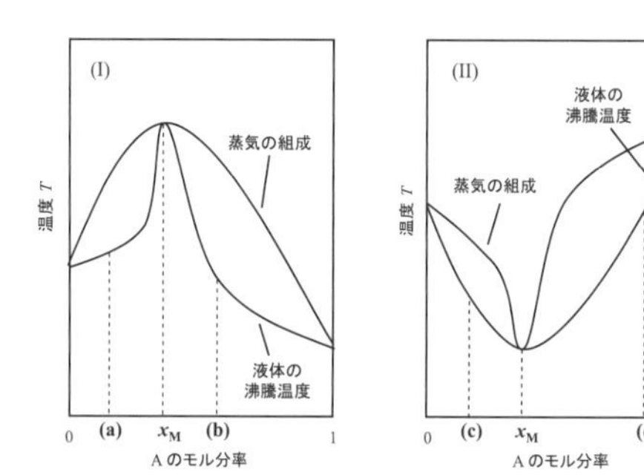

図 64. 2　2 種類の温度–組成相図

問題 3　図 64. 3 は極低温における ^{4}He-^{3}He 混合物の温度–組成の相図である．図中の点 S（温度 2 K，^{3}He のモル分率 0.4）の状態から矢印の方向に温度を下げたとき，混合物の状態がどのように変化するか答えよ．

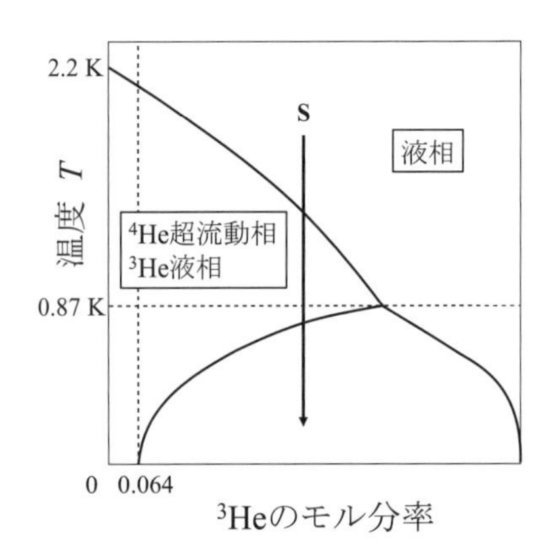

図 64. 3　^{4}He-^{3}He 混合物の温度–組成の相図

問 65　相図：セラミックス

出題趣旨：コンデンサや圧電体といった多くの電子部品の材料となるセラミックスの知見は産業分野において重要である．この問ではセラミックスの状態図の見方と温度による組織図の変化などについて出題する．

問題 1　図 65. 1(a)に物質 A，B の 2 成分系の標準圧力下の平衡状態図を図 65. 1(a)に示す．各状態はそれぞれの温度，組成における Gibbs エネルギーが最小になる状態である．温度 T_1 における各状態の Gibbs エネルギーの組成依存性（図 65. 1(b)）を参考に，温度 T_2 における各状態の Gibbs エネルギーの組成依存性の概略図を描け．

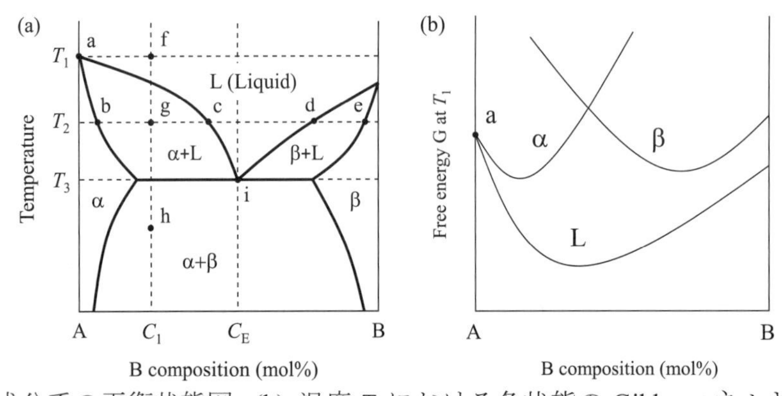

図 65. 1　(a) 2 成分系の平衡状態図．(b) 温度 T_1 における各状態の Gibbs エネルギーの組成依存性

問題 2　図 65. 1(a)の点 g において物質は固相 α と液相 L の 2 相共存領域にある．ここで，固相 α と液相 L の物質量をそれぞれ n_α，n_L とし，点 b，g 間，点 c，g 間の距離をそれぞれ d_α，d_L とすると，

$$n_\alpha d_\alpha = n_L d_L$$

が成り立つ．この関係を証明せよ．

問題 3　ある組成 C_1 に沿って，高温から低温に徐冷すると，混合物は点 f，g，h で異なる状態を示す．点 f においては図 65.2 の組織図に示すように全て液体である．図 65.2 にならって点 g，h における組織図を描け．

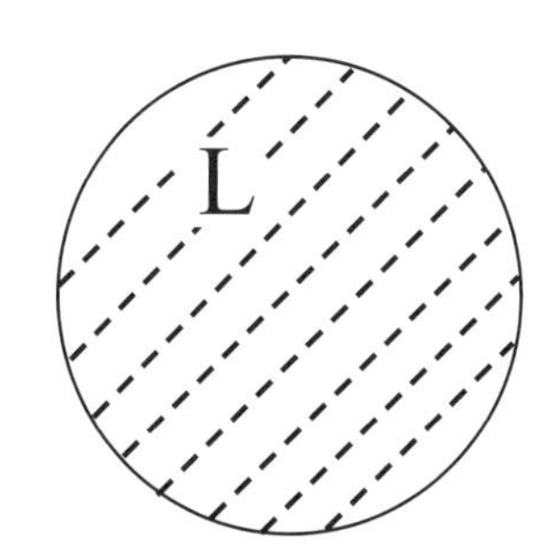

図 65.2　図 65.1(a)の点 f における物質の状態

問 66　表面物性：金属表面への分子吸着

出題趣旨：分子の金属表面への吸着を理解するには，吸着分子–金属間の相互作用とエネルギー的な安定性を考慮する必要がある．この問では，吸着によって変化する吸着分子と金属表面の電子状態について出題する．

問題 1　原子や分子の固体表面への吸着には，物理吸着と化学吸着の二種類が存在する．それぞれの起源となる吸着物–固体表面間の相互作用を答えよ．

問題 2　分子が金属表面に吸着する場合を考える．吸着前の両者の電子状態（エネルギーダイアグラム）を図 66.1 (a)に示す．吸着分子は分子軌道の準位を，金属はエネルギーバンド（E_Fは Fermi 準位）を表している．分子が金属表面に吸着すると，両者の波動関数が重なり合い，吸着分子のエネルギー準位はバンドのような幅をもつ（図 66.1 (b)）．図中のピーク形状のグラフは，吸着分子の占有・非占有準位に由来するエネルギー準位の電子状態密度*(DOS)を表している．吸着分子–金属間の軌道間相互作用が弱い場合は図 66.1 (b)でよいが，吸着分子–金属間の軌道間相互作用が強い場合には，（2 原子分子の軌道結合性・反結合性に分裂するのと同様に）吸着分子の占有準位，非占有準位由来のピークがともに結合性，反結合性軌道に分裂する．このときの電子状態を図 66.1 のような形式で図示せよ．

＊電子状態密度(Electron Density of States)：単位エネルギー当たりのエネルギー準位数

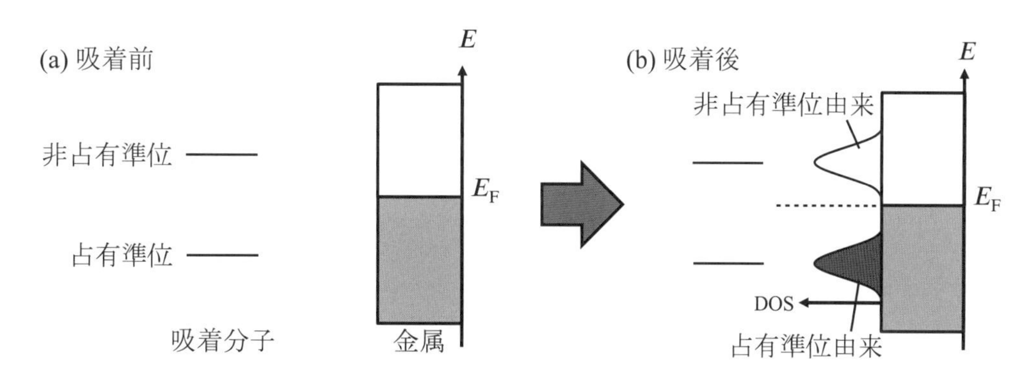

図 66.1　(a)吸着前，(b)吸着後の吸着分子，金属表面の電子状態

問題3　CO分子が遷移金属表面に吸着する場合を考える．図 66. 2(a)，(b)に吸着前の両者の電子状態をDOSで示す．(a) CO分子はHOMO : 5σとLUMO : 2π*，(b) 遷移金属表面はsp混成軌道とd軌道由来のバンドを示している．CO分子が金属表面に吸着すると，CO分子のHOMO，LUMOは遷移金属のspバンドとは弱く，dバンドとは強く相互作用する．2つの相互作用の違いを分かりやすくするために，CO分子のHOMO，LUMOが遷移金属のspバンドと相互作用した場合の電子状態を図 66. 2 (c)に，さらに遷移金属のdバンドが相互作用した場合の電子状態を図 66. 2 (d)に示す．以下の問いに答えよ．

(1) donation（CO分子の占有軌道から金属の伝導帯への電子移動）とback-donation（金属の価電子帯からCO分子の非占有軌道への電子移動）に由来するDOSはどこか，図66.2(c), (d)に示せ．

(2) Al表面へのCO分子の吸着は遷移金属表面への吸着に比べて吸着エネルギーが小さい．その理由を述べよ．

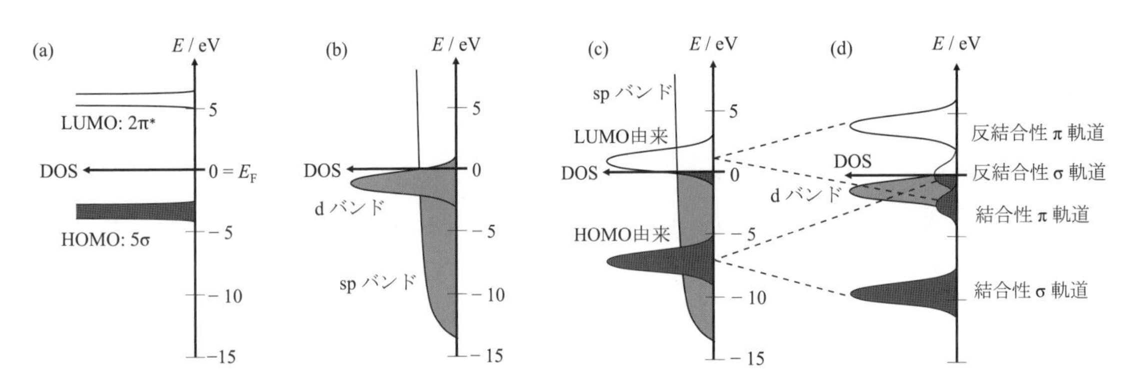

図 66. 2　遷移金属表面へのCO分子の(a), (b) 吸着前，(c), (d) 吸着後の電子状態，(a) CO分子のHOMO: 5σとLUMO: 2π*, (b) 遷移金属表面のsp, (c) dバンドCO分子のHOMO, LUMOと遷移金属のspバンド，(d) dバンドとの相互作用した場合

問67　結晶中の電子状態：バンド理論・強束縛近似

出題趣旨：結晶中の電子の波動関数はAvogadro数個の原子軌道の組み合わせで表現され，エネルギー準位は連続的になる．この問では，物質中を遍歴する電子のふるまいを理解するために必要なバンド理論とBlochの定理，強束縛近似について出題する．

問題1　Na原子の電子配置は[Ne]$3s^1$であるため，（3s軌道のみを考えると）1原子($n = 1$)の電子配置は図 67. 1の左端のようになる．Na原子が2個もしくは3個つながった場合($n = 2, 3$)は，図 67. 1の中央および右端のように離散的なエネルギー準位の分子軌道に対して（エネルギーの低い軌道から）電子が占有していく．これを踏まえて$n = 4$の場合と原子がAvogadro数個集まった$n \sim N_A$の場合のエネルギー準位および電子の占有状態を定性的に図示せよ．

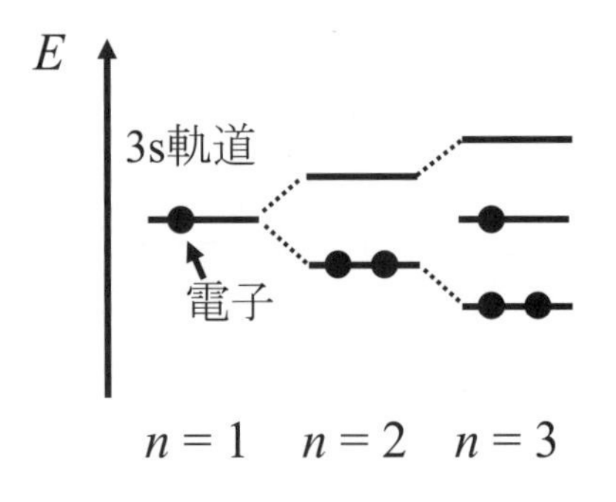

図 67. 1　原子数$n = 1, 2, 3$のNa原子が作る3s分子軌

問題2　結晶では単位格子が並進対称性をもつ．最も単純な例として N 個の原子が長さ Na の輪の上を一次元的に距離 a の間隔で並んだ結晶を考える．系の Hamilton 演算子を $\hat{H}$，固有関数を $\psi(x)$，単位格子の周期性に対応する並進操作の演算子を $\hat{T}_a$ としたときに，$\hat{H}$ と $\hat{T}_a$ の間に交換関係が成り立つことを示し，結晶中の波動関数が $\psi(x+a) = \exp(\mathrm{i}ka)\psi(x)$の関係を満たすことを示せ．ただし x は位置座標，k は波数をそれぞれ表す．

問題3　格子定数 a の二次元正方格子点上に電子が局在しており，隣接サイトへの飛び移りのみが可能な場合を考える．ある j 番目の格子点の位置を $\boldsymbol{r}_j$ とすると，波動関数は（全原子数 N を使って）$\psi(\boldsymbol{r}) = N^{-1/2}\Sigma_j\exp(\mathrm{i}\boldsymbol{k}\cdot\boldsymbol{r}_j)\varphi(\boldsymbol{r}-\boldsymbol{r}_j)$と表される．格子点あたりに電子が2個ずつ存在する場合に，系全体のエネルギー期待値 $E_{\boldsymbol{k}} = \int\psi^*(\boldsymbol{r})\hat{H}\psi(\boldsymbol{r})\mathrm{d}\boldsymbol{r}$ が0になることを確認せよ．また，格子点あたりに電子が1個ずつ存在した場合の Fermi 準位を波数空間（横軸 k_x，縦軸 k_y にとったときの第一 Brillouin ゾーン内）に図示して，Fermi 準位以下の電子が波数空間において占有する領域を指定せよ．ただし計算過程では，最近接サイト間の積分要素$\int\varphi^*(\boldsymbol{r}-\boldsymbol{r}_{j\pm1})\,\hat{H}\varphi(\boldsymbol{r}-\boldsymbol{r}_j)\mathrm{d}\boldsymbol{r}$ のみが有限の値$-t$ をもち，それ以外の要素は0であるとする（同じサイト内の積分で得られる定数も0となるようにエネルギー原点を取る）．

問68　電気伝導特性：金属・半導体

出題趣旨：電気伝導特性は基本的な物性の1つであり，金属や半導体などを材料として応用する際に重要な指標の1つとなる．この問では電気伝導の基本的な原理と性質について出題する．

問題1　一般に，物質中での電気の伝導は電圧 V，電流 I，電気抵抗 R を用いて表す Ohm の法則 $V = IR$ に従う．これは電子が電場によって加速される効果と電子どうしの散乱によって減速される効果のバランスとして古典力学的な描像で説明される．電子の運動に関する運動方程式を考え，Ohm の法則を導け．ただし電子質量 m_e，電荷$-e$，電場 E，平均散乱時間$\langle\tau\rangle$，電子密度 n，物質の長さ L，断面積 S を用いよ．

問題2　一般的に金属と半導体は電気抵抗の温度依存性に大きな違いがある．図 68.1 に低温（格子による電子の散乱が無視できる場合）における，それぞれの典型的な抵抗値の温度依存性を示した．(1)と(2)が金属と半導体のどちらかを答え，その電気抵抗の温度依存性をエネルギーバンドの観点から説明せよ．

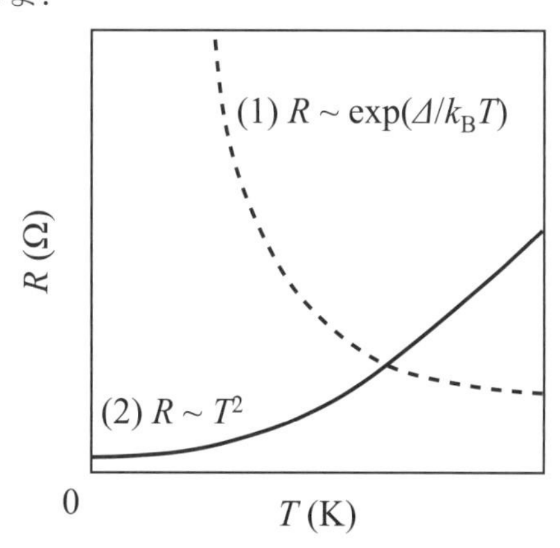

図 68.1　金属と半導体における電気抵抗の温度依存性

問 69　格子振動

出題趣旨：結晶中の原子の振動は，結晶構造に大きく依存しており格子振動と呼ばれる．格子振動は，様々なかたちで固体物性に影響を与えるため，その基本を理解しておくことは重要である．この問では格子振動の古典的モデルと分散関係について出題する．

問題 1　等間隔 a で並んだ質量 m の原子同士が，バネ定数 κ_0 のバネでつながれている一次元鎖モデルを考える．以下の問いに答えよ．

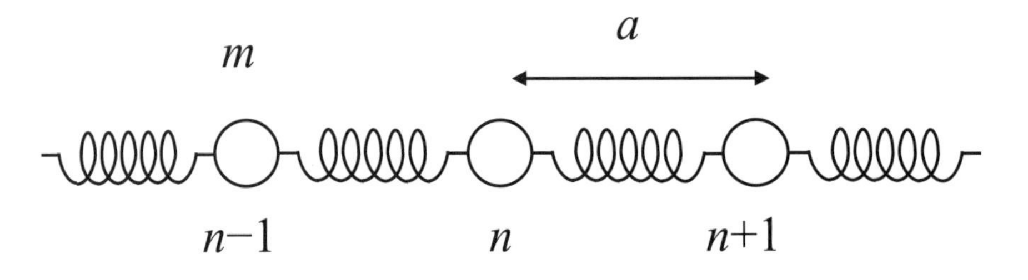

図 69. 1　一次元鎖モデル

(1) n 番目の原子の平衡位置からの変位を x_n と表す．n 番目の原子について運動方程式を立てよ．

(2) (1)の運動方程式の解は $x_n = A\exp\{\mathrm{i}(kna-\omega t)\}$ の形式（一次元の波動の式）で表すことができる．この解の角振動数 ω と波数 k の関係(分散関係)を式で表せ．

(3) 波数 k と角振動数 ω の関係を（$-\pi/a < k < \pi/a$ の領域について）図示せよ．

(4) 波数 k，角振動数 $\omega(k)$ の格子振動が固体中を伝播している状況は，あるエネルギー $\varepsilon(k)$ をもった仮想的な粒子（フォノン）が移動している状況と等価である．つまり，波数 k の格子振動の量子力学的な離散エネルギー $\varepsilon_j(k)$ は($j = 0, 1, 2, \ldots$)，波数モード k のフォノンが j 個あるときのエネルギー $\varepsilon_j(k)$ と等価である．格子振動が調和振動とみなせるときの $\varepsilon_j(k)$ を $\omega(k)$ と j を用いて表せ．ただし，Planck 定数を h とする．

問題 2　格子振動に関連する物性として，熱が固体中を輸送される熱伝導現象を考える．格子振動による熱伝導現象は，フォノンがエネルギーを輸送する現象として記述できる．フォノンによる熱伝導は格子熱容量 C とフォノンの平均速度 v，フォノンの平均自由行程 Λ に比例する．以下の問いに答えよ．

(1) フォノンの速度は，対応する格子振動の群速度で決まる．群速度 v_{g} を ω と k を用いて表せ．また，一次元鎖モデルの分散関係を使って，$k = \pm\pi/a$ 近傍のフォノンがほとんど熱を輸送しないことを説明せよ．

(2) 室温付近で低い熱伝導を示す物質を実現するため，構成元素を重元素（高周期元素）に置換するという手法がしばしば用いられる．重元素置換によって格子熱伝導率が減少する理由を，①フォノンの平均自由行程の変化と②フォノンの群速度の変化の二つの観点から論じよ．ただし，重元素置換による熱容量の変化は考えなくてよい．

問 70　誘電体

出題趣旨：誘電現象は電気工学や光学などの幅広い研究分野で活用されており，電気的特性の基本といえる．この問では，誘電現象の基本的原理とその外場応答について出題する．

問題 1　誘電率とは双極子の配向に関する物理量である．極性分子が静電場中に置かれると図 70. 1 左上のように配向する．ここで電場を交流に変え，その周波数 ω に対する依存性を考えると，誘電率は複素量 $\varepsilon(\omega) = \varepsilon'(\omega) - i\varepsilon''(\omega)$となる．電場の周波数を高くした場合に（動的）誘電率 ε'がどのように変化するか示せ．またその際の誘電損失 ε''の周波数依存性も示せ．

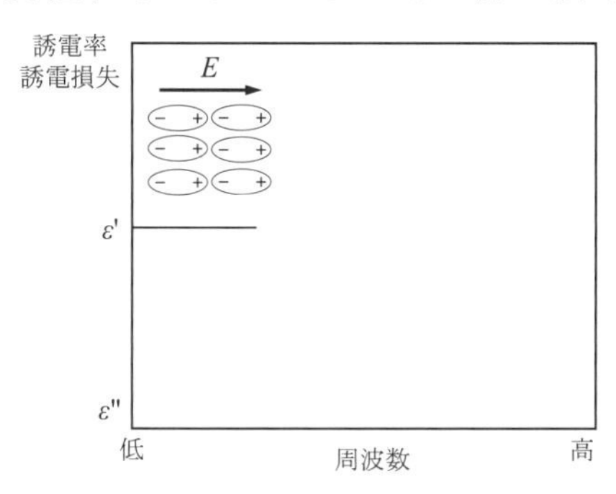

図 70. 1　低周波数電場下における電場に対する双極子の配向と誘電率

問題 2　結晶で見られる強誘電状態中では双極子がある方向に秩序だって配列し，マクロに電気分極した状態である．強誘電状態は大きくは変位型強誘電体と秩序–無秩序型強誘電体の 2 つに分類される．変位型強誘電体では原子変位を伴って双極子が生まれる．一方，秩序–無秩序型強誘電体では双極子の配向が無秩序であったのが強誘電転移温度（Curie 温度）T_C以下で秩序化する．図 70. 2 (a), (b)にそれぞれ $BaTiO_3$ と $NaNO_2$ の転移の結晶構造を示した．これらの物質がどちらの強誘電体に分類されるか答えよ．

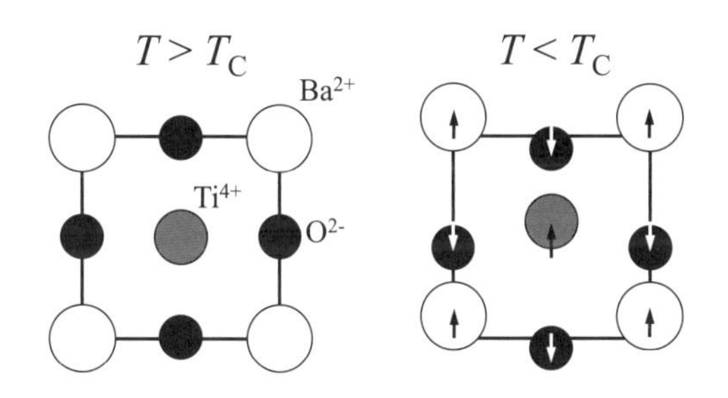

図 70. 2　(a) $BaTiO_3$ の結晶構造を二次元に射影した概略図．矢印は転移での原子変位方向

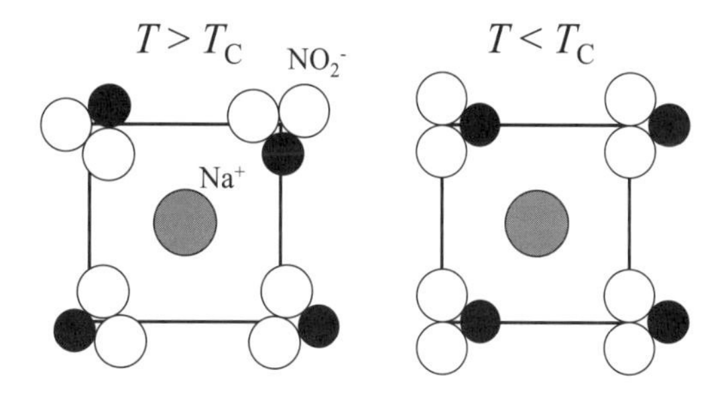

図 70. 2　(b) $NaNO_2$ の結晶構造を二次元に射影した概略図

問 71　磁性体

出題趣旨：磁気的性質は電気的性質と並んで固体の基礎的な性質の 1 つである．この問では，スピンの集団現象としての磁性体の分類と磁性体の基本的物性について出題する．

問題 1　原子や分子に局在した電子スピンが周囲のスピンと互いに相互作用し合ってマクロな磁性が発現する．図 71. 1(a) ～ (d)のように正方格子の各格子点上に電子スピンが配置された場合を考える．電子スピンの配列からそれぞれの磁気状態の名称を答えよ．ただし矢印はスピンの向き，大きさはスピンの大きさを表す．

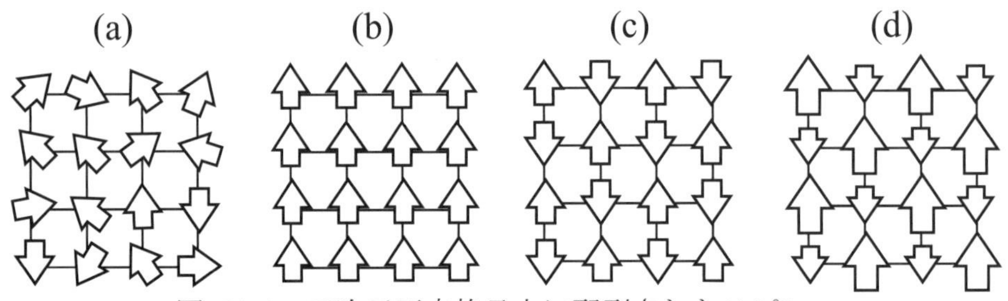

図 71. 1　二次元正方格子上に配列されたスピン

問題 2　2 個の軌道に 2 個の電子を配置させる場合，系全体の波動関数は軌道関数とスピン関数の積で表される．電子は Fermi 粒子であるため全波動関数は 2 電子の入れ替えに対して反対称であり，スピンが平行(triplet)，反平行(singlet)の場合に軌道関数はそれぞれ反対称，対称になる．電子 1 が位置 $\boldsymbol{r}_1$ にあるときの軌道関数を $\varphi_1(\boldsymbol{r}_1)$とするとき，2 電子状態の軌道関数は，

$$\Psi_{\text{triplet}}=\frac{1}{\sqrt{2}}\{\varphi_1(\boldsymbol{r}_1)\varphi_2(\boldsymbol{r}_2)-\varphi_1(\boldsymbol{r}_2)\varphi_2(\boldsymbol{r}_1)\},\quad \Psi_{\text{singlet}}=\frac{1}{\sqrt{2}}\{\varphi_1(\boldsymbol{r}_1)\varphi_2(\boldsymbol{r}_2)+\varphi_1(\boldsymbol{r}_2)\varphi_2(\boldsymbol{r}_1)\}$$

と記述される．2 つの状態のエネルギー差からスピン平行・反平行のどちらが優先されるかを知ることができる．電子間相互作用のみを考慮した Hamilton 演算子 $\hat{H}=e^2/|\boldsymbol{r}_1-\boldsymbol{r}_2|$を使って定義される $J=\iint\varphi_1^*(\boldsymbol{r}_1)\varphi_2^*(\boldsymbol{r}_2)\hat{H}\varphi_2(\boldsymbol{r}_1)\varphi_1(\boldsymbol{r}_2)\mathrm{d}\boldsymbol{r}_1\mathrm{d}\boldsymbol{r}_2$，$K=\iint\varphi_1^*(\boldsymbol{r}_1)\varphi_2^*(\boldsymbol{r}_2)\hat{H}\varphi_2(\boldsymbol{r}_2)\varphi_1(\boldsymbol{r}_1)\mathrm{d}\boldsymbol{r}_1\mathrm{d}\boldsymbol{r}_2$，$U=\iint\varphi_1^*(\boldsymbol{r}_2)\varphi_2^*(\boldsymbol{r}_1)\hat{H}\varphi_1(\boldsymbol{r}_2)\varphi_2(\boldsymbol{r}_1)\mathrm{d}\boldsymbol{r}_1\mathrm{d}\boldsymbol{r}_2$を用いて，それぞれの状態のエネルギー期待値 E_{triplet} と E_{singlet} を計算せよ．

問題 3　相互作用がない N 個の $S=1/2$ スピンが結晶格子上に置かれているとする．ある温度 T，磁場 H における磁化 M をスピンの Zeeman 分裂から計算して，低磁場極限で磁化 M が磁場に比例，温度に反比例することを示せ．磁気モーメントは磁場に平行なスピン成分 S_z を用いて$-g\mu_{\mathrm{B}}S_z$とし，各スピン状態は Boltzmann 統計に従うとする．

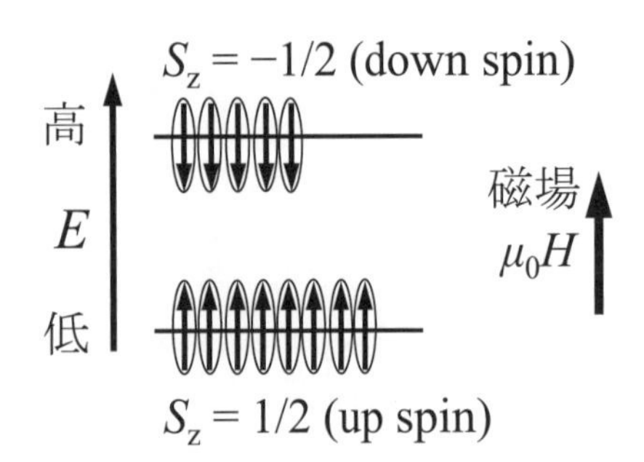

図 71. 2　磁場中における各スピンの分布

第 8 章　物性測定法

問 72　元素分析法

出題趣旨：有機化合物の元素分析には，有機化合物を高温分解し，各元素を定量する CHN 分析が用いられる．一方で，金属の元素分析法として，各原子固有の光吸収や発光またはイオン化した原子の計数率によって定量する原子スペクトル分析法が広く用いられている．この問では試料中の構成元素を分析する上記 2 つの手法について出題する．

問題 1　CHN 分析装置では炭素，水素，窒素の他，酸素，硫黄元素も定量可能である．これらの元素を何へ変換して定量を行っているか答えよ．また，これらの元素の中で，同時定量が可能なものを挙げよ．

問題 2　黒鉛炉原子吸光分析(GFAAS，Graphite Furnace Atomic Absorption Spectrometry)，誘導結合プラズマ質量分析(ICP-MS，Inductively Coupled Plasma Mass Spectrometry)について，それぞれの特徴を述べよ．

問題 3　原子発光分析法に分類される誘導結合プラズマ原子発光分析(ICP-AES)と炎光分析について，相違点を挙げよ．

問 73　質量分析法

出題趣旨：分子の質量は試料中の成分の同定に際し，重要な情報である．この問では質量分析法で用いられる分析計の構成のうち，イオン化部と質量分離部に関して出題する．

問題 1　下記のイオン化法について，それぞれのイオン化の原理を簡潔に述べよ．

(1) 電子イオン化法(EI)

(2) 化学イオン化法(CI)

(3) 高速原子衝撃法(FAB)

(4) エレクトロスプレーイオン化法(ESI)

(5) マトリックス支援レーザー脱離イオン化法(MALDI)

問題 2　質量分離法である(1) 飛行時間(TOF)型，(2) 磁場(B)型，(3) 四重極(Q)型の 3 つの型について，検出法に基づいて測定できる分子量の範囲に関してそれぞれ論ぜよ．

問題 3　質量分離部は，通常，高真空状態に保たれている．これはイオンの平均自由行程の観点から説明できる．

注目するイオン 1 つだけが速さ v で運動し，他の分子は凍結されているモデルを考える．イオン以外の分子の数密度 n，イオンの衝突断面積 σ（$= \pi d^2$，系中の全てのイオンと分子を直径 d の剛体球とする，図 73.1 参照），イオンが他の分子と衝突する衝突頻度（単位時間あたりの衝突回数）z を用いて，平均自由行程 λ を記述せよ．また，温度 $T = 300$ K，$\sigma = 5.00 \times 10^{-19}$ m^2，圧力 $p =$

1.00×10^{-3} Pa（ターボ分子ポンプで到達可能な圧力）のときの λ を求めよ．ただし，各粒子は理想気体として振舞うとする．

ヒント：1 回の衝突に要する平均時間は $1/z$ になる．これに v をかければ，1 回の衝突までの平均距離，すなわち λ になる．また，σ と λ の積は1個の分子が存在する平均体積を表す．

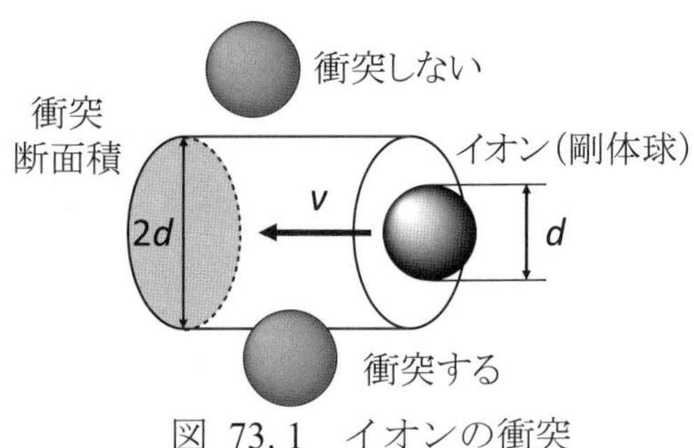

図 73. 1　イオンの衝突

問 74　熱分析・熱量測定法

出題趣旨：熱分析は定常的な熱流を加えながら試料の温度を変化をさせ，反応や状態変化を簡便に調べる手法である．出入りする熱量を正確に評価する熱量測定を用いると，試料の熱収支から熱容量などの熱力学量を得ることができる．この問では一般的な熱分析法・熱量測定法の原理およびデータ解析について出題する．

問題 1　熱重量測定法(TG)とは，試料温度を一定速度で昇温させたときに起きる質量変化を連続的に測定する手法である．一方，示差熱分析法(DTA)では，試料温度を変化させた際に起こる物理的・化学的な変化に伴って発生する試料内の熱的な変化を参照物質との温度差として検出する．一般的に TG と DTA は同時に測定することが多い．図 74. 1 (A)，(B)に同じ物質を空気雰囲気下と窒素雰囲気下で測定した TG-DTA の測定結果を示す．図中の（ア）～（ウ）の範囲の TG-DTA 曲線の変化は発熱反応か吸熱反応か答えよ．また，それぞれがどのような物理反応，化学反応か (1) ～ (6)から選択せよ．

(1) 融解 (2) 結晶化 (3) 脱水 (4) 分解 (5) 酸化（吸着）(6) 燃焼

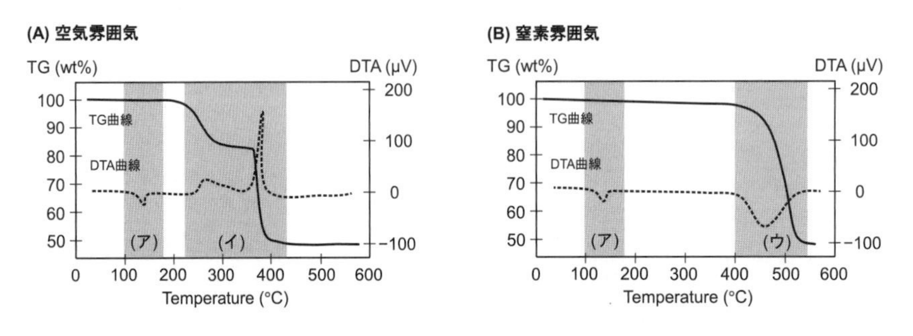

図 74. 1　ある物質の(A)空気雰囲気下(B)窒素雰囲気下における TG-DTA 曲線

問題 2　熱量測定による熱容量の決定には，熱緩和法や示差走査熱量測定法(DSC)が一般的である．ここでは熱緩和法の原理について考える．熱緩和法における試料まわりの環境を図 74. 2 に概念的に示す．試料系（温度 T）は真空中に置かれており，熱浴（温度 T_0）と金属などの線（緩和線：熱伝導率 κ）でつながっている．$T = T_0$ の状態から試料系を一定のパワー（単位時間当たり熱量 Q）で加熱すると，試料系と熱浴の間に温度差 $T - T_0 > 0$ が生じる．試料系に加えられた熱量は緩和線を通して熱浴に流出する．緩和線の熱伝導率 κ が温度に依存しないと仮定すると，単位時間あたりに緩和線を通じて流出する熱量は $\kappa(T - T_0)$ とかける．以上を踏まえて，以下の問に答えよ．

(1) 試料系の熱容量を C_p，温度の時間変化率を $\mathrm{d}T/\mathrm{d}t$ としたときに，試料系の温度変化に使われる熱量$C_p\frac{\mathrm{d}T}{\mathrm{d}t}$を求めよ．

(2) 実際の測定では，T と Q の時間変化（図 74. 3）から試料系の熱容量 C_p を得る．加熱によって試料系の熱収支がゼロとなる定常状態（温度 $T_0+\Delta T$）をつくってから加熱を止めると，冷却過程 $(t>0)$の温度変化が以下の式で表せることを示せ．なお，熱容量 C_p の温度依存性は無視してよい．

$$T = T_0 + \Delta T\exp\left(-\frac{\kappa}{C_p}t\right)$$

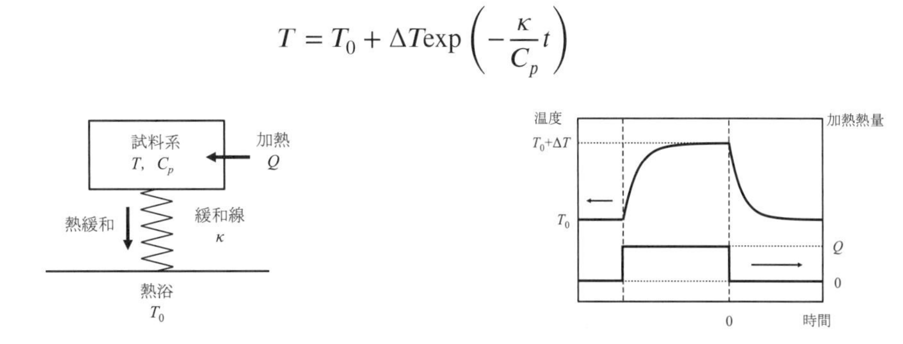

図 74. 2　熱緩和法の概念図　　　図 74. 3　熱緩和法における温度の時間変化

問 75　X 線・中性子回折法

出題趣旨：結晶構造解析などに用いられる回折法について，その適用範囲を理解するために必要な基本事項について出題する．

問題 1　回折法には，粉末試料を用いる場合と単結晶試料を用いる場合がある．単一波長（単色）の X 線を照射した際に得られる，粉末試料と単結晶試料の回折像の違いを理由とともに答えよ．ただし，粉末試料は単結晶試料と同じ結晶構造をもち，結晶性は失われていないものとする．

問題 2　重原子が存在する試料の単結晶 X 線構造解析では，水素原子の位置を正確に決定することは極めて困難である．その理由を電子密度という言葉を用いて説明せよ．

問題 3　反応機構の研究において，特定部位を重水素置換した化合物を利用することがある．その際，軽水素と重水素の位置を区別できるのは，次のうちどれか．理由とともに答えよ．

(a) X 線回折 (b) 中性子回折 (c) 電子線回折

問 76　分光法の基礎

出題趣旨：分光法は，量子力学的なエネルギー準位間隔を定量的に決定する重要な測定手法であり，物質化学研究においても幅広く用いられている．この問では，各種分光法に共通する基礎事項を出題する．

問題 1　強度 I_0 の光が，厚さ x の物質を透過したときに強度が I にまで低下した場合を考える．この物質の透過率 T と吸光度 A を求めよ．また，希薄溶液試料において試料のモル濃度 C が与えられるときのモル吸光係数 ε を求めよ．なお，物質からの光の散乱や物質による光の反射は無視できるものとする．

問題 2　物質に入射する光（電磁波）を，一次元の電場の平面波として近似すると $E(t,x) = E_0 e^{i(\omega t - kx)}$ と書ける．ここで，E_0 は光の振幅，ω は角周波数，k は波数を表す．この光が複素屈折率 $\bar{n} = n - i\kappa$ の物質中を透過するとき，

$$\alpha = -\frac{1}{x}\ln\left(\frac{I}{I_0}\right)$$

で定義される吸光係数 α が複素屈折率 $\bar{n}$ の虚部 κ と $\alpha = (4\pi/\lambda)\kappa$ の関係で結ばれることを示せ．なお，λ は光の波長であり，複素屈折率 $\bar{n} = n - i\kappa$ とは，真空中の光速 c と物質中の光速 v の比で定義される屈折率 $n = c/v$ を，光を吸収する物質に対して拡張した物理量であり，$\bar{n} = kc/\omega$ で与えられる．

問題 3　分光スペクトルは有限の線幅をもつ．線幅の広がりは，測定系の分解能のほかに物質固有の性質に起因する．物質固有の線幅は，「均一幅」と「不均一幅」の 2 種類に分類され，前者は Lorentz 型の曲線で，後者は Gauss 型の曲線で表される．2 つの線幅の要因について，簡単に説明せよ．

問 77　紫外・可視分光法，光電子分光法

出題趣旨：分子の電子状態の測定には，紫外・可視光領域の光を用いた分光法が有効である．この問では特に，吸収分光法と光電子分光法の二種類について，両手法の原理および基礎事項について出題する．

問題 1　紫外・可視光領域の光を用いた吸収分光法を，紫外・可視分光法：UV-Vis(Ultraviolet-Visible Absorption Spectroscopy)と呼ぶ．UV-Vis には，試料からの透過光強度を測定する透過法と．試料からの反射光強度を測定する反射法の二種類が存在する．試料に応じた両者の使い分けを説明せよ．

問題 2　π 共役系が拡張されるほど分子の極大吸収波長（HOMO−LUMO 間の電子遷移に由来）は長くなる．この理由を，all-*trans* polyene（図 77. 1 (a)，以下単にポリエンと呼ぶ）を例に考える．ポリエンのフロンティア軌道は，二重結合を形成する π 電子に由来する．π 電子は分子内を自由に動けるとして，ポリエン分子長軸の長さ L の幅の一次元の箱（一次元井戸型ポテンシャル）を考え，π 共役系の長さと極大吸収波長の関係を説明せよ．ただし，ポリエン中の二重結合の数を N とし，$L = Na$（a は図 77. 1 (a)に示す基本単位の距離）とする．

問題 3　図 77. 1 (b)に示すように，紫外光電子分光：UPS（Ultraviolet Photoelectron Spectroscopy）測定では，紫外光を試料に照射した際に光電効果によって外に飛び出してきた電子の運動エネルギーを測定する．ここで，各物理量を次のように定める．E_B: 結合エネルギー，E_k: 光電子の運動エネルギー，E_{VAC}: 真空準位，E_F: 試料の Fermi 準位，φ: 試料の仕事関数．

(1) E_k を E_B，$h\nu$，φ を用いて表せ．

(2) 光電子の運動エネルギーと試料からの脱出深さは，物質によらず図 77. 1 (c)のユニバーサルカーブで表される．照射した紫外光，仕事関数，結合エネルギーがそれぞれ 21.2 eV, 5 eV, 9 eV のとき，光電子は試料表面からおよそどれだけの深さの領域から放出されるか答えよ．

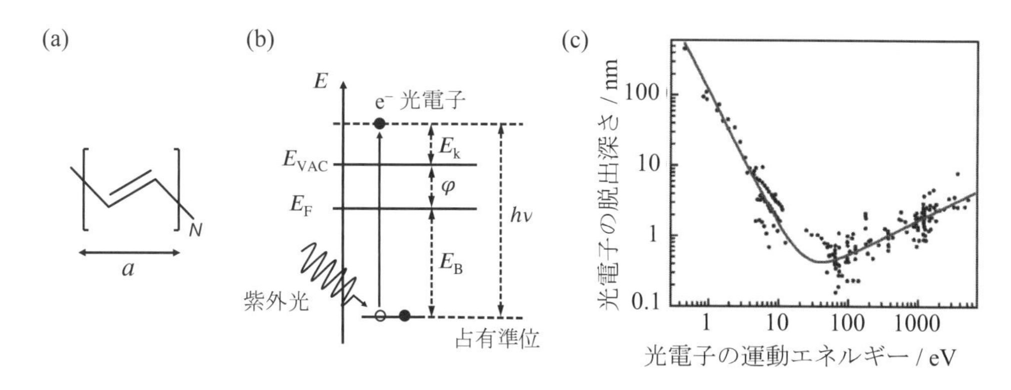

図 77. 1　(a) ポリエンの構造式 (b) UPS 測定におけるエネルギーダイアグラム (c) 光電子の運動エネルギーに対する脱出深さ（ユニバーサルカーブ）

問 78　振動分光法

出題趣旨：分子は，回転状態や振動状態の変化に伴ってエネルギー吸収があり，赤外線相当のエネルギーがこれに相当する．この問では，分子振動に関する分光法の基本的な原理と性質について出題する．

問題 1　エネルギー準位間の光の吸収と放出は Bohr の振動数条件($h\nu = E_f - E_i$)に従うが，全てのエネルギー準位間で起こるわけではない．光吸収，放出の前後の状態（始状態 i，終状態 f）について遷移双極子モーメントの値が 0 でない値をもつ必要があり，この条件のことを選択概律という．状態 i から状態 f への遷移の際，遷移双極子モーメントは以下のように記述される．

$$\langle \mathrm{f}|\mu|\mathrm{i}\rangle = \int \varphi_\mathrm{f}^* \, \mu \, \varphi_\mathrm{i} \, \mathrm{d}\tau$$

ここで φ_i, φ_f はそれぞれ状態 i ,f の波動関数，μ は電気双極子モーメント演算子である．以上を踏まえた上で，赤外吸収分光法の選択概律が「振動によって電気双極子モーメントが変化しなければならない」となることを，部分電荷$\pm\delta q$ をもつ 2 つの原子が距離 $R = R_e + x$ だけ離れて伸縮振動する一次元振動を例に説明せよ．なお，R_e は 2 つの原子の平衡間隔，x は R_e からの変位を表す．

問題 2　問題 1 を踏まえた上で，以下の問いに答えよ．
(1) H_2O と CO_2 の基準振動モードを全て図示せよ．
(2) (1)の全ての基準振動モードについて，赤外活性を判定せよ．

問題 3　図 78. 1 に液体メタノール CH_3OH の赤外吸収スペクトル（透過率）を示す．以下の問いに答えよ．

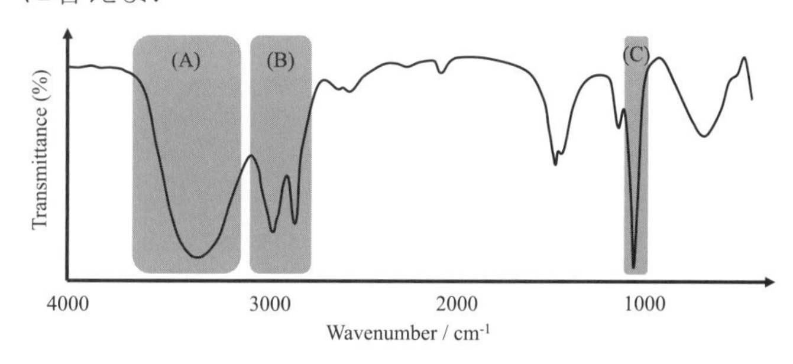

図 78. 1　液体メタノール CH_3OH の赤外吸収スペクトル（透過率）

(1) 3 つのバンド(A)，(B)，(C)は，C-O 伸縮振動，C-H 伸縮振動，O-H 伸縮振動のどれかに対応する．それぞれの対応関係について理由をつけて類推せよ．
(2) バンド(B)が複数に分裂している理由を簡単に説明せよ．
(3) 気相では，各バンドのピークが鋭くなり，液体では見られなかった新たな細かいピーク群が観測される．理由を簡単に説明せよ．

問 79　レーザー分光法

出題趣旨：この問では，近年，急速に発展しているレーザーを用いた分光法について取り扱う．レーザーの原理とポンプ-プローブ法を用いた時間分解 Raman 測定法を例に，レーザー分光法の考え方を出題する．

問題 1　レーザー発振の基本原理について，以下の問題に答えよ．
(1) レーザー(LASER)の 5 文字の語源を日本語訳と合わせて表記せよ．
(2) レーザー光の特徴（太陽光や白熱球の光との違い）を 3 つ挙げよ．
(3) レーザーの基本構成を図 79.1 に示すとおりである．この図を参考にして，レーザー発振原理を以下の語句を使って簡単に説明せよ．
[誘導放出，誘導吸収，反転分布，ポンピング，ミラー，共振器]

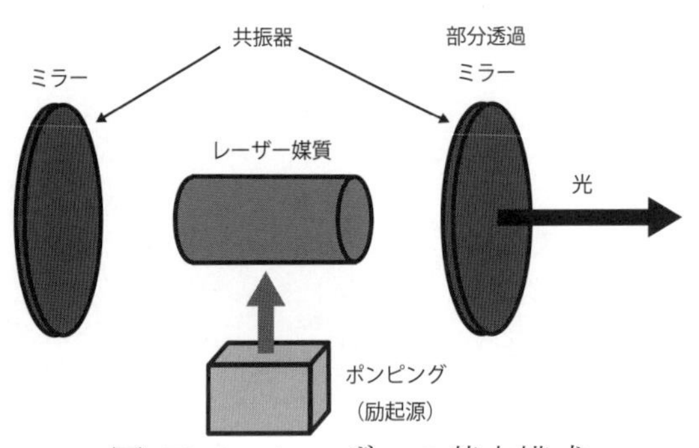

図 79.1　レーザーの基本構成

問題 2　レーザーを用いた分光法の 1 つとして，ポンプ-プローブ法による時間分解 Raman 分光法がある．これは，電子励起状態などの短寿命分子種の Raman スペクトルを得るための分光法であり，スペクトルの時間変化も追跡することができる．図 79.2 に光学系を模式的に示す．

図中の矢印線はレーザー光の光路を表しており，レーザーより発振されたパルス光がビームスプリッターでポンプ光とプローブ光と呼ばれる 2 本の光路に分けられ，それぞれ適当に波長変換されてから試料に照射される仕掛けになっている．光学遅延ステージとは，一次元のレール上を移動する（図中では左右に動く）ステージを指し，ステージ上に 2 枚の光学ミラーが固定されている．図を

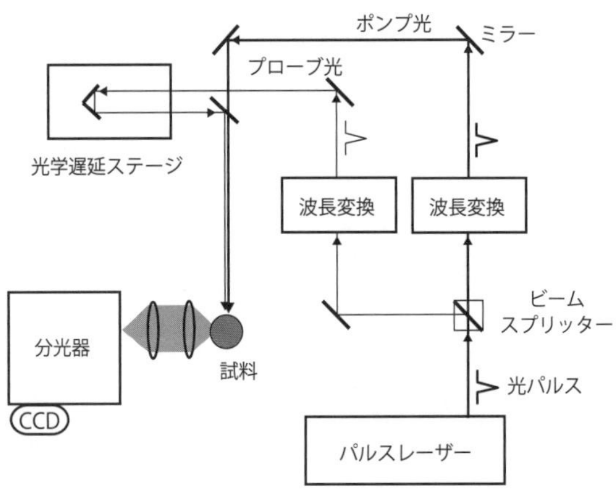

図 79.2　時間分解 Raman 分光器の光学系

参考にして以下の問に答えよ．

(1) この光学系において，ポンプ光とプローブ光，光学遅延ステージの果たす役割を，それぞれ簡単に説明せよ．

(2) 図の状況下においてポンプ光で励起されてから 5 ps 後のスペクトルが得られるとする．ポンプ光で励起されてから 15 ps 後のスペクトルを取るには，光学遅延ステージを左右どちらの方向にどれだけ移動させる必要があるか答えよ．

(3) この分光法は，分子の電子励起状態などの可逆的な変化の追跡には適しているが，化学反応のような不可逆な変化の追跡には適していない．理由を簡単に説明せよ．

問 80　偏光解析

出題趣旨：電磁波の振動方向を制御した光は偏光と呼ばれ，分子の異方性を検出するために重要な特性である．この問では偏光の特徴，分子（物質）の円二色性，旋光性，複屈折性について出題する．

問題 1　電磁波は進行方向に垂直な平面内で電界と磁界が振動する二次元的な横波である．ここでは z 方向に進む平面波について，その光波の振動の偏り，すなわち偏光の記述方法について考える．z 方向に伝播する波長 λ の偏光の電界ベクトル $\boldsymbol{E}(x, y, z, t)$ [$= (E_x, E_y, 0)$]は，

$$\boldsymbol{E} = \begin{pmatrix} E_x \\ E_y \end{pmatrix} = \begin{pmatrix} E_{0x}\exp(\mathrm{i}\phi_x) \\ E_{0y}\exp(\mathrm{i}\phi_y) \end{pmatrix} \exp\left\{\mathrm{i}\left(\frac{2\pi nz}{\lambda} - \omega t\right)\right\} \qquad \text{式 80. 1}$$

と表すことができる．ここで E_{0x}，E_{0y} は電場の振幅，i は虚数単位，ϕ_x，ϕ_y は初期位相，n は媒体の屈折率，ω は角周波数である．以降は簡単のために実部のみで議論を進める．E_{0x}，E_{0y} は，z 軸を中心に x 軸，y 軸を適切に回転させることで，1 つの振幅 E で書き換えられる．また，位相差が y 成分にのみ現れるように t，z をとれば，式 80. 1 は次のように書き換えられる．

$$\boldsymbol{E} = \begin{pmatrix} E_x \\ E_y \end{pmatrix} = \begin{pmatrix} E\cos(kz - \omega t) \\ E\cos(\phi + kz - \omega t) \end{pmatrix} \qquad \text{式 80. 2}$$

ここで，ϕは位相差，$k = 2\pi n/\lambda$ は波数である．$z = 0$ における xy 平面において，この電界ベクトル $\boldsymbol{E}$ がどのように変化するか，$\phi = 0, \pi/4, \pi/2, \pi, 3\pi/2$ の各場合においてそれぞれ図示せよ．

問題 2　光学活性な分子は円二色性と旋光性を示す．いずれも分子がもつ「偏光を変化させる性質」と考えることができる．円二色性のみ，または旋光性のみを示す理想的な物質に図 80. 1 の左端に示すような直線偏光を入射した場合に，予想される透過光として正しいものを図 80. 1，透過光(A)，(B)からそれぞれ選べ．また，円二色性と旋光性の共通点と相違点を「円偏光」，「屈折率」，「吸収」という言葉を使って説明せよ．

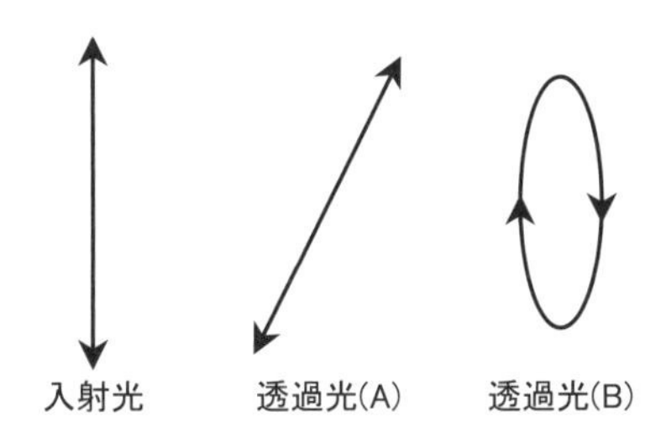

図 80. 1　直線偏光（左端）を物質に入射したときに予想される透過光の偏光状態(A)および(B)

問題 3　偏光顕微鏡によって液晶相の分子配向が観察できるのは,液晶の複屈折性のためである.通常,直交させた偏光板は光を通さないが,複屈折をもつ物質を間に置くことで光が透過するようになる.この理由を偏光板のはたらきと,複屈折をもつ物質が偏光をどのように変化させるかという点に注目して説明せよ.

問 81　静的・動的光散乱法

出題趣旨：光の散乱は高分子や粒子の大きさやモル質量,系の不均質性,電子状態など,様々な情報を与える.この問では光散乱の種類,およびその測定原理について出題する.

問題 1　静的光散乱法は,各散乱角 θ における散乱光強度の時間平均 $\langle I_\theta \rangle$ に基づいて散乱体の性質を評価する方法であり,溶液中の高分子の物性測定などによく用いられる.$\langle I_\theta \rangle$ は装置の特性を考慮した強度として,長さの逆数の次元をもつ Rayleigh 比 R_θ に変換される.また,散乱光強度の角度依存性は θ の代わりに散乱ベクトル $\boldsymbol{k}$ の絶対値 k を用いて議論され,k は溶液の屈折率 n および入射光の波長 λ_0 を用いて,$k = 4\pi n \sin(\theta/2)/\lambda_0$ と表される（図 81. 1).

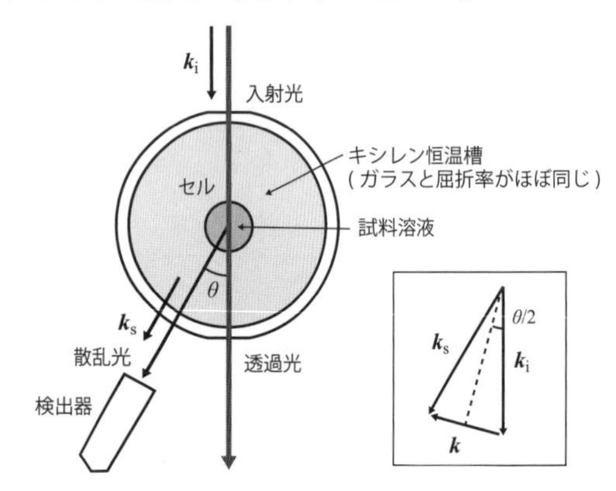

図 81. 1　光散乱測定装置の模式図.検出器はセルを中心とする回転ステージに設置されており,様々な角度の位置に配置できる.右下の挿入図は $\boldsymbol{k}$ の定義である.$\boldsymbol{k}_i$ および $\boldsymbol{k}_s$ は,それぞれ入射光および散乱光の波数（$2\pi/\lambda$, λ は溶液中の光の波長）の絶対値をもつ,入射方向および散乱方向のベクトルである.

今,溶液中の高分子の質量濃度を c [kg m^{-3}],光学定数を K とする.Kc/R_θ は,$c \to 0$ および $\theta \to 0$ の極限で,(k または c について）それぞれ次のように展開される.

$$\lim_{c \to 0} \frac{Kc}{R_\theta} = \frac{1}{M_w}\left(1 + \frac{1}{3}R_{g,z}^2 k^2 + O\left(k^4\right)\right) \qquad \text{式 81. 1}$$

$$\lim_{\theta \to 0} \frac{Kc}{R_\theta} = \frac{1}{M_w} + 2A_{2,LS}c + O\left(c^2\right) \qquad \text{式 81. 2}$$

ただし,$K = 4\pi^2 n^2 (dn/dc)^2/(N_A \lambda_0^4)$ と計算され,dn/dc は示差屈折率増分と呼ばれ,溶液の屈折率を濃度に対してプロットしたときの傾きから得られる.M_w, $R_{g,z}$, $A_{2,LS}$ はそれぞれ,高分子の重量平均分子量,回転半径および第二ビリアル係数である.$O(x)$ は x が十分に小さいときに無視できる項である.また,溶液が十分希薄で入射光の波長が大きい場合,c および k が有限の値をもつときでも,Kc/R_θ は,k^2 および c に対して直線的に変化する.以上を踏まえた上で,静的光散乱法によって M_w および $R_{g,z}$, $A_{2,LS}$ を求めるには,どのような測定と解析を行えばよいか説明せよ.

問題 2　動的光散乱法は,ある散乱角における,時刻 $t = 0$ および $t = \tau$ に測定される散乱光強度 $I_s(k, 0)$ と $I_s(k, \tau)$ の相関関数 $g^{(2)}(\tau) = \langle I_s(k, 0)\, I_s(k, \tau)\rangle / \langle I_s(k, 0)\rangle^2$ の実測値に基づいて,溶液物性を評価す

る方法である．この方法からは溶液中の高分子の拡散係数 D が求まり，それに基づいて高分子の流体力学的半径が計算される．今，高分子のサイズが単分散で，濃度が十分低いと仮定すると，以下の関係式が成り立つ．

$$\sqrt{\frac{(g^{(2)}(\tau)-1)}{\beta}} = \exp(-\Gamma\tau) \qquad \text{式 81.3}$$

ここで，β は干渉性因子と呼ばれる定数である．また，Γ は散乱光電場の統計平均からの揺らぎの相関の緩和速度で，$\Gamma = k^2 D$ の関係式が成り立つ．以上から散乱角 90°における $g^{(2)}(\tau)$ から D を求めるには，どのような測定と解析をすればよいか説明せよ．

問 82　磁気共鳴法の基礎

出題趣旨：核磁気共鳴(NMR)や電子スピン共鳴(ESR)などの磁気共鳴法は化学に限らず広い分野で用いられる．この問では磁気共鳴の原理と測定から得られる物質の情報について出題する．

問題 1　磁場中に試料を置くと，スピンのエネルギー準位は Zeeman 分裂する．そのエネルギー差に相当する周波数の電磁波を照射することで電磁波の吸収・放出が行われ，この共鳴挙動から試料の磁気的な情報を得る手法が磁気共鳴法である．これは問 71 で解説したようにスピンの統計集団としての磁性現象の理解にも役立つが，ここでは単一スピンの運動についてのミクロな考察を行う．角運動量$\hat{\boldsymbol{I}}$をもったスピンの磁場下における Hamilton 演算子は$\hat{H} = -\gamma\hbar\hat{\boldsymbol{I}}\cdot\boldsymbol{H_0}$で与えられる．磁場 $\boldsymbol{H_0} = (0, 0, H_z)$下におけるスピンの運動が図 82. 1 のような z 軸を中心とした歳差運動になることを示せ．ただし物理量$\hat{\boldsymbol{A}}$と Hamilton 演算子$\hat{H}$の関係を示す Heisenberg 運動方程式$\mathrm{i}\hbar\frac{\mathrm{d}\hat{A}}{\mathrm{d}t} = [\hat{\boldsymbol{A}}, \hat{H}]$，およびスピン交換関係$[I_x, I_y] = \mathrm{i}I_z$，$[I_y, I_z] = \mathrm{i}I_y$，$[I_z, I_x] = \mathrm{i}I_y$を用いよ．

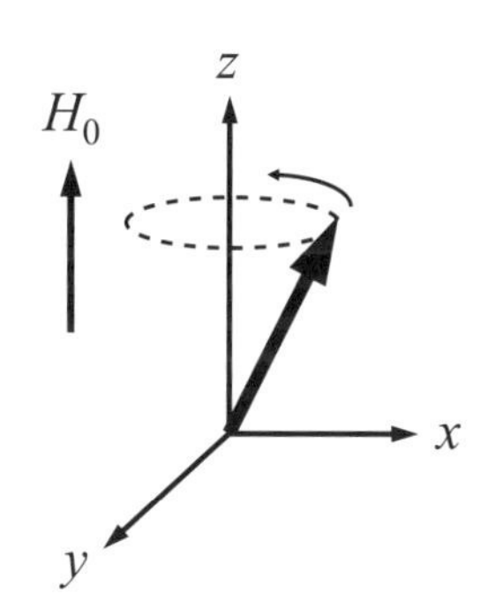

図 82. 1　磁場 $\boldsymbol{H_0}$ 下における スピンの歳差運動

問題 2　磁気共鳴で得られる情報の 1 つとして磁化率が挙げられる．電子スピンの共鳴を扱う ESR では電子スピンの g 値が得られるため，直接磁化率を決定することができる．一方，NMR では核スピンの遷移をみているため直接的には電子スピンの磁化率は得られない．しかし，超微細相互作用(Hyperfine interaction)$\hat{H}_{\mathrm{HF}}$と呼ばれる電子–核スピン間相互作用により，核スピンが感じる有効磁場が電子スピンの影響で $\boldsymbol{H_0}$ から $\boldsymbol{H_{\mathrm{eff}}}$ へと変化するため，電子スピンの性質を間接的に観測することができる．この効果による共鳴周波数の ω_0 から ω_{eff} への変化 $K = (\omega_{\mathrm{eff}} - \omega_0)/\omega_0$ を Knight シフトという．結合定数 A，原子核と電子のスピン角運動量$\hat{\boldsymbol{I}}$，$\hat{\boldsymbol{S}}$を用いて$\hat{H}_{\mathrm{HF}} = A\hat{\boldsymbol{I}}\cdot\hat{\boldsymbol{S}}$となる場合，常磁性の物質で K が磁化率 χ に比例していることを示せ．ただしスピン角運動量の z 方向成分 S_z と磁化率 χ には $\chi = g\mu_{\mathrm{B}}N_{\mathrm{A}}S_z/H_z$ の関係が成り立つ．

問 83　核磁気共鳴法

出題趣旨：核磁気共鳴(Nuclear Magnetic Resonance: NMR)は，有機化合物の構造決定をはじめとして，化合物の様々な性質を知るために用いられる．この問では ^{1}H NMR および ^{13}C NMR における化学シフトについて出題する．

問題 1　^{1}H NMR では共鳴位置を基準物質のシグナルに対する相対位置で示すことが一般的である．基準物質としては，一般的にテトラメチルシラン($Si(CH_3)_4$: TMS)が用いられる．TMS が基準物質として有用な理由を述べよ．

問題 2　^{13}C 化学シフトは，その炭素原子に電気陰性な原子が結合した場合に高周波数に，電気陽性な原子が結合した場合に低周波数にシフトする．その理由を述べよ．

問題 3　ベンゼンの ^{1}H 化学シフトは，その電子密度から予想されるよりも顕著に高周波数である．ベンゼン環上の電子が非局在化していることを考慮することにより，この理由を図とともに説明せよ．

問 84　電子スピン共鳴法

出題趣旨：電子スピン共鳴法(ESR)は，固体物性や生化学などの分野でよく用いられる研究手法である．近年では活性酸素・フリーラジカルなどの同定を目的として医療分野で盛んに研究が行われている．この問では簡単な有機化合物をモデルとして，ESR スペクトルの基礎について出題する．

問題 1　ピラジン（図 84. 1）について以下の問いに答えよ．

(1) ピラジンが溶液中でアニオンラジカルとして存在しているときの ESR スペクトルに現れる吸収線の分裂数を理由とともに答えよ．また，吸収強度が最大のピークと最小のピークの強度比を答えよ．

(2) ピラジンの 4 つの水素原子の内 1 つを重水素に置換したとき，吸収線の数や最大，最小ピークの強度比はどのように変化するか答えよ．

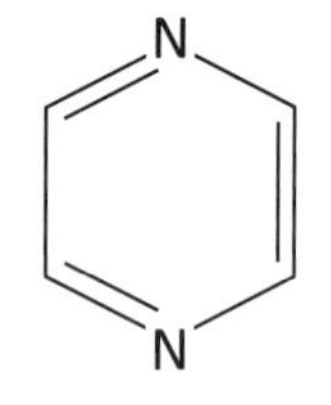

図 84. 1 ピラジン

問題 2　$^{51}VO^{2+}$を含む水溶液の常温 ESR 測定を行ったところ，得られたスペクトルはブロードであり，超微細結合による分裂は確認できなかった．以下の問いに答えよ．ただし，^{51}V 原子の核スピンは 7/2 であり，同位体の影響は考えないものとする．

(1) 超微細結合による分裂を考慮したときに，理論的に予想される吸収線の数と強度比を答えよ．

(2) 一般に，ESR 測定は低温で行った方が測定感度がよい．この理由を簡潔に述べよ．

(3) 感度向上を目的として，溶液を液体窒素で凍結した後 ESR 測定を行った．(1)で予測したスペクトルは得られるか．その理由を含めて答えよ．

問 85　磁化測定法

出題趣旨：磁化測定の一般的な手法として超伝導量子干渉素子(SQUID)を用いた測定法が普及しているが，磁化測定には他にも様々な手法が存在する．この問ではそれぞれの手法の特性や得られた磁気的性質からどのように磁性を解釈するかについて出題する．

問題 1　市販の磁束計では，検出部位に SQUID を用いた引き抜き法が最も普及している．SQUID は原理上，高精度で磁化の絶対値測定が可能であり，また測定が比較的容易なためである．しかし，対象とする磁性によっては他の測定法が必要となる場合もあり，測定法の特性に応じて選択する必要がある．表 85. 1 にいくつかの磁化測定手法とその特性を挙げた．空欄を埋めよ．

表 85. 1　各磁化測定手法の特性

	市販 SQUID (引き抜き方)	交流磁化	磁気トルク	振動試料型磁力計 (VSM)	NMR・ESR
絶対値測定	容易	困難	(a)	困難	(b)
測定速度	遅い	(c)	速い	(d)	遅い
測定感度(弱磁場)	高い	高い	(e)	(f)	低い
測定感度(強磁場)	低い	高い	高い	高い	(g)
異方性検出	困難	(h)	容易	困難	容易

問題 2　測定によって得られた磁化 M を印可磁場 H で割った磁化率 $\chi = M/H$ は測定対象の磁性によって温度依存性が異なる．図 85. 1 に様々なタイプの磁化率の温度依存性を示した．(a)はある温度 T_C に向かって発散的増大，(b)はある定数 C を用いて C/T で表され，(c)はある温度 T_N 以下で磁場方向によっては 0 へ減少，または温度依存性なし，(d)は正の有限の値で温度依存性なし，(e)は負の有限の値で温度依存性はない．それぞれに対応する磁性を選択肢(i)〜(v)から選べ．

(i) 常磁性　(ii) 反磁性　(iii) 強磁性　(iv) 反強磁性　(v) Pauli 常磁性

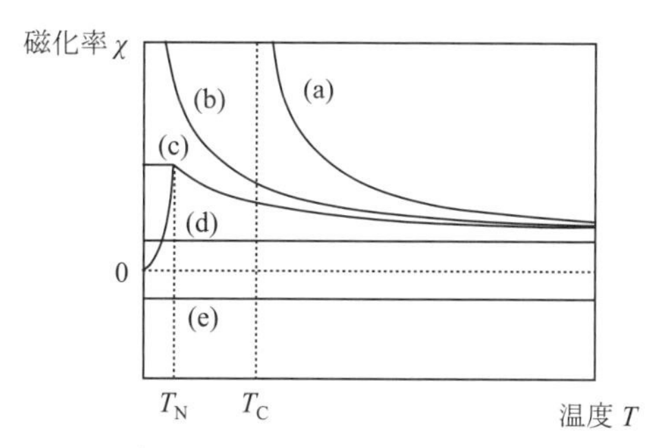

図 85. 1　様々なタイプの磁化率の温度依存性

問 86　電気伝導特性測定法

出題趣旨：電気伝導特性は磁気的特性と並び基本的な物性である．この問では電気輸送特性の測定原理と注意点，輸送特性を特徴づけるキャリア数や易動度などを得る手法について出題する．

問題 1　電気抵抗測定には二端子法と四端子法の二種類がある．それぞれの電気回路を図 86. 1(a), (b)に示す．試料抵抗 R_s を測る実際の測定では，配線の抵抗や接触抵抗，電圧計の内部抵抗などを考慮する必要があるため，どちらの手法が正確な試料抵抗 R_s の測定に適しているかを考えなければならない．試料抵抗 R_s が 1 GΩ の場合と 1 Ω の場合のそれぞれにどちらの手法がより正確に測定できるか理由を含めて答えよ．なお，図中の V，I は電圧計，電流計をそれぞれ表し，添字の抵抗値は各計測器の内部抵抗を表す．また，抵抗 R は配線の抵抗や試料と配線の接触抵抗などをまとめたものと考えてよい．

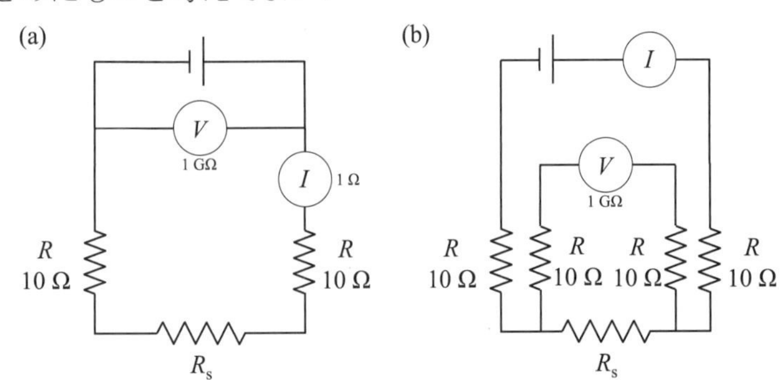

図 86. 1　(a)二端子法(b)四端子法による電気抵抗測定の回路図

問題 2　電気伝導特性の中でもキャリアの種類や密度を特定するための代表的な測定として Hall 効果測定がある．これは磁場下でキャリアが Lorentz 力を受けながら運動することによって磁場および電流と垂直な方向に電圧が生じる効果である．図 86. 2 のような幅 W，長さ L，高さ h の試料に電流 I_x を流し，z 軸方向の磁束密度が B_z の場合を考えたとき，y 方向に生じる Hall 電圧 V_y がキャリア密度 n に反比例することを示せ．ただしキャリアのもつ電荷を q とし，その平均速度の x，y 成分をそれぞれ $\langle v_x \rangle$，$\langle v_y \rangle$ とする．

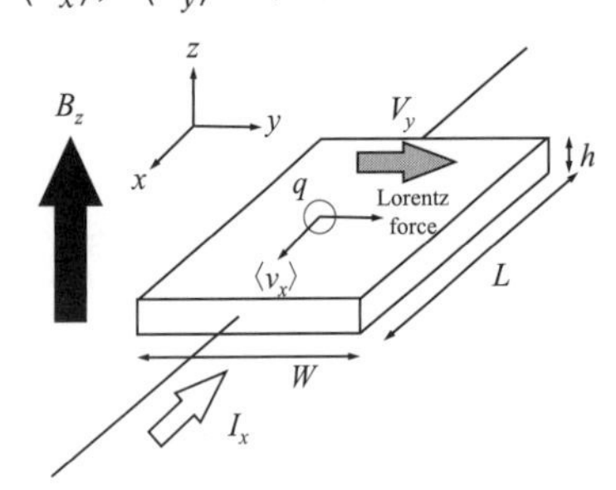

図 86. 2　磁束密度 B_z 中における電荷 q の荷電粒子の Hall 効果

問 87　電気化学測定法

出題趣旨：電気化学測定法は，電極と化合物間の電子のやり取りにより起こる化学反応を測定し，考察する手法である．この問では，代表的な電気化学測定法であるサイクリックボルタンメトリーについて出題する．

問題 1　0.100 mol dm^{-3} 過塩素酸テトラエチルアンモニウムのアセトニトリル溶液中における化合物 A のサイクリックボルタンメトリーを 298 K で行うと，可逆的なボルタモグラムが得られた（図 87. 1）．参照極は Ag/AgNO$_3$ 電極，化合物 A の濃度は 0.0100 mol dm^{-3}，電極面積は 0.100 cm^2，掃引速度は 1.00×10 mV s^{-1}，5.00×10 mV s^{-1}，1.00×10^2 mV s^{-1} である．化合物 A の酸化還元反応は以下で表される．

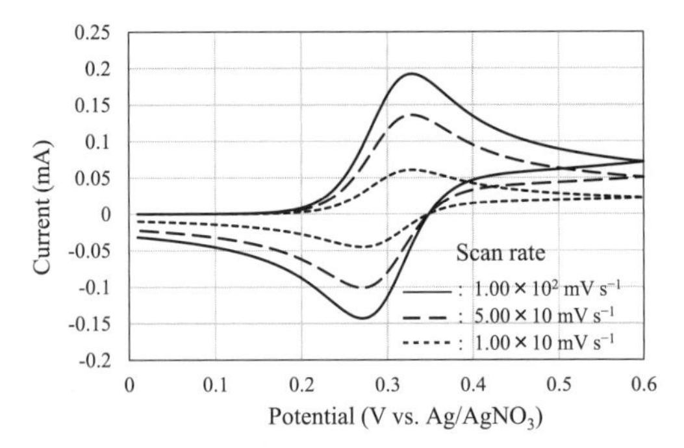

図 87. 1　化合物 A のサイクリックボルタモグラム

$$\mathrm{A} \rightleftharpoons \mathrm{A} + ne^-$$

反応電子数を n，電極面積を S ($\mathrm{cm^2}$)，拡散係数を D ($\mathrm{cm^2\ s^{-1}}$)，濃度を C ($\mathrm{mol\ L^{-1}}$)，掃引速度をv($\mathrm{V\ s^{-1}}$)としたとき，ピーク電流 i_p (mA)は以下の式で表される．ただし，F は Faraday 定数，R は気体定数である．

$$i_\mathrm{p} = 0.4463 \times 10^{-3} n^{3/2} F^{3/2} (RT)^{-1/2} S D^{1/2} C v^{1/2}$$

表 87. 1 に様々な掃引速度に対するピーク電位とピーク電流の値をまとめた．この表のデータを整理すると，i_p はvの平方根に比例し，その比例定数は $6.069 \times 10^{-4}\ \mathrm{mA\ V^{-1/2} s^{1/2}}$ であった．$n = 1$ のとき，化合物 A の拡散係数を有効数字 3 桁まで求めよ．

表 87. 1　化合物 A のピーク電位とピーク電流

掃引速度 [$\mathrm{mVs^{-1}}$]	ピーク電位 [mV]	ピーク電流 [mA]
1.00×10^2	0.330	0.192
5.00×10	0.330	0.136
1.00×10	0.330	0.0608

問題 2　問題 1 で求めた拡散係数から電極近傍に形成する拡散層の厚さを求めることができる（図 87. 2）．空欄（　a　）～（　e　）に当てはまる式および語句を答えよ．

電極反応が起きると電極近傍で化合物 A を消費し，図 87. 2 のように濃度勾配が $\Delta C(= C - C')$，厚さ δ の拡散層ができる．ここで Fick の第一法則より，流束 $J =$（　a　）で化合物 A が輸送される．電極に流れ込む電子と反応する化合物 A の数は釣り合うため，反応電子数を n とした時，電流 $i =$（　b　）と表される．電極表面で化合物 A の濃度が 0 となるときの電流 i_L は（　c　）と呼ばれ，$i_\mathrm{L} =$（　d　）と表される．（　c　）を 50 μA，$n = 1$ としたとき，拡散層の厚さ δ は，（　e　）となる．

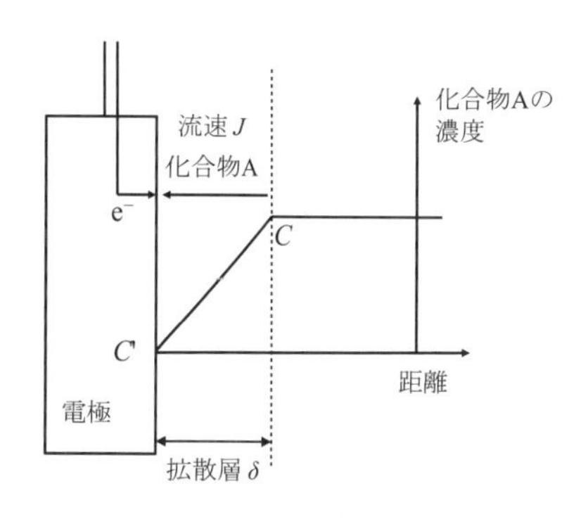

図 87. 2　電極近傍の濃度勾配

問 88　粘弾性測定法

出題趣旨：高分子の融体やゴム，粒子分散系は，粘弾性を示す．粘弾性の理解とその評価は，高分子材料，成型加工，塗料，食品，化粧品など，広い産業分野で有用である．この問では粘弾性の基礎と評価方法について出題する．

問題 1　図 88. 1 に，物質の基本的な変形である伸長変形とずり変形を示す．図中の変数を用い，Hencky ひずみ ε，ずりひずみ γ，ずり応力 σ_{xy} を示せ．また，微小変形において Hencky ひずみを簡単な形に書き直せ．

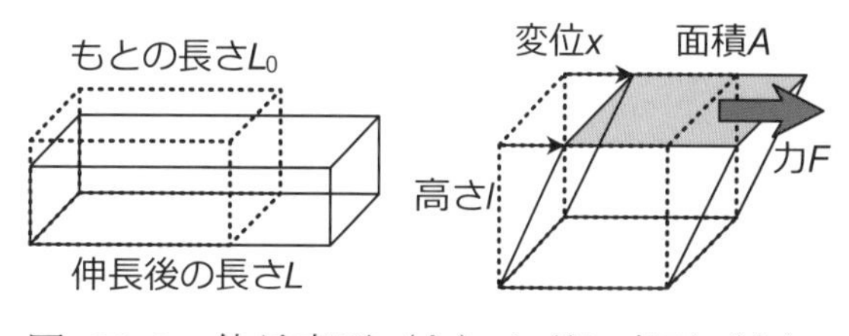

図 88. 1　伸長変形（左）とずり変形（右）

問題 2　粘弾性は，弾性と粘性を力学的に結合させたモデルで理解できる．以下では，最も単純な粘弾性の力学模型の 1 つである Maxwell モデルについて考える．

Hooke 弾性において応力はひずみ γ と比例関係にあり，比例係数は弾性率 G である．Newton 粘性において応力 σ はそれぞれひずみ速度 $\mathrm{d}\gamma/\mathrm{d}t$ と比例関係にあり，その比例係数は粘度（粘性率）η である．Hooke 弾性を，弾性率 G をもつバネ，Newton 粘性を粘度 η の液体の入ったダッシュポットで表し，図 88. 2 に示すように，これらを直列につなげたモデルを Maxwell モデルと呼ぶ．このモデルにおいて，上端を固定し，下端にひずみ γ を加え，この時に生じる応力を σ とする．σ と γ の関係式を示せ．さらに時間 $t = 0$ で瞬間的に γ_0 のひずみを加え，それを保持した場合（応力緩和測定），σ を t の関数として求め，両対数グラフで図示せよ．

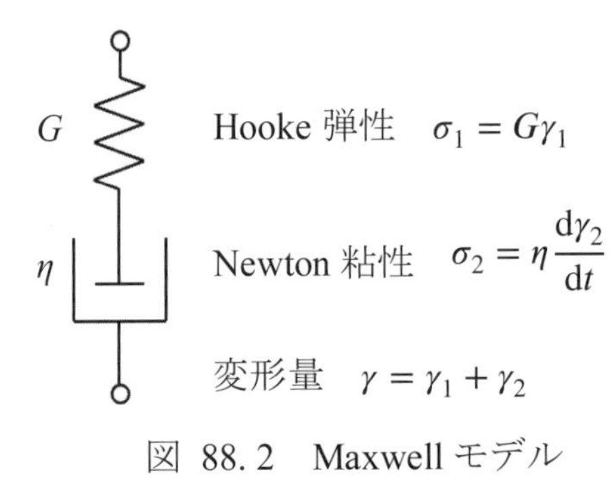

図 88. 2　Maxwell モデル

問題 3　以下の文を読んで続く問いに答えよ．

振幅 γ_0，角周波数 ω で振動するずりひずみ($\gamma = \gamma_0 \cos\omega t$)を試料に加え，定常状態に達したのち，ずり応力 σ_{xy} を測定する場合を考える（動的粘弾性測定）．ずり応力の応答 $\sigma_{xy}(t)$は，Hooke 弾性体，Newton 粘性体では，それぞれ次のように表すことができる．

$$\sigma_{xy}(t) = G\gamma_0 \cos(\omega t)\,,\quad \sigma_{xy}(t) = \eta\omega\gamma_0 \cos(\omega t + [\mathrm{A}])$$

G，η はそれぞれ弾性率，粘性率である．ここから，弾性体と粘性体とでは，応答に位相差が現れることがわかる．粘弾性体では，応答は位相差 $\delta(0 < \delta < [\mathrm{A}])$をもち，また δ は ω に依存する．したがって，粘弾性体の応答 $\sigma_{xy}(t)$は，振幅を σ_0 とすると次のように書ける．

$$\sigma_{xy}(t) = \sigma_0 \cos[\omega t + \delta(\omega)] = G'(\omega)\gamma_0 \cos(\omega t) + G''(\omega)\gamma_0 \cos(\omega t + [\mathrm{A}])$$

ここで，$G'(\omega)$，$G''(\omega)$は，それぞれ貯蔵弾性率，損失弾性率と呼ばれ，ω に依存する．

(1) [A]に入る値を答えよ．

(2) $G'(\omega)$，$G''(\omega)$を σ_0，γ_0，δ を用いて表せ．

問 89　表面測定法：仕事関数の測定

出題趣旨：仕事関数は，表面の電気伝導やデバイス中の電荷移動などを考える際に重要なファクターの 1 つである．この問では仕事関数の起源および仕事関数の測定法の原理について出題する．

固体中の電子は様々なポテンシャルに束縛されており，真空中よりもエネルギー的に安定である．固体表面に光を照射することで，固体中の電子に束縛を振り切るだけのエネルギーを与えれば，電子は固体から外へ脱出することができる（光電効果）．この脱出に必要な最小エネルギーは“仕事関数”と呼ばれる．仕事関数を測定する代表的な手法としては，光電効果で固体から飛び出てくる電子の運動エ

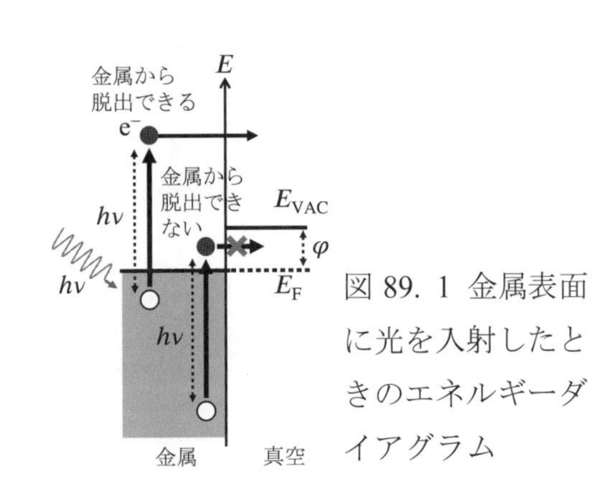

図 89. 1 金属表面に光を入射したときのエネルギーダイアグラム

ネルギー分布を測定する「光電子分光法」が知られている．図 89. 1 に金属表面に光を入射したときの電子の脱出過程のエネルギーダイアグラムを示す．ただしφ，E_{VAC}，E_{F} はそれぞれ金属の仕事関数，真空準位，Fermi 準位を表す．以下の問題に答えよ．

問題 1　金属における仕事関数は，表面項とバルク項の 2 種類のポテンシャルからなる．それぞれの由来を説明せよ．

問題 2　NH_3 分子および CO 分子が遷移金属表面に吸着する場合を考える．それぞれの分子の吸着の様子と，分子の電気双極子モーメントによって金属内に形成される誘起双極子モーメントの様子を図 89. 2 に模式的に示す．NH_3 分子，CO 分子それぞれの場合について，金属表面の仕事関数が分子吸着によってどのように変化するかを，表面項の変化に注目して説明せよ．

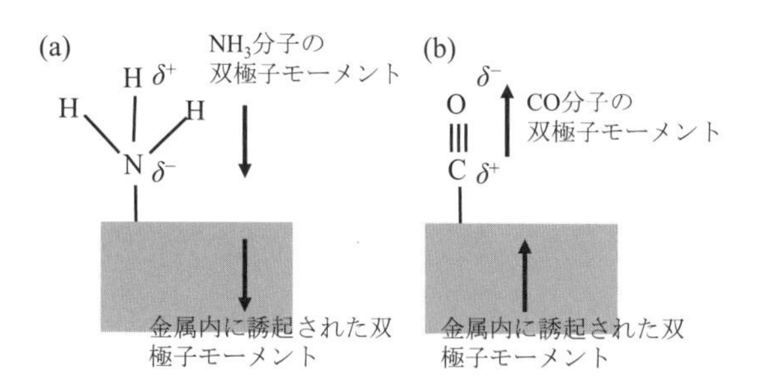

図 89. 2 (a) NH_3 分子，(b) CO 分子の吸着構造と金属内に誘起される双極子モーメント

問題 3　鉛フタロシアニン分子（PbPc : 図 89. 3(a)）を蒸着したグラファイト基板に対して光電子分光測定（紫外線光源 : He ランプからの He(I), $h\nu = 21.2$ eV > 試料の仕事関数）を行ったところ，グラファイト清浄面，PbPc 一層膜および PbPc 二層膜の 3 つのケースについて，図 89. 3(b)に示すような光電子スペクトルの立ち上がり（光電子の検出が起こり始めるエネルギー付近）が観測された．3 つの場合の仕事関数をそれぞれ求めて，各結果を比較することで PbPc 一層膜および二層膜中の PbPc 分子の配向について考察せよ．ただし，グラファイトはバンドギャップがない半金属であるため，図 89. 1 のエネルギーダイアグラムが成り立つものとする．

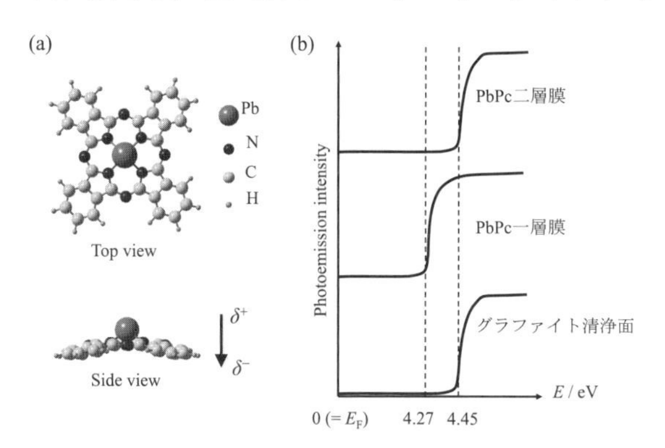

図 89. 3 PbPc の(a)分子構造，(b) 光電子スペクトル($h\nu = 21.2$ eV)の立ち上がり

問 90　表面測定法：STM・AFM

出題趣旨：走査プローブ顕微鏡(SPM)は，表面の構造をナノスケールや分子スケールで直接観測する際に最も広く使われる手法の 1 つである．この問では，SPM の中でも代表的な走査トンネル顕微鏡(STM)と原子間力顕微鏡(AFM)の原理と使い方について出題する．

問題 1　走査トンネル顕微鏡(STM)，原子間力顕微鏡(AFM)のいずれも，鋭く尖った針（探針）の先端と物質表面との相互作用から，表面の高さ像を得ている．STM と AFM のそれぞれについて，探針と表面の間のどのような相互作用を検知しているか答えよ．

問題 2　STM は，表面の高さ像だけでなく，探針の位置を固定して探試−料間の電圧を変化させることで，表面の局所的な状態密度*(LDOS)の測定にも使うことができる．この測定法を走査トンネル分光(STS)と呼ぶ．探針−試料間に電圧（探針を基準に試料電圧 V_s で表す）を印加したときの探針および試料の電子状態（エネルギーバンドおよび LDOS）を図 90. 1 に示す．図中の $E_{F,t}, E_{F,s}$ はそれぞれ探針および試料の Fermi 準位である．$V_s > 0$ のとき（図 90. 1(a)），試料の Fermi 準位 $E_{F,s}$ は $-eV_s < 0$（e は電子の素電荷）だけ変化する．つまり $E_{F,s}$ は下がり，探針の価電子帯から，試料の空軌道へ電子が真空層をトンネル伝導する．$V_s < 0$ のとき（図 90. 1(c)）は，試料の Fermi 準位 $E_{F,s}$ は $-eV_s > 0$ だけ増加し，試料の占有軌道から，探針の伝導帯へ電子がトンネル伝導する．V_s を図 90. 1 の E_1 に対応する値から E_2 に対応する値まで変化させたとき，V_s に対してトンネル電流 I はどのように変化するか概略を図示せよ．ただし電流の向きは探針から試料へ向かう向きを正とする．また，トンネル電流 I にどのような数学的操作を加えると試料の LDOS が得られるか答えよ．

＊局所状態密度(LDOS)：Local Density of State

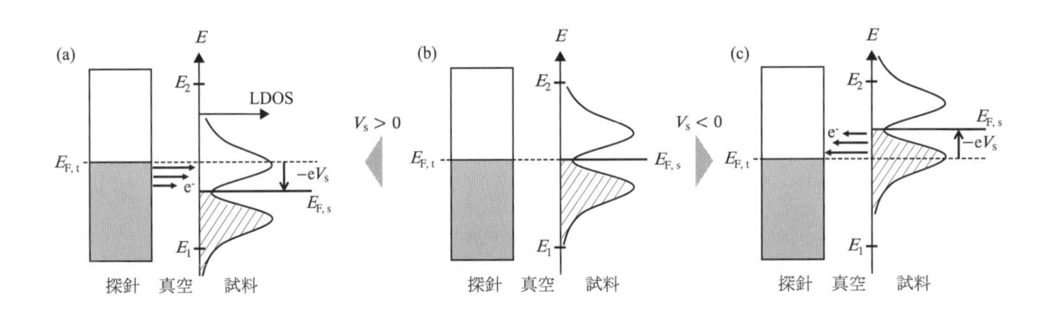

図 90. 1　V_s を印加したときの探針および試料の電子状態. (a) $V_s > 0$, (b) $V_s = 0$, (c) $V_s < 0$（影または斜線は電子が詰まっていることを示す）

問題 3　AFM の動作方式は(1)コンタクトモード, (2)タッピングモード, (3)ノンコンタクトモードの 3 つに大きく分けられる．それぞれの ① 動作方法, ② 探針と試料の接触, ③ 探針−試料間の相互作用の検出方法について述べよ．

問 91　表面測定法：清浄面の保持

出題趣旨：表面の物性や構造を測定する場合，清浄表面を作製・保持することが不可欠である．この問では，清浄表面を保つための条件である超高真空の重要性について出題する．

問題 1　図 91. 1 のように，一面の面積が A の立方体を考える．立方体中には速さ v で運動する気体分子が密度 n で存在する．このモデルにおいて，影を付けた面への気体分子の衝突を考える．以下の問いに答えよ．

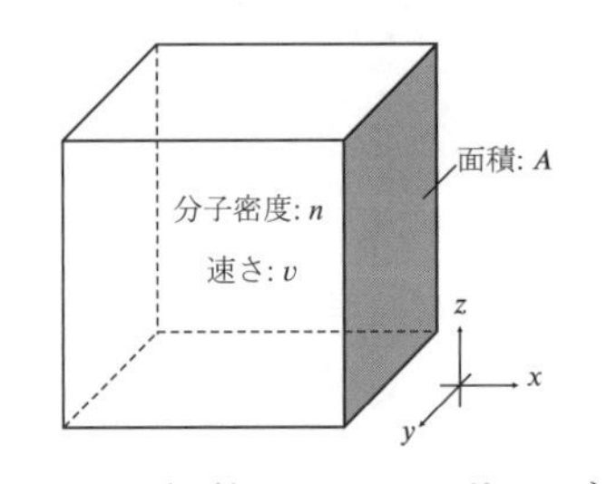

図 91. 1 気体分子の運動モデル

(1) 気体分子の x, y, z 方向の速度成分をそれぞれ v_x, v_y, v_z とする．このような分子の割合 f は Boltzmann 分布則より式 91. 1 で表せる．

$$f = K\mathrm{e}^{-(\frac{1}{2}mv_x{}^2+\frac{1}{2}mv_y{}^2+\frac{1}{2}mv_z{}^2)/k_\mathrm{B}T} = K\mathrm{e}^{-mv_x{}^2/2k_\mathrm{B}T}\mathrm{e}^{-mv_y{}^2/2k_\mathrm{B}T}\mathrm{e}^{-mv_z{}^2/2k_\mathrm{B}T} \qquad \text{式 91. 1}$$

ここで K は比例定数であり，m, k_B, T はそれぞれ気体分子の質量，Boltzmann 定数，温度である．f を x, y, z 方向の因子 $f(v_x), f(v_y), f(v_z)$ を用いて分解すると，x 方向の速度成分 $f(v_x)$ は式 91. 2 で表せる．

$$f(v_x) = K^{1/3}\mathrm{e}^{-mv_x{}^2/2k_\mathrm{B}T} \qquad \text{式 91. 2}$$

$f(v_x)$ を $-\infty < v_x < \infty$ の範囲で積分すると 1 になることを用いて K を求め，$f(v_x)$ を m, k_B, T, v_x を用いて表せ．ただし，式 91. 3 の積分公式を用いてよい．

$$\int_{-\infty}^{\infty} \mathrm{e}^{-ax^2}\mathrm{d}x = \left(\frac{\pi}{a}\right)^{1/2} \qquad \text{式 91. 3}$$

(2) 時間 t の間に影を付けた面に衝突する分子数 N を $A, t, n, k_\mathrm{B}, T, m$ を用いて表せ．ただし，式 91. 4 の積分公式を用いてよい．

$$\int_{0}^{\infty} x\mathrm{e}^{-ax^2}\mathrm{d}x = \frac{1}{2a} \qquad \text{式 91. 4}$$

(3) 気体分子の圧力を p としたとき，x 軸正方向の面への入射頻度（単位時間あたり単位面積に気体分子が衝突する数 F）を p, m, k_B, T を用いて表せ．ただし，気体分子は理想気体としてふるまうとする．

問題 2　300 K で大気圧(10^5 Pa), 中真空(10^0 Pa), 高真空(10^{-4} Pa), 超高真空(10^{-9} Pa)の窒素分子（分子量 28 とする）が，1×10^{19} 原子 m^{-2}の固体表面に衝突するときの入射頻度をそれぞれ求めよ．また，1×10^{19} 原子 m^{-2}の固体表面を単分子層の窒素分子が覆うのにかかる時間を求めよ．ただし，表面原子 1 つに対して窒素分子は 1 つ吸着し，窒素分子が固体表面に衝突するとそのまま吸着するとする．

問 92　単分子接合の電子輸送

出題趣旨：単分子接合は，1 つの分子が 2 つの金属電極に挟まれた構造をもち（図 92. 1(a)），ナノメートルサイズのきわめて小さな電子デバイスとしての応用が期待されている．この問では，単分子接合を介した電子輸送の基本となる一次元のトンネル輸送について出題する．

問題 1　図 92. 1(b)のような一次元の階段型ポテンシャル（エネルギーV_0）において，エネルギー $E(E < V_0)$をもつ電子が領域 I から領域 II に入射し，領域 III へと透過する場合を考える．それぞれの領域での波動関数は，Schrödinger 方程式を考えることにより，下記のような関数形で与えられる．

$$\psi_\mathrm{I}(x) = a_1\mathrm{e}^{\mathrm{i}kx} + b_1\mathrm{e}^{-\mathrm{i}kx}, \quad \psi_\mathrm{II}(x) = a_2\mathrm{e}^{\gamma x} + b_2\mathrm{e}^{-\gamma x}, \quad \psi_\mathrm{III}(x) = a_3\mathrm{e}^{\mathrm{i}kx}$$

$$k = \frac{\sqrt{2m_\mathrm{e}E}}{\hbar}, \qquad \gamma = \frac{\sqrt{2m_\mathrm{e}(V_0 - E)}}{\hbar}$$

ここで k, γ はそれぞれ，階段型ポテンシャルの外側（領域 I, III）および内部（領域 II）に電子が存在するときの電子の波数である．これらの波動関数がそれぞれの領域の境界($x = 0,\ x = L$)において連続かつ滑らか（= 関数の一次微分が等しい）であることから，係数 a_i, b_i（i = 1, 2, 3; iはそれぞれの領域 I, II, III に対応）の間に成り立つ関係を示せ．

問題 2　電子が障壁をトンネルする確率は透過率と呼ばれる．電子の領域 I から領域 III への透過率は，それぞれの領域での波動関数の確率振幅の 2 乗（ = 存在確率）の比をとることによって求められる．問題 1 の結果を用いて，透過率 $T = |a_3/a_1|^2$ が下記のように表されることを示せ．ただし，$\sinh(x) = (\mathrm{e}^x - \mathrm{e}^{-x})/2$ を用いてよい．

$$T = \left|\frac{a_3}{a_1}\right|^2 = \frac{1}{1 + \left(\frac{\gamma^2 + k^2}{2\gamma k}\right)^2 \sinh^2(\gamma L)} = \frac{4E(V_0 - E)}{4E(V_0 - E) + V_0^2 \sinh^2(\gamma L)}$$

問題 3　透過率はエネルギー差$(V_0 - E)$と障壁の厚さLにどのように依存するか説明せよ．ただし，エネルギー差$(V_0 - E)$のオーダーは 1 eV，障壁の厚さ L のオーダーは 1 nm とし，$x > 1$のとき，$\sinh(x) \sim \mathrm{e}^x/2$としてよい．

問題 4　実際の単分子接合では，図 92. 1(c)のように，エネルギー差 $(V_0 - E)$ は電極の Fermi エネルギーE_Fと分子のフロンティア軌道(Highest Occupied Molecular Orbital: HOMO or Lowest Unoccupied Molecular Orbital: LUMO)のエネルギー差，障壁の厚さLは分子の長さと考えることができる．HOMO 伝導の単分子接合の電子透過率を向上させ，電流をより大きく流したいときの正しい改善方針を (a) 電極金属の仕事関数φ，(b) 分子の長さL，(c) 分子へ付加する官能基の 3 つの要素について以下の選択肢から答えよ．なお，HOMO 伝導とは図 92. 1(c)のように電極のE_Fと分子の HOMO のエネルギー差が小さく，輸送が主に HOMO を介して起こることを指している．

(a) 電極金属の仕事関数φ　　（大きくする・小さくする）
(b) 分子の長さL　　（長くする・短くする）
(c) 分子へ付加する官能基　　（電子供与性基・電子求引性基）

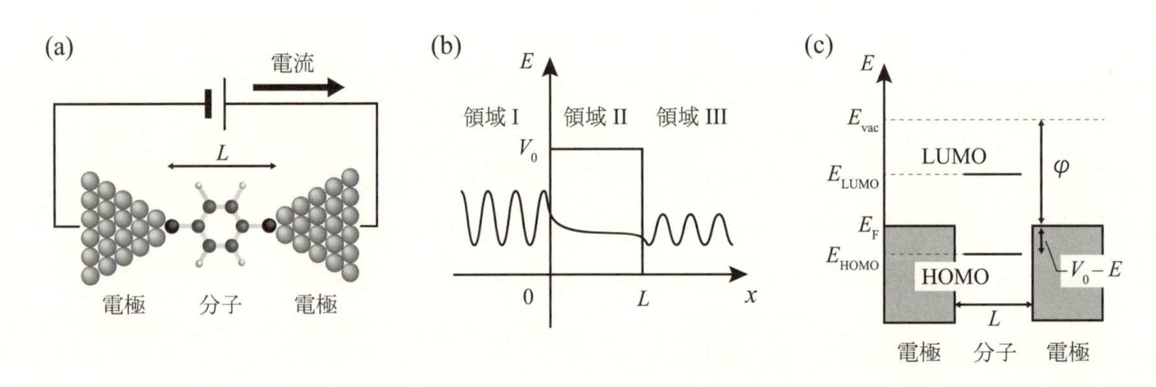

図 92. 1　(a)単分子接合の模式図 (b) 高さV_0，幅Lの方形障壁を介した一次元のトンネルモデル (c) 単分子接合の電子構造のエネルギーダイアグラム．E_Fは電極の Fermi エネルギー，E_vacは真空準位のエネルギー．

第 9 章　計算化学

問 93　量子化学計算：計算手法

出題趣旨:量子化学計算を用いると,具体的な化学反応の解析や反応性の予測などが可能である.この問では，量子化学計算の手法について出題する.

問題 1　多電子系の波動関数は以下の Slater 行列式によって表現される．ただし，ここで χ_i は規格直交化された個々の電子の波動関数であり，$\boldsymbol{x}_i$ は電子の位置座標とスピン座標を合わせた変数である.

$$\varphi(1,2,\cdots,N)=\frac{1}{\sqrt{N}}\begin{vmatrix}\chi_1(\boldsymbol{x}_1) & \cdots & \chi_N(\boldsymbol{x}_1)\\ \vdots & \ddots & \vdots\\ \chi_1(\boldsymbol{x}_N) & \cdots & \chi_N(\boldsymbol{x}_N)\end{vmatrix} \qquad \text{式 93. 1}$$

Slater 行列式はその数学的な性質から,電子の入れ替えに対する波動関数の反対称性と規格化条件が満たされる．この 2 つの性質について簡単に説明し，2 電子系の波動関数の Slater 行列式による表現が，この 2 つの性質を満たすことを示せ.

問題 2　量子化学計算は Hartree–Fock 法を代表とする分子軌道法を発端として利用が広まってきたが，密度汎関数(DFT)法の開発により，年々さらに広く利用されるようになってきた．分子軌道法と密度汎関数法の違いを基礎理論・計算精度・計算コストの 3 点から論じよ.

問題 3　Hartree–Fock 法は多電子系の波動関数を記述する際，電子と電子の相互作用を電子の存在確率の平均場による相互作用として記述している．しかし，実際にこのような近似の下では誤差が生じる．この誤差の原因について簡単に述べよ.

問 94　量子化学計算：基底関数

出題趣旨：量子化学計算を行う際には，個々の計算対象に適した条件設定が必要である．この問では，計算精度および計算コストに密接にかかわる基底関数についての基本事項を出題する.

以下の文章は基底関数の成り立ちについて述べた文章である．文章を読み，問いに答えよ.

一般に量子化学計算を行う際には，分子軌道法や密度汎関数法といった計算手法と分子の電子軌道を表現するための基底関数系を選定する必要がある．計算手法は計算コストのオーダー，基底関数は計算コストにそれぞれ関与する.

STO-*N*G 基底関数系は最小基底関数系の一例である．最小基底関数系とは，各原子に必要最小限の関数を割り当てたもので，H 原子なら 1s 用のものを 1 個，C 原子なら 1s と 2s に各 1 個，2p に 3 個の計 5 個の基底関数を割り当てる．N はそれぞれの軌道を N 個の関数の縮約で記述していることを示す．しかし最小基底関数系では分子の電子状態を再現するのに不十分なことが多い.より正確に計算するためには，（　a　）に複数の基底を割り当てる必要がある.

（　a　）に最小基底関数系の N 倍の基底関数を割り当てた基底関数系は split-valence 型と呼ばれ，NZ（N のところには 2 倍のときは Double，3 倍のときは Triple，4 倍のときは Quadruple の頭文字が入り，それ以降は数字が入る．Zはゼータと呼ぶ）と表記されることもある．DZの代表的な例には，Popleの提案している基底関数の系として6-31G基底関数系がある．これは，（　a　）には，1個のGauss型関数と（　b　）個のGauss型関数を縮約した2種類の基底関数を用意し，内殻軌道には，（　c　）個のGauss型関数を縮約した関数を用意する．例えばC原子なら(i)合計9個の基底関数を用意する．

軌道の分極を表現するためには，より大きな方位量子数をもつ関数を付け加える必要がある．このような基底関数は分極関数とれ，Popleの提案している基底関数の系では(d)や(d,p)を後につけて表現される．例えば，6-31G(d)は，6-31G基底関数系に（　d　）原子以外の原子にd軌道の組を1つ追加する．また，6-31G(d,p)は，6-31G基底関数系に原子価軌道としてp軌道をもつ原子へのd軌道の追加とともに，（　d　）原子へp軌道の組を1つ追加する．分極関数の略記法として，(d)のことを*，(d,p)のことを**と書くことがある．

また，（　e　）など電子の広がりを表現したいときには，より大きな主量子数をもったs軌道の関数を付け加える．このような基底関数は分散関数と呼ばれ，Popleの提案している基底関数の系では+，Danningの基底関数系ではaug-をつけて表現される．例えば6-311+Gでは水素またはヘリウム原子以外の分子に対して，原子価軌道に1つずつs軌道を付け加える．6-311++Gではそれに加えて水素またはヘリウム原子にも原子価軌道にs軌道を付け加える．

以上のような基底関数の成り立ちを知ることによって，対象とする系を計算するための適切な基底関数を選択することが可能となり，(ii)計算にかかる時間を推算することができる．

問題1　文章中（　a　）～（　e　）に入る適切な語句および数字を埋めよ．

問題2　下線部(i)の計算方法を説明せよ．

問題3　下線部(ii)について具体的に次のような計算を考えた．問いに答えよ．

Hartree–Fock法を用いて，アラニン($C_3H_7NO_2$)の電子状態を6-31G(d, p)を用いて計算したい．用意する基底関数は何個か．また，その計算量はメタン(CH_4)の電子状態を6-31G(d, p)で計算する計算量の何倍になると予想されるか．ただし，ここではHartree–Fock法の計算時間は基底関数の4乗に比例するものとする．

問95　分子シミュレーション：分子動力学計算

出題趣旨：分子動力学(Molecular Dynamics: MD)計算は，巨大分子や分子集合体の動的かつ熱力学的なふるまいをコンピューターで予測・検討する重要な手法である．この問ではMD計算手法の適用対象，分子力場の構成要素，用語の分類について出題する．

問題1　以下の計算に対して，分子軌道計算，MD計算，インフォマティクスのうちどの手法が最も適したものか1つずつ答えよ．

(1) 光励起反応の計算，　(2) 紫外吸収スペクトルの計算，　(3) タンパク質の構造揺らぎの計算，
(4) アミノ酸配列からのタンパク質高次構造の予測

問題 2　MD 計算では，原子や分子に作用する力から短時間（10^{-12} 秒程度）後の分子配置を計算して，これを繰り返し行うことで長時間（10^{-9}〜10^{-6} 秒程度）の分子運動をシミュレーションする．各原子や分子に及ぶ力を計算するときに使われる経験的なポテンシャルエネルギーの関数系を「分子力場」と呼び，計算対象の分子種に応じて様々な力場が提唱されている．タンパク質などの生体分子に対して一般的に利用される AMBER 力場の関数を以下に示す．なお，式中の変数 r は結合距離，θ は結合角，ϕ は結合の二面角，R_{ij} は原子 i, j 間の距離，q_i, q_j は原子 i, j の電荷をそれぞれ表す．また，それ以外の変数は力場に固有の変数（力場パラメーター）を指す．各項の物理的な意味と r_{eq}, θ_{eq} の意味を述べよ．

$$E_{\mathrm{pair}} = \sum_{\mathrm{bonds}} k_r (r - r_{\mathrm{eq}})^2 + \sum_{\mathrm{angles}} k_\theta (\theta - \theta_{\mathrm{eq}})^2$$

$$+ \sum_{\mathrm{dihebrals}} \frac{v_n}{2}[1 + \cos(n\phi - \gamma)] + \sum_{i<j} \left[\frac{A_{ij}}{R_{ij}^{12}} - \frac{B_{ij}}{R_{ij}^{6}}\right] + \sum_{i<j} \frac{q_i q_j}{\varepsilon R_{ij}}$$

問題 3　分子シミュレーションの分野では多くの専門用語が使用される．計算結果を正確に解釈するには用語の意味・分類に関する理解が必要である．以下の用語を(a) MD 計算の手法，(b) 分子力場，(c) 第一原理分子動力学(*ab initio* MD)計算に分類せよ．

1. metadynamics,　2. Car–Parrinello,　3. replica exchange,　4. Born–Oppenheimer,　5. OPLS-AA,
6. TIP3P,　7. Berendsen,　8. CHARMM,　9. Parrinello–Rahman

問 96　分子シミュレーション：平均力ポテンシャル

出題趣旨：分子シミュレーションでは粒子の存在分布が得られ，そこから Helmholtz エネルギー差が求められる．この問では，反応座標に沿った Helmholtz エネルギー差である平均力ポテンシャルについて出題する．

問題 1　次の文章において，（ a ）〜（ e ）に当てはまる言葉もしくは数式を答えよ．

分子シミュレーションの計算結果から，座標$\boldsymbol{r}$での粒子*の存在分布$\rho(\boldsymbol{r})$を求めることができる．十分に長い時間にわたって$\rho(\boldsymbol{r})$の計算を行い，$\rho(\boldsymbol{r})$が位相空間をくまなく覆い尽くすならば，（ a ）により系のカノニカル分配関数Zは$Z = \lim_{t\to\infty} \frac{1}{t}\int_0^t \rho(\boldsymbol{r}(t'))\mathrm{d}t'$として仮定することができる．一方，統計力学的には Z はポテンシャルエネルギー$U(\boldsymbol{r})$，Boltzmann 定数k_{B}を使って（U が運動量と独立であり，運動量空間の積分が定数となり省略できるとすると）$Z(N, V, T) =$ （ b ）の式で求められる．N, V, T はそれぞれ粒子数，体積，絶対温度である．また，Helmholtz エネルギー$A(N, V, T)$は分配関数$Z(N, V, T)$を使って$A(N, V, T) =$ （ c ）と表すことができる．

化学反応系のシミュレーション計算を行った場合，反応座標をξとすると，ξに沿った分配関数（確率分布）は，デルタ関数$\delta(\xi(\boldsymbol{r}) - \xi)$とポテンシャルエネルギー$U(\boldsymbol{r})$を用いて，$Z(\xi, N, V, T) =$ （ d ）とかける．この確率分布を使って求めた Helmholtz エネルギー$A(\xi, N, V, T) =$ （ e ）のことを平均力ポテンシャルと呼ぶ．

*ここでいう「粒子」とは，原子や分子，さらには分子を粗視化したユニットなどを指す．何を「粒

子」に選ぶかは，計算の目的やコストによって変わってくる．

問題 2　二次元のポテンシャル$U(x,y)=U_1(x)+U_2(x,y)$について考える．ここで$U_1(x)=E_\mathrm{b}\left(x^2-1\right)^2$，$U_2(x,y)=\left(\frac{\kappa(x)}{2}\right)y^2$，$\kappa(x)=\kappa_0+\kappa_1 x^2$であり，温度$T$のときの定数が$E_\mathrm{b}=5k_\mathrm{B}T$，$\kappa_0=k_\mathrm{B}T$，$\kappa_1=3k_\mathrm{B}T$であるとする．このポテンシャルは$x$軸方向に対して二重井戸ポテンシャルとなっている．反応座標を$\xi=x$とし，カノニカル分配関数を$Z(T)$とおいたときの平均力ポテンシャル$A(x)$を求めよ．また，$A(x)$と$U_1(x)$の活性化障壁の違いについて説明せよ．計算の際には，次の積分公式を使ってよい：$\int \exp(-ax^2)\,\mathrm{d}x=\sqrt{\pi/a}$.

第 10 章　化学工学

問 97　クロマトグラフィー

出題趣旨：純粋な物質を得るためには，混合物の分離技術は重要である．代表的な分離技術手法であるクロマトグラフィーは，固定相と移動相の二相に対する物質の相互作用の差異を利用して試料成分を分離する．この問では，溶媒抽出法を基礎にしてクロマトグラフィーの基本原理について出題する．

問題 1　2 つの混じり合わない液相間で溶質の分離を行う方法を溶媒抽出と呼ぶ．ここでは，分液ロートを用いた溶媒抽出を繰り返し行うことで，2 成分 P および Q を分離する操作を考える．2 つの液相 I および II に対する P および Q の分配比 D（$= C_{\mathrm{I}}/C_{\mathrm{II}}$，$C$ は各相における当該成分のモル濃度）はそれぞれ 0.75，0.25 であった．このとき，P，Q それぞれの純度が 90%以上になるのは何回目の抽出後か答えよ．ただし，P および Q の初期濃度は等しく，2 つの液相の体積は各段階で等しいとする．

問題 2　問題 1 で考えた多段階抽出モデルを拡張することで，クロマトグラフィーの効率を記述する段理論を考える．以下の文章について，空欄に入る言葉を答えよ．

段理論では，移動相が固定相との間で段階的に（　a　）に到達しながら，連続的に移動すると考える．このとき，物質分配が起こる仮想的な理論段（1 理論段は，問題 1 における 1 つの分液ロート，すなわち 1 つの平衡段階を表す）を考えると，理論段数 N が（　b　）ほど分離能は高い．また，1 理論段あたりの高さである段高 H（$= L/N$，L はカラムの長さ）が（　c　）ほど分離能は高い．

問題 3　クロマトグラフィーにおける分離プロセスは，必ずしも問題 1 のような平衡プロセスではない．分離効率を決定する上で，溶質が移動相中で費やす時間と固定相中で費やす時間の比である保持係数 k が重要になる．この係数は溶質の 2 相間での分配平衡だけでは決定できず，溶質の拡散等を考慮した移動速度の影響を受ける．

以下に示す van Deemter 式は 3 つの主要な因子(A，B，C)と移動相線速度 u によって段高 H を表現している．段高が最小になる最適流速 u_{opt} とそのときの段高 H_{min} を A，B，C を用いて表せ．また，それぞれの因子の意味するところを述べよ．

$$H = A + \frac{B}{u} + Cu$$

問 98　化学工学量論：プラントスケール

出題趣旨：多くのプロセスが複雑に絡み合い，多量の目的物質の合成を行う化学工学において最も重要な概念の 1 つが系への流入と流出のバランスから得られる収支式である．この問では物質収支式およびエネルギー収支式について出題する．

問題 1　メタン(CH_4)と塩素(Cl_2)から，次の反応によって塩化メチル(CH_3Cl)と二塩化メチレン(CH_2Cl_2)が生成する．

$$CH_4 + Cl_2 \rightarrow CH_3Cl + HCl \qquad \text{式 98. 1}$$

$$CH_3Cl + Cl_2 \rightarrow CH_2Cl_2 + HCl \qquad \text{式 98. 2}$$

図 98. 1 はプロセスフローシートである．a 点における CH_4 と Cl_2 の反応器への供給モル比は 5 : 1 で, 1 回通過当たりの Cl_2 の転化率は 100%である．反応器出口での CH_3Cl と CH_2Cl_2 のモル比は 4 : 1 であった．反応器より生成物は冷却器に送られ，CH_3Cl と CH_2Cl_2 は完全に凝縮し，その後蒸留塔に送られ分離される．ガス中に残った CH_4 および HCl はガス吸収塔に送られる．このうち HCl は 100%吸収され，CH_4 は全てガスとして再び反応器にリサイクルされる．このようなプロセスを考えて，以下の問いに答えよ．

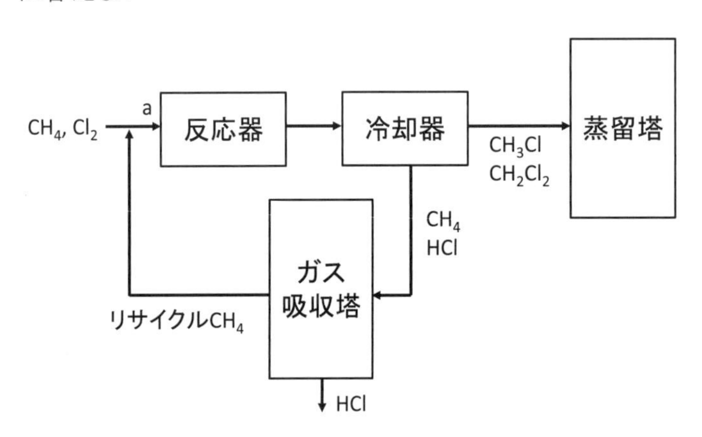

図 98. 1　プロセスフローシート

(1) 式 98. 1 と式 98. 2 のそれぞれで消費される Cl の比を $x : x - 1$ とし，a 点で流入する CH_4 の量が 100 mol h^{-1} としたときの各成分(CH_4, Cl_2, CH_3Cl, CH_2Cl_2, HCl)の流入量，生成量，流出量を表にまとめ，x を求めよ．

(2) CH_3Cl を 1000 kg h^{-1} で製造するプロセスを考える．このとき，リサイクルされる CH_4 の流量［kmol h^{-1}］を求めよ．

(3) (2)の条件の元，原料として供給される CH_4 と Cl_2 の 1 時間当たりの供給物質量［kmol h^{-1}］を求めよ．

問題 2　メタン(CH_4)を水蒸気(H_2O)で接触分解し，

$$CH_4(g) + H_2O(g) \rightarrow CO(g) + 3H_2(g) \qquad \text{式 98. 3}$$

という反応で水素 H_2 を製造する際には，副反応として次の水性ガス反応が同時に進行する．

$$CO(g) + H_2O(g) \rightarrow CO_2(g) + H_2(g) \qquad \text{式 98. 4}$$

1 kmol h^{-1} の CH_4 に対して，2.5 kmol h^{-1} の H_2O を 300 °C で供給し，H_2 が 1000 °C の反応器から流

出してくる場合を考える．このとき，CH_4 は完全に分解して，出口ガス中には一酸化炭素 CO が 15 mol%含まれていた．以下の問いに答えよ．必要に応じて表 98. 1 に示すデータを使用せよ．

(1) 反応器出口ガス中の各成分(CH_4，H_2O，CO，CO_2，H_2)の組成［mol%］を求めよ．

(2) 反応器では加熱か冷却どちらが必要か答えよ，またそのときに系とやり取りをする熱量を求めよ．

表 98. 1　各成分の 25 °C における標準生成エンタルピー$\Delta_f H$，
および各温度領域での平均定圧モル熱容量$\bar{C}_p$

成分	$\Delta_f H$ [kJ mol^{-1}]	$\bar{C}_p$ [kJ mol^{-1} K^{-1}]	
		25 ～ 300 °C	25 ～ 1000 °C
CH_4 (g)	−74.87	0.044	0.061
H_2O (g)	−241.89	0.035	0.039
CO_2 (g)	−393.64	0.042	0.050
CO (g)	−110.53	0.030	0.032
H_2 (g)	0	0.029	0.030

問 99　化学工学量論：ミクロスケール

出題趣旨：ミクロスケールの熱や物質移動の解析において，収支の概念は非常に有用である．この問では，熱移動と物質移動の解析について出題する．

問題 1　(1) 温度の異なる 2 枚の鉄平板（厚さ l，熱伝導率 k）で空気（厚さ l_{air}，熱伝導率 k_{air}）を挟んだ系を考える．高温と低温の鉄板表面温度（いずれも空気と接しない側の温度）を，それぞれ T_H，T_L としたときに，2 枚の鉄板の間を流れる一次元方向の熱流速 q を求めよ．

(2) (1)において l_{air} = 0.0001 m, l = 0.0005 m, T_H = 40 °C, T_L = 0 °C のとき q を求めよ．ただし空気と鉄の熱伝導率は $k_{air} = 2.41 \times 10^{-2}$ W m^{-1} K^{-1}，k = 83.5 W m^{-1} K^{-1} とする．また，空気層がなく単純に 2 枚の平板を接触させた際の q'を求め，q との比較から，空気層の役割について簡単に説明せよ．

問題 2　物質 A がモル分率 y_A*で気相中にあり，これが液相に吸収される過程を考える．界面における気相および液相の（物質 A の）モル分率を，それぞれ y_{Ai}, x_{Ai} としたときに，気液界面で式 99. 1 のような Henry の法則が成り立つとする．

$$y_{Ai} = m x_{Ai} \qquad \text{式 99. 1}$$

ただし m は Henry 定数である．このとき，物質 A が気相から液相に移動する流束 N_A を「気相のモル分率 y_A*に平衡な液相のモル分率 x_A* = y_A*/m」と「バルク液相のモル分率 x_A」を用いて記述せよ．ただし，バルクから界面への物質移動流束は，（気相，液相のいずれにおいても）バルクと界面のモル分率の差に比例するとして，それぞれの比例係数（局所物質移動係数）を k_y，k_x とする．

問 100　プロセス化学

出題趣旨：医薬品や農薬を市場に出すためには，目的の化合物を安価に，安全に，再現性良く大量に合成しなければならない．この問では，薬品開発におけるメディシナル化学とプロセス化学の違いを理解することを目的に，合成にかかるコスト計算について出題する．

問題 1　以下に示す言葉が，メディシナル化学とプロセス化学のどちらと関係が深いか答えよ．

・汎用性　・効率性　・生産性　・安全性　・多様性　・コンビナトリアル

・環境への配慮　・基礎研究　・開発研究　・構造活性相関　・工業的製法

問題 2　製造コストは，変動費と固定費の和からなる．変動費と固定費について，それぞれ説明せよ．

問題 3

$$A + B \xrightarrow[\text{D (solvent)}]{\text{C (catalyst)}} E$$
3 days, 80%

原料 A と B を触媒 C の存在下で溶媒 D を用いて 3 日間かけて反応させることで，目的物 E を得る上記の反応プロセスを考える．各試薬の分子量，使用量と価格は以下の通りである．

原料 A：分子量 100，使用量 100 kg (1 kmol)，価格 5,000 円 / kg

原料 B：分子量 200，使用量 240 kg (1.2 kmol)，価格 10,000 円 / kg

触媒 C：分子量 500，使用量 5 kg (0.01 kmol)，価格 100,000 円 / kg

溶媒 D：分子量 50，使用量 1,000 kg，価格 100 円 / kg

目的物 E：分子量 300，収量 240 kg （0.8 kmol，収率 80 %）

生産日数：3 日（仕込–反応：1 日，濃縮–ろ過：1 日，乾燥：1 日），固定費 1,000,000 円/日

製造プロセス全体のコストダウンを考えたときに，コスト削減の効果が最も顕著に現れる個所を 2 つ指摘し，それぞれどのような改善を行えばよいか答えよ．

解答

第1章　物質化学のための物理［解答］

問1　古典力学：振動［解答］

問題1　おもりの運動方程式は，

$$m\frac{\mathrm{d}^2x}{\mathrm{d}t^2} = -kx$$

で与えられ，$x(t) = A\cos(\omega t + \phi)$より，

$$m\frac{\mathrm{d}^2x}{\mathrm{d}t^2} = -Am\omega^2\cos(\omega t + \phi) = -m\omega^2 x$$

となることから，$-kx = -m\omega^2 x$ となり，$\omega = \sqrt{\frac{k}{m}}$ となる．

問題2

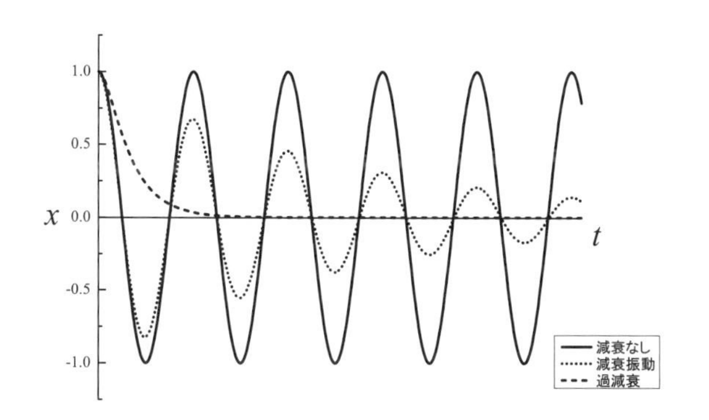

図 1A. 1　一次元振動の変位 x の時間依存性（実線：調和振動，点線：減衰振動，破線：過減衰）

図 1A. 2　減衰振動子（共鳴周波数 ω_0）を周波数 ω で強制振動させた際に吸収されるパワーP の ω 依存性

問題3　N 個のおもりがバネで連結された系では，個々のおもりの運動は複雑になり，系全体の運動方程式は $3N$ 個の連立微分方程式で記述される．数学的な取り扱いを簡単にするために，各おもりの位置座標を一次結合して新しい座標を設定すると，（上手く座標を選べば）系全体の運動方程式を $3N$ 個の独立した複数の調和振動方程式に分離することができる．このような分離が可能な座標のことを「基準座標」と呼び，個々の調和振動を「基準モード」，それぞれの基準モードの振動数を「固有振動数」と呼ぶ．

<u>解説</u>

問題 1　一次元調和振動（単振動）の周波数を表す式は，分子振動や格子振動を取り扱う際の最も基本的な式となる．バネ定数 k の大きさには，分子内振動の場合は原子間の結合の強さが，分子全体の振動であれば分子間相互作用が主に反映される．質量 m は，その振動に関わる原子や分子集団の質量に相当するため，重い官能基の振動ほど低周波数領域に現れる傾向がある．

問題 2　振動数 ω で調和振動するおもりに対して，速度に比例する抵抗力 Γ がはたらく場合，運動方程式は

$$m\frac{d^2x}{dt^2} = -kx - \Gamma\frac{dx}{dt}$$

となる．この微分方程式を解くと，$\Gamma/2m$ と ω との大小関係によって3種類の解が得られる．抵抗力が小さい $\Gamma/2m < \omega$ の場合は振幅が ω より少し長い周期で時間経過とともに減少していく減衰振動になる．なお，図 1A. 1の減衰振動には（表示している波の数が少ないため）ω の変化は明瞭には見えていない．抵抗力が大きい $\Gamma/2m > \omega$ の場合は振動の項が消失した過減衰になる．$\Gamma/2m = \omega$ の場合は臨界減衰と呼ばれ，このときに最も急速に振動は減衰する．振動数 ω で調和振動するおもりに振動数 ω' の周期的な外力（例えば $f(t) = f_0\sin(\omega' t)$）を加えた場合，その運動方程式は

$$m\frac{d^2x}{dt^2} = -kx + f(t) = -kx + f_0\sin(\omega' t)$$

となり，その一般解は2つの振動（ω と ω'）の重ね合わせになる．$\omega = \omega'$ のとき，振幅は劇的に大きくなり発散する．この現象を共鳴と呼ぶ．一方，減衰振動をする振動子に周期的な外力を加えて強制振動させると，抵抗力の影響で振幅の発散は抑制される．運動方程式

$$m\frac{d^2x}{dt^2} = -kx - \Gamma\frac{dx}{dt} + f(t)$$

を解き，吸収パワー $P(\omega)$ を計算すると $\omega = \omega_0$ のときに最大値をとる Lorentz 型の関数が得られる（図 1A. 2）．ピークの半値幅は Γ/m となり，抵抗力が大きいほど幅が大きくなる．

物質化学研究で頻繁に用いられる分光法では，電磁波照射によって物質に固有の振動挙動を調べる．外力によって減衰振動子（物質の固有振動）を強制振動させて，その共鳴・緩和現象を調べるという点において，本問題で取り扱った物理が基礎にあることがわかる．分光スペクトル線の線幅が振動の減衰（緩和）に関連している点も古典力学の強制減衰振動とよく似ている点といえる．

問題 3　分子内振動や結晶の格子振動は，複数の原子の運動がお互いに影響し合っており，それぞれを独立な運動として取り扱うことができない．そこで通常は，上記の基準モードの考え方を用いて解釈される．大切なことは，（調和振動を仮定する限り）基準モードは互いに独立であるという点である．振動分光測定で観測するのは，主にこの基準モードであり，分子や結晶の構造（対称性）から予想される基準座標および固有振動と比較することで，分子振動の詳細を議論することが可能になる．

参考文献

1. 小形正男　『振動・波動』　裳華房　1999年
2. 原島鮮　『力学（三訂版）』　裳華房　1985年

問2　古典力学：回転［解答］

問題 1　力がはたらかない限り物体が加速度をもたない空間を「慣性系」と呼び，慣性系でない空間を「非慣性系」と呼ぶ．別の言い方をすれば，慣性の法則と呼ばれる運動の第一法則が満た

される系が「慣性系」である．Newton の運動方程式は，慣性系でのみ成り立つ．
(1) 等速直線運動する座標：慣性系
(2) 等加速度直線運動する座標：非慣性系
(3) 等速円運動する座標：非慣性系
(4) 静止座標：慣性系

問題 2　角運動量 $\boldsymbol{l}$ は，運動量 $\boldsymbol{p}$ のモーメントとして定義されることから，

$$\boldsymbol{l} = \boldsymbol{r}\times\boldsymbol{p} = \boldsymbol{r}\times m\boldsymbol{v}$$

となる．したがって，角運動量の時間変化は，

$$\frac{\mathrm{d}\boldsymbol{l}}{\mathrm{d}t} = \frac{\mathrm{d}\boldsymbol{r}}{\mathrm{d}t}\times m\boldsymbol{v} + \boldsymbol{r}\times m\frac{\mathrm{d}\boldsymbol{v}}{\mathrm{d}t} = \boldsymbol{v}\times m\boldsymbol{v} + \boldsymbol{r}\times m\frac{\mathrm{d}\boldsymbol{v}}{\mathrm{d}t}$$

となる．$\boldsymbol{v}\times\boldsymbol{v} = 0$ より，

$$\frac{\mathrm{d}\boldsymbol{l}}{\mathrm{d}t} = \boldsymbol{r}\times m\frac{\mathrm{d}\boldsymbol{v}}{\mathrm{d}t} = \boldsymbol{r}\times m\frac{\mathrm{d}^2\boldsymbol{r}}{\mathrm{d}t^2}$$

となり，右辺が位置 $\boldsymbol{r}$ と力 $\boldsymbol{F} = m(\mathrm{d}^2\boldsymbol{r}/\mathrm{d}t^2)$ の外積で表されることから，角運動量の時間変化が，原点まわりの力のモーメントに相当することがわかる．中心力場を運動する質点の場合，座標の原点を力場の中心に合わせると位置ベクトルと力の向きが平行となり，力のモーメント $\boldsymbol{r}\times\boldsymbol{F}$ はゼロとなる．よって，求めた関係式から，角運動量が時間変化しないこと $(\mathrm{d}\boldsymbol{l}/\mathrm{d}t = 0)$ がわかる．つまり角運動量は保存する．

問題 3　角運動量 $\boldsymbol{l}$ は，運動量 $\boldsymbol{p}$ のモーメントとして定義されることから，その大きさ l は

$$l = |\boldsymbol{l}| = |\boldsymbol{r}\times\boldsymbol{p}| = |\boldsymbol{r}\times m\boldsymbol{v}| = m\left(x\frac{\mathrm{d}y}{\mathrm{d}t} - y\frac{\mathrm{d}x}{\mathrm{d}t}\right)$$

となる（ただし，$\boldsymbol{v}$ は速度を表す）．ここで，$x = r\cos\theta$，$y = r\sin\theta$，$\omega = \mathrm{d}\theta/\mathrm{d}t$ より

$$\frac{\mathrm{d}y}{\mathrm{d}t} = r\frac{\mathrm{d}\theta}{\mathrm{d}t}\frac{\mathrm{d}}{\mathrm{d}\theta}\sin\theta = r\omega\cos\theta, \qquad \frac{\mathrm{d}x}{\mathrm{d}t} = r\frac{\mathrm{d}\theta}{\mathrm{d}t}\frac{\mathrm{d}}{\mathrm{d}\theta}\cos\theta = -r\omega\sin\theta$$

となることから，

$$l = mr^2\left(\cos^2\theta + \sin^2\theta\right)\omega = mr^2\omega$$

となる．質点の慣性モーメントは $I = mr^2$ で定義されることから $l = I\omega$ となる．力のモーメントは角運動量の時間変化に相当することから，その大きさ N は，

$$N = \frac{\mathrm{d}l}{\mathrm{d}t} = I\frac{\mathrm{d}\omega}{\mathrm{d}t}$$

となり，運動エネルギー K は次のようになる．

$$K = \frac{1}{2}m|\boldsymbol{v}|^2 = \frac{1}{2}m\left\{\left(\frac{\mathrm{d}x}{\mathrm{d}t}\right)^2 + \left(\frac{\mathrm{d}y}{\mathrm{d}t}\right)^2\right\} = \frac{1}{2}mr^2\omega^2 = \frac{1}{2}I\omega^2$$

解説

問題 1　力学は慣性の法則（運動の第一法則）を基礎につくり上げられており，Newton の運動方程式（運動の第二法則）は，慣性系が前提となっている．原子や電子の運動方程式を立てる際に，

対象が慣性系か非慣性系かという点に注意する必要がある．非慣性系の場合は，慣性系で運動方程式を立ててから非慣性系に座標変換する必要がある．選択肢の 4 つの座標系において特に注意が必要なのが(3)の回転座標系であり，Newton の運動方程式を立てると「Coriolis の力」や「遠心力」といった見かけの力が加わることになる．

問題 2　角運動量は，回転の勢いを表す重要な物理量である．角運動量は，中心力場において保存する（角運動保存の法則）．原子核まわりを電子が回転する状況がこれに当てはまり，電子の軌道角運動量 $\boldsymbol{l}$ は保存する．電子にはスピン角運動量 $\boldsymbol{s}$ もあり，スピンと軌道運動が相互作用する場合は，$\boldsymbol{l}$ は保存量にならない．この場合は，スピン角運動量と軌道角運動量の合成 $\boldsymbol{j} = \boldsymbol{s} + \boldsymbol{l}$ が保存量となる．量子力学では，エネルギーと同時に決まる物理量には保存則が成立しなければならないため，どの角運動量について保存則が成り立っているかを意識する必要がある．

問題 3　力のモーメント（トルク）$\boldsymbol{N}$ と慣性モーメント $\boldsymbol{I}$，角速度 ω をつなげる式($\boldsymbol{N} = \boldsymbol{I}(\mathrm{d}\omega/\mathrm{d}t)$)は回転運動を表す重要な式であり，力と質量，速度（加速度）を結びつけるニュートンの運動方程式と良い対応を示している．トルクは“回転を引き起こす力”に，慣性モーメントは回転のしやすさを表す“質量のようなもの”に相当する．本問題では質点の回転運動を取り扱ったが，剛体の回転にも議論を拡張できる．重要なことは，「回転運動に関連する特性は，すべて慣性モーメントに押し込むことができる」という点である．物質化学においても，分子の回転軸と慣性モーメントを見積もることが回転運動を議論する最初のステップになる．なお，本問題では z 軸まわりの一次元的な回転を取り扱ったため，慣性モーメント I はスカラー量であったが，三次元的な回転を取り扱う場合は，慣性モーメントはテンソル量になる．

参考文献

1. 川村清　『力学』　裳華房　1998 年
2. 原島鮮　『力学（三訂版）』　裳華房　1985 年

問 3　電磁気学：静電相互作用，誘電体［解答］

問題 1　距離 l だけ離れた 2 つの電荷 $\pm q$ から電気双極子モーメント $p = ql$ が形成されると考えると，q をもつ点電荷が r につくる電場は $E = \frac{1}{4\pi\varepsilon_0}\frac{q}{r^2}$ で与えられるので，2 つの電荷が点 P につくる電場は，

$$E(r) = \frac{q}{4\pi\varepsilon_0}\left\{\frac{1}{\left(r+\frac{l}{2}\right)^2} + \frac{-1}{\left(r-\frac{l}{2}\right)^2}\right\} = \frac{q}{4\pi\varepsilon_0}\frac{1}{r^2}\left\{\left(1+\frac{l}{2r}\right)^{-2} - \left(1-\frac{l}{2r}\right)^{-2}\right\}$$

$$\approx \frac{q}{4\pi\varepsilon_0}\frac{1}{r^2}\left\{\left(1+\frac{-2l}{2r}\right) - \left(1-\frac{-2l}{2r}\right)\right\} = -\frac{p}{4\pi\varepsilon_0}\left(\frac{2}{r^3}\right)$$

となる．静電ポテンシャル（電位）$\phi(r)$は，$E(r) = -\mathrm{grad}\,\phi(r)$で定義されることから，

$$\phi(r) = -\int E(r)\,\mathrm{d}r = \frac{p}{4\pi\varepsilon_0}\int \frac{2}{r^3}\mathrm{d}r = \frac{-p}{4\pi\varepsilon_0}\frac{1}{r^2} + C$$

となる．ただし，C は積分定数で，距離無限大でのポテンシャルを 0 とすると $C = 0$ になる．

よって，点Pに電荷 ze がある場合，この電荷が感じる静電エネルギー $U(r)$ は，

$$U(r) = ze\phi(r) = \frac{-zep}{4\pi\varepsilon_0}\frac{1}{r^2}$$

となる．エネルギーを加えることで，静電エネルギーが 0（無限遠における静電エネルギー）になればよいため，$r = 0.14 + 0.095 = 0.235$ nm（Na^+イオンと水分子の半径の和），$z = 1$（Na^+イオンは1価）として $-U(r)$ を計算すると答えとなる．

$$-U(r) = \frac{zep}{4\pi\varepsilon_0}\frac{1}{r^2} = \frac{\left(1.602\times10^{-19}\right)\times\left(1.85\times3.336\times10^{-30}\right)}{4\pi(8.854\times10^{-12})\times(0.235\times10^{-9})^2} = 1.6\times10^{-19}\ \mathrm{J}$$

問題2　電場 $\boldsymbol{E}$ と電束密度 $\boldsymbol{D}$ は以下の式で結びつけられる．

$$\boldsymbol{D} = \varepsilon\boldsymbol{E} = \varepsilon_\mathrm{r}\varepsilon_0\boldsymbol{E}$$

ただし，ε は物質の誘電率とする．また，電場による誘電体に誘起される分極 $\boldsymbol{P}$ を用いると，

$$\boldsymbol{D} = \varepsilon_0\boldsymbol{E} + \boldsymbol{P}$$

と書くこともできる．したがって，誘電体の分極 $\boldsymbol{P}$ は比誘電率 ε_r を用いて，

$$\boldsymbol{P} = (\varepsilon_\mathrm{r} - 1)\varepsilon_0\boldsymbol{E}$$

と書き直すことができる．

分極 $\boldsymbol{P}$ が N 個の電気双極子モーメント $\boldsymbol{p}$ の和として表されることより $\boldsymbol{P} = N\boldsymbol{p}$ で表される．一方，分極率 α は，電場 $\boldsymbol{E}$ と誘起される双極子の大きさ $\boldsymbol{p}$ との比例係数 $\boldsymbol{p} = \alpha\boldsymbol{E}$ として与えられるため，

$$\boldsymbol{P} = N\boldsymbol{p} = N\alpha\boldsymbol{E}$$

となる．よって，$\alpha = \frac{(\varepsilon_\mathrm{r}-1)\varepsilon_0}{N}$ という関係で，α と ε_r が結びつけられる．

問題3　(1) 原子の分極：原子核を取り囲む電子が外部電場によって励起され，電子雲の空間分布が変形することで引き起こされる分極

(2) イオンの分極：複数のイオン系において正負のイオンが電場方向にそれぞれ変位することで発生する分極

(3) 配向の分極：電場印加によって永久双極子をもつ分子の配向が揃うことで生じる分極

解説

問題1　静電相互作用は Coulomb 相互作用とも呼ぶ．この問題で得られた Na^+イオンと水分子の結合エネルギー 1.6×10^{-19} J をモルあたりに換算すると 96 kJ mol^{-1} になり，実測値〜 100 kJ mol^{-1} とよい一致を示す．また，この値は，熱振動のエネルギーの目安となる $k_\mathrm{B}T$ (T = 300 K) = 4.14×10^{-21} J よりも大きくなっており，熱振動ではこの結合が切れにくいことが示唆される．このようにイオンに強く引きつけられる水分子は，水和水もしくは結合水と呼ばれ，他の溶液中の水分子とは異なる性質を示すことが知られている．なお，Na^+イオンとの距離が少し離れた水分子は，イオンとの間に他の水分子が入り込むため，静電力のはたらく空間が真空ではなくなる．このような場合は，ε_0 が $\varepsilon_\mathrm{r}\varepsilon_0$ に置き換わるため（水の比誘電率 $\varepsilon_\mathrm{r} = 78.5$）．結合エネルギーが約 80 分の 1 に減少してしまう．この結合エネルギーは，熱振動によるエネルギーと近くなるため，室温で容易に切れることが想像できる．

問題 2　この問題では,「電場 $\boldsymbol{E}$ と電束密度 $\boldsymbol{D}$」,「誘電率 ε と分極率 α」といった混同されやすい概念の区別を確認した．電場 $\boldsymbol{E}$ は，電荷 q に力 $\boldsymbol{F}=q\boldsymbol{E}$ を及ぼす空間（場）の性質である．電束密度 $\boldsymbol{D}$ は，電荷の存在によって生じるベクトル場である．ある空間領域を出入りする電束（電束密度を領域の表面積で積分したもの）は，その領域内に存在する電荷と等しいという考え（Gauss の法則）が下地にある．電場 $\boldsymbol{E}$ と電束密度 $\boldsymbol{D}$ は「電荷間の相互作用を介在するベクトル場」という点でよく似ており比例関係 $\boldsymbol{D}=\varepsilon\boldsymbol{E}$ が成り立つ．電場中に置かれた誘電体の内部電場 $\boldsymbol{E}'$ は外部電場 $\boldsymbol{E}$ よりも小さく，誘電体表面に電荷が現れる．この電荷の偏りを示す指標が分極 $\boldsymbol{P}$ である．同じ現象は,「電束密度 $\boldsymbol{D}$ を変えないまま内部電場 $\boldsymbol{E}'$ が変化する」と理解することもでき, $\boldsymbol{D}=\varepsilon\boldsymbol{E}'$ の関係式より誘電率 ε が得られる．また，原子レベルのミクロな描像で考えると，電場 $\boldsymbol{E}$ によって電気双極子モーメント $\boldsymbol{p}$ が誘起されたと理解することができ，$\boldsymbol{E}$ と $\boldsymbol{p}$ の比例係数（電気双極子の誘起されやすさの指標）として分極率 α が導入される．同じ現象が α, $\boldsymbol{P}$, ε の 3 つの物理量で個別に説明できることから，3 つの物理量の間に何らかの関係式が成り立つことは直感的に理解できる．

問題 3　静電場に対しては，3 種類の分極のいずれも応答するが，交流電場をかけた場合は，その応答の様子は周波数によって大きく変わる．これは，印加する交流電場の周波数を大きくしていくと，応答できる分極が限られてくるためである．原子の分極は電子遷移が関係するため非常に応答が速く(～ PHz)，イオン分極は原子の運動なので，少し遅くなる(～ THz)．一番遅いのは，分子の配向が関連する配向分極で(～ GHz), 分子サイズの巨大な高分子では 1 Hz 以下になることもある．これらの応答の限界を調べることで，物質中の原子運動の様子を知ることができる．

参考文献

1. 工藤恵栄　『光物性基礎』　オーム社　1996 年
2. J. N. Israelachvili　『分子間力と表面力　第 2 版』　朝倉書店　1996 年　（訳：近藤保，大島広行）

問 4　電磁気学：物質中の電磁波［解答］

問題 1

式 4. 1　　電束密度 $\boldsymbol{D}$ の湧き出し量は電荷密度に等しい．

式 4. 2　　磁束密度 $\boldsymbol{B}$ が湧き出すことはない．

式 4. 3　　磁束密度 $\boldsymbol{B}$ の時間変化によって誘導電場 $\boldsymbol{E}$ が形成される．

式 4. 4　　電束密度 $\boldsymbol{D}$ の時間変化と電流密度 $\boldsymbol{i}$ によって磁場 $\boldsymbol{H}$ が形成される．

問題 2　電束密度 $\boldsymbol{D}$ と電場 $\boldsymbol{E}$, 磁束密度 $\boldsymbol{B}$ と磁場 $\boldsymbol{H}$, 電流密度 $\boldsymbol{i}$ は，それぞれ誘電率 ε, 透磁率 μ, 伝導率 σ を使って以下の式で結びつけられる．

$$\boldsymbol{D}=\varepsilon\boldsymbol{E}, \qquad \boldsymbol{B}=\mu\boldsymbol{H}, \qquad \boldsymbol{i}=\sigma\boldsymbol{E}$$

これを式 4. 3，式 4. 4 に代入すると

$$\nabla\times\boldsymbol{E}=-\mu\frac{\partial\boldsymbol{H}}{\partial t} \qquad \text{式 4A. 1}$$

$$\nabla\times\boldsymbol{H} = \sigma\boldsymbol{E} + \varepsilon\frac{\partial \boldsymbol{E}}{\partial t} \qquad \text{式 4A. 2}$$

となる．式 4A. 2 の両辺を t で微分して，式 4A. 1 を代入すると，

$$\nabla\times(\nabla\times\boldsymbol{E}) = -\mu\varepsilon\left(\frac{\sigma}{\varepsilon}\frac{\partial \boldsymbol{E}}{\partial t} + \frac{\partial^2 \boldsymbol{E}}{\partial t^2}\right)$$

が得られる．ベクトル行列の関係式を用いると，

$$\nabla\times(\nabla\times\boldsymbol{E}) = \nabla(\nabla\bullet\boldsymbol{E}) - \boldsymbol{E}(\nabla\bullet\nabla) = \nabla(\nabla\bullet\boldsymbol{E}) - \nabla^2\boldsymbol{E}$$

となり，式 4. 1 と電荷密度 $\rho = 0$ より $\nabla\bullet\boldsymbol{E} = 0$ であるため，

$$\nabla\times(\nabla\times\boldsymbol{E}) = -\nabla^2\boldsymbol{E}$$

となる．よって，

$$\nabla^2\boldsymbol{E} = \mu\varepsilon\left(\frac{\sigma}{\varepsilon}\frac{\partial \boldsymbol{E}}{\partial t} + \frac{\partial^2 \boldsymbol{E}}{\partial t^2}\right)$$

が得られる．それぞれの項に平面波の式 $\boldsymbol{E} = \boldsymbol{E_0}\mathrm{e}^{\mathrm{i}(\omega t - \boldsymbol{k}\bullet\boldsymbol{r})}$ を代入すると，

$$\nabla^2\boldsymbol{E} = \frac{\partial^2 \boldsymbol{E}}{\partial \boldsymbol{r}^2} = -k^2\boldsymbol{E_0}\mathrm{e}^{\mathrm{i}(\omega t - \boldsymbol{k}\bullet\boldsymbol{r})} = -k^2\boldsymbol{E}$$

$$\frac{\partial \boldsymbol{E}}{\partial t} = \mathrm{i}\omega\boldsymbol{E_0}\mathrm{e}^{\mathrm{i}(\omega t - \boldsymbol{k}\bullet\boldsymbol{r})} = \mathrm{i}\omega\boldsymbol{E}$$

$$\frac{\partial^2 \boldsymbol{E}}{\partial t^2} = -\omega^2\boldsymbol{E_0}\mathrm{e}^{\mathrm{i}(\omega t - \boldsymbol{k}\bullet\boldsymbol{r})} = -\omega^2\boldsymbol{E}$$

となることより，

$$-k^2\boldsymbol{E} = \mu\varepsilon\left\{\frac{\sigma}{\boldsymbol{\varepsilon}}(\mathrm{i}\omega\boldsymbol{E}) - \omega^2\boldsymbol{E}\right\}$$

と変換でき，以下のような k と ω の関係が得られる．

$$k^2 = -\mu\varepsilon\left(\mathrm{i}\frac{\sigma\omega}{\varepsilon} - \omega^2\right) = \mu\left(\varepsilon - \mathrm{i}\frac{\sigma}{\omega}\right)\omega^2$$

問題 3　問題 2 より，$\sigma = 0$ のとき $k^2 = \mu\varepsilon\omega^2$ となるため，

$$n = \frac{c}{v} = \frac{1}{\sqrt{\mu_0\varepsilon_0}}\bigg/\frac{1}{\sqrt{\mu\varepsilon}} = \sqrt{\frac{\mu\varepsilon}{\mu_0\varepsilon_0}}$$

となる．$\sigma \neq 0$ の場合，

$$v^*(\omega) = \frac{\omega}{k} = \left\{\mu\left(\varepsilon - i\frac{\sigma}{\omega}\right)\right\}^{-\frac{1}{2}}$$

となるため，複素屈折率 $n^*(\omega)$ は以下のように導出される．

$$n^*(\omega) = \frac{c}{v^*(\omega)} = \sqrt{\frac{\mu}{\mu_0\varepsilon_0}\left(\varepsilon - i\frac{\sigma}{\omega}\right)}$$

<u>**解説**</u>

問題 1　Maxwell の方程式は，電磁場のふるまいを記述する古典的な基礎方程式である．

式 4. 1 :「Gauss の法則」とも呼ばれる．電束密度 $\boldsymbol{D}$ と電場 $\boldsymbol{E}$ は式 $\boldsymbol{D} = \varepsilon\boldsymbol{E}$ で結びつけられること

から（真空中では $\varepsilon = \varepsilon_0$），式 4. 1 は“電荷密度 ρ とそれによって生み出される電場ベクトル $\boldsymbol{E}$ との関係を示す式”と理解することもできる．

式 4. 2：静磁場における Gauss の法則と捉えることができ，式の右辺が 0 になることは磁力線の始点・終点が存在しないことを示しており，電荷と異なり単磁荷（磁気モノポール）が存在しないことを示している．

式 4. 3：「Faraday の誘導法則」とも呼ばれ電磁誘導現象を記述する．1 つの回路に生じる誘導起電力の大きさはその回路を貫く磁界の変化の割合に比例することを意味する．

式 4. 4：「Ampère–Maxwell の法則」とも呼ばれる．定常電流の回りに磁場が発生することを示した Ampère の法則に，電束密度 $\boldsymbol{D}$ の時間変化によっても磁場が発生することを加えた式になっている．電束密度 $\boldsymbol{D}$ の時間変化は「変位電流」とも呼ばれ，電荷が動いて生じる「伝導電流」と合わせて，“伝導電流および変位電流によって磁場がつくられる”と説明されることもある．

問題 2　電磁波を Maxwell の 4 つの方程式の視点で捉えると，①電場の時間変化から磁場が形成され（式 4. 3），②磁場の時間変化によって電場が形成される（式 4. 4）というプロセスが継続的に起こっている現象として理解できる．Maxwell の方程式は，全ての物質（媒質）で成り立つ普遍的な関係式であり，具体的な電磁波の伝播様式は，物性パラメーターである誘電率 ε，透磁率 μ，伝導度 σ の 3 つで特徴づけられる．分光測定や誘電率測定，磁化率測定では，この 3 つのパラメーターの周波数依存性を調べており，分子論的なモデルと組み合わせることで物質内部の特性が明らかになる．なお厳密には，誘電率 ε，透磁率 μ，伝導度 σ のいずれも（スカラー量ではなく）テンソル量であり，結晶などの異方的な物質を調べる場合には注意が必要である．

問題 3　屈折率と誘電率，透磁率との関係は，$\sigma = 0$ のとき簡単な形式になるので覚えておきたい．また $\sigma \neq 0$ の場合は，式に虚数 i が入るため一見して複雑であるが，複素誘電率を $\varepsilon^* = \varepsilon - (\sigma/\omega)\mathrm{i}$ と置くと $n^* = \sqrt{\frac{\mu\varepsilon^*}{\mu_0\varepsilon_0}}$ となり，非磁性の物質($\mu \sim \mu_0$)では $n^* \approx \sqrt{\frac{\varepsilon^*}{\varepsilon_0}} = \sqrt{\varepsilon_\mathrm{r}^*}$ という簡単な関係になり見通しが良くなる．ただし ε_r*は比複素誘電率を表す．誘電緩和測定などで複素誘電率を測定するとき，その虚数成分を「誘電損失」と呼ぶことがある．これは虚部の係数に伝導率 σ が含まれることからもわかるように，電気伝導による Joule 熱の発生でエネルギーが失われるからである．

参考文献

1.　砂川重信　『電磁気学』　岩波書店　1987 年
2.　工藤恵栄　『光物性基礎』　オーム社　1996 年

問 5　熱力学：熱力学関係式［解答］

問題 1　(2)，(5)

問題 2　熱力学第一法則より $\mathrm{d}U = \mathrm{d}q_\mathrm{rev} + \mathrm{d}w$，熱力学第二法則より $\mathrm{d}S = \mathrm{d}q_\mathrm{rev}/T$ となる．
閉鎖系で非膨張仕事がない場合は $\mathrm{d}w = -p\mathrm{d}V$ となり，$\mathrm{d}U = T\mathrm{d}S - p\mathrm{d}V$ となる．
$H = U + pV$ より，

$$\mathrm{d}H = \mathrm{d}U + V\mathrm{d}p + p\mathrm{d}V = T\mathrm{d}S - p\mathrm{d}V + V\mathrm{d}p + p\mathrm{d}V = T\mathrm{d}S + V\mathrm{d}p$$

$A = U - TS$ より，

$$\mathrm{d}A = \mathrm{d}U - S\mathrm{d}T - T\mathrm{d}S = T\mathrm{d}S - p\mathrm{d}V - S\mathrm{d}T - T\mathrm{d}S = -S\mathrm{d}T - p\mathrm{d}V$$

$G = A + pV = U - TS + pV$ より，

$$\mathrm{d}G = \mathrm{d}U - S\mathrm{d}T - T\mathrm{d}S + V\mathrm{d}p + p\mathrm{d}V = T\mathrm{d}S - p\mathrm{d}V - S\mathrm{d}T - T\mathrm{d}S + V\mathrm{d}p + p\mathrm{d}V = -S\mathrm{d}T + V\mathrm{d}p$$

$G(T, p)$について全微分をとると，

$$\mathrm{d}G = \left(\frac{\partial G}{\partial T}\right)_p \mathrm{d}T + \left(\frac{\partial G}{\partial p}\right)_T \mathrm{d}p$$

となることから，各項の係数を比較すると$(\partial G/\partial T)_p = -S$，$(\partial G/\partial p)_T = V$が得られる．

問題 3　$\kappa_S = -\frac{1}{V}\left(\frac{\partial V}{\partial p}\right)_S$，　$\alpha = \frac{1}{V}\left(\frac{\partial V}{\partial T}\right)_p$，　$C_V = \left(\frac{\partial U}{\partial T}\right)_V = T\left(\frac{\partial S}{\partial T}\right)_V$

熱力学的に正でなければならないもの：κ_S，C_V

理由：$U(V, S)$が V と S のいずれにおいても下に凸の関数になることより，U の二次偏導関数は必ず正になる．温度 T と体積 V が必ず正になることを踏まえると，以下の不等号式から，C_Vおよび κ_S が正になることがわかる．

$$\left(\frac{\partial^2 U}{\partial S^2}\right)_V = \left(\frac{\partial}{\partial S}\left(\frac{\partial U}{\partial S}\right)_V\right)_V = \left(\frac{\partial T}{\partial S}\right)_V = \frac{T}{C_V} > 0$$

$$\left(\frac{\partial^2 U}{\partial V^2}\right)_S = \left(\frac{\partial}{\partial V}\left(\frac{\partial U}{\partial V}\right)_S\right)_S = -\left(\frac{\partial p}{\partial V}\right)_S = \frac{V}{\kappa_S} > 0$$

解説

問題 1　熱力学の法則は対象となる物質によらず普遍的に成り立つ．物質化学研究を行う上で，熱力学の法則から要請される条件はしっかり理解しておきたい．

(1) 熱力学関数(U, H, G, A)は，平衡状態における系の全情報を含む．自然な独立変数の関数として熱力学関数が与えられれば（例えば $G(T, p, N_i)$），系の熱力学的な性質は完全に定まる．しかし，関数形の具体的な中身は物質ごとに異なり，その形は実験的もしくは統計力学的に導出される．熱力学の法則は，その具体的な関数形を与えない．

(2) 熱力学の法則は，熱力学量の間に成り立つ関係式を与える．異なる実験で得られる熱力学量の間にも一定の関係が成り立つ．問題でとり上げた関係式では，Gibbs エネルギーの温度変化からエントロピーが得られることを意味している．熱力学的な関係式の中でも特に有名なのは，T, p, S, V の間に成り立つ Maxwell の関係式である．

(3) 状態方程式は，熱力学関数の具体的な形が明らかになってはじめて導出できる．したがって(1)と同様に，導出には経験的（あるいは統計力学的）なモデルが前提となる．

(4) Curie の法則とは，理想的な常磁性体において成り立つ磁化 M と外部磁場 H と温度 T との関係を表す関係式であり，磁性体における状態方程式と考えることができる．

(5) 熱力学法則は，熱力学量の符号や大小関係も与える．これは，問題 3 で取り扱う「熱力学関数の凸性」から導出される知見である．ここで挙げた $C_p > C_V$はその典型例である．

問題 2　この問題では，熱力学の第一法則と第二法則から導出される熱力学の基本式 $\mathrm{d}U = T\mathrm{d}S - p\mathrm{d}V$ を確認して，そこから 4 つの熱力学関数の全微分形式を導出した．全微分形式の変数（例え

ば，U の場合は $dU = TdS - pdV$ より S と V）は「自然な独立変数」と呼ばれ，この変数によって熱力学関数が与えられれば，系の熱力学的な性質は完全に定まる．熱力学関数ごとに自然な独立変数の組み合わせは異なる．問題では基本式を活用することで別の熱力学量が導けることも確認した．ここから Maxwell の関係式まで導くことができる．

問題 3　「熱力学関数が自然な独立変数で表される」ということは，「ある平衡状態が，熱力学関数と独立変数でつくる曲面上に見出せる」と言い換えられ，状態変化は曲面上の点から点への移動と捉えることができる．この曲面の凹凸は熱力学の法則から決まり，内部エネルギー曲面 $U(S, V)$ では凹関数，Gibbs エネルギー曲面 $G(p, T)$ では凸関数になる．熱力学関係式 $\left(\frac{\partial U}{\partial S}\right)_V = T$ および $\left(\frac{\partial U}{\partial V}\right)_S = -p$ より，内部エネルギー曲面 $U(S, V)$ の S 軸もしくは V 軸に沿った変化率（一次偏導関数）は，T と $-p$ に相当することがわかり，二次偏導関数は，熱容量や圧縮率に相当する．二次偏導関数の正負は曲面の凹凸に対応しており，ここから $C_V > 0$, $\kappa_S > 0$ という熱力学的な制限が得られる．$U(V, S)$ の代わりに，Gibbs エネルギー曲面 $G(p, T)$ の凸性を使えば，定圧熱容量 $C_p > 0$ や等温圧縮率 $\kappa_T > 0$ が得られる．なお熱膨張率 α の符号は熱力学の法則だけでは確定しない．α の上限値のみ指定ができる．これらの結果は「加熱したら温度が低下する物質」や「加圧することで体積が大きくなる物質」が存在しないことが熱力学的に保証されていることを意味する．一方「加熱すると体積が小さくなる物質」は熱力学的には許されている．実際に一部の物質において（例えば，4 °C 以下の水などで）負の膨張率が存在することが知られている．

参考文献

1.　久保亮五　『大学演習　熱学・統計力学　修訂版』　裳華房　1998 年
2.　田崎晴明　『熱力学–現代的な視点から』　培風館　2000 年
3.　P. W. Atkins　『アトキンス物理化学（上）　第 6 版』　東京化学同人　2001 年　（訳：千原秀明　他）

問 6　熱力学：相平衡［解答］

問題 1　2 つの系を A，B，また圧力，温度，化学ポテンシャルを p, T, μ とすると，

①　力学的な平衡の条件：2 つの物体の圧力が同じになる：$p_A = p_B$

②　熱的な平衡の条件：2 つの物体の温度が同じになる：$T_A = T_B$

③　化学的な平衡の条件：2 つの物体の化学ポテンシャルが同じになる：$\mu_A = \mu_B$

相転移や融解，沸騰など相平衡の場合は，2 つの相の間で分子などの物質の移動があり，③の化学的な平衡に分類される．

問題 2　Gibbs の相律：c 種類の成分からなる物質が r 個の相に分かれて平衡共存するとき，平衡状態の自由度 f は，$f = c - r + 2$ で与えられる．

純粋な物質の場合は $c = 1$ となり，自由度 f が負になることはないので，r（共存できる相の数）の最大値は 3 になる．つまり，三重点が最大である．

問題3　純粋（単一成分）物質の場合，化学ポテンシャルはGibbsエネルギーと一致するため，2相をA，Bとすると，それぞれの化学ポテンシャルμ_A，μ_BはGibbs–Duhemの式から，

$$\mu_A = -S_A dT + V_A dp, \qquad \mu_B = -S_B dT + V_B dp$$

となる．平衡状態の条件より$\mu_A = \mu_B$となるため，

$$-S_A dT + V_A dp = -S_B dT + V_B dp$$

となる．この式を変形させて一次相転移において成立する$\Delta_{tr}H = T\Delta_{tr}S$ の関係を使うと，

$$\frac{dp}{dT} = \frac{S_B - S_A}{V_B - V_A} = \frac{\Delta_{tr}S}{\Delta_{tr}V} = \frac{\Delta_{tr}H}{T\Delta_{tr}V}$$

となりClapeyronの式が導かれる．

問題4

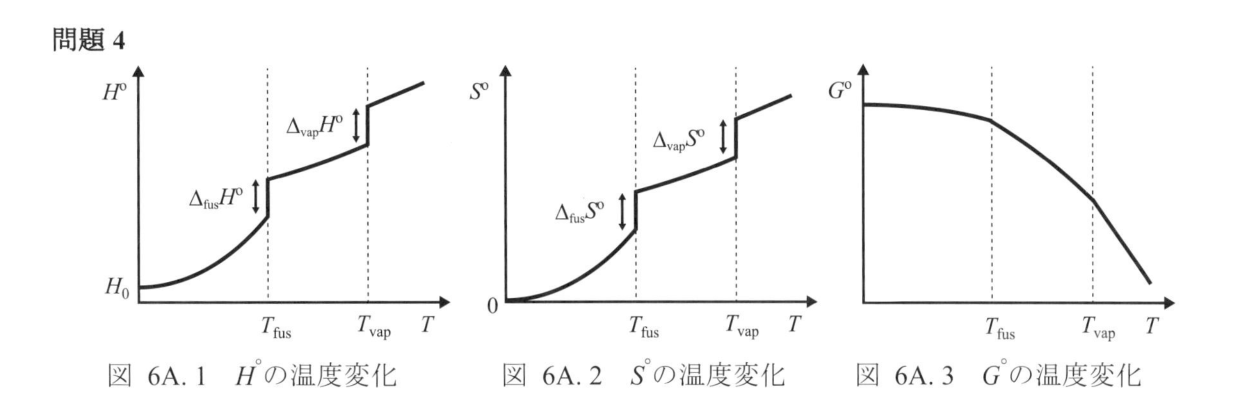

図 6A. 1　H°の温度変化　　図 6A. 2　S°の温度変化　　図 6A. 3　G°の温度変化

解説

問題1　物質化学で扱う「平衡」は，2つの系の間に物質のやりとりが行われる「化学的な平衡」を指す場合が多い．これは「熱力学的な平衡」という広い枠組みの一部であるが，物理化学の教科書で最初に現れる$dU = TdS - pdV$という熱力学の基本式には，物質のやりとりに関する項が含まれておらず，相平衡や化学平衡が記述できない．ここにμdnという化学ポテンシャルと質量数の全微分形式の積の項が加わって，はじめて化学的平衡の記述が可能になる．なお，教科書によっては力学的な平衡を「機械的な平衡」，化学的な平衡を「質量的な平衡」と記述する．

問題2　Gibbsの相律とは，「平衡状態では，共存する各相の化学ポテンシャルが等しくなる」という条件によって，自由に決められる独立のパラメーター数（自由度）が減ることを意味している．共存する相の数が多くなれば，等しくなる化学ポテンシャルの数も多くなるため，自由度は必然的に小さくなる．物質の相図を描く際に注意すべき点の1つといえる．また，式中の定数「2」は示強性変数（ここでは温度Tと圧力p）の数に由来していることを踏まえると，その他の示強性変数である化学ポテンシャルμや磁場Hなどの相図でもGibbsの相律が成り立つことや，3つの示強性変数をもった三次元的な相図では四重点が許されることがわかる．

問題3　Clapeyronの式は，相平衡の基本式である．この式は，p-T相図における相境線の傾きを表しており，例えば水の場合は，固液相境界のp-T曲線の傾きが負になっていることから，$\Delta_{fus}V = V_{liquid} - V_{crystal} < 0$となることがわかる($\Delta_{fus}H > 0$)．気液相境界では，$V_{gas} \gg V_{liquid}$と近似して，理想気体の状態方程式を使うことで，Clausius–Clapeyronの式が導出される．

$$\frac{dp}{dT} = \frac{\Delta_{vap}H}{T(RT/p)}$$

また，Clapeyron の式は共役な示強性変数と示量性変数（例えば磁場 H と磁化 M）の間の一般的な関係であるため，H-T 相図など他の相図でも成り立つ．

問題 4　物質の状態・転移を議論する際，熱力学関数の温度依存性を理解しておくことは重要である．とりわけ，準安定相が存在する系では，各相の Gibbs エネルギーの関係を把握しておかないと，その熱的な挙動を理解することができない．この問題では，簡単な系におけるその標準熱力学関数 $H^\circ(T)$, $S^\circ(T)$, $G^\circ(T)$の形を確認した．注意点を以下にまとめる．

- $H^\circ(T)$と $S^\circ(T)$は，一次相転移点で不連続になる（二次相転移では連続）．
- $G^\circ(T)$は，一次相転移点でも連続である．
- $H^\circ(T)$と $S^\circ(T)$のいずれも，温度に対して正の傾きをもつ（熱容量 C_p が正であるため）．
- $G^\circ(T)$の傾きは負になる（G の温度微分は$-S$ になっており，S は正であるため）．
- $G^\circ(T)$の曲線は上に凸になる（熱容量 C_p が正であるため）．
- $S^\circ(0\ \mathrm{K}) = 0$ になる（熱力学第三法則：ただしガラス状態には残余エントロピーが存在する）．
- $H^\circ(0\ \mathrm{K}) = H_0 \neq 0$．エネルギー（エンタルピー）には絶対的な基準が存在しない．

参考文献

1.　久保亮五　『大学演習 熱学・統計力学　修訂版』　裳華房　1998 年
2.　田崎晴明　『熱力学―現代的な視点から』　培風館　2000 年
3.　P. W. Atkins　『アトキンス物理化学（上）　第 6 版』　東京化学同人　2001 年　（訳：千原秀明　他）

問 7　熱力学：混合系，化学平衡，電池［解答］

問題 1　(1) 理想混合気体

$$\Delta_{\mathrm{mix}} S = -n_{\mathrm{A}} R\ln(p_{\mathrm{A}}/p) - n_{\mathrm{B}} R\ln(p_{\mathrm{B}}/p)$$

$$\Delta_{\mathrm{mix}} H = 0$$

$$\Delta_{\mathrm{mix}} G = \Delta H_{\mathrm{mix}} - T\Delta S_{\mathrm{mix}} = n_{\mathrm{A}} RT\ln(p_{\mathrm{A}}/p) + n_{\mathrm{B}} RT\ln(p_{\mathrm{B}}/p)$$

n_{A}，n_{B} は成分 A，B のモル数，p_{A}，p_{B} は分圧，p は全圧，T は温度をそれぞれ表す．

(2) 理想溶液

$$\Delta_{\mathrm{mix}} S = -nR(x_{\mathrm{A}}\ln x_{\mathrm{A}} + x_{\mathrm{B}}\ln x_{\mathrm{B}})$$

$$\Delta_{\mathrm{mix}} H = 0$$

$$\Delta_{\mathrm{mix}} G = nRT(x_{\mathrm{A}}\ln x_{\mathrm{A}} + x_{\mathrm{B}}\ln x_{\mathrm{B}})$$

x_{A}，x_{B} はモル分率，$n = n_{\mathrm{A}} + n_{\mathrm{B}}$ は全体のモル数を表す．

(3) 正則溶液

$$\Delta_{\mathrm{mix}} S = -nR(x_{\mathrm{A}}\ln x_{\mathrm{A}} + x_{\mathrm{B}}\ln x_{\mathrm{B}})$$

$$\Delta_{\mathrm{mix}} H = \Omega x_{\mathrm{A}} x_{\mathrm{B}}$$

$$\Delta_{\mathrm{mix}} G = \Omega x_{\mathrm{A}} x_{\mathrm{B}} + nRT(x_{\mathrm{A}}\ln x_{\mathrm{A}} + x_{\mathrm{B}}\ln x_{\mathrm{B}})$$

問題 2　A ⇌ 2B の反応 Gibbs エネルギー$\Delta_r G(T,p)$は，

$$\Delta_r G(T,p) = 2\mu_B(T,p) - \mu_A(T,p) = 2\left\{\mu_B^\circ(T) + RT\ln(p_B/p_0)\right\} - \left\{\mu_A^\circ(T) + RT\ln(p_A/p_0)\right\}$$

$$= 2\mu_B^\circ(T) - \mu_A^\circ(T) + \{2RT\ln(p_B/p_0) - RT\ln(p_A/p_0)\} = \Delta_r G^\circ(T) + RT\ln\left(\frac{p_B^2}{p_A p_0}\right)$$

この反応の平衡定数 K は $K = p_B^2/p_A p_0$ で与えられることより，

$$\Delta_r G(T,p) = \Delta_r G^\circ + RT\ln K$$

となる．平衡状態では$\Delta_r G(T,p) = 0$ となることから $\Delta_r G^\circ = -RT\ln K$が得られる．

平衡定数 K は標準 Gibbs エネルギー$\Delta_r G^\circ$に依存しており，$\Delta_r G^\circ$は標準圧力 p_0 で定められる．したがって K は圧力に依存しない．また，K の温度依存性は$\Delta_r G^\circ = \Delta_r H^\circ - T\Delta_r S^\circ$ より，

$$\ln K = -\Delta_r H^\circ(T)/RT + \Delta_r S^\circ(T)/R$$

となる．$\Delta_r H^\circ(T)$および$\Delta_r S^\circ(T)$の温度依存性を無視すると，$\ln K$ が T の逆関数になっており，その係数が $-\Delta_r H^\circ(T)$になっていることがわかる．つまり，発熱反応($\Delta_r H^\circ < 0$)の場合，温度上昇とともに平衡定数が小さくなる．

問題 3　反応式：$Ox^{n+} + ne^- \rightleftharpoons Red$ が平衡状態にある状況では，酸化状態と還元状態の電気化学ポテンシャルがつり合っている．

$$\tilde{\mu}_{Ox} + n\tilde{\mu}_e = \tilde{\mu}_{Red}$$

酸化体 Ox^{n+}，電子 e^-，還元体 Red それぞれの電気化学ポテンシャルは，

$$\tilde{\mu}_{Ox} = \mu_{Ox}^\circ + RT\ln a_{Ox} + nFE_S, \qquad \tilde{\mu}_e = \mu_e^\circ - FE_M, \qquad \tilde{\mu}_{Red} = \mu_{Red}^\circ + RT\ln a_{Red}(+0 \cdot EF_S)$$

となることより，電気化学ポテンシャルのつりあいから，

$$\mu_{Ox}^\circ + RT\ln a_{Ox} + nFE_S + n\mu_e^\circ - nFE_M = \mu_{Red}^\circ + RT\ln a_{Red}$$

$$E_M - E_S = \frac{\mu_{Ox}^\circ + n\mu_e^\circ - \mu_{Red}^\circ}{nF} - \frac{RT}{nF}\ln\left(\frac{a_{Red}}{a_{Ox}}\right)$$

となる．左辺は電極電位 E であり，右辺第一項を基準電位 E°とすると Nernst の式が得られる．

$$E = E^\circ + \frac{RT}{nF}\ln\left(\frac{a_{Red}}{a_{Ox}}\right)$$

解説

問題 1　(1) 理想混合気体は理想気体の混合体であり，分子間の相互作用は無視できる．混合熱力学量は，各成分の化学ポテンシャルが等しくなるという条件から導かれる．

(2) 理想溶液は，熱力学的には Raoult の法則（問 55 参照）が全成分，全濃度領域において成立する溶液を指す．分子論的には同種粒子間と異種粒子間で相互作用に違いがない系($\Delta_{mix}H = 0$)を指し，混合エントロピー$\Delta_{mix}S$ は理想混合気体と同じである．

(3) 正則溶液は，より現実の溶液に近いモデルであり，実験結果の解析にもしばしば用いられる．$\Delta_{mix}S$ は理想溶液と同じで，$\Delta_{mix}H$ が有限の値をもつ．分子論的には，同種粒子間と異種粒子間の相互作用が異なる溶液を指す．

3 つのモデルに共通しているのは$\Delta_{mix}S$ による安定化効果であり，統計力学的には，混合によって「取りうる状態の数」が増え，エントロピー的に安定化したと理解できる．

問題 2　平衡定数 K と反応の標準 Gibbs エネルギー$\Delta_r G^\circ$の関連式は化学熱力学の基本であり，記憶

していることが望ましい．K と$\Delta_r G^\circ$の関係式は（理想気体に限らず）普遍的に成り立つ．系ごとに異なるのは平衡定数 K であり，一般には，K は活量 a の比として与えられる．

平衡定数 K は圧力には依存しないが，反応の偏りは圧力に依存する．圧力変化に伴って平衡定数 K が変わらないように分圧の比率が変化するからである．A $\rightleftharpoons$ 2B 反応の場合，全圧の増加に伴って，B の平衡組成が小さくなり A の平衡組成が大きくなる．これは Le Chatelier の原理の一例といえる．平衡定数 K の温度依存性は，反応が発熱か吸熱かによって方向性が変わる．$\Delta_r H^\circ$と$\Delta_r S^\circ$が温度依存しない場合，$\frac{\mathrm{d}\ln K}{\mathrm{d}(1/T)} = -\frac{\Delta_r H^\circ}{R}$で表される van 't Hoff の式にしたがって K は温度依存する．これを利用して，$\ln K$ を $1/T$ に対してプロットして，その傾きから$\Delta_r H^\circ$を導出することができる．

問題 3　Nernst の式は，電池などを取り扱う電気化学分野において重要である．導出過程からわかるように，通常の化学反応平衡の関係式に電荷と電位によるエネルギー項を加えることで Nernst の式は導かれる．本問題では，半反応式だけから Nernst の関係式を導き出したが，全反応式で導くことも可能である．なお，$E = E_M - E_S$ としたが，正しくは $E = E_M - E_S + C$ という任意のエネルギー基準 C が入り，E°も C に依存する．電気化学における標準状態の選び方は気体の場合と異なるため注意が必要である．通常は金属中の電子の標準化学ポテンシャルμ°は 0 として，イオンの標準電位は標準水素電位(SHE)を基準にする．

参考文献

1. 久保亮五　『大学演習 熱学・統計力学　修訂版』　裳華房　1998 年
2. P. W. Atkins　『アトキンス物理化学（上）　第 6 版』　東京化学同人　2001 年　（訳：千原秀明　他）
3. T. Engel, P. Reid　『エンゲル・リード物理化学（上）』　東京化学同人　2015 年　（訳：稲葉章）
4. 渡辺正　他　『電気化学（基礎化学コース）』　丸善出版　2009 年

問 8　量子力学：波動方程式［解答］

問題 1　Schrödinger 方程式：　$-\frac{\hbar^2}{2m}\frac{\partial^2\phi(x,t)}{\partial x^2} + V(x)\phi(x,t) = \mathrm{i}\hbar\frac{\partial\phi(x,t)}{\partial t}$

定常状態の場合は，上記の Schrödinger 方程式に$\phi(x,t) = u(x)\mathrm{e}^{-\frac{\mathrm{i}Et}{\hbar}}$を代入して，

$$-\frac{\hbar^2}{2m}\mathrm{e}^{-\frac{\mathrm{i}Et}{\hbar}}\frac{\partial^2 u(x)}{\partial x^2} + V(x)u(x)\mathrm{e}^{-\frac{\mathrm{i}Et}{\hbar}} = Eu(x)\mathrm{e}^{-\frac{\mathrm{i}Et}{\hbar}}$$

となることから，時間に依存しない Schrödinger 方程式が以下のように得られる．

$$-\frac{\hbar^2}{2m}\frac{\partial^2 u(x)}{\partial x^2} + V(x)u(x) = Eu(x)$$

問題 2　(1) $\frac{\hbar}{\mathrm{i}}\frac{\partial}{\partial x}\psi = p_x\psi$

(2) $\langle F\rangle = \int \Psi^*(x)\hat{F}\Psi(x)\mathrm{d}x$　（ただし，$\Psi^*(x)$は$\Psi(x)$の複素共役）

(3) Hamilton 演算子を$\hat{H}$としたとき，$\hat{F}$は$[\hat{F},\hat{H}] \equiv \hat{F}\hat{H} - \hat{H}\hat{F} = 0$ を満たす．

(4)「定常状態」とは,「時間変化しない状態」であり, 時間に依存しない Schrödinger 方程式$\hat{H}\phi = E\phi$ を解くことで得られる固有状態ϕ（固有値としてエネルギーEが確定できる状態）を指す.

(5) 量子数とは，物理量Fの固有方程式 $\hat{F}\phi = f\phi$ の固有関数ϕ_iおよび固有値f_iを区別するための指数iを指す.「量子状態を区別するための数」とも言い換えられる.

良い量子数とは，エネルギーに関する固有方程式 $\hat{H}\phi = f\phi$ の固有関数ϕ_iおよび固有値 E_iを区別するための数iを指す.「定常状態を区別するための数」とも言い換えられる.

問題 3　(1) $E_n = \left(n + \frac{1}{2}\right)\hbar\sqrt{\frac{k}{m}}$　　　　$(n = 0, 1, 2, \ldots)$

(2) $\mu_m = m\hbar$　　　　$(m = 0, \pm 1, \pm 2, \ldots, \pm l)$

(3) $\lambda_l = l(l + 1)\hbar^2$　　　　$(l = 0, 1, 2, \ldots)$

解説

問題 1　Schrödinger 方程式は，時間に依存する場合と依存しない場合の 2 種類について知っている必要がある. 時間に依存する Schrödinger 方程式の導出は, 古典力学的な運動方程式 $p^2/2m + V = E$ からスタートにして, 運動量$p \to \frac{\hbar}{\mathrm{i}}\frac{\partial}{\partial r}$, エネルギー$E \to \mathrm{i}\hbar\frac{\partial}{\partial t}$という演算子にそれぞれ置き換えて, 両辺を波動関数$\phi(x, t)$に作用させることで得られる.

問題 2　(1) $\hat{p}_x$ は$\hat{F}$の最も簡単な形であり，$p \to \frac{\hbar}{\mathrm{i}}\frac{\partial}{\partial q}$ より演算子 $\hat{p}_x = \frac{\hbar}{\mathrm{i}}\frac{\partial\psi}{\partial x}$ となる. したがって固有方程式 $\hat{p}_x\psi = p_x\psi$ は $\frac{\hbar}{\mathrm{i}}\frac{\partial\psi}{\partial x} = p_x\psi$となる.

(2) この関係は$\Psi(x)$が$\hat{F}$の固有関数でなくても成立する（固有関数の場合は$\langle F\rangle = \int\Psi^*(x)f\Psi(x)\mathrm{d}x = f$となる）. $\hat{F}$の固有関数がϕ_i（固有値f_i）$(i = 1, 2, 3, \ldots)$であり，$\Psi(x)$がϕ_iの一次結合$\left(\Psi(x) = \sum_i c_i\phi_i\right)$で表されるとき，$\hat{F}$の固有値が$f_i$を取る確率は$|c_i|^2$になる.

(3) 演算子$\hat{F}$と$\hat{G}$を使った関係$\left[\hat{F}, \hat{G}\right] \equiv \hat{F}\hat{G} - \hat{G}\hat{F}$は交換関係と呼ばれ，$\left[\hat{F}, \hat{G}\right] \neq 0$のとき$\hat{F}$と$\hat{G}$は同時に固有値をもたない. 例えば，粒子の位置$x$と運動量$p$の不確定性関係は$\hat{x}\hat{p} - \hat{p}\hat{x} = \mathrm{i}\hbar \neq 0$ からこれは位置と運動量の不確定性と知られている. これ以外にも，電子や原子核の回転運動における角運動量ベクトル$\boldsymbol{l}$のz成分 $\hat{l}_z$ は $\hat{l}_x$ や $\hat{l}_y$とは交換不可能であることが知られている.

(4) (3)より$\left[\hat{F}, \hat{H}\right] \neq 0$となる演算子$\hat{F}$の固有値$f$は，定常状態では値が確定しない. 例えば，粒子の位置xがこれに相当する.

(5) 多くのケースでは「量子数」と「良い量子数」は同じものとして扱われるが，定常状態の記述を正確に行う際には「良い量子数」が何かを意識する必要がある. 例えば，多電子原子における電子のエネルギー状態を考える場合は，電子間相互作用が複雑であるため 1 電子状態を表す量子数（スピン量子数s，方位量子数lなど）は良い量子数にならない. このときの良い量子数は，全スピン量子数Sや全軌道角運動量量子数L（もしくは全角運動量量子数J）が担い，エネルギー状態はSやL（またはJ）の値で指定される.

問題 3　固有方程式を具体的に解くことは容易でない. しかし，量子化学で頻繁に用いる「調和振動子のエネルギー」および「自由回転の角運動量」に対する固有値を記憶しておくことは価値がある. これらの解の応用例は，後の問題で詳細に扱われる.

(1) 一次元調和振動子のエネルギー固有値は，振動分光の基本となる. エネルギー準位の間隔が等しいのが大きな特徴であり，これによって振動スペクトルのバンドは 1 本のピークになる．非調和振動は，Morse ポテンシャルと呼ばれる関数について解析解が知られている．
(2) (3) 三次元角運動量の z 成分と 2 乗の固有値は，原子の電子軌道や分子の回転運動を記述する際に重要になる．この固有値の形は，孤立粒子の軌道角運動量 $\boldsymbol{l}$ はもとより，スピン角運動量 $\boldsymbol{s}$ や全軌道角運動量 $\boldsymbol{L}$，全スピン角運動量 $\boldsymbol{S}$，全角運動量 $\boldsymbol{J}$ についても成立する（ただし，量子数 l, m の取り方は異なる）．

参考文献
1.　原田義也　『量子化学　上巻』　裳華房　2007 年
2.　原康夫　『量子力学』　岩波書店　1994 年

問 9　量子力学：スピン，角運動量の合成，粒子の同等性［解答］

問題 1　$\hat{s}_z$の固有値が$\pm\hbar/2$ であることより，$\hat{\mu}_z$と$\hat{s}_z$の関係$\hat{\mu}_z = \frac{g_e e}{2m_e}\hat{s}_z$を用いると，$\hat{\mu}_z$の固有値は$\mu_z = \frac{g_e e}{2m_e}\left(\pm\frac{\hbar}{2}\right) = \mp 9.28\times10^{-24}\ \mathrm{J\,T^{-1}}$となる．電子スピンが磁場中に置かれたときの各状態のエネルギー変化は$-\mu_z B_z$となることから，α, β の 2 状態のエネルギー差は$\Delta E = \left|-\left(\mu_z(\alpha) - \mu_z(\beta)\right)B_z\right| = 18.56\times10^{-24}\ \mathrm{J}$となる．したがって，$\Delta E = h\nu$ となる共鳴周波数は $\nu = 28.0\ \mathrm{GHz}$となる．

問題 2　角運動量の合成 $\hat{\boldsymbol{J}} = \hat{\boldsymbol{J}}_1 + \hat{\boldsymbol{J}}_2$において生じる J の値は，

$$J = J_1 + J_2, J_1 + J_2 - 1, \ldots, |J_1 - J_2|$$

であるので，$J_1 = 2, J_2 = 1$ より $J = 3, 2, 1$ となる．1 つの J についてとり得る M は，

$$M = -J, -J + 1, \ldots, J$$

であるので，とり得る固有関数$\Psi(J, M)$の組み合わせは以下のようになる．

$\Psi(3, 3), \Psi(3, 2), \Psi(3, 1), \Psi(3, 0), \Psi(3, -1), \Psi(3, -2), \Psi(3, -3),$
$\Psi(2, 2), \Psi(2, 1), \Psi(2, 0), \Psi(2, -1), \Psi(2, -2), \Psi(1, 1), \Psi(1, 0), \Psi(1, -1)$

問題 3　Bose 粒子とはスピン量子数が整数(0, 1, 2…)の粒子であり，その波動関数は同種粒子の入れかえに対して対称である（符号が一致する）．Fermi 粒子はスピン量子数が半整数(1/2, 3/2, 5/2…)の粒子であり，波動関数は同種粒子の入れかえに対して反対称である（符号が反転する）．
Bose 粒子：(2) (5)　　　　Fermi 粒子：(1) (3) (4)

解説
問題 1　スピン角運動量は，磁気モーメントを介して物質の磁気挙動の起源となる．この問題ではスピンの z 成分 s_zのみ取り扱ったが，通常は任意の方向を扱えるようにベクトル表記を用いて $\boldsymbol{\mu}_\mathbf{e} = \frac{g_e e}{2m_e}\boldsymbol{s}$と書く．また，Bohr 磁子$\mu_B = \frac{e\hbar}{2m_e}$ を用いて$\boldsymbol{\mu}_\mathbf{e} = \frac{g_e\mu_B}{\hbar}\boldsymbol{s}$と記述することも多い．$g_e$は「電子スピンの g 因子」と呼ばれる物理定数で，−2 に非常に近い値である．この関係は真空中の自由電子について成り立ち，物質中では周囲からの磁気的な影響を受けて$\boldsymbol{\mu}_\mathbf{e}$は変化する．この変化から，電子スピン周囲の状況を探るのが電子スピン共鳴法(ESR)であり，それを原子核スピンにおいて行

っているのが核磁気共鳴法(NMR)である．なお，核スピンの磁気モーメント$\boldsymbol{\mu}$も同様に核スピンの角運動量$\boldsymbol{I}$と核磁子$\mu_{\mathrm{N}}=\frac{e\hbar}{2m_{\mathrm{p}}}$，核子ごとに異なる$g$因子$g_{\mathrm{N}}$を用いて$\boldsymbol{\mu}=\frac{g_{\mathrm{N}}\mu_{\mathrm{N}}}{\hbar}\boldsymbol{I}$で与えられる．磁気共鳴法に関する詳細は問82を参照．

問題2　角運動量の合成は，電子スピンと軌道の相互作用を考慮する際や，2つ以上の電子スピンの合成を議論する際に必要になる．合成角運動量の具体的な固有関数の形は，昇降演算子を使って導かれる．この問題では，合成角運動量を表す量子数の求め方を確認した．

問題3　問10でも紹介するが，Fermi粒子，Bose粒子はそれぞれFermi–Dirac統計，Bose–Einstein統計に従う．電子は1/2スピンをもつためFermi粒子であり，その性質は軌道への電子の入り方や結合の安定性，バンドの形成などの様々な電子物性において重要な役割を果たす．波動関数の反対称性の性質は，「複数のFermi粒子が同一の量子状態を取れない」というPauliの排他原理に結びつく．

また原子などの複合粒子を考える場合，構成するFermi粒子（電子，陽子，中性子）の数の総和によって原子がBose粒子になるかFermi粒子になるか決まる．これは原子の波動関数の対称性が，原子を構成する素粒子のうち，波動関数が反対称性のものの数で決まるためである．Fermi粒子の総数が偶数であれば原子はBose粒子に，奇数であればFermi粒子になる．例えば，水素原子は陽子1個と電子1個で構成されており，いずれもFermi粒子であるため，原子としてはBose粒子になる．

参考文献

1.　原田義也　『量子化学　上巻』　裳華房　2007年
2.　原康夫　『量子力学』　岩波書店　1994年

問10　統計力学：基礎［解答］

(a) $E=\sum_i n_i\varepsilon_i$　(b) $N=\sum_i n_i$　(c) $W=\frac{N!}{\prod_i n_i!}$

(d) $S=k_{\mathrm{B}}\ln W=k_{\mathrm{B}}\left(\ln N!-\sum_i \ln n_i!\right)$　(e) S（エントロピー）　(f) $n_i=\frac{N\mathrm{e}^{-\varepsilon_i/k_{\mathrm{B}}T}}{\sum_i \mathrm{e}^{-\varepsilon_i/k_{\mathrm{B}}T}}$

(g) 粒子（分子）分配関数　(h) $A=-k_{\mathrm{B}}TN\ln q$　(i) $W=N!\prod_i \frac{g_i^{n_i}}{n_i!}$

(j) $n_i=\frac{Ng_i\mathrm{e}^{-\varepsilon_i/k_{\mathrm{B}}T}}{\sum_i g_i\mathrm{e}^{-\varepsilon_i/k_{\mathrm{B}}T}}$　(k) $W_{\mathrm{Boson}}=\prod_i \frac{(g_i+n_i-1)!}{(g_i-1)!n_i!}$　(l) $W_{\mathrm{Fermion}}=\prod_i \frac{g_i!}{(g_i-n_i)!n_i!}$

(m) $n_i=\frac{Ng_i}{\mathrm{e}^{(\varepsilon_i-\mu)/k_{\mathrm{B}}T}-1}$　(n) $n_i=\frac{Ng_i}{\mathrm{e}^{(\varepsilon_i-\mu)/k_{\mathrm{B}}T}+1}$　(o) $\mu=-k_{\mathrm{B}}T\ln q$

(p) Bose–Einstein凝縮　(q) Fermi準位

＊解答の補足説明

(c) 取り得る状態の数Wは，N個の区別できる粒子の中から$n_1, n_2, \ldots, n_i$個をとり出してi個のグループをつくるときの，グループのつくり方の総数に相当する．N個の粒子の並べ方は$N!$通りあり，各グループ内の粒子の並べ方はそれぞれ$n_1!, n_2!, \ldots, n_i!$通りであることから$N!=n_1!n_2!\ldots n_i!W$となり，$W=N!/\prod_i n_i!$が得られる．

(f) Lagrange 未定係数法とは，ある関数 $f(x, y)$ を束縛条件 $g(x, y) = 0$ において最大化する (x, y) を求める数学的な方法である．Boltzmann 分布の導出においては，エントロピー S が(a)，(b)の束縛条件下で最大になるような n_i の分布を考える．導出計算の詳細は，標準的な統計力学の教科書に記載されているので参照のこと．Boltzmann 分布は物質化学の研究で頻繁に使われるため，数式の形を記憶しておくことが望ましい．

(i) エネルギー準位 ε_i に縮重 g_i がある場合は，(c)の補足説明における「グループ i における n_i 個の粒子の並べ方」が "$n_i!$ 通り" から "$n_i!/g_i^{n_i}$ 通り" に変わるため $W = N!\prod_i\left(g_i^{n_i}/n_i!\right)$ が得られる．

(k) 粒子が区別できない場合は，とり得る状態の数 W は「グループ i における n_i 個の粒子を g_i 個の副準位に分配する方法」の数を全グループについて積算したものに相当する．Bose 粒子の場合は複数の粒子が同一の副準位に入れるため，グループ内の分配数は「n_i 個の粒子と $g_i - 1$ 個の仕切りを並べる組み合わせ数」と同じである．よって $W = \prod_i \frac{(g_i+n_i-1)!}{(g_i-1)!n_i!}$ になる．

(l) Fermi 粒子の場合は複数の粒子が同一の副準位に入れないため，グループ内の分配数は「g_i 個の副準位のうち n_i 個に『占有』のラベルを貼る組み合わせの数」に相当するため $W = \prod_i \frac{g_i!}{(g_i-n_i)!n_i!}$ になる．

(m), (n) Bose–Einstein 分布と Fermi–Dirac 分布の式の形も記憶しておきたい．$g_i \gg n_i$ の条件下では分母の±1 を無視できるため Boltzmann 分布と同じになる．

<u>解説</u>

物質化学研究においては，統計分布を使って測定結果をモデル解析することが多い．しかし，前提となる統計分布がどのようなプロセスで導出されるかを知っていることも重要である．この問題では，熱力学的な平衡状態が系のエントロピーが最大になるような分布で得られることを使って統計分布を導出した．エントロピー最大の条件が有効なのは，系全体の粒子数およびエネルギーが一定であるためであり，温度が一定で系全体のエネルギーが変動する場合は，自由エネルギーが最小になるような分布を求める必要がある．

原子や分子の運動モードを対象にする統計分布は，主に Boltzmann 分布で説明される．これは，固体中では原子や分子の位置が固定されていて区別が可能なためである．粒子の入れ替わりが可能な気体中でも，原子や分子の質量が非常に大きいため，その量子効果は極低温でなければ顕には現れず Boltzmann 分布による説明でほとんどの事象が説明できる．Bose–Einstein 統計や Fermi–Dirac 統計のような量子統計が必要になるのは，粒子が非局在化していて $k_{\mathrm{B}}T$ がエネルギー準位間隔と同程度か，それよりも小さい場合に限られる．よく知られているのは，金属中の電子の統計分布であり，Fermi 粒子である電子は，結晶全体に非局在しており，Fermi 準位が室温の $k_{\mathrm{B}}T$ に比べてはるかに大きいため，Fermi–Dirac 統計が適用される．Bose–Einstein 統計は，物質中の光子やフォノン（格子振動の素励起子）などで用いられる．

<u>参考文献</u>

1. N. O. Smith　『統計熱力学入門―演習によるアプローチ』　東京化学同人　1989 年 （訳：小林 宏，岩橋 槙夫）
2. 長岡洋介　『統計力学』　岩波書店　1994 年

問 11　統計力学：物性との関わり［解答］

問題 1　N 個の原子のうち n 個が結晶表面に移動している場合，総数 $N+n$ 個の格子点のうち空孔が n 個，原子が N 個あるため，そのとり得る状態の数は $W=\frac{(N+n)!}{n!N!}$ となり，エントロピーS は Stirling の近似式を用いて以下のように書ける．

$$S=k_{\mathrm{B}}\ln W=k_{\mathrm{B}}\{\ln(N+n)!-\ln n!-\ln N!\}\cong k_{\mathrm{B}}\{(N+n)\ln(N+n)-n\ln n-N\ln N\}$$

一方，系の内部エネルギーU は欠陥の数に比例するので $U=n\varepsilon$ となる．

いま，温度 T，体積 V が一定で外界とのエネルギーの出入りが可能な系を考えているので，系の熱力学的な平衡状態は Helmholtz エネルギーA を最小にする統計分布を考えればよい．Helmholtz エネルギーA は，

$$A=U-TS\cong n\varepsilon-Tk_{\mathrm{B}}\{(N+n)\ln(N+n)-n\ln n-N\ln N\}$$

となることから，平衡状態では，

$$\left(\frac{\partial A}{\partial n}\right)_{T,V}\cong\varepsilon-Tk_{\mathrm{B}}\ln\frac{N+n}{n}=0$$

となる．これより以下の関係が導かれる．

$$\mathrm{e}^{-\varepsilon/k_{\mathrm{B}}T}\cong\frac{n}{N+n}\cong\frac{n}{N}$$

これを変形すると示すべき関係式$n\cong N\mathrm{e}^{-\varepsilon/k_{\mathrm{B}}T}$が得られる．$\varepsilon=1$ eV のとき，欠陥の比率は $T=300$ K と $T=1200$ K の場合でそれぞれ以下のようになる．

$$\left(\frac{n}{N}\right)_{T=300\ \mathrm{K}}\cong1.64\times10^{-17},\qquad\left(\frac{n}{N}\right)_{T=1200\ \mathrm{K}}\cong6.37\times10^{-5}$$

問題 2　(1)（非直線形の）N 原子分子の運動モードは全部で $3N$ 個あり，その全てが熱容量に反映される．熱容量の算出にあたって考慮すべきモードの種類と数は（分子が N_{A} 個あるので），並進モード $3N_{\mathrm{A}}$ 個，回転モード $3N_{\mathrm{A}}$ 個，分子内の振動モード$(3N–6)\,N_{\mathrm{A}}$ 個となる．

(2) 低温で $k_{\mathrm{B}}T$ がエネルギー準位間隔εより十分小さい場合($k_{\mathrm{B}}T\ll\varepsilon$)は，大部分の粒子が基底準位を占有する．このとき，温度をΔT 変化させても励起状態の占有率はほとんど変化しないため，全体の内部エネルギー変化ΔU も小さい．したがって，熱容量 $C_V=(\partial U/\partial T)_V=\Delta U/\Delta T$も小さくなる．温度が高くなり $k_{\mathrm{B}}T\sim\varepsilon$になると，温度変化に伴って$\Delta U$ が大きく変化するようになり，熱容量 C_V も大きくなる．温度がさらに高い $k_{\mathrm{B}}T>>\varepsilon$になると，温度変化による占有率の変化率が一定になり，結果として熱容量 C_Vは一定値を取る．エネルギー準位間隔εが大きくなると $k_{\mathrm{B}}T\sim\varepsilon$になる温度が高くなるため，熱容量カーブは図 11 A. 1 に示すように高温側へとシフトする．

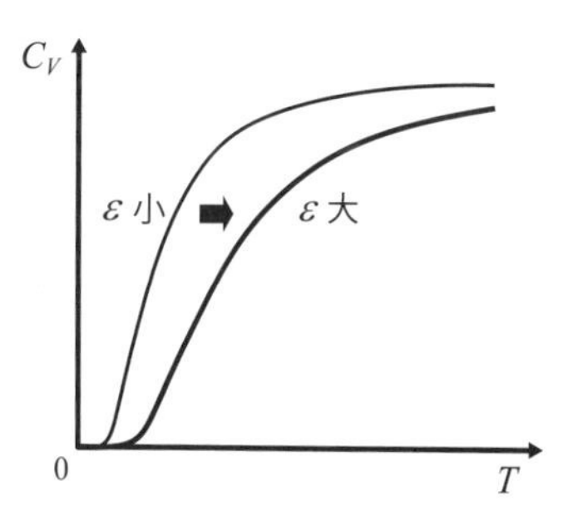

図 11A. 1　振動子系の熱容量

(3) エネルギー準位が 2 つしかない場合は，高温極限($k_{\mathrm{B}}T\gg\varepsilon$)では基底準位と励起準位の占有率が同程度（1/2 ずつ）になり，それ以上温度変化させても占有率は変化しない．したがって温度変化による全体のエネルギー変化が小さくなり熱容量 C_Vは小さくなる．

解説

問題 1　Schottky 欠陥の濃度計算は，比較的取り扱いが簡単な統計力学の応用問題である．問 10 で取り扱った統計力学の基本構造を実際の系で確認するために本問題を用意した．アルミニウムや銀などの Schottky 欠陥形成エネルギーは 1 eV 程度であることが知られている．熱平衡状態が保たれていれば，室温(300 K)付近での欠陥の濃度は 10^{-17} 程度と非常に少ないが，1200 K の高温では 10^{-5} 程度と劇的に欠陥数が多くなっていることがわかる．銀の融点は 1235 K 付近であり，融点近くでは Schottky 欠陥が 0.001 %程度存在すると考えられる．

問題 2　熱容量は系の内部エネルギーの温度微分量であるため，全てのモードのエネルギー状態が反映される．熱容量とは対照的に，磁化率や誘電率には，磁場や電場に応答するモードのみが現れる．分子集合体を取り扱う場合は，温度とともに変化するエネルギーの大部分は「原子の運動モード」が担う（磁性体ではスピンのモード，導電体では電子の運動モードがこれに加わる）．原子の運動モードは(1)のように 3 種類に分けられ，それぞれに対して熱容量モデルが立てられる．最も自由度の大きな振動モードは，調和振動近似を使うことで(2)のように計算される．これは Einstein モデルと呼ばれており，モデル式を解析的に導出することも容易にできる．(3)では，2 準位系の特殊なケースを取り扱った．原子の運動モードで 2 準位系が現れるケースは珍しいが，磁場で Zeeman 分裂した常磁性体のスピン準位などでしばしば観測される．エネルギー準位の数が有限である影響が，熱容量に顕著に反映されることがわかる．

参考文献

1.　久保亮五　『大学演習 熱学・統計力学（修訂版）』　裳華房　1998 年

第2章　原子の電子状態［解答］

問12　水素原子［解答］

問題1

第一項：原子核の運動エネルギー

第二項：水素原子に含まれる電子の運動エネルギー

第三項：原子核の正電荷と電子の負電荷との Coulomb 相互作用

問題2

n：主量子数：式 12.3 からわかるように，主量子数 n は電子のエネルギーを決定する量子数である．式 12.4 の動径分布関数 R が n と r に依存することから，n は軌道の大きさを決定する．

l：方位量子数：方位量子数 l は軌道の形を決定する量子数である．$l = 0$ に対して s 軌道，$l = 1$ に対して p 軌道，$l = 2$ に対して d 軌道といった形で，l の値を基準に軌道が命名されている．

m：磁気量子数：磁気量子数 m は方位量子数 l によって形づくられたいくつかの軌道のうち，どの軌道を選択するかを示す量子数である．

問題3　軌道の概形は図 12A. 1 に示す通り．$(n, l, m) = (1, 0, 0)$の軌道は球形であり，xz 平面上では円形になる．これは 1s 波動関数に対応する．$(n, l, m) = (2, 1, 0)$は xy 面上に 1 つの節が入った形になり，xz 平面上の形は図 12A. 1 (b)のようになる．これは $2p_z$ 波動関数に対応する．

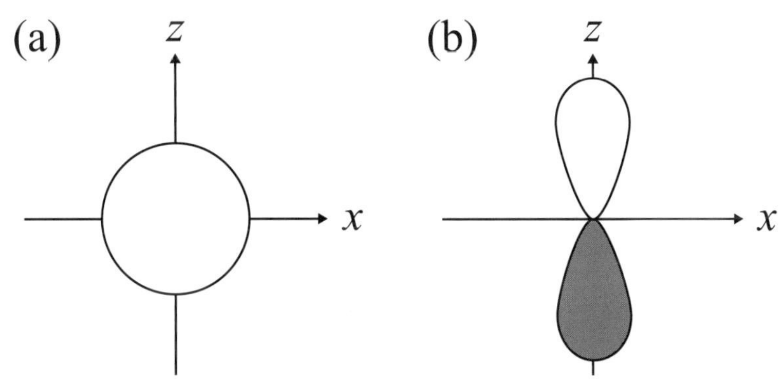

図 12A. 1　水素原子の波動関数の概形. (a) $(n, l, m) = (1, 0, 0)$の場合，(b) $(n, l, m) = (2, 1, 0)$の場合．灰色部分と白色部分は，波動関数の符号が逆向きになっていることを示す．

解説

水素原子の電子状態は，原子の電子状態の中で唯一解析的に厳密に解くことができる．ここで得られる波動関数は，他の原子や分子の（厳密に解けない）波動関数の性質を理解する上で非常に有用である．具体的な解の導出方法は数学的および物理的にやや高度であるため今回は省略した．

問題1　Hamilton 演算子は系のエネルギーがどのように記述されるかを表現する．水素原子では，電子状態は電子の運動エネルギーと原子−電子間にはたらく相互作用によって記述される．一般的な分子系では，これらに原子−原子間の相互作用および電子−電子間の相互作用が加わった Hamilton 演算子を用いて記述される．

問題 2　水素原子の（電子の）エネルギーは主量子数 n のみに依存する．そのため方位量子数 l が異なる状態であっても n が同じであれば軌道（例えば 2s，$2p_z$，$2p_y$，$2p_x$ 軌道）は縮重している．しかし，このことはリチウム原子などの他の原子については成立しない．これは水素以外の原子においては複数の電子が存在し，電子–電子間の相互作用があるためである．

問題 3　原子軌道の形状は分子の性質を知る上で非常に重要である．式 12. 3 および式 12. 4 から得られる波動関数を実数化し，プロットすることによってよく知られている s，p，d といった各原子軌道の概形を得ることができる．水素原子においては，f 軌道などのより高い量子数をもつ軌道についても解析的な式を得ることができ，それをプロットすることで軌道の概形を知ることができる．多電子系では厳密には求めることはできないが，軌道混成がない場合は，これらの概形は変わらない．軌道混成がある場合については，問 24 で扱う．

参考文献

1.　江沢洋　『量子力学　(I)』　裳華房　2002 年
2.　原田義也　『量子化学　上巻』　裳華房　2007 年

問 13　多電子原子：電子配置［解答］

問題 1　もし 2 個の電子が同じ軌道に同一スピンをもって入ると仮定すると，スピン自由度σのラベルは一致するため，波動関数は$\Psi(1,1)$となる．しかし問題文の関係式より，

$$\Psi(1,1) = -\Psi(1,1)$$

が成り立たなければならないので$\Psi(1,1) = 0$となる．これは電子を見出す確率がどこでも 0 になるという意味であり，現実には合わない．したがって，スピンは反平行に入るしかない．つまり，同じ軌道に 2 つの電子が入るとき，それらのスピンは必ず反平行になるという Pauli の排他原理が導かれる．

問題 2　Hund の規則によれば，基底状態にある原子は，スピン多重度が最高になる配置を取る．つまり，Pauli の排他原理に反さない範囲で，スピンの向きをできるだけそろえればよい．よって，N 原子は$[He]2s^2 2p_x^1 2p_y^1 2p_z^1$（ただし 2p 軌道のスピンはすべて平行）という電子配置をとる．

問題 3　Cr 原子は，$[Ar]4s^1 3d^5$（ただし 3d 電子のスピンはすべて平行）という電子配置をとる．4s 軌道のエネルギーの方が 3d 軌道のエネルギーよりも小さいが，3d 軌道が半閉殻の構造になることによって安定化するため，このような電子配置となる．

解説

問題 1　$\Psi(1,2) = -\Psi(2,1)$の関係式を，波動関数の反対称性という．これは電子が Fermi 粒子であることに起因する性質である．すべての粒子は Fermi 粒子か Bose 粒子に分けられる．Bose 粒子は光子などが例に挙げられ，以下の対称性を満たす．

$$\Psi(1,2) = \Psi(2,1)$$

2 個の Bose 粒子が同じ軌道で同じスピンをもっていても$\Psi(1,1) = \Psi(1,1)$となり，式は成り立つ．

つまり，Bose 粒子は Pauli の排他原理を満たす必要がなく，複数個が同じ状態に入ることができる．例えば, Bose 粒子であるヘリウム 4 は絶対零度に近い極低温で Bose–Einstein 凝縮という現象を示し, 複数の粒子が同時に最低エネルギー準位を占めることが知られている. Bose 粒子と Fermi 粒子の性質については，問 9 でも取り扱っている．

問題 2　Hund の規則に従うと結果的に不対電子の数も最大になるため，Hund の規則は,「基底状態にある原子は，不対電子の数が最高になる配置を取る」と言われることもある．

Hund の規則の原因はスピン相関という量子力学の性質にある．Pauli の排他原理によれば，平行スピンは同一の座標をとることができない．一方で反平行であれば同一座標をとることが可能となる．しかし，反平行における Coulomb 反発は平行における反発よりも大きくなるため，反平行の方がエネルギー的に不利になり，平行スピンの状態をとる．

問題 3　Cr 原子と同様に，銅(Cu)も例外的な電子配置をとる．これらの電子配置を説明する半閉殻，閉殻に基づく考え方は，イオン化エネルギーや電子親和力の傾向を考察する際にも用いられる.「半閉殻や閉殻の電子状態は他の電子状態に比べて安定になる」という傾向は記憶しておきたい．

参考文献

1. P. W. Atkins, J. de Pauls 『アトキンス物理化学（上） 第 8 版』 東京化学同人 2009 年 （訳 : 千原秀昭，中村亘男）

問 14　多電子原子：スピン軌道相互作用［解答］

問題 1　スピン軌道相互作用とは，電子スピンに付随した磁気モーメントと，軌道角運動量をもつ電子のつくる電流から発生する磁場との相互作用のこと．

問題 2　J は,

$$J = L + S, L + S - 1, \dots, |L - S|$$

を満たす．$N = 1$ のとき，電子 1 つからのスピンは $\frac{1}{2}$ なので，$S = \frac{1}{2}$ となる．$L = 0$ のときは ${}^2S_{\frac{1}{2}}$, $L = 1$ のときは ${}^2P_{\frac{1}{2}}$, ${}^2P_{\frac{3}{2}}$ という状態をとる．

ナトリウム原子のスペクトルのうち, 3p ${}^2P \rightarrow$ 3s ${}^2S$ 遷移は二重線となる.これは, 上述のように, $L = 1$ のときは ${}^2P_{\frac{1}{2}}$, ${}^2P_{\frac{3}{2}}$ の 2 つの状態が存在し，外殻の孤立電子を考えたときの ${}^2P_{\frac{1}{2}} \rightarrow {}^2S_{\frac{1}{2}}$ と ${}^2P_{\frac{3}{2}} \rightarrow {}^2S_{\frac{1}{2}}$ の 2 つの遷移が観測されているからである．

問題 3　原子番号の増加とともに，LS 結合の近似は悪くなり，全角運動量の結合を考える必要がある．このとき考える全角運動量の結合のことを，jj 結合という．

解説

問題 1　スピン軌道相互作用の Hamilton 演算子は以下のようになることが知られている.（Z : 核電荷，m : 核質量，N : 電子数）

$$\hat{H}_{\mathrm{SO}} = \sum_{i=1}^{N} \xi(r_i)\, \hat{l}_{\alpha}^{(i)} \cdot \hat{s}_{\alpha}^{(i)}$$

$$\xi(r) = -\frac{Z}{2m^2c^2r^3}$$

これは以下のように解釈できる．

磁気双極子$\boldsymbol{\mu}$と磁場$\boldsymbol{B}$の相互作用のエネルギーは，

$$E = -\boldsymbol{\mu} \cdot \boldsymbol{B}$$

である．磁場$\boldsymbol{B}$が軌道角運動量lから生じる場合，$\boldsymbol{B}$はlに比例する．また，磁気双極子$\boldsymbol{\mu}$が電子スピンsから生じる場合，$\boldsymbol{\mu}$はsに比例する.したがって，

$$E = -\boldsymbol{\mu} \cdot \boldsymbol{B} \propto s \cdot l$$

となり，Hamilton 演算子は軌道角運動量演算子とスピン演算子に比例すると考えられる．比例係数は相対論効果を考えることで決定される．

問題 2　中心力場におけるN粒子系を考える．そのときの Hamilton 演算子は

$$\hat{H}_0 = \sum_{i=1}^{N} \left[-\frac{1}{2}\Delta_i + \frac{Z}{r_i} \right] + \sum_{1 \le i < j \le N} \frac{1}{r_{ij}}$$

となり，$\{\hat{\boldsymbol{H}}, \hat{\boldsymbol{L}}^2, \hat{\boldsymbol{L}}_z, \hat{\boldsymbol{S}}^2, \hat{\boldsymbol{S}}_z\}$は互いに可換であるので同時固有関数をもつ．この系のエネルギーは主量子数nと$\hat{\boldsymbol{L}}^2, \hat{\boldsymbol{S}}^2$の固有値$L$，$S$（正確には$L(L+1)$，$S(S+1)$が固有値）を用いて指定することができる.この状態を表すために LS 項あるいは LS 多重項と呼ばれる記号を用いる．$L = 0, 1, 2, 3, \ldots$をアルファベット S,P,D,F,…に対応させて$^{2S+1}\mathrm{L}$と表現する．$2S+1$の値を多重度と呼び，$^{2S+1}\mathrm{L}$の状態は$(2L+1)(2S+1)$重に縮退している．

この Hamilton 演算子に$\hat{H}_{\mathrm{SO}}$を加えてできる Hamilton 演算子を$\hat{H}$とする．すると$\{\hat{\boldsymbol{H}}, \hat{\boldsymbol{L}}^2, \hat{L}_z, \hat{\boldsymbol{S}}^2, \hat{S}_z\}$は同時固有関数をもたなくなるのでこの系のエネルギーはL, Sで指定できなくなる．代わりに$\{\hat{\boldsymbol{H}}, \hat{\boldsymbol{J}}^2, \hat{J}_z\}$は同時固有関数をもち，主量子数$n$と$\hat{\boldsymbol{J}}^2$の固有値$J$（正確には$J(J+1)$が固有値）を用いて指定することができるようになる．しかし，直接これを計算するのは難しいため，$\hat{\boldsymbol{H}}_{\mathrm{SO}}$を摂動としてとらえ，$n$，$L$，$S$で指定される固有空間に作用すると考える．これを LS 結合と呼ぶ．するとエネルギーはn，L，S，Jで指定されることになる．このときJは，

$$J = L + S, L + S - 1, \ldots, |L - S|$$

を満たすので，S，Lが決まると対応するエネルギー状態の数を決めることができる．このL，S，Jで指定されるエネルギー状態を$^{2S+1}\mathrm{L}_J$と書く．このように，電子相関およびスピン軌道相互作用の存在により，水素様原子では縮退していたエネルギー状態の縮退が解けたことがわかる．このような構造を微細構造と呼び，実験的にはナトリウムの D 線などにより確認される．

問題 3　LS 結合はスピン軌道相互作用をもとの Hamilton 演算子に対する摂動として扱っている．したがって，

$$\hat{H}_0 \gg \hat{H}_{\mathrm{SO}}$$

という条件が必要になる．スピン軌道相互作用の中には核電荷が含まれているので，原子番号が大きい重元素になると，この近似は成り立たなくなる．

スピン軌道相互作用の代わりに電子–電子反発の項を摂動として取り扱う方法を jj 結合と呼ぶ．原子番号が増えていくと LS 結合から中間状態を経て jj 結合へと変化していく．

参考文献

1. P. W. Atkins, J. de Pauls　『アトキンス物理化学（上）　第 8 版』　東京化学同人　2009 年　（訳：千原秀昭，中村亘男）
2. 小出昭一郎　『量子力学　(II)』　裳華房　1990 年
3. D. A. McQuarrie, J. D. Simon　『マッカーリ・サイモン物理化学—分子論的アプローチ（上）』　東京化学同人　1999 年　（訳：千原秀昭　他）

第 3 章　原子の性質［解答］

問 15　イオン化エネルギー，電子親和力［解答］

問題 1　(a) 多電子原子, (b) 大きい, (c) 取り込む, (d) 8, (e) 希ガス, (f) 122

問題 2

$$I = \frac{hc}{\lambda} - \frac{1}{2}m_e v^2 = \frac{6.63\times10^{-34}\ \mathrm{Js}\times3.00\times10^{8}\ \mathrm{ms^{-1}}}{58.4\times10^{-9}\ \mathrm{m}} - \frac{1}{2}\times9.11\times10^{-31}\ \mathrm{kg}\times\left(2.45\times10^{6}\ \mathrm{ms^{-1}}\right)^2 = 6.70\times10^{-19}\ \mathrm{J}$$

$$= 4.18\ \mathrm{eV}$$

エネルギー保存則から，電子を原子から引き剥がすエネルギーであるイオン化エネルギーは，照射された光のエネルギーから放出された電子の運動エネルギーを引いた値になる．

問題 3　Sb < As < P < N

原子番号が大きくなるにつれ，原子核の電荷は大きくなるが，同時に電子の数も増える．このため，遮蔽効果がはたらき，電子が感じる有効核電荷は大きく変わらない．一方，原子半径（原子軌道）は大きくなるので，価電子の束縛は弱くなりイオン化エネルギーは下がる．

解説

問題 1　電子親和力は，一般的に電子が原子に付加されるときに放出されるエネルギーであり，その符号は正と定義される．しかし，これは国際的な定義ではないため，逆に定義される場合もある．気相での測定値なので，固相や液相では正負が逆の場合が多い．また，Mulliken 電子陰性度χはイオン化エネルギーIと電子親和力Aの平均($\chi = (I - A) / 2$)で定義される．

一般的に原子のエネルギーは解析的に得ることはできない．これは複数の電子と原子核が相互作用する多体問題となるためである．しかし，水素型原子では 1 つの原子核と 1 つの電子の間の相互作用がのみで起こるので，エネルギーを解析的に得ることができる．この場合，核は電子と比べ十分重く，動かないと近似する（Born–Oppenheimer 近似）．このとき原子の Hamilton 演算子は電子の運動エネルギーと核–電子間 Coulomb 力のみで表される．Coulomb 力は球対称で距離にのみ依存するため，この Hamilton 演算子の固有エネルギーの変数は量子数 n のみになり，問題文中で与えた式の形になる．これは異なる方位量子数 l または磁気量子数 m をもつ軌道であっても主量子数 n が同じであれば軌道エネルギーが図 15A. 1 の様に縮退していることを意味する．量子数は全て整数であるので，エネルギーは離

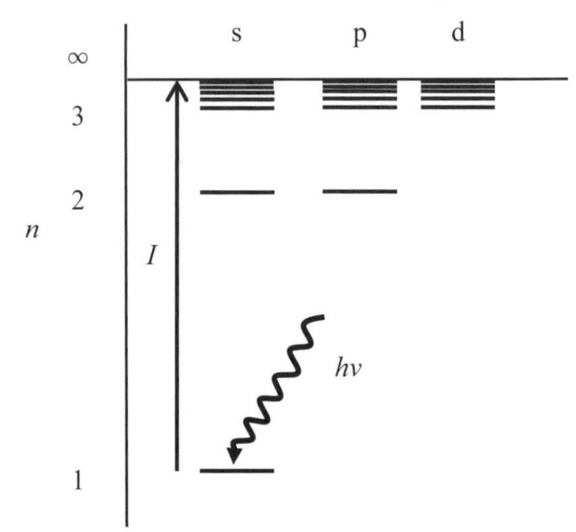

図 15A. 1　原子軌道の準位とイオン化ポテンシャルの模式図

散的であるが，n が大きくなるにつれてその間隔は狭くなり，原子から放出された段階で連続的になる．ここから，Li^{2+}のイオン化エネルギーを計算すると，

$$I = E_\infty - E_1 = \frac{Z^2 \mu e^4}{32\pi^2 \varepsilon_0^2 \hbar^2}\left(\frac{1}{n_\infty^2} - \frac{1}{n_1^2}\right) = \frac{3^2 \times 9.11 \times 10^{-31}\ \mathrm{kg} \times \left(1.60 \times 10^{-19}\ \mathrm{C}\right)^4}{32\pi^2 \times (8.85 \times 10^{-12}\ \mathrm{J^{-1}C^2m^{-1}})^2 \times (1.05 \times 10^{-34}\ \mathrm{Js})^2} = 1.97 \times 10^{-17}\ \mathrm{J}$$
$$= 123\ \mathrm{eV}$$

となる．一般的にイオン化エネルギーは，基底状態にある原子の電子のうち最もエネルギーの高いものを取り除くエネルギーなので，主量子数 1 の電子を無限遠に放すことを考える．文中で与えた軌道のエネルギーの式を用い，Li の元素番号 $Z = 3$, $\mu = m_e$, 主量子数 $n = 1$ (基底状態), $n = \infty$（イオン）を代入すればよい．電子の換算質量は，核と比べ電子の質量が圧倒的に小さいので，$\mu = m_e$ と近似することができる．

問題 2　光の照射によって物質から電子が放出される現象のことを光電効果という．電子の放出は，照射する光の波長がある一定上の場合でのみ起こり，これに等しい振動数を限界振動数という．限界振動数以下では，いくら照射光の強度が大きくとも粒子の放出は起こらないが，限界振動数以上であれば照射光の強度によらず粒子の放出が起こる．放出される粒子の数は光の強度に依存し，放出された粒子の運動エネルギーは照射される光の波長に依存する．Einstein はこれら一連の現象を光量子仮説によって説明した．光電効果は光の粒子性を見出すのに貢献し，量子力学の発展にもつながった．今日では光電効果は物性を調べるほか，光電子増倍管などの光センサに使われている（問 89 も参照）.

問題 3　一般的には同一周期で原子番号が大きくなるほどイオン化エネルギーは大きくなり，高周期元素ほど小さくなる．しかし，一部の遷移金属では電子配置の関係で順序が逆転する場合がある，例としては Pd (第 5 周期 10 族 ; 8.3 eV ; $[Kr]4d^{10}$) と Ag (第 5 周期 11 族 ; 7.6 eV ; $[Kr]4d^{10}5s^1$) や，Ni（第 4 周期 10 族 ; 7.6 eV ; $[Ar]3d^8 4s^2$）と Pd などが挙げられる．

参考文献

1. P. W. Atkins, J. de Pauls 『アトキンス物理化学 (上)　第 8 版』 東京化学同人　2009 年　(訳 : 千原秀昭，中村亘男)
2. D. A. McQuarrie, J. D. Simon　『マッカーリ・サイモン物理化学―分子論的アプローチ（上)』 東京化学同人　1999 年　(訳 : 千原秀昭　他)

問 16　S ブロック元素［解答］

問題 1　最高エネルギー準位の電子の軌道が s 軌道の元素．現在，存在が確認されているのは，H, He，Li，Be，Na，Mg，K，Ca，Rb，Sr，Cs，Ba，Fr，Ra の 14 種.

問題 2　反応式 : $2M + 2H_2O \rightarrow 2MOH + H_2$

アルカリ金属は電子を 1 つ除くことで，安定な希ガスと同じ電子配置になる．したがって，アルカリ金属は第一イオン化エネルギーが低く，きわめて 1 電子酸化されやすい．このため，第 2 周期以降のアルカリ金属の単体は強力な還元剤としてはたらき，激しく水と反応する．

問題 3　イオン半径：$Li^+ < Na^+ < K^+ < Rb^+$
水和半径：$Li^+ > Na^+ > K^+ > Rb^+$

解説

問題 1　S ブロック元素は最高エネルギー準位の電子の軌道が s 軌道である元素を指すため，18 族のヘリウムも含まれる．ネオン以降の希ガスは最高エネルギー準位が p 軌道であるため，P ブロックに分類される．アルカリ金属は H 以外の第 1 族元素，アルカリ土類金属は Be，Mg 以外の第 2 族元素を指す．アルカリイオンとアルカリ土類イオンの大きな違いは最外殻電子数であり，アルカリイオンは 1 つ，アルカリ土類イオンは 2 つもつ．その結果，2 族の単体は金属結合がより強くなり，1 族元素の単体よりも硬く，密度が高く，反応性は乏しくなる．

問題 2　アルカリ金属は全て水と反応して水素を発生する．このとき溶液は強アルカリ性となるため，アルカリ金属と呼ばれる．イオン化エネルギーは周期が大きくなるにしたがって小さくなるため，リチウムは温和に反応するがルビジウムやセシウムは爆発的に反応する．ナトリウムは還元剤として，アルキンの還元や Birch 還元など，有機物の還元反応に用いられることがある．また，溶媒中の酸素や水の濃度を極めて低くする必要がある際に乾燥剤として用いられる．アルカリ金属の単体は強い還元剤となり水や酸素と激しく反応するため，灯油中に保存する．

また，同じ 1 族元素の水素は，1 電子酸化されると陽子（プロトン）がむき出しの状態になることからイオン化エネルギーが大きく，他の 1 族元素とはふるまいが異なる（一般的に水溶液中でプロトンと呼ばれている H^+は, オキソニウムイオン H_3O^+であり, H^+そのものは不安定である）.

問題 3　周期が増えるほど主量子数が大きくなり，より外側の電子軌道を使うことから，周期表を下に下がるほどイオン半径は大きくなる．媒中のアルカリ金属イオンには，第一溶媒和圏（溶媒が金属イオンに直接配位している）と，さらにその周りに引きつけられている溶媒の層である第二溶媒和圏が存在する．溶媒を引きつける力はイオンの電荷密度に関係しており，アルカリ金属の中で最も小さく電荷密度が高いリチウムが，最も強く溶媒を引きつける．その結果，イオン半径が小さいにも関わらず，水和半径はリチウムが最も大きくなる．同様の理由でアルカリ金属のイオン半径と水和半径の関係は逆転する結果となっている．

表 16A. 1　アルカリ金属の水和とイオン化エネルギーの比較

	Li	Na	K	Rb	Cs
第一イオン化エネルギー[kJ mol^{-1}]^a	519	494	418	402	376
イオン半径[pm]^b	90	116	152	166	181
水和半径[pm]^b	340	276	232	228	228
おおよその水和数^b	25.3	16.6	10.5	10.0	9.9

a および *b* は参考文献の 1 および 3 を参照.

参考文献

1. P. Atkins, et al. 『シュライバー・アトキンス無機化学（上）　第 4 版』 東京化学同人　2008 年　（訳：田中勝久　他）
2. K. P. C. Vollhardt, N. E. Schore 『ボルハルト・ショアー現代有機化学（上）　第 6 版』 （株）

化学同人　2011 年　（監訳：古賀憲司　他）
3.　F. A. Cotton, et al.　『基礎無機化学　原書第 3 版』　培風館　1998 年（訳：中原勝儼）

問 17　P ブロック元素：元素の性質［解答］

問題 1　(1) 不活性電子対効果は第 4，第 5，第 6 周期の 13 ～ 17 族元素に見られ，s 電子が残った状態で安定化される現象である．特に第 6 周期で顕著に見られる現象であり，その結果，鉛などの元素は最外殻電子配置から予測される最高酸化数より 2 少ない酸化数が安定に存在する．
(2) 三中心二電子結合はジボラン(B_2H_6)のように，オクテット則を満たさないような電子不足化合物の場合に，3 つの原子(B–H–B)が 2 つの電子を共有して形成する結合のことである．

問題 2　(1) Be の電子配置は[He]$2s^2$，B の電子配置は[He]$2s^22p^1$ であり，B は 2p 軌道の電子を放出することで閉殻となって安定化するため，電子を放出しやすくなる．したがって，Be の第一イオン化エネルギーは B のものより大きくなる．
(2) N の電子配置は[He]$2s^22p^3$，O の電子配置は[He]$2s^22p^4$ であり，Hund の規則により，N は p_x，p_y，p_z 軌道にそれぞれ電子が入った半閉殻状態で安定である．したがって，第一イオン化エネルギーは N > O となる．

問題 3　(1) O_2^{2-}である．結合次数は O_2 が 2，O_2^+が 2.5，O_2^-が 1.5，O_2^{2-}が 1 であり，反結合性軌道の電子が最も多い O_2^{2-}が最も結合次数が小さい．すなわち結合が弱いため，結合距離は最も長くなる．
(2) O_2，O_2^+，O_2^-

<u>解説</u>

問題 1　(1) 重い P ブロック元素ではハロゲンや酸素原子との結合エンタルピーが小さい．このため，高酸化状態にするのに十分なエネルギーが結合生成により得られず，このような傾向があると考えられている．
(2) 三中心二電子結合は，図 17A. 1 のようなエネルギーダイアグラムで説明できる．片方の B 原子は空軌道を供与し，もう一方の B 原子は電子を 1 つ受容することにより，H 原子との結合で結合性軌道に 2 つ電子を入れることができる．

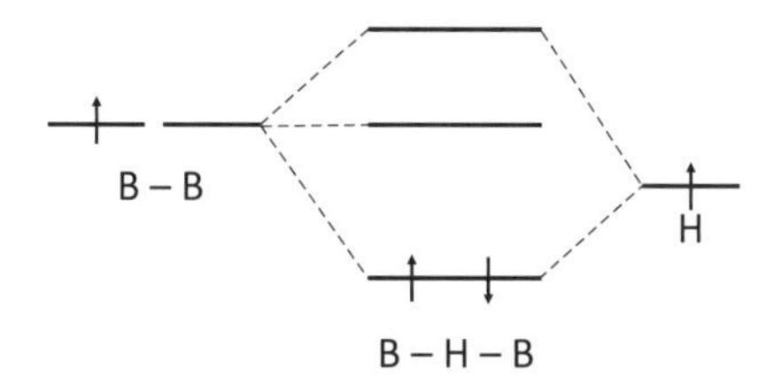

図 17A. 1　三中心二電子結合のエネルギー

問題 2　p 軌道，d 軌道，f 軌道それぞれにおいて，すべての軌道に電子が入っている閉殻状態および，半分だけ電子が入っている半閉殻状態は安定である．半閉殻状態より 1 つ電子が多い状態は，同じ軌道に 2 つ電子が入っており電子間反発によって不安定化するため，電子を 1 つ放出して安定な半閉殻状態になることを好む.

問題3　結合次数 ＝（反結合性軌道中の電子数 – 結合性軌道中の電子数）/ 2 である.

酸素分子ではHOMOが縮退しているため，Hundの規則により O_2 はビラジカルとなり，基底状態で常磁性を示す（図 17A. 2）.

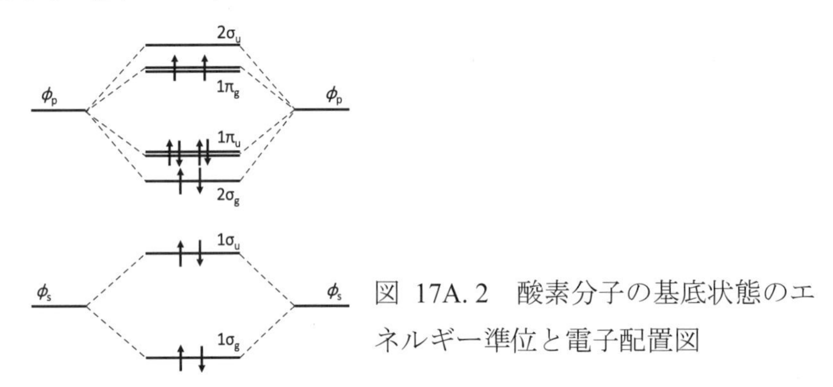

図 17A. 2　酸素分子の基底状態のエネルギー準位と電子配置図

参考文献

1. P. Atkins, et al. 『シュライバー・アトキンス無機化学（上）　第4版』　東京化学同人　2008年　（訳：田中勝久，平尾一之，北川進）
2. F. A. Cotton, et al. 『基礎無機化学　原書第3版』　培風館　1998年（訳：中原勝儼）

問18　Pブロック元素：化合物の性質［解答］

問題1　$HClO_4 > HClO_3 > HClO_2$

共役塩基がより安定であるほどより強い酸となる．Clに結合している酸素が増えるほど共鳴構造が多く書けるため，共役塩基の酸素上の負電荷がより非局在化して安定化する．したがって，酸素が多いほど上記のように酸性が強くなる.

問題2　N原子やO原子は原子半径に対する有効核電荷の比が大きく，電気陰性度が高い．その結果として，NH_3 や H_2O は強く分極しており，水素に δ^+，NやOに δ^- の電荷が偏っている．その結果，分子間で形成する水素結合が強固になるため，沸点が高くなる.

問題3　F原子は原子半径が小さいことから電子が狭い空間に局在化しているために, F_2 分子では, 2つのF原子がもつ電子間の反発により不安定化する．そのため，原子が大きく電子間反発の小さい Cl_2 分子に比べて結合エネルギーは小さくなる.

解説

問題1　オキソ酸の強度に関しては，以下に示すPaulingの規則という経験則が存在する.

1. $O_pE(OH)_q$（E：オキソ酸を構成する中心元素，p：プロトン付加していないO原子の数，q：OH基の数）で表されるオキソ酸では，$pK_a \approx 8 - 5p$.
2. 多塩基酸（$q > 1$ の酸）の逐次解離酸の pK_a 値は，引き続いてプロトン解離が1回起こるごとに5単位ずつ増加する.

問題2　より大きな元素をもつ HCl や H_2S，PH_3 などは強い水素結合を形成せず，沸点が低いため常温では気体である．

問題3　F_2 分子は，上述の理由により F–F 結合が弱いため，結合解離の速度論的な障壁が低く，他の元素と迅速に反応することが多い．

参考文献

1. P. Atkins, et al.　『シュライバー・アトキンス無機化学（上）　第4版』　東京化学同人　2008年　（訳：田中勝久　他）

問19　D ブロック元素：電子配置［解答］

問題1　イオン半径は $Fe^{2+} > Fe^{3+}$ および，$Mn^{2+} > Fe^{2+}$ である．

同じ原子の場合は，価数が大きい方が電子による遮蔽が小さく，有効核電荷が大きくなり，電子が原子核に引き付けられて半径が小さくなる．同周期で同価数を比較する場合，有効核電荷は原子番号が大きな原子ほど大きくなるため，Fe^{2+} のほうが Mn^{2+} より半径が小さくなる．

問題2　Co^{3+}，Fe^{2+}

歪のない八面体場においては，d 電子のエネルギーは t_{2g} と e_g に分裂する．その状態でスピンをもたないためには，d^0，low spin d^6，あるいは d^{10} である必要があり，それを満たすのは d 電子を6つもつ Co^{3+} と Fe^{2+} である．

問題3　Cu の第二イオン化エネルギーの方が Zn のものより大きい．

電子配置はそれぞれ Cu が $[Ar]3d^{10}4s^1$，Zn が $[Ar]3d^{10}4s^2$ であり，d 軌道に電子が充填された閉殻状態が安定であることから，閉殻状態の d 軌道から電子を取り出さなければならない Cu の方が第二イオン化エネルギーは大きい．

解説

問題1　電荷および原子の種類によるイオン半径は，配位数も依存する．配位数が大きくなると，金属イオンと配位原子の1つの結合辺りに使われる正電荷の密度が小さくなるため，結合が弱くなりイオン半径が大きくなる．

問題2　結晶場に置かれた八面体型金属イオンのエネルギー準位は，図19A. 1のように e_g と t_{2g} に分裂する．結晶場分裂の仕方は配位構造によって大きく異なる．例えば平面四角形型のニッケルでは，d 軌道は一番下の2つの d_{yz}，d_{zx} 以外は縮退していない（問21の解答参照）．そのため d^8 であるが反磁性の化学種となる．

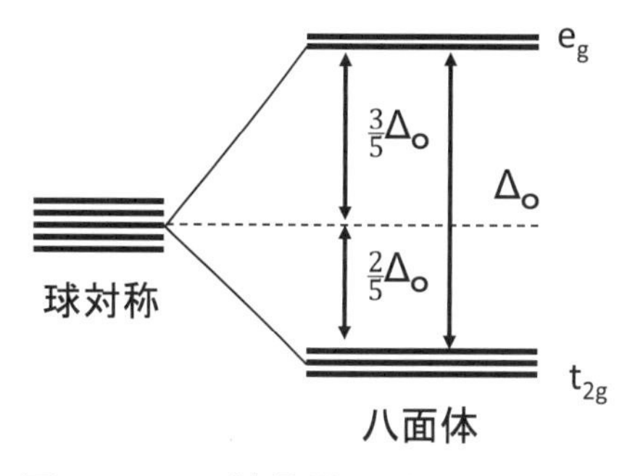

図 19A. 1　結晶場に置かれた八面体型金属イオンのエネルギー準位

問題3　Cuの電子配置は$[Ar]3d^{10}4s^1$であり，他の元素の電子配置から予測される$[Ar]3d^94s^2$ではない．これは，4s軌道に電子が満たされるより3d軌道に電子が満たされ，閉殻となるほうが安定であることを示唆している．

参考文献

1. P. Atkins, et al.　『シュライバー・アトキンス無機化学（上）　第4版』　東京化学同人　2008年　（訳：田中勝久　他）

問20　Dブロック元素：結晶場，Jahn–Teller効果［解答］

問題1　磁性とエネルギー準位を図 20A. 1に示した．

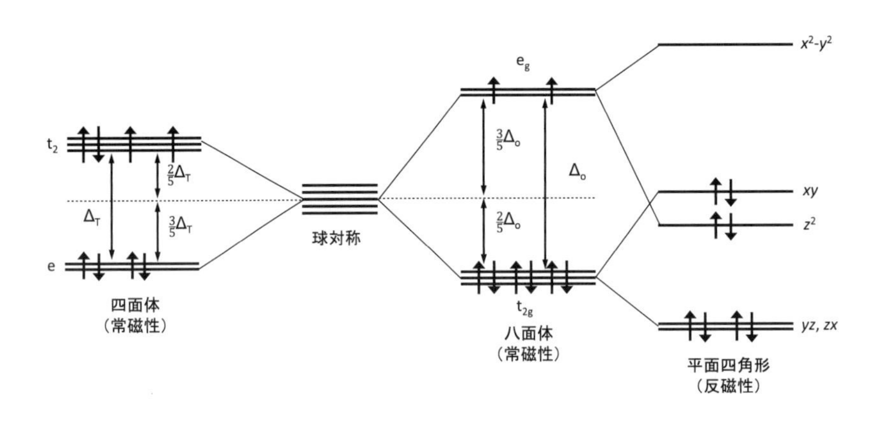

図 20A. 1　d^8電子配置の四面体，八面体，平面四角形のエネルギー図

問題2　対称性の高い正八面体構造に比べて正方歪みをもった八面体構造ではz軸方向の配位子が遠ざかることでz軸方向の軌道が安定化され，x，y軸方向の軌道は相対的に不安定化される．この縮退の解けた軌道に3つの電子が入ることで，もとの状態と比べて全体の電子エネルギーは安定化されるため，正方歪みをもった八面体の構造をとる（図 20A. 2）．

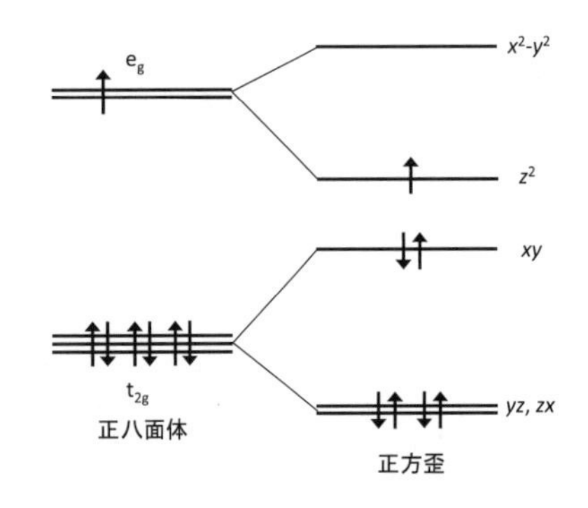

図 20A. 2　d^9電子配置における正八面体と正方歪みをもった八面体のエネルギー図

問題3　低スピン状態である．これは，配位子との相互作用がより大きいe_g軌道に奇数個の電子が占有される方が，歪みによる安定化をより強く受けることになるからである．高スピン状態でも歪みは観測されるが，t_{2g}軌道は配位子の電子との間の相互作用が小さく，歪みにより得られる

利得も小さくなることから Jahn–Teller 歪みは比較的小さい．

解説

問題1　Ni^{II}イオンは，アクア配位子のような弱い配位子場の配位子では八面体型をとるが，シアノ配位子のような強い結晶場の配位子では，平面四角形型をとる．これは，結晶場が強くなるにつれて，e_g軌道の縮退を解くことによる安定化が軸配位子との配位結合による安定化よりも大きくなるためである．八面体型 Ni^{II}イオンと平面四角形型 Ni^{II}イオンは，合成条件によっても変換可能である．四配位四面体型錯体は配位子の数が少なく，T_d対称の配位子の配置は d 軌道との重なりが小さいため，軌道の分裂エネルギー(Δ_T)はやや小さく 4/9Δ_O程度になる．

問題2　Cu^{II}イオンのように，e_g軌道に非対称に電子が入っている場合，z軸方向に伸びて歪んだ方が正八面体より安定である．一方で，t_{2g}軌道に非対称に電子が入っている高スピン d^4電子配置の Mn^{III}イオンは，z軸方向に縮むことで安定化する（図 20A. 3）．これは Mn^{III}イオンで z軸方向に伸びると yz，zxに 2 つずつ電子が入った一重項状態となり，Jahn–Teller 歪みの前後でスピン状態は変化しないという要請を満たさないためである．

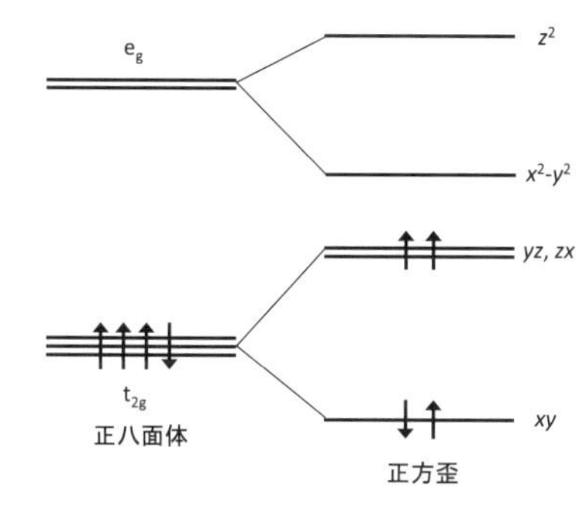

図 20A. 3　d^4電子配置における正八面体と正方歪みをもった八面体のエネルギー図

問題3　高スピン状態の Ni^{III}イオンも，t_{2g}軌道の電子が 1 つ空になることで，弱く Jahn–Teller 歪を起こす．

参考文献

1. A. Igashira, T. Konno, *Dalton Trans.*, **40**, 7249 (2011).
2. P. Atkins, et al. 『シュライバー・アトキンス無機化学（上）　第 4 版』　東京化学同人　2008 年　（訳：田中勝久　他）

問 21　D ブロック元素：配位子場［解答］

問題1　$6 \times 2/5\mathit{\Delta}_o = 12/5\ \mathit{\Delta}_o$

問題2　1 価アニオンのシアン化物イオン(CN^-)は，アンモニアより高い σ 供与性を有し，e_g軌道のエネルギーを押し上げる．また，CN^-の π^*軌道は中心金属の t_g軌道からの逆供与を受け，t_g軌道のエネルギーを引き下げる．結果として配位子場分裂が大きくなり，d-d 遷移のエネルギーは大きくなる．

問題3　z 軸方向に少し伸びた八面体構造をとった，低スピン状態の錯体．

問題4　正電荷の大きいコバルト(III)中心のほうが，より強くアンモニアと配位結合する．また，低スピン状態にあるコバルト(III)錯体は，$6\times2/5\,\Delta_o$ の大きな LFSE を得ているため八面体構造が非常に安定になり，配位子の交換は起こりにくくなる．

解説

問題1　LFSE とは，縮退した d 軌道に電子が入った状態を基準に，分裂した d 軌道（幅は慣例的に Δ_o と表記）に電子が入った場合のエネルギーを計算したものである．六配位八面体錯体の d 軌道は $2/5\Delta_o$ だけ安定化された 3 つの t_g 軌道と，$3/5\Delta_o$ だけ不安定になった 2 つの e_g 軌道へと分裂する（図 21A. 1）．Co(III)は d^6 の電子配置であり，問題でとりあげた錯体は反磁性種（SQUID や EPR, NMR により調べる）であることから低スピン状態をとっていることがわかる（参考：四配位四面体型錯体は配位子の数が少なく，Th 対称の配位子の配置は d 軌道と完全に重なることができないため，軌道の分裂エネルギー(Δ_T)は $4/9\,\Delta_O$ 程度になる）．

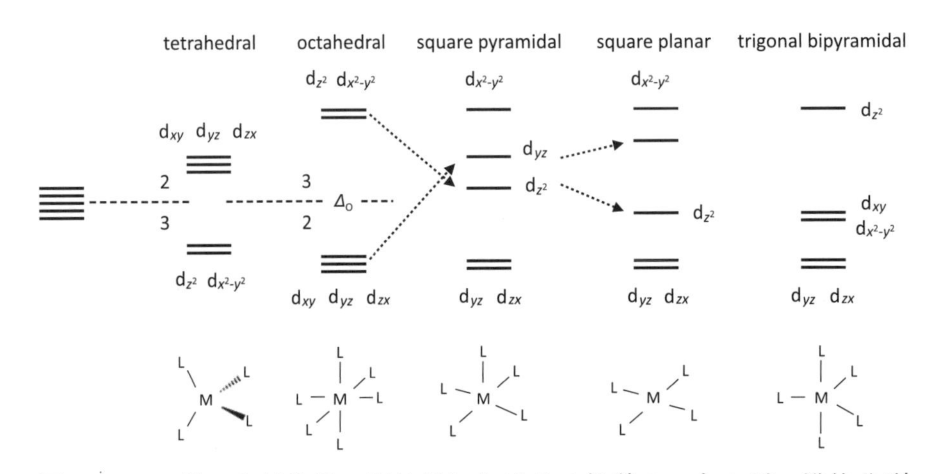

図 21A. 1　様々な対称性の配位場における d 軌道のエネルギー準位分裂

問題2　金属イオンの e_g 対称性 d 軌道と配位子の軌道からできた新しい分子軌道は，配位子由来の 2 組の電子対を格納する（図 21A. 2）．加えて金属イオンの 4s，4p 軌道と配位子の軌道からも新たな分子軌道が作られ，残りの 4 組の電子も格納される（参考文献を参照）．図 21A. 2(a)では空になっている t_{2g} と e_g には，中心金属由来の 0 ～ 9 個の電子が入る（本題では 6 個）．結晶場理論は，π 軌道も関与する現象には適用できないことに注意せよ（図 21A. 2 (b),(c)）．配位子の σ 供与性, π 供与性と逆供与性が d-d 遷移のエネルギーに与える効果を定性的にまとめたものが以下に示す R. Tsuchida（大阪大学）が提唱した分光化学系列である．

$$I^- < Br^- < Cl^- < N^{3-} < F^- < OH^- < H_2O < CH_3CN < py < NH_3 < PPh_3 < CN^- < CO$$

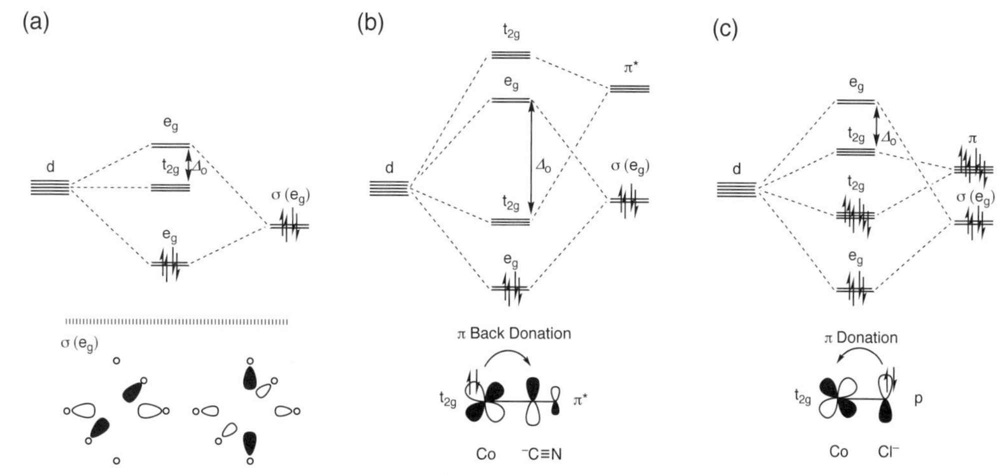

図 21A. 2　(a) アンモニア，(b)シアン化物イオン，(c)クロライドイオンによる配位子場分裂

問題 3　第4周期金属イオン錯体は，分子の磁気モーメントに与える軌道角運動量の寄与が小さく，錯体上に存在する不対電子の数から単純に磁気モーメントを予測できる．スピンオンリーの式（$\mu = 2[S(S+1)]^{1/2} \times \mu_B$; S は全スピン量子数）より，Co(II)錯体が低スピン(LS) ($S = 1/2$)の場合に予想される磁気モーメント，μ_{LS} は $1.73\mu_B$ となり測定値に近く，錯体は LS とわかる（配位子の反磁性の影響などにより，ずれが有る）．また，e_g 軌道の片方に不対電子が入っているので，e_g 軌道の対称性が自発的に破れると，不対電子はよりエネルギーの低い軌道に入ることができる（Jahn–Teller 効果）．結合長の変化が起こる配位子の数がより少ない z 軸方向の配位子が動くことが多いとされる．

問題 4　このような金属イオンを置換不活性なイオンと呼ぶ．また，中心金属イオンの半径が大きいものを除き，六配位八面体配位化合物の配位子交換は，脱離–付加機構で進行する．

<u>参考文献</u>

1. M, Weller, et al. 『シュライバーアトキンス無機化学（下）　第6版』　東京化学同人　2017 年　（訳：田中勝久　他）

問 22　F ブロック元素［解答］

問題 1　ランタノイドの電子配置は[Xe]$4f^n5d^16s^2$ と表される．4f 電子は閉殻構造となっている 5s, 5p 軌道以上には広がらないため，$5d^16s^2$ のみが除かれてランタノイドは通常+3 価の状態で存在する．セリウムは+4 価になることで電子配置が希ガスのキセノンと同じ電子配置になるため安定に存在する．ユウロピウムは，+2 価の状態で 4f 軌道を半分満たした半閉殻状態となり安定化する．

問題 2　ランタノイドイオンの最外殻軌道である 5s，5p 軌道は，4f 軌道の内側にも貫入しているため，4f 電子による核電荷の遮蔽効果は小さくなる．そのため，5s，5p 軌道は原子番号の増加に応じて強く原子核に束縛されるようになる．その結果，原子半径が小さくなり，第 6 周期の四族以降の元素の原子半径は第 5 周期までの傾向から予測される値に比べて小さくなる．この現象をランタノイド収縮と呼ぶ．

問題3　4f軌道は5s，5p軌道の内側に位置しているため，金属イオンに結合している配位子の軌道との重なりが小さく，配位子と4f軌道の相互作用は弱い．その結果，電子遷移と分子振動の結合がほとんどなくなり，バンド幅の狭い吸収帯をもつ．

解説

問題1　セリウムの4価は安定に存在するものの，他の基質に対して強力な酸化剤としてはたらく．$Ce^{4+} + e^{-} \rightarrow Ce^{3+}$の酸性溶液中の標準電位は+1.72 Vであり，様々な金属錯体あるいは有機物の酸化に用いることができる．

問題2　ランタノイド収縮に関しては，原子番号の増大に伴う有効核電荷の増大だけでなく，相対論効果も重要な寄与をしている．相対論効果は，原子番号の大きな元素において，s，p軌道の電子が原子核からの強い引力を受けてその速度が光速に近づくために，電子の質量が大きくなり，s，p軌道半径が小さくなる現象である．s，p軌道による遮蔽効果が減少するため，d，f軌道の軌道半径は大きくなる．

問題3　ランタノイドイオンのf電子は深い位置にあり，配位子との相互作用はほとんどない．したがって，ランタノイド錯体の構造は等方的なイオン性の相互作用により説明され，配位子場安定化は寄与していないとされている．この性質のため，f軌道のエネルギーの制御は難しく，発光材料，磁性材料の設計上の関門となっている．

参考文献

1. P. Atkins, et al.　『シュライバー・アトキンス無機化学（上）　第4版』　東京化学同人　2008年　（訳：田中勝久　他）

問23　原子核：放射壊変［解答］

問題1　(a) ^{137}Ba，(b) ^{137m}Ba

問題2　Q値：壊変前の原子質量から壊変後の原子質量を引き，それをエネルギーに換算した値．原子核壊変によって放出されるエネルギーに相当する．

^{137}Cs, ^{137}Baの原子質量をそれぞれ$m(^{137}\mathrm{Cs})$, $m(^{137}\mathrm{Ba})$, 質量偏差をそれぞれ$\Delta m(^{137}\mathrm{Cs})$, $\Delta m(^{137}\mathrm{Ba})$, 質量数をそれぞれ$A(^{137}\mathrm{Cs})$, $A(^{137}\mathrm{Ba})$, とすると，$Q = \{m(^{137}\mathrm{Cs}) - m(^{137}\mathrm{Ba})\}c^2 = \{(\Delta m(^{137}\mathrm{Cs}) + A(^{137}\mathrm{Cs})) - (\Delta m(^{137}\mathrm{Ba}) + A(^{137}\mathrm{Ba}))\}c^2 = \Delta m(^{137}\mathrm{Cs})c^2 - \Delta m(^{137}\mathrm{Ba})c^2 = -86.556\ \mathrm{MeV} - (-87.732\ \mathrm{MeV}) = 1.176\ \mathrm{MeV}$.

問題3

β^-線（^{137}Csからの分岐比5.4%）：最大エネルギー　= 1.176 MeV（Q値）

β^-線（^{137}Csからの分岐比94.6%）：最大エネルギー　= 0.514 MeV（Q値　– 0.662 MeV）

γ線（^{137m}Baからの分岐比90%）：エネルギー　= 0.662 MeV

内部転換電子（^{137m}Baからの分岐比10%）：エネルギー　= 0.662 MeV – 軌道殻電子の結合エネルギー

問題 4 単位時間当たりの原子の壊変数（壊変率）D と，原子数 N の間には，$D = -\mathrm{d}N/\mathrm{d}t = \lambda N$ という関係式が成り立つ．比例定数 λ は壊変定数と呼ばれ，壊変確率の大きさに相当する．上の微分方程式を解くと $N = N_0 \mathrm{e}^{-\lambda t}$，$D = D_0 \mathrm{e}^{-\lambda t}$（$N_0$，$D_0$ は $t = 0$ における原子数および壊変率）と表すことができ，放射性同位元素は時間に対して指数関数的に減少することがわかる．また，原子数が半分になるまでの時間を半減期と呼び，$T_{1/2} = \ln 2/\lambda$ と表すことができる．今回の場合，図 23. 1 から半減期が 30.08 年であることがわかるので，$\lambda = \ln 2/T_{1/2} = 7.307\times10^{-10}\ \mathrm{s^{-1}}$ と計算できる．^{137}Cs の壊変率が 1.0 kBq (Bq は 1 秒当たりの原子の壊変数を表す単位) と与えられているので，$D = \lambda N$ より，^{137}Cs の物質量は $N = (1.0\times10^3)/(7.307\times10^{-10}) = 1.4\times10^{12}$ 個 $= 2.3\times10^{-12}$ mol となる．

親核種 A が娘核種 B になり安定原子 C になる場合に，A，B の原子数をそれぞれ N_1，N_2，壊変定数をそれぞれ λ_1, λ_2 とすると，$\mathrm{d}N_1/\mathrm{d}t = -\lambda_1 N_1$, $\mathrm{d}N_2/\mathrm{d}t = \lambda_1 N_1 - \lambda_2 N_2$ という関係式が成り立つ．これを解くと，$N_1 = N_{1,0}\mathrm{e}^{-\lambda_1 t}$，$N_2 = \frac{\lambda_1}{\lambda_2-\lambda_1} N_{1,0}\left(\mathrm{e}^{-\lambda_1 t} - \mathrm{e}^{-\lambda_2 t}\right) + N_{2,0}\mathrm{e}^{-\lambda_2 t}$ となる（$N_{1,0}$，$N_{2,0}$ は A，B の $t = 0$ における原子数）．親核種 A の半減期が娘核種 B の半減期に対して非常に長い場合は，$\lambda_1 \ll \lambda_2$ となり，$N_2 = \frac{\lambda_1}{\lambda_2} N_{1,0}\left(\mathrm{e}^{-\lambda_1 t} - \mathrm{e}^{-\lambda_2 t}\right) + N_{2,0}\mathrm{e}^{-\lambda_2 t}$ と表せる．さらに，娘核種 B の半減期に対して十分な時間が経過している場合は，$\mathrm{e}^{-\lambda_2 t} \sim 0$ と置けるので，$N_2 = \frac{\lambda_1}{\lambda_2} N_{1,0}\mathrm{e}^{-\lambda_1 t} = \frac{\lambda_1}{\lambda_2} N_1$，つまり，$\lambda_1 N_1 = \lambda_2 N_2$ となる．上記の条件を満たせば，親核種 A と娘核種 B の壊変率（放射能量）が等しくなることがわかる．このような関係が成り立つ場合を永続平衡と呼ぶ．今回の場合，^{137}Cs の半減期は $^{137\mathrm{m}}$Ba の半減期に対して十分に長く，$^{137\mathrm{m}}$Ba を最後に分離してから十分に時間が経過しているので，$^{137\mathrm{m}}$Ba の放射能量は ^{137}Cs の放射能量(1.0 kBq)に等しくなる．$^{137\mathrm{m}}$Ba の半減期 2.552 分から，壊変定数は $\lambda = 4.527\times10^{-3}\ \mathrm{s^{-1}}$ と求められるので，$^{137\mathrm{m}}$Ba の物質量は $N = (1.0\times10^3)/(4.527\times10^{-3}) = 2.2\times10^5$ 個 $= 3.7\times10^{-19}$ mol となる．

分離直後の $^{137\mathrm{m}}$Ba の放射能量は 1.0 kBq であり，時間 t が経過したときの放射能量が 1.0 Bq であるので，$1 = 1\times10^3 \mathrm{e}^{-\lambda t}$，つまり，$t = -\frac{1}{\lambda}\ln\left(\frac{1.0}{1.0\times10^3}\right) = 25$ 分となる．

解説

問題 1 β^- 壊変においては原子番号が 1 つ増加する．また，励起状態の原子核が比較的長い寿命をもつ場合，その原子核を核異性体(nuclear isomer)と呼び，$^{137\mathrm{m}}$Ba のように metastable state の頭文字 m を付けて区別する．

問題 2 質量偏差 $\Delta m = m - A$（m は原子質量，A は質量数）を用いると，Q 値は質量偏差の差として簡単に求められる．

問題 3 励起状態の原子核がより安定な原子核に壊変するとき，γ 線を放出するほかに，励起エネルギーを軌道殻電子に渡して脱励起する内部転換と呼ばれる過程が存在する．内部転換においては結合を切られた軌道殻電子（内部転換電子）が放出される．図 23. 1 の $\alpha = 0.112$ は内部転換係数と呼ばれ，γ 線放出確率に対する内部転換確率の比を表している．$\alpha = \mathrm{e}/\gamma$ とすると，内部転換の分岐比は，$\mathrm{e}/(\mathrm{e}+\gamma) = \alpha/(\alpha+1)$，$\gamma$ 線放出の分岐比は，$\gamma/(\mathrm{e}+\gamma) = 1/(\alpha+1)$ となる．

問題 4 分離直後でなければ ^{137}Cs と $^{137\mathrm{m}}$Ba は永続平衡の関係にあり放射能量が等しいので，$^{137\mathrm{m}}$Ba から放出されるガンマ線(γ_1)を測定すれば，^{137}Cs を定量することができる．γ 線は透過力が高く溶液にほとんど吸収されないため，溶液試料のまますぐに測定することができる．そのため，^{137}Cs の量や場所を簡単にモニターすることが可能である．

＊放射性同位元素の活用例

放射性同位元素は医学の分野で診断・治療のために活用されている．例えば，フルオロデオキシグルコース（グルコースを ^{18}F で標識したもの）を体内に取り込ませると，フルオロデオキシグルコースががん細胞に集積し，がんの位置で ^{18}F が β^+壊変して陽電子を発する．陽電子ががん細胞の近くで止まると，電子と対消滅して 511 keV の 2 本の光子が反対方向に放出されるので，それを体の外から測定することで体内のどこにがん細胞があるのかを調べることができる．このような診断技術は PET (Positron Emission Tomography)と呼ばれており，感度・精度よくがん細胞を発見できる優れた技術である．一方，放射性同位元素はがんなどの治療にも用いられている．例えば β^-線放出核種である ^{131}I は, 甲状腺に集積しやすいため甲状腺がんの治療に活用されている．最近，日本では α 線放出核種 ^{211}At を用いたがん治療の方法について盛んに研究が行われている．α 線は狭い範囲に大きなエネルギーを与えるため，がん細胞だけをピンポイントで破壊して副作用を抑えることができるという優れた利点がある．^{211}At を用いたがん治療を実現するためには，加速器による ^{211}At の製造，^{211}At の精製，^{211}At で標識可能ながん細胞に集積する分子の合成，臨床実験などが必要であり，多分野の研究者によって共同で研究が行われている．^{211}At を用いたがん治療については，今後の更なる進展が待たれる．

参考文献

1.　古川路明　『放射化学』　朝倉書店　1994 年

第 4 章　分子の電子状態［解答］

問 24　原子価結合法［解答］

問題 1　原子価結合法による水素分子の波動関数は$\psi = \left(\chi_1(\boldsymbol{r}_\mathrm{a})\chi_2(\boldsymbol{r}_\mathrm{b}) \pm \chi_1(\boldsymbol{r}_\mathrm{b})\chi_2(\boldsymbol{r}_\mathrm{a})\right)$．スピン関数を含めると，Fermi 粒子性から波動関数全体の反対称性を満たすため，

$$\psi = \left(\chi_1(\boldsymbol{r}_\mathrm{a})\chi_2(\boldsymbol{r}_\mathrm{b}) + \chi_1(\boldsymbol{r}_\mathrm{b})\chi_2(\boldsymbol{r}_\mathrm{a})\right)\left(\alpha(\mathrm{a})\beta(\mathrm{b}) - \alpha(\mathrm{b})\beta(\mathrm{a})\right)$$
$$\psi = \left(\chi_1(\boldsymbol{r}_\mathrm{a})\chi_2(\boldsymbol{r}_\mathrm{b}) - \chi_1(\boldsymbol{r}_\mathrm{b})\chi_2(\boldsymbol{r}_\mathrm{a})\right)\left(\alpha(\mathrm{a})\beta(\mathrm{b}) + \alpha(\mathrm{b})\beta(\mathrm{a})\right)$$
$$\psi = \left(\chi_1(\boldsymbol{r}_\mathrm{a})\chi_2(\boldsymbol{r}_\mathrm{b}) - \chi_1(\boldsymbol{r}_\mathrm{b})\chi_2(\boldsymbol{r}_\mathrm{a})\right)\alpha(\mathrm{a})\alpha(\mathrm{b})$$
$$\psi = \left(\chi_1(\boldsymbol{r}_\mathrm{a})\chi_2(\boldsymbol{r}_\mathrm{b}) - \chi_1(\boldsymbol{r}_\mathrm{b})\chi_2(\boldsymbol{r}_\mathrm{a})\right)\beta(\mathrm{a})\beta(\mathrm{b})$$

となる．ここで 1 つめの波動関数は一重項，残りの 3 つの波動関数は三重項を表す．

問題 2　原子価結合法において，CH_4は問題で示されたような混成軌道と考えられる．それぞれの軌道の形は図 24A. 1 に示すようになる．したがって，CH_4分子全体では 4 方向に向いた軌道の合成となるため四面体構造になる．

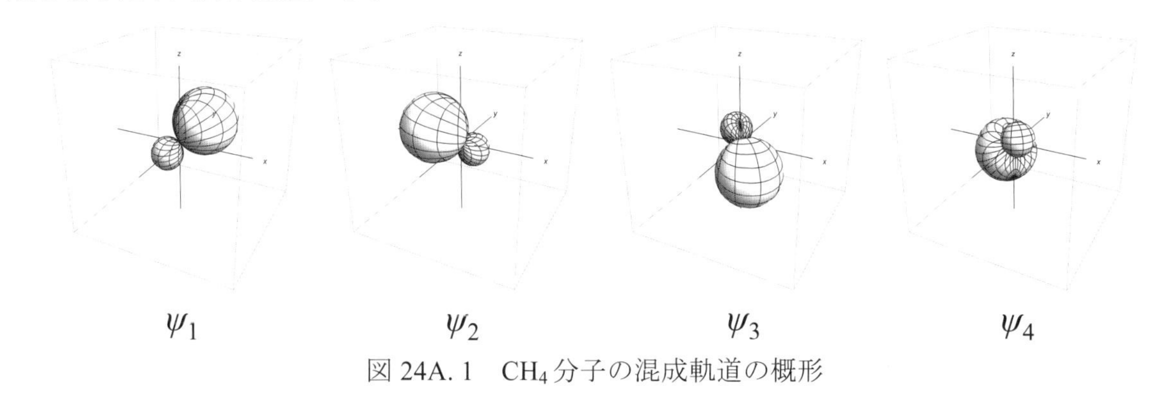

ψ_1　　ψ_2　　ψ_3　　ψ_4

図 24A. 1　CH_4分子の混成軌道の概形

問題 3　(1)　BeH_2は sp 混成軌道に 2 つの共有電子対をもつため，直線型.

(2)　H_2O は sp^3 混成軌道に 2 つの共有電子対と 2 つの非共有電子対をもつため，折れ線型.

(3)　SF_4は sp^3d 混成軌道に 4 つの共有電子対と 1 つの非共有電子対をもつため，シーソー型.

(4)　I_3^-は sp^3d 混成軌道に 2 つの共有電子対と 3 つの非共有電子対をもつため，直線型.

<u>解説</u>

問題 1　原子価結合法は結合を量子化学的に説明するための初歩的な考え方である．ある原子軌道にある電子 1 個が，隣の原子の電子 1 個とスピンが対になる状態を結合として定義する．簡単な場合として水素分子を考えると，2 つの水素原子が遠く離れているときの全体の波動関数ψは$\psi = \chi_1(\boldsymbol{r}_\mathbf{a})\chi_2(\boldsymbol{r}_\mathbf{b})$と記述される．これは，電子 a が原子 1 に，電子 b が原子 2 に局在する状態を意味する．水素原子を近づけていくと，電子 a が原子 1 と原子 2 のどちらに所属しているかわからない量子力学的な状態となる．このときの波動関数ψは解答で示したような関数になる．電子のスピンを考慮した場合，電子は Fermi 粒子であるので，電子の入れ替えに対して全波動関数ψが反対称になる必要がある．このため，軌道関数が対称である$\chi_1(\boldsymbol{r}_\mathrm{a})\chi_2(\boldsymbol{r}_\mathrm{b}) + \chi_1(\boldsymbol{r}_\mathrm{b})\chi_2(\boldsymbol{r}_\mathrm{a})$の場合では，スピン関数は反対称になる．つまり全体のスピン関数を$\sigma(\mathrm{a},\mathrm{b})$とおくと，$\sigma(\mathrm{a},\mathrm{b}) = -\sigma(\mathrm{b},\mathrm{a})$が満た

される必要がある（問13 問題1参照）ため，$\sigma(a, b) = \alpha(a)\beta(b) - \alpha(b)\beta(a)$となる．同様に軌道関数が反対称の場合も考えると解答の波動関数が得られる．

問題 2　混成軌道は多くの分子の結合を理解するために用いられる．混成軌道の概形は，原子軌道の重ね合わせからイメージすることができる．ここでは，問題で扱ったCH_4分子のψ_1について詳細に考えてみる．まず2sの軌道が+の振幅をとっており，$2p_x$はx軸上で正の方向に+，負の方向に−の振幅をとった状態である．したがって，2sと$2p_x$は正の方向に強め合い，負の方向に弱め合う（図 24A. 2）．$2p_y, 2p_z$も同様にして軸の正の方向に強め合い，負の方向に弱め合うことになる．$2p_x, 2p_y, 2p_z$の強め合いを合わせると，x, y, z軸の正方向に広がった混成軌道が構築されることがわかる．この軌道はs軌道が1つ，p軌道が3つ混成しているため，sp^3混成軌道と呼ばれる．ψ_2, ψ_3, ψ_4についても，2p軌道の正負の反転に注意しながら考えていくと，図 24A. 1のようになる．

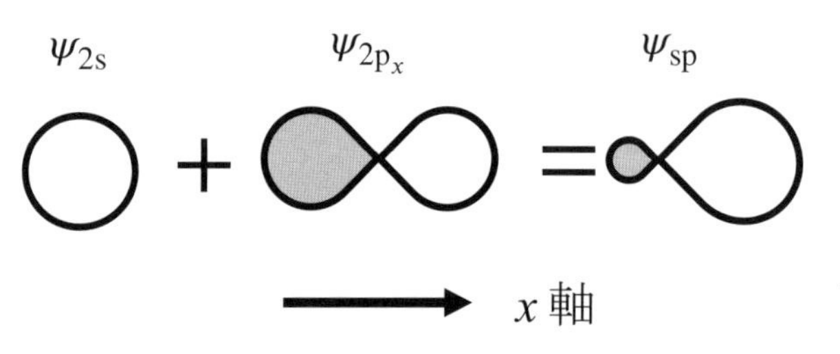

図 24A. 2　2sと$2p_x$の軌道の混成

問題 3　原子価殻電子対反発則（Valence Shell Electron Pair Repulsion rule: VSEPR則）は原子価結合法によって混成軌道をもつ分子の構造を予測する手法である．VSEPR則は次の3ステップによって概形を予測する．(i) 混成軌道による中心原子の価電子の配置を考え，共有電子対と非共有電子対の数を求める．(ii) 共有電子対および非共有電子対を球面上に，最も反発が小さくなるように配置する．(iii) 非共有電子対がある場合，非共有電子対間の反発が小さくなるように配置し，その上で，非共有電子対と共有電子対との反発が小さくなるように設置する．(1) BeH_2では空軌道について考慮しなくてもよいため，直線型となる．(2) H_2Oは四面体構造に共有電子対2つと非共有電子対2つをおくため，折れ線型となる．(3) SF_4は三方両錐形に非共有電子対を，錐の頂点に置くか中心原子を含む三角形平面上に置くかの2つの構造が考えられる．しかし，錐の頂点におくと，3つの非共有電子対と90°の角をなすため反発が大きく，平面上におくと2つの共有電子対と90°の角をなし，残り2つの共有電子対とは120°の角をなすため，平面上においたシーソー型が最も安定である．(4) I_3^-は三方両錐形に非共有電子対を錐の頂点におくと，他の非共有電子対のどれかが三角形平面上となり90°の角をなす．そのため，3つの非共有電子対が平面上で互いに120°をなした直線型の構造が安定である．よって，これらの考え方からそれぞれ図 24A. 3の電子配置，構造が推測される．

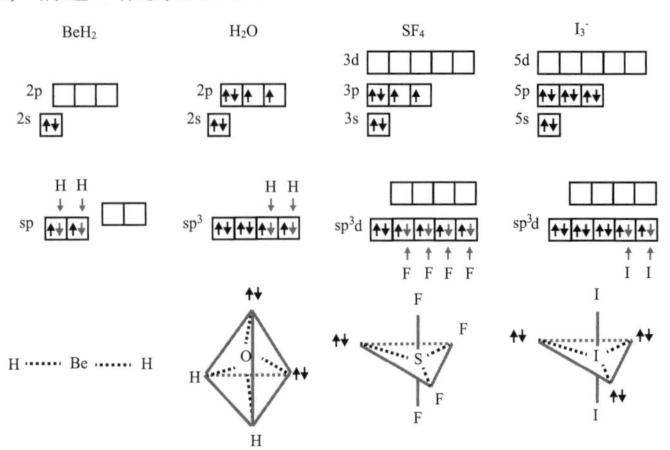

図 24A. 3　BeH_2，H_2O，SF_4，I_3^-の混成軌道と電子配置，およびVSEPR則から導かれる構造

参考文献

1. P. W. Atkins, J. de Pauls　『アトキンス物理化学（上）　第 8 版』　東京化学同人　2009 年（訳：千原秀昭，中村亘男）
2. D. A. McQuarrie, J. D. Simon　『マッカーリ・サイモン物理化学—分子論的アプローチ (上)』東京化学同人　1999 年　（訳：千原秀昭　他）
3. 奥山格　『有機反応論』　東京化学同人　2013 年
4. 齋藤軍治　『有機物性化学の基礎』　化学同人　2006 年

問 25　分子軌道法［解答］

問題 1　原子軌道の一次結合で分子軌道を記述すると，

$$\psi_{\pm}(\boldsymbol{r}) = N\left(\chi_1(\boldsymbol{r}) \pm \chi_2(\boldsymbol{r})\right)$$

となる．$\psi_+(\boldsymbol{r})$は原子軌道の同位相による重ね合わせとなっている．水素原子間の波動関数は強めあうことによって安定化した軌道になる．一方$\psi_-(\boldsymbol{r})$は原子軌道の逆位相による重ね合わせとなり，水素原子間の波動関数は弱め合うことによって不安定化している．よって安定化された$\psi_+(\boldsymbol{r})$の方が低エネルギーの軌道である．

問題 2　各原子から来る 2 個の電子は，図 25. 1 で表される（χ_Aとχ_Bの一次結合で形成される）分子軌道のうちエネルギーの低い軌道（結合性軌道）に配置される．図 25. 1 よりχ_Bはχ_Aよりもエネルギーが低いため，結合性軌道のエネルギーはχ_Bに近くなり，軌道の成分もχ_Bの方が大きい．したがって，結合性軌道の電子はχ_B側，つまり原子 B 側に偏って存在する．その結果，原子 B には負の部分電荷，原子 A には正の部分電荷があることになり，電気陰性度は原子 B の方が大きくなる．χ_Aとχ_Bのエネルギー差が大きいと，結合性軌道はχ_Bとほぼ同じになり，結果的に原子 A の電子が原子 B へ移動したことになるため，2 つの原子はイオンとしてふるまい，A–B はイオン性分子として考えることができる．

問題 3　BeH_2の場合，Be 原子の電子配置は$[He](2s)^2$であるため H 原子の 1s 電子 2 個と合わせて 4 個の電子配置を考えなければならない．結合角が 180°のときの電子配置は$(2\sigma_g)^2(1\sigma_u)^2$，90°のときは$(2a_1)^2(1b_2)^2$となるため，（$2\sigma_g$と$2a_1$のエネルギーが同程度であり，$1\sigma_u$は$1b_2$に比べて低エネルギーであることから）$BeH_2$ 分子は直線上の概形をとる．H_2O の場合は，O 原子の電子配置が$[He](2s)^2(2p)^4$ であるため 8 個の電子の配置を考える必要があり，結合角が 180°のときは$(2\sigma_g)^2(1\sigma_u)^2(1\pi_u)^4$，90°のときは$(2a_1)^2(1b_2)^2(3a_1)^2(1b_1)^2$の電子配置を取る．180°から 90°への変化を見ると，$1\sigma_u \rightarrow 1b_2$の不安定化に対して$2\sigma_g \rightarrow 2a_1$および$1\pi_u \rightarrow 3a_1$による安定化の寄与が大きいため，折れ線状の概形をとる．

解説

問題 1　$\psi_+(\boldsymbol{r})$の軌道は分子の結合を強める寄与をしており，結合性軌道と呼ばれる．一方，$\psi_-(\boldsymbol{r})$は結合を弱める寄与をしており，反結合性軌道と呼ばれる．水素分子では，電子 2 個が結合性軌道に入るため結合状態が安定となる．光などの外部刺激によって電子遷移が起こる場合は，結合性軌道から反結合性軌道に電子が移動する．He 原子が2個近づいた場合は，反結合性軌道にも2個の電子が入るため，結合は安定化せず分子は形成されない．

問題 2　異核二原子分子では，結合のもとになる原子軌道のエネルギーが異なるため，結合性軌道に空間的な偏りが生じる（極性結合）．このとき，結合性軌道はエネルギーの低い原子軌道に偏り，反結合性軌道はエネルギーの高い原子軌道に偏る．このような「分子軌道における偏り」は「電気陰性度による電子の偏り」と同義である．つまり，原子軌道のエネルギーの低い方が電気陰性度は大きく，電荷が偏るというイメージと一致する．

問題 3　Walsh ダイアグラムは価電子を対象にしてプロットされている．今回の Walsh ダイアグラムを記述するための価電子の軌道を図 25A. 1 に示した．

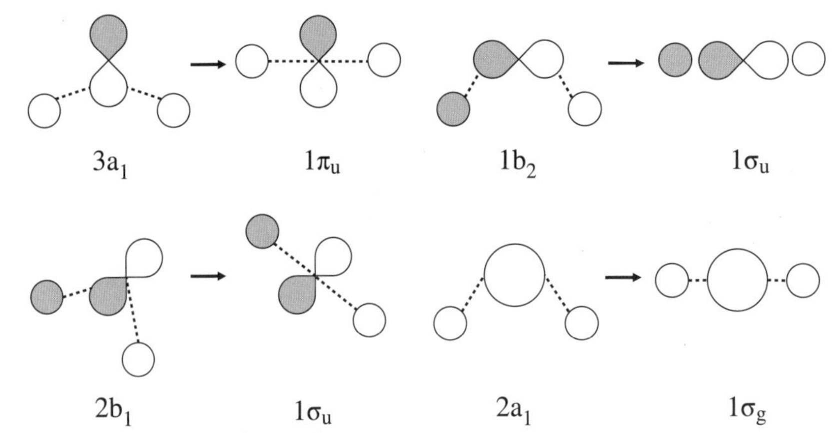

図 25A. 1　結合角 90°，180°のときの H_2X (X=O または Be)分子の分子軌道

エネルギーの低い軌道から説明すると，$2a_1 \rightarrow 2\sigma_g$ は H の 1s と X の 2s との重ね合わせであり，結合角が曲がると H 同士の相互作用によって安定化する．$1b_2 \rightarrow 1\sigma_u$ は H の 1s と X の 2p のσ結合であり，折れ曲りの状態よりも直線状態の方が軌道間の重なりが大きくなり安定である．$3a_1 \rightarrow 1\pi_u$ は H の 1s と X の 2p の折れ曲ることで 1s と 2p が近づき，軌道の重なりが現れるπ結合である．$1b_1 \rightarrow 1\pi_u$ は 2p の折れ曲りと 2p が垂直となるπ結合であり，結合角の変化による軌道の重なりは変化しない．Walsh ダイアグラムによって求めた BeH_2 および H_2O の概形は VSEPR 則で求めた場合（問 24 問題 3）と同じ結果になる．

参考文献

1. P. W. Atkins, J. de Pauls　『アトキンス物理化学（上）　第8版』　東京化学同人　2009年（訳：千原秀昭，中村亘男）
2. D. A. McQuarrie, J. D. Simon　『マッカーリ・サイモン物理化学―分子論的アプローチ（上）』　東京化学同人　1999年　（訳：千原秀昭　他）

問 26　Hückel 法［解答］

問題 1　エチレンの場合，$x = (\epsilon - \alpha)/\beta$ として永年方程式は以下のようになる．

$$\det\begin{pmatrix} \alpha - \epsilon & \beta \\ \beta & \alpha - \epsilon \end{pmatrix} = 0 \rightarrow \det\begin{pmatrix} -x & 1 \\ 1 & -x \end{pmatrix} = 0 \rightarrow x^2 - 1 = 0 \rightarrow x = \pm 1$$

よって$\epsilon = \alpha \pm \beta$ となる．$\beta < 0$ より，この2つの準位のうち，$\epsilon = \alpha + \beta$の準位にπ電子2つが入る．図示すると，図 26A. 1に示すような電子配置となる．

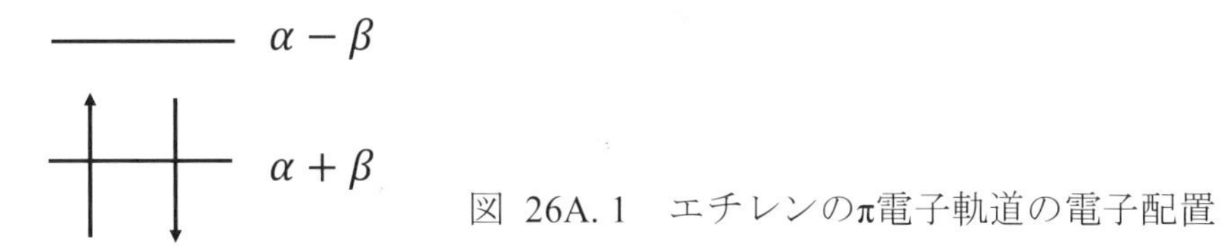

図 26A. 1　エチレンのπ電子軌道の電子配置

問題 2　シクロブタジエンの場合，環状分子であることに注意して永年方程式を立てると，

$$\det\begin{pmatrix} \alpha-\epsilon & \beta & 0 & \beta \\ \beta & \alpha-\epsilon & \beta & 0 \\ 0 & \beta & \alpha-\epsilon & \beta \\ \beta & 0 & \beta & \alpha-\epsilon \end{pmatrix} = 0 \rightarrow \det\begin{pmatrix} -x & 1 & 0 & 1 \\ 1 & -x & 1 & 0 \\ 0 & 1 & -x & 1 \\ 1 & 0 & 1 & -x \end{pmatrix} = 0$$

$$\rightarrow x^2\left(x^2 - 4\right) = 0 \ \rightarrow x = 0, \pm 2$$

となる．よって$\epsilon = \alpha - 2\beta, \alpha, \alpha, \alpha + 2\beta$ という4個のエネルギー準位が書ける．シクロブタジエンには4つのπ電子があるので，$\epsilon = \alpha - 2\beta$の準位に2つ，$\epsilon = \alpha$の準位に2つの電子が入る．その際$\epsilon = \alpha$の準位が2つあるため，Hundの規則にしたがってスピンが平行になる次の電子配置となる．

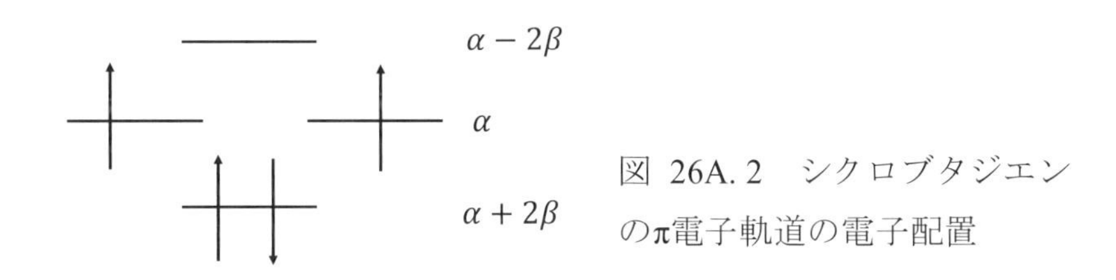

図 26A. 2　シクロブタジエンのπ電子軌道の電子配置

問題 3　エチレン分子2個のエネルギーは問題1より，$2 \times 2(\alpha + \beta) = 4(\alpha + \beta)$である．シクロブタジエンは問題2より$2\alpha + 2(\alpha + 2\beta) = 4(\alpha + \beta)$ なので，これらのエネルギーは同じになる．

解説

問題 1　共役炭化水素の高い反応性は多くの場合，π電子に起因している．Hückel法を用いると，π電子の性質を分子軌道論的にかつ簡単に理解することができる．以下にHückel法の概要を説明する．

まず結合を形成する分子軌道のうち，σ軌道とπ軌道を分離する．σ軌道は分子の骨格を形成し，π軌道は反応性に関与していると考える．そこで，化学的性質を記述するために，π電子の電子状態を求めることを考え，π電子のみで分子軌道を記述する．分子軌道を各原子のπ電子軌道の足し合わせで表現できるとすると，分子軌道ϕに対し，系のπ電子軌道$\{\chi_r\}_{r=1}^{n}$を用いて，

$$\phi = c_1\chi_1 + c_2\chi_2 + \cdots + c_n\chi_n$$

と書くことができる．$\{c_i\}$は実数係数であり，規格化条件$c_1^2 + c_2^2 + \cdots + c_n^2 = 1$を満たす．また，「Hamilton演算子$\hat{H}$は1電子演算子$\hat{h}$の和で書ける」とし，$\hat{h}$の期待値（軌道エネルギー）を$\epsilon$とする．この近似は，電子間反発を各電子に振り分けることを意味している．これは現実とは異なるが，この近似により計算が容易になる．

以上の近似では，軌道エネルギーの和が全エネルギーになるので，これを最小になるように係数$\{c_i\}$を決定する．これは変分問題であり，一般的に軌道エネルギーを最小にする係数$\{c_i\}$は次の

連立方程式の解であることが知られている．

$$\begin{pmatrix} h_{11}-S_{11}\epsilon & \cdots & h_{1n}-S_{1n}\epsilon \\ \vdots & \ddots & \vdots \\ h_{n1}-S_{n1}\epsilon & \cdots & h_{nn}-S_{nn}\epsilon \end{pmatrix}\begin{pmatrix} c_1 \\ \vdots \\ c_n \end{pmatrix}=0$$

この連立方程式は非自明な解をもつ必要があるため，解くべき方程式は，

$$\det\begin{pmatrix} h_{11}-S_{11}\epsilon & \cdots & h_{1n}-S_{1n}\epsilon \\ \vdots & \ddots & \vdots \\ h_{n1}-S_{n1}\epsilon & \cdots & h_{nn}-S_{nn}\epsilon \end{pmatrix}=0$$

となる．この行列式に関する方程式を永年方程式という．

上記のh_{ij}は一電子演算子$\hat{h}$の行列要素，S_{ij}は重なり積分である．Hückel 法では，結合のない重なり積分を 0 と近似し，結合する原子間の重なり積分を等しいと近似する．つまり，h_{ij}は以下のようになる．

$$h_{ij}\approx\begin{cases} \alpha & (i=j) \\ \beta(\text{原子}i,j\text{が結合}) & \\ 0 \quad (\text{その他}) & \end{cases}\quad,\quad S_{ij}=\begin{cases} 1 & (i=j) \\ 0 & (i\neq j) \end{cases}$$

αを Coulomb 積分，βを共鳴積分と呼ぶ．一般に$\alpha,\beta\ <\ 0$である．共鳴積分 β により系が安定化される．このように，Hückel 法では様々な粗い近似を入れることで手計算ででも分子軌道を概算することが可能となる．この軌道エネルギーを連立方程式に代入し，これを$c_1^2+c_2^2+\cdots+c_n^2=1$と共に解くことで，各分子軌道における$\pi$電子軌道の寄与が求まる．

また，永年方程式自体は Hückel 法に固有のものでなく，変分原理を用いて分子軌道を構成する際に一般的に出現する．永年方程式は行列式の方程式なので，詳しい解き方に関しては線形代数の教科書を参照すること．

問題 2　永年方程式の解として$x=0$が得られたが，これは重解であるので，縮退したエネルギー準位となる点に注意する必要がある．

問題 3　この結果は，シクロブタジエンでは共鳴による安定化エネルギーがないことを示している．実際，シクロブタジエンは反芳香族性である．

参考文献

1. P. W. Atkins, J. de Pauls 『アトキンス物理化学（上）　第 8 版』 東京化学同人　2009 年 （訳：千原秀昭，中村亘男）
2. D. A. McQuarrie, J. D. Simon 『マッカーリ・サイモン物理化学—分子論的アプローチ（上）』 東京化学同人　1999 年 （訳：千原秀昭　他）

第5章　分子の性質・反応性［解答］

問27　分子軌道法の応用：フロンティア軌道論［解答］

問題1　A: HOMO: 2，LUMO: 3，電子吸引的，B: HOMO: 3，LUMO: 4，電子供与的

問題2　カルボン酸(RCOOH)の酸性度は，カルボキシラートアニオン($RCOO^-$)の安定性に依存する．CH_3の水素を電子吸引性の強い塩素に置き換えると，図27A. 1に示すようにカルボキシラートアニオン酸素上の電子密度が下がるとともに，HOMOが安定化される．これによって水素の軌道エネルギーとの差が開き，カルボン酸の分子軌道のO–H結合の結合安定化エネルギーが小さくなる．よって，CH_3の水素を塩素に置き換えることで水素が解離しやすくなり，酸性度が大きくなる．

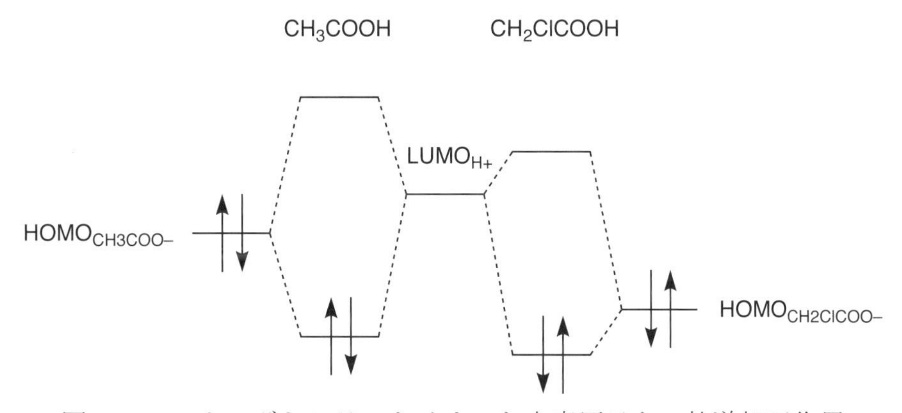

図27A. 1　カルボキシラートイオンと水素原子との軌道相互作用

問題3　π共役電子の再配置によりσ結合を生成するには，末端の，同位相の軌道が重なる必要がある．(2,4,6)-オクタトリエンの場合，これはC2–C3とC4–C5の結合が逆方向に回転する「逆旋」によって起こるので，その結果 *cis*-4,5-dimethyl-cyclohexadine が選択的に生成される．

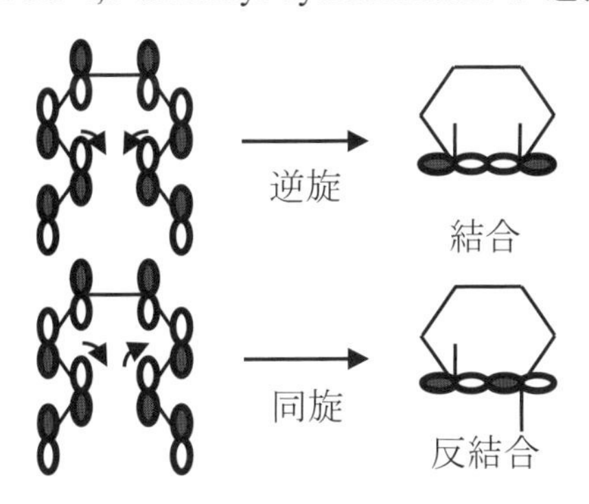

図27A. 2　(2,4,6)-オクタトリエンの逆旋および同旋による軌道相互作用

解説

問題1　HOMOはHighest Occupied Molecular Orbital, LUMOはLowest Unoccupied Molecular Orbitalの略である．ラジカル分子などを扱う場合，半分占有されている軌道をSOMO(Singly Occupied Molecular Orbital)と称する．これらはまとめてフロンティア軌道とも呼ばれる．有機電子論では電

子密度をもとに分子間の反応点を考えるが，この考え方はすべての占有軌道が反応に関与していることを意味する．しかし，原子において内殻電子が結合に寄与しない様に，分子においても安定な軌道が結合に寄与するとは考えづらい．そこでフロンティア軌道理論では HOMO および LUMO の最も電子密度の高い部分および低い部分が反応点となると考える．Diels–Alder 反応など一部の環状反応の立体特異性の説明にはこの理論が必要となる．

結合が形成されるにはエネルギー的な安定化が必要である．図 27. 1 では（A3）軌道と（B3）軌道の相互作用形成された結合性軌道に B の電子が入ることで全体が安定化することがわかる．

問題 2　結合した 2 つの原子の電気陰性度の違いによって，共有結合上の電子の分布には偏りが生じる．しかしながら，電気陰性度をもとにした議論にも注意が必要である．例えば，一酸化炭素は炭素と酸素の電気陰性度が大きく異なるにもかかわらず無極性である．これは分子軌道間の相互作用によるものである．

問題 3　ペリ環状反応に関する選択性を軌道の対称性をもとに一般化したものが Woodward–Hoffmann 則である．この法則では関係する σ および π 結合の電子数，および π ローブの同じ側（スプラ型，s）か逆側（アンタラ型，a）が反応するかによって分ける．これをもとに電子数 $4n+2$ のスプラ型と，$4n$ のアンタラ型の総数が奇数であれば熱的反応が許容，偶数であれば光化学的反応が許容となる．この問題の場合，逆旋は ${}_{\pi}6_{s}$ で$(4n+2)_{s}$ の成分数が 1，$(4n)_{a}$ 成分数が 0 なので熱的許容，同旋は ${}_{\pi}6_{a}$ で$(4n+2)_{s}$ と$(4n)_{a}$ 成分数ともに 0 なので光化学的許容とわかる．

参考文献

1. P. W. Atkins, J. de Pauls 『アトキンス物理化学（上） 第 8 版』 東京化学同人 2009 年 （訳：千原秀昭，中村亘男）
2. D. A. McQuarrie, J. D. Simon 『マッカーリ・サイモン物理化学—分子論的アプローチ（上）』 東京化学同人 1999 年 （訳：千原秀昭 他）

問 28　分子軌道法の応用：共有性相互作用［解答］

問題 1　ベンゼン(**A**)とシクロオクタテトラエン(**B**)の電子配置を図 28A. 1 に記す．

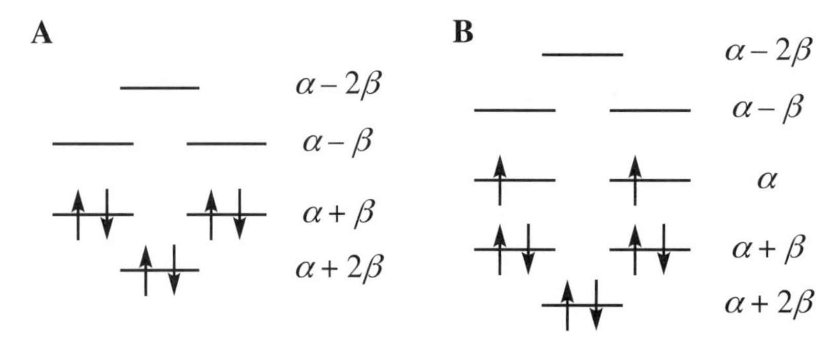

図 28A. 1　ベンゼン(**A**)とシクロオクタテトラエン(**B**)の電子配置

よって，エネルギーは次の表 28A. 1 の様にまとめられる．

表 28A. 1　各分子のエネルギーと共鳴安定化

	二重結合の数	全エネルギー	エチレン×n	共鳴安定化
A	$n = 3$	$6\alpha + 8\beta$	$6\alpha + 6\beta$	2β
B	$n = 4$	$8\alpha + 8\beta$	$8\alpha + 8\beta$	0

ここでnは二重結合の数を指し，共鳴安定化エネルギーは分子とエチレンのエネルギーとの差から計算した．よって，ベンゼンは共鳴安定化のある芳香族であり，シクロオクタテトラエンは安定化のない環状分子なので，反芳香族となる．

問題 2　この反応では，最初に塩化水素のプロトンがプロペンの二重結合に付加し中間体になる．この反応の中間体として 2 つの構造が考えられる（図 28A. 2）．ここでカルボカチオンに注目すると，(b)はメチル基からの超共役によって，(a)に比べて安定化するのでこの中間体を経由して生成物ができる．したがって，2-クロロプロパンが生成される．

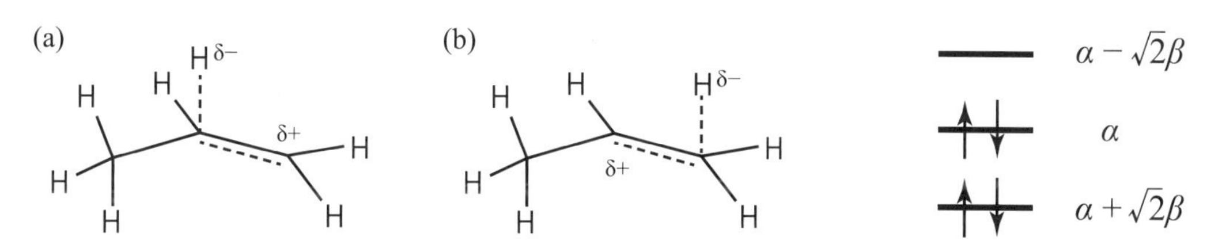

図 28A. 2　プロペンと塩化水素の反応中間体

図 28A. 3　2-プロペニルアニオンの電子配置

問題 3　2-プロペニルアニオンの電子配置は図 28A. 3 のようになる．よってエネルギーは$4\alpha + 2\sqrt{2}\beta$となる．一方独立した p 軌道のエネルギーはαなので，これとエチレンを合わせたエネルギーは$2\alpha + 2\beta + 2\alpha = 4\alpha + 2\beta$となる．以上のことから，2-プロペニルアニオンにおいて，アニオンの p 軌道がπ軌道と相互作用する方が安定である．

解説

問題 1　実際にはシクロオクタテトラエンの環構造は平面上ではない．二重結合と一重結合が交互に現れるため，炭素間の結合距離が二種類現れる．また，p 軌道が 4n+2（n は自然数）個共役している環状分子はベンゼンと同じように2βだけ共鳴安定化エネルギーが得られるので芳香族になる．p 軌道が 4n（n は自然数）個共役している環状分子の共鳴安定化エネルギーは 0 になる．実際にはさらに π 電子間の反発が存在するので不安定化する．この法則を Hückel 則という．Hückel 則はイオン状態でも成り立ち，例えばシクロオクタテトラエンのアニオンは芳香族性を示す．

問題 2　本問は Markovnikov 則と呼ばれる経験則に，超共役を考慮することにより理論的裏づけを与えるものである．超共役とは，アルキル置換基の C–H 結合の電子が隣接する炭素の空の p 軌道に非局在化する現象である．超共役は分子軌道の観点に立てば不思議な現象ではなく自然な帰結である．メチル基を水素 3 つと炭素に分けて対称適合一次結合を考えると以下の軌道を構成することができる（図 28A. 4）．これを見ると，g_2とψ_{C2}から，π軌道を構成するような分子軌道がつくられることがわかる．この軌道の存在により，メチル基と隣接する炭素の p 軌道は超共役することができる．

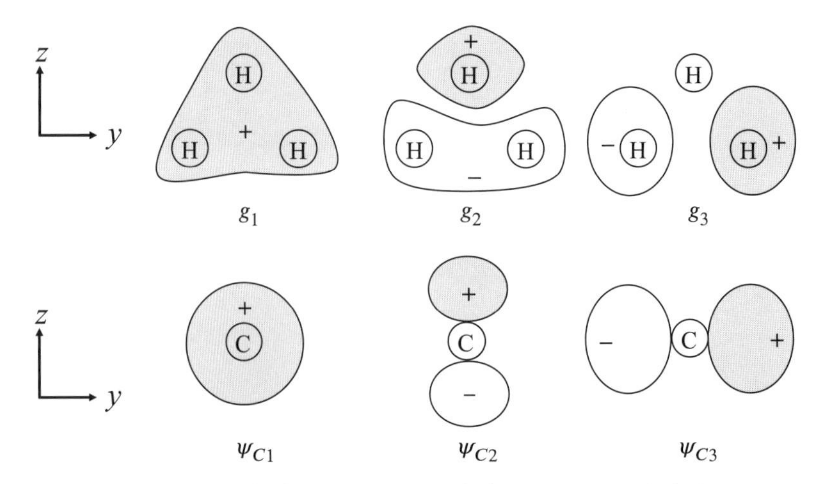

図 28A. 4 メチル基中の水素(上段)および炭素(下段)から構成される分子軌道

超共役の関与する現象には，双極子能率，燃焼熱，吸収スペクトル，イオン化ポテンシャル，反応性の変化などがある．

問題 3　2-プロペニルアニオンは図 28A. 5 のような共鳴構造をとる．2-プロペニルカチオンや 2-プロペニルラジカルについても，2-プロペニルアニオンと同様に安定性を議論できる．

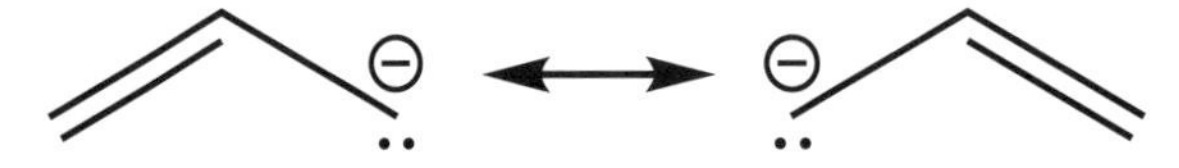

図 28A. 5　2-プロペニルアニオンの共鳴構造

参考文献

1. 米澤貞次郎　他　『三訂　量子化学入門（上）』　化学同人　1983 年
2. 米澤貞次郎　他　『三訂　量子化学入門（下）』　化学同人　1983 年
3. K. P. C. Vollhardt, N. E. Schore　『ボルハルト・ショアー現代有機化学（上）　第 6 版』　化学同人　2011 年　（監訳：古賀憲司　他）
4. K. P. C. Vollhardt, N. E. Schore　『ボルハルト・ショアー現代有機化学（下）　第 6 版』　化学同人　2011 年　（監訳：古賀憲司　他）

問 29　速度論的支配と熱力学的支配［解答］

問題 1　この反応機構は以下の通りである．まず，共役ジエンの二重結合に Markovnikov 則にしたがってプロトンが付加し，アリルカチオンが生成する．この中間体が共鳴構造をとるため，異なる 2 つの生成物が与えられる．

HBr

Br

Br

アリルカチオンは 1 位の炭素よりも 3 位の炭素上に大きく張り出した LUMO をもつため，臭素アニオンの付加は，エントロピー的に(b)の経路が有利となる．一方で，生成物を比較すると，内部アルケン(a)の方が安定となる．これを反応座標にまとめると以下のようになる（図 29A. 1）．

ここで，高温条件下(a)では十分なエネルギーが与えられるため，簡単に活性化エネルギーの高い遷移状態を超えることができ，また臭素が付加した後も中間体に戻ることが可能となり，最終的に安定な生成物をとることができる．すなわち，(a)の反応は熱力学的支配で進行している．一方で，低温条件下(b)では十分なエネルギーが供給されないため，より活性化エネルギーの低いルートを通り，相対的に不安定な生成物ができる．すなわち，(b)の反応は速度支配で進行している．

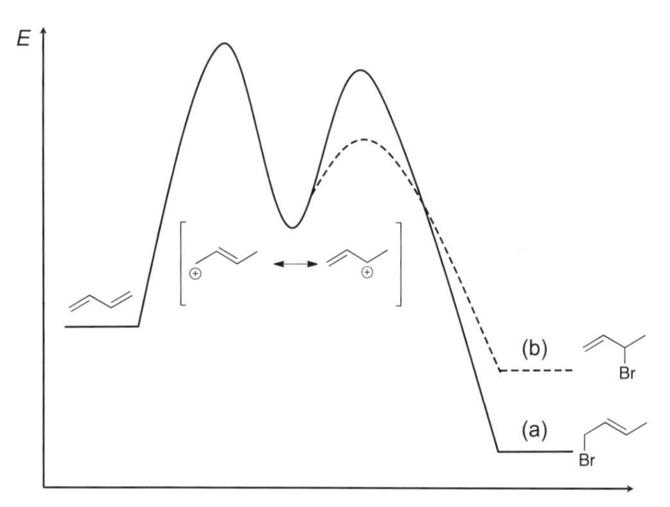

図 29A. 1　この反応機構における反応座標

問題 2　Wittig 反応の機構は以下の通りである．まず，リンイリドがカルボニル化合物に付加し，ベタインもしくはオキサホスフェタンを生じる．続いて，ホスフィンオキシドが脱離し，アルケンを与える．P–O 結合の強さが反応進行の駆動力となっている．

R^2 が電子求引基の場合，発生するリンイリドが安定化される．すなわち，カルボニルに対するリンイリドの付加反応が可逆となるため，熱力学的支配的にもっとも安定となるオキサホスフェタン中間体を経由し，反応が進行，E 体化合物が主生成物として得られる．ここではホスフィンオキシドの脱離が反応全体の律速過程となる．

reversible　fast　E-olefin (major)　Z-olefin (minor)　betaine　oxaphosphetane

一方，R^2 が電子供与基の場合，発生するリンイリドが不安定化される．すなわち，試薬の反応性が高くなり，カルボニルに対するリンイリドの付加が不可逆的に進行し，C–C 結合の生成ステップが反応の律速過程となる．ここでは非常にかさ高いトリフェニルホスフィンを避ける位置に置換基 R^1 がくるものが有利となる．この速度論的支配型の遷移状態を経てオキサホスフェタン中間体を経由し，その後は速やかにホスフィンオキシドが脱離するため，Z 体化合物が主生成物として得られる．

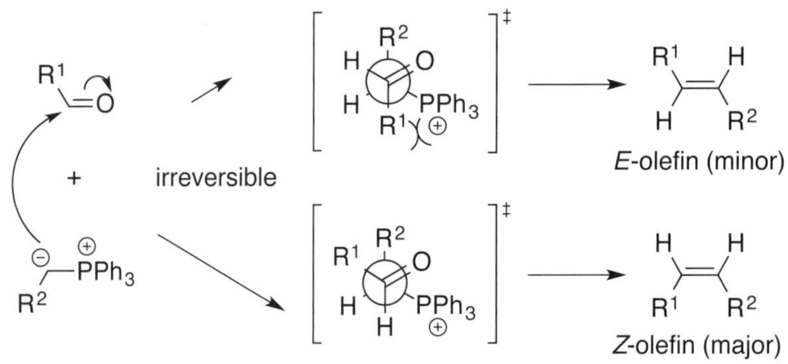

参考文献

1. S. Winstein, W. G. Young, *J. Am. Chem. Soc.*, **58**, 104 (1936).
2. L. Kürti, B. Czakó　『人名反応に学ぶ有機合成戦略』　化学同人　2006年　（訳：富岡清）
3. 野依良治　他　『大学院講義有機化学II 有機合成化学・生物有機化学』　東京化学同人　1998年

問30　芳香族性［解答］

問題1　芳香族性とは，鎖状の$(4n+2)\pi$電子系が環状共役することによるHOMOの低下とLUMOの上昇を主要因とした，系の熱力学的安定化と大きな反磁性環電流の誘起と定義できる．

問題2

安定性：アントラセンとフェナントレンを例とする．アントラセン上にはClar's aromatic sextetを必ず1つしか書くことができないのに対し，フェナントレン上には2つ書くことができる．このように共役する環の数が等しい場合，アセン類より常にフェナセン類のほうがsextetを多く書くことができるため，より安定となる．

色変化：アセン類で1つしか書くことのできないClar's aromatic sextetは，様々な環の上に書くことができる．これはsextet migrationにより共役が広がりやすい構造にあると解釈できる．結果として，環数の増加に伴い共役の伸長が起こり，HOMO－LUMOギャップが小さくなるため，劇的に深色化（吸収の長波長化）が起こる．一方，フェナセン類では系の増大に従いsextetも増加する．これはベンゼン環がエネルギー差の大きな二重結合で架橋された電子系とみなすことができる．そのため，環の数が増えてもHOMO－LUMOギャップは大きく開いたままであり，環数の増大に対して色の変化に乏しい．

問題3　構造Aは外側30π，内側18πの二重アヌレンモデル．構造Bはベンゼン環モデルである．仮に構造Aの寄与が非常に大きいとすると，内側のプロトンは[18]アヌレンの内側プロトンと同等とみなすことができるため，^{1}H-NMRシグナルの化学シフト値は高磁場領域に観測されなくてはならず，測定値(10.5 ppm)と合わない．一方，ベンゼン環モデルであれば，低磁場領域に内側プロトンが観測された事実をうまく説明できる．

解説

問題 1　π 共役電子系の構造，反応性，物性を理解するうえで，芳香族性の果たす役割は大きい．分子の芳香族性の有無を議論する際に，Hückel 則がよく用いられる．Hückel 則では，次の 3 つの条件を満たす単環性共役 π 電子系は，結合性軌道が全て満たされた閉殻構造となり芳香族性を示すとされている．

①　π 電子系に含まれる電子の数が $4n+2$ ($n = 0, 1, 2, 3, ...$)個
②　環全体が平面構造をとっている
③　環を構成する全原子が sp^2 混成軌道をとっている

これは環状 π 共役分子に対して Hückel 法を適用することで簡単に導かれる．従来，芳香族性は分子の定性的な性質として理解されてきたが，近年，NICS のような電子状態を特徴づける指標を用いて芳香族性的な電子状態を定量的に記述するという試みがなされてきている．

問題 2　Clar's rule とは，ある芳香族化合物について様々な共鳴構造を考え得るとき，できるだけたくさんのベンゼン型構造が現れるような共鳴構造が安定であるとするものである．これを用いると，複数のベンゼン環が直線状につながったアセン類，ジグザグにつながったフェナセン類などの縮合多環芳香族化合物の電子状態を定性的に説明することができる．

アセン類はフェナセン類と比較して，複数の安定構造を取りうる（sextet が移動する=共役が広がる）ことになる一方で，安定な六員環の数が少なく（得られる芳香族共鳴安定化エネルギーが小さく）なる事がわかる（図 30A. 1）．また，フェナンスレンの 9,10 位の二重結合性が高いことなどもわかる．

本問題で取り扱ったように，同じ縮合多環芳香族化合物であっても，アセン類とフェナセン類は大きく異なる性質を示す．安定性について実例に挙げると，アセン類はベンゼン環が 7 個つながったヘプタセン以上の分子は不安定なため単離されていないのに対し，フェナセン類ではアルキル化された[11]フェナセンの合成がなされている．また，こうした縮合多環芳香族化合物は有機 EL の発光材料，蛍光物質，有機半導体といった応用に期待がもたれている．

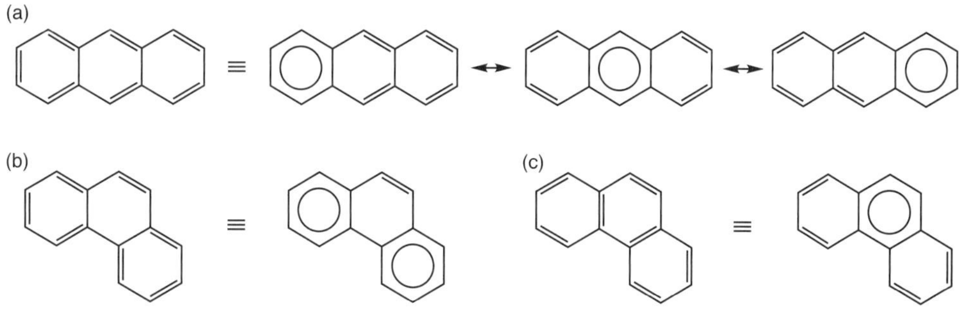

図 30A. 1　(a) アントラセンの取り得る電子構造 (b) 安定なフェナントレンの電子構造
(c) 不安定なフェナントレンの電子構造．この電子構造の寄与はほとんど無い

問題 3　ベンゼン環の非局在化した π 電子は外部磁場によって環電流を発生し，この環電流が誘起磁場を生じる．ベンゼンを含む$(4n+2)\pi$ 系では外部磁場により反磁性環電流が誘起され環の外側にある水素は外部磁場と同じ向きの誘起磁場を受けるので，反遮蔽効果を受け，^{1}H-NMR シグナルの化学シフト値は低磁場シフトを示す．A の構造では環電流がケクレンを 1 周する構造，B は局所的な環電流を誘起することになる．本問題で取り扱ったケクレンのような化合物でも，ベン

ゼン環モデルであれば内側の水素の低磁場シフトが観測されることがわかる．

参考文献

1. 野依良治　他　『大学院講義有機化学 I 分子構造と反応・有機金属化学』　東京化学同人　1998年
2. 戸部義人，豊田真司　『構造有機化学』　朝倉書店　2016年
3. H. F. Bettinger, C. Tonshoff, *Chem. Rec.*, **15**, 364 (2015).

問31　酸性・塩基性：定義とHSAB則［解答］

問題1　(1) 酸：水素イオンを生じる化合物，塩基：水酸化物イオンを生じる化合物 (2) 酸：プロトンを供与する化合物，塩基：プロトンを受けとる化合物 (3) 酸：電子対を受けとる化合物，塩基：電子対を供与する化合物

問題2　(a) 硬い酸・塩基は中心原子が小さく，分極率が小さく，高い電荷密度をもっている．軟らかい酸・塩基は中心原子が大きく，分極率が大きく，低い電荷密度をもっている．

(b) HA　：H^+，BF_3，Li^+，Mg^{2+}

SA　：B_2H_6，Ag^+，Hg^+，RCH_2^+

HB　：OH^-，F^-，RNH_2，ROH

SB　：H^-，I^-，RSH，R_3P，R^-

問題3

(1)

(a) 1) MeLi　2) H^+

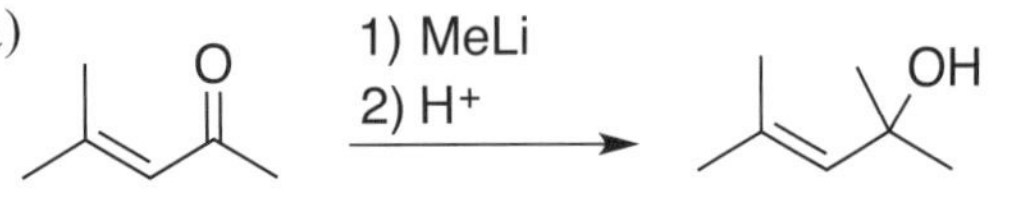

(b) 1) Me_2CuLi　2) H^+

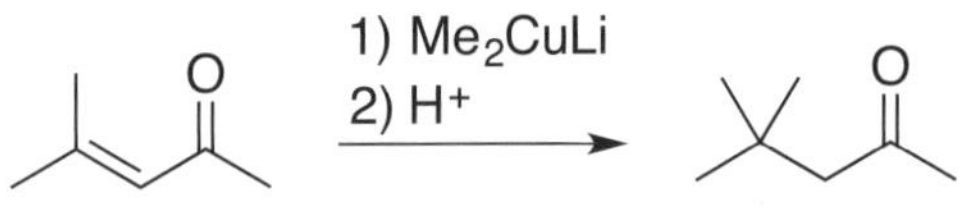

(2)

(a) $NaBH_4$ / MeOH

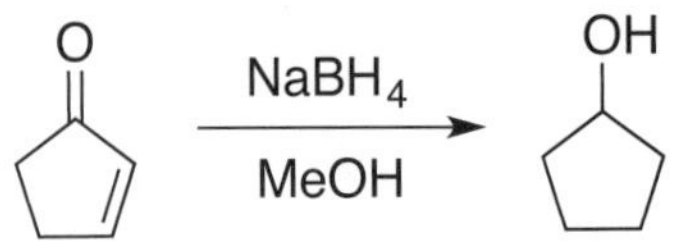

(b) $NaBH_4$, $CeCl_3$•$7H_2O$ / MeOH

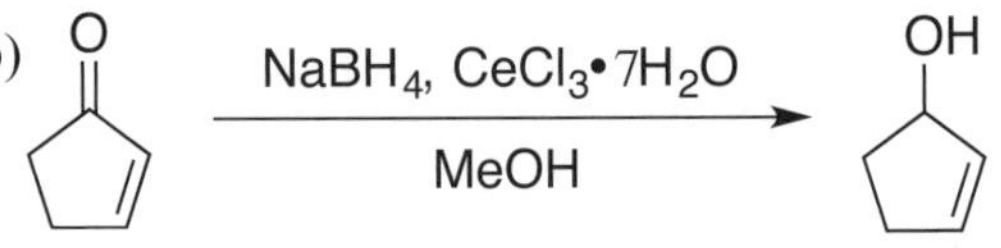

解説

問題1　Lewisによる酸・塩基の定義はBrønstedとLowryによる定義を内包しており，BrønstedとLowryによる定義はArrheniusによる定義を内包している．しかしながら，特に有機化学の分野においては慣用的に「Lewis酸」を「Lewisの定義による酸の中で，Brønsted酸（プロトン酸）以外のもの」とする場合が多い．

問題2　HSAB則は，酸と塩基の親和性の傾向を理解しやすくする概念として用いられる．一般的に，硬い酸は硬い塩基と高い親和性をもち，逆に軟らかい酸は軟らかい塩基と高い親和性をもつ．

酸と塩基の相互作用エネルギーは，簡略化して言えば電荷相互作用と軌道相互作用の 2 つの要因によって決まる．電荷相互作用とは，正電荷と負電荷が互いに引き合う Coulomb 力を基にする相互作用であり，電荷とイオン半径により決定される．軌道相互作用とは，原子軌道（あるいは分子軌道）の間にはたらく相互作用のことで，特に塩基の HOMO と酸の LUMO の間の相互作用が重要となる．電荷が大きく，イオン半径の小さい硬い酸や硬い塩基は，大きな電荷相互作用を引き起こすが，軌道の広がりが小さく軌道相互作用は小さくなる．一方で，軟らかい酸や軟らかい塩基間にはたらく電荷相互作用は小さいが，大きな軌道相互作用が起こる．その結果，強い電荷相互作用能をもつものどうしである硬い酸と硬い塩基が相互作用することで，あるいは強い軌道相互作用能をもつものどうしである軟らかい酸と軟らかい塩基が相互作用することで，それぞれ大きく安定化される．

問題 3　(1) α，β 不飽和カルボニル化合物のカルボニル炭素と β 位の炭素を比較するとカルボニル炭素の方がより硬い．また，カルボニル酸素は比較的硬い塩基であるのに対して，二重結合上の π 電子は柔らかい塩基として振る舞うことが知られている．一方でリチウムイオンは硬い酸であるのに対して銅イオンは柔らかい酸に分類される．

反応式(a)においてカルボニル基が酸素とリチウムの相互作用により活性化された後，硬い塩基であるカルボアニオンがカルボニル炭素を攻撃するため，1,2 付加生成物が得られる．一方，反応式(b)で用いられているジメチル銅リチウム (Gilman 試薬) については，リチウムイオンが酸素と，銅(I)イオンが炭素–炭素二重結合上の π 電子と相互作用して錯形成した後，β 位の炭素をメチル化する．

(2) 反応式(a)において水素化ホウ素ナトリウムは比較的軟らかい還元剤であるため，より軟らかい β 位の炭素と優先的に反応し，1,4-還元が進行する．合成された飽和カルボニル化合物に対し，さらに水素化ホウ素ナトリウムがカルボニル炭素と反応し，最終的に飽和アルコールが生成する．一方，反応式(b)においては，系中で水素化メトキシホウ素ナトリウムが発生している．これは水素化ホウ素ナトリウムと比べてより硬い還元剤であるため，より硬いカルボニル炭素と選択的に反応し，1,2-還元が進行し，アリルアルコールが生成する．このように，水素化ホウ素ナトリウムを用いた反応において，ランタニド化合物を添加することで 1,2-還元を選択的に進行させる反応を，発見者の名前をとって Luche 還元と呼ぶ（ランタニド化合物だけでなく，塩化カルシウムや塩化マグネシウム共存下でも 1,2-還元が選択的に進行する）．

Hard Acid
O
Soft Acid
$NaH_nB(OMe)_{4-n}$
(Hard Base)
OH
$NaBH_4$
(Soft Base)
OH
O
$NaBH_4$
MeOH
OH

<u>参考文献</u>

1. 野依良治　他 『大学院講義有機化学 I 分子構造と反応・有機金属化学』 東京化学同人　1998 年
2. 野依良治　他 『大学院講義有機化学 II 有機合成化学・生物有機化学』 東京化学同人　1998

年
3. G. Klopman, *J. Am. Chem. Soc.*, **90**, 223 (1968).

問 32　酸性・塩基性：Brønsted 酸［解答］

問題 1　酢酸，フェノール，エタノール

酸性度を考えるには，その共役塩基の安定性に注目する必要がある．図 32A. 1 に各化合物の共鳴構造を示した．エタノールの共役塩基は共鳴構造をもたないためにこの中で最も不安定であり，酸性度は最も小さくなる．

次に酢酸とフェノールについて考える．一般的に，共鳴構造が多く描けるほど負電荷がより非局在化されるため，その共役塩基は安定となる．しかしそれだけではなく，共鳴混成体における寄与も考慮する必要がある．フェノキシドイオンの場合，炭素原子が負電荷を帯びる構造は，炭素原子の電気陰性度が酸素原子に比べて小さく，共鳴によりベンゼン環の芳香族性が破壊されるため，共鳴構造としてはあまり有効ではない．一方，酢酸イオンではそれぞれの共鳴構造は等価であるため，負電荷は 2 個の酸素原子に均等に非局在化される．結果として酸性度は酢酸の方がフェノールより大きくなる．

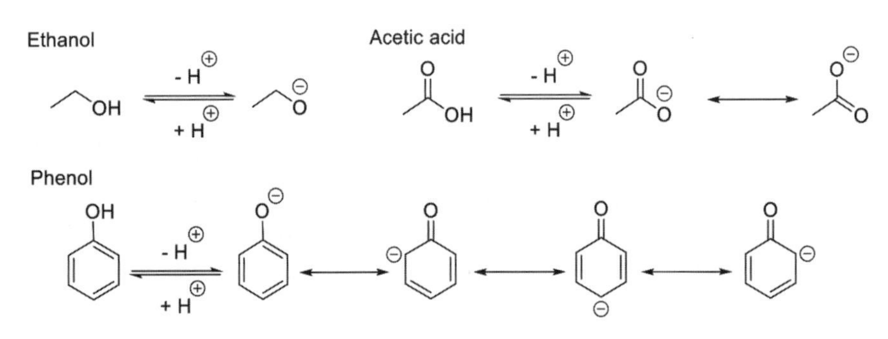

図 32A. 1　共役塩基の共鳴構造

問題 2　トリフルオロ酢酸，酢酸，トリメチル酢酸

いずれもカルボキシル基を有しており，共役塩基の共鳴構造の数は同じである．ここでは，置換基の誘起効果を考慮する必要がある．トリフルオロ酢酸の場合，電子求引性のフッ素原子が σ 結合を介して電子を引きつけることから，アニオン種はより安定になる．逆に，トリメチル酢酸の場合，電子供与性のメチル基によってカルボニル炭素に電子が流れ込むことから，アニオン種は不安定になる．アニオン種が安定になるほどプロトンは解離しやすくなるため，酸性度はトリフルオロ酢酸，酢酸，トリメチル酢酸の順に大きくなる．

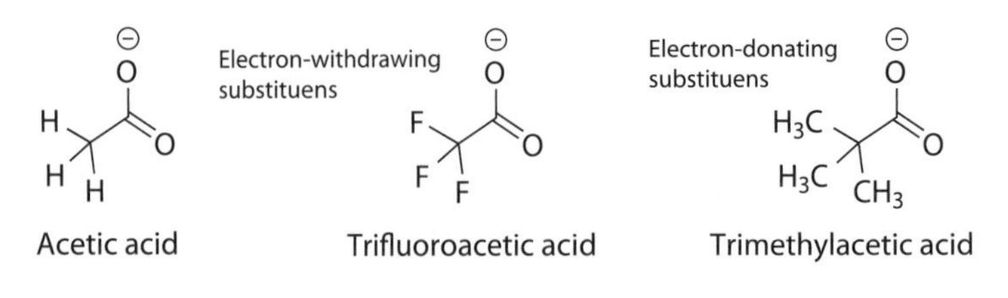

図 32A. 2　誘起効果による共役塩基の安定化

問題 3　*n*-ブチルアルコール

アルコールのプロトンが引き抜かれた構造であるアルコキシドの安定性について考える．*t*-ブチルアルコキシドは *n*-ブチルアルコキシドに比べて酸素原子の周りの立体障害が大きいことから，アニオン種の溶媒和が妨げられる．結果として *t*-ブチルアルコキシドの方が不安定なアニオン種であるため，酸性度は小さくなる．

解説

各化合物の水溶液中における酸解離定数を表 32A. 1 に示す．今回は主に有機分子の酸性度について取り扱ったが，塩基性についても同様に考えればよい．すなわち，酸性の大きさはプロトンが外れた際に生じる共役塩基の安定性に，塩基性の大きさはプロトンを奪う際に生じる共役酸の安定性に大きく依存する．酸性度，塩基性度について考えることは化学反応の進行しやすさを考える際に非常に重要となる．

表 32A. 1　水溶液中における酸解離定数

化合物名	pK_a
酢酸	4.76
フェノール	9.95
エタノール	15.9
トリフルオロ酢酸	0.23
トリメチル酢酸（ピバル酸）	5.01
n-ブチルアルコール	16.1
t-ブチルアルコール	19

参考文献

1. H. Hart　『ハート基礎有機化学』　培風館　1986 年　（訳：秋葉欣哉，奥彬）
2. 平尾一之　他　『無機化学』　東京化学同人　2013 年
3. J. McMurry　『マクマリー有機化学（上）　第 8 版』　東京化学同人　2013 年　（訳：伊東椒　他）

問 33　電子移動特性［解答］

問題 1　(1) $\Delta G^{\ddagger}$は 2 つのエネルギー曲線の交点におけるエネルギーに対応する．交点の座標は $f(x) = g(x)$を解いて $x = 1/2$ と得られるため，$f(1/2) = \Delta G^{\ddagger} = \lambda/4$．

(2) (1)の結果より，反応活性化エネルギーは再配列エネルギーと比例関係にある．フラーレンの再配列エネルギーは電子の非局在化の効果により小さいことから，電子移動反応の反応活性化エネルギーも小さくなる．すなわちフラーレン間の電子移動反応におけるエネルギー障壁は小さく，フラーレン間の電子移動度は高くなる．

問題 2 (1) 問題 1 と同様に交点の座標を $f(x) = g(x)$ から求めると，

$$\lambda x^2 = \lambda(x-1)^2 + \Delta G \iff x = (\lambda + \Delta G)/2\lambda$$

となる．$\Delta G^{\ddagger}$ はこの交点におけるエネルギーと対応するため，

$$f\left(\frac{\lambda + \Delta G}{2\lambda}\right) = \Delta G^{\ddagger} = \frac{(\lambda + \Delta G)^2}{4\lambda}$$

(2) 図 33A. 1 に示した通り．$-\Delta G = \lambda$ で $\Delta G^{\ddagger} = 0$ となり，電子移動速度が最大となる．

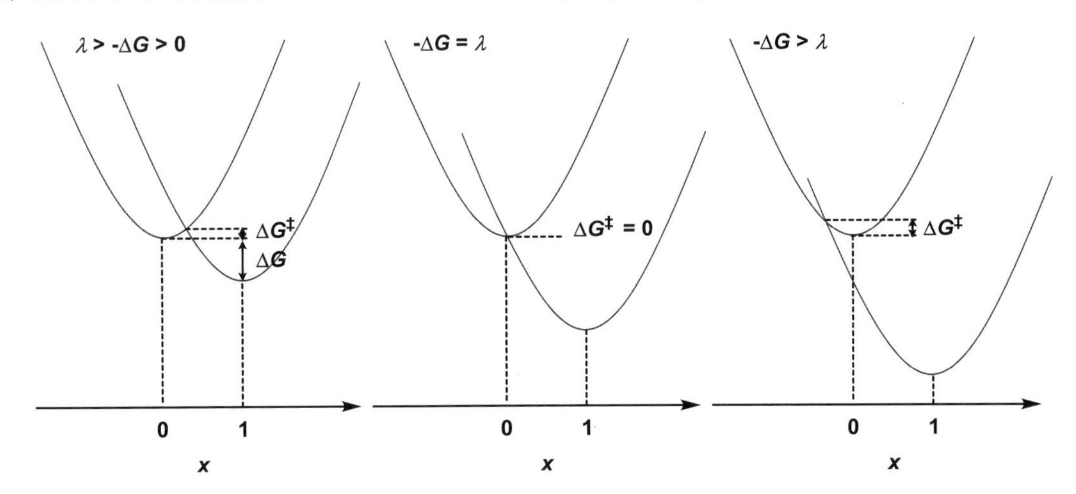

図 33A. 1　それぞれの場合における電子移動エネルギーダイアグラムの概形

(3) $k_{\mathrm{ET}} = v \exp\left\{-\frac{(\Delta G + \lambda)^2}{4\lambda k_{\mathrm{B}} T}\right\}$

縦軸を $\ln k_{\mathrm{ET}}$，横軸に $-\Delta G$ をとった場合のグラフの概形は図 33A. 2 のようになる．

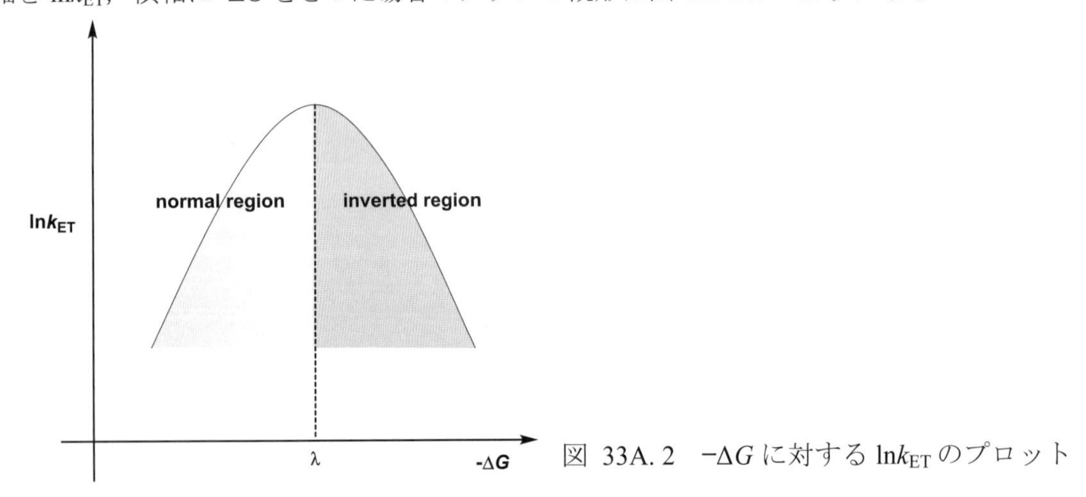

図 33A. 2　$-\Delta G$ に対する $\ln k_{\mathrm{ET}}$ のプロット

解説

問題 1　再配列エネルギーは，内部再配列エネルギーと溶媒和などに基づく外部再配列エネルギーの和で記述される．受けとった電荷を非局在化できる分子では内部再配列エネルギーが小さい．有機エレクトロニクス素子中のキャリア移動度の向上を考える際には，分子の再配列エネルギーを小さくすることが 1 つの鍵となる．有機薄膜太陽電池において n 型半導体として利用されているフラーレン類は，内部再配列エネルギーが極めて小さいことが実証されている．

問題 2　(3)で導出した式は，Marcus の式と呼ばれる．縦軸 $\ln k_{ET}$，横軸$-\Delta G$のグラフからわかるように，反応速度は$-\Delta G < \lambda$のときは単調に増加するが，$-\Delta G = \lambda$のときに最大となり，$-\Delta G > \lambda$では単調に減少する．$-\Delta G < \lambda$の領域は正常領域(normal region)，$-\Delta G > \lambda$ の領域は逆転領域(inverted region)と呼ばれる．Marcus によって予言されたこの逆転領域の存在は，エネルギーギャップの増大と共に反応速度は単調増加するという当時の経験則に反するものであり，大きな議論を呼んだ．逆転領域の存在は理論発表後に実験的に確認され，この功績により Marcus は 1992 年に Nobel 化学賞を受賞した．

電子移動反応は，反応座標を交差する単純な 2 つの調和振動子（二次関数）として，高い精度で近似できる．このため，反応活性化エネルギー($\Delta G^{\ddagger}$)は，ドライビングフォース($-\Delta G$)と再配列エネルギー(λ)の，2 つの変数から予測することができる．これは，調和振動子を一次関数として粗く近似することが限界である一般的な化学反応との大きな違いである＊1．$-\Delta G$ は，電子供与体と受容体の酸化および還元電位から計算することができ（電気化学測定の項参照），λ は各々の化合物の自己交換反応の値の相加平均として計算することができる．つまりある化合物について，一度，電位と再配列エネルギーをもとめてしまえば，任意の電子供与体と受容体の反応について速度を予測することができる＊2．

ここで扱った Marcus の理論は電子移動反応種同士の軌道相互作用（電子的カップリング）の寄与が小さい外圏型電子移動における理論であることに注意が必要である．

＊1：一次の近似からは $\Delta G^{\ddagger}$と$-\Delta G$ の直線的自由エネルギー関係（あるいは Bell–Evans–Polanyi 則）が導かれる

＊2：このような関係式は，一部の水素原子(H•)移動反応にも適用できることが報告されている

参考文献

1. 渡辺正，中村誠一郎　『電子移動の化学—電気化学入門（化学者のための基礎講座 11)』　朝倉書店　1996 年
2. 伊藤攻　『電子移動（化学の要点シリーズ 5)』　共立出版　2013 年
3. R. A. Marcus, *Angew. Chem. lnt. Ed.*, **32**, 1111, (1993).

問 34　キラリティー［解答］

問題 1　溶液の濃度は $c = 1 / 10 = 0.1$ g mL^{-1}. 試料セルの長さ l = 1 dm, $\alpha = 15°$ より，比旋光度は，$[\alpha] = -15 / (1 \times 0.1) = -150$

問題 2　(a) エナンチオマー　(b) 構造異性体　(c) 同一分子　(d) ジアステレオマー

問題 3　**BINAP** や **BINOL** のようにナフタレン環の 2,2'-位にかさ高い置換基を有する 1,1-binaphthyl 骨格は，置換基とペリ位（ナフタレン環の 1 位と 8 位）の水素の立体障害により，ナフタレン環をつなぐ単結合の回転に制限が生じる．このことから図 34A. 1 に示したように，鏡で重ね合わすことのできない鏡像異性体が発現し，光学活性を示すこととなる．

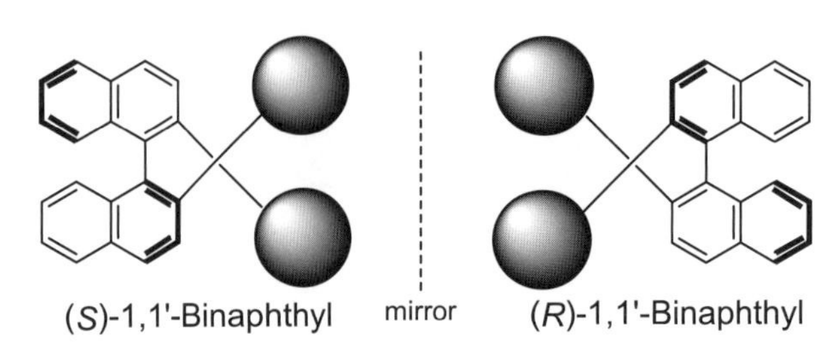

図 34A. 1　1,1-binaphthyl の鏡像異性体

解説

問題 1　エナンチオマー同士の物理的性質は，不斉中心に付いている基の空間的な配置に起因するものを除けばすべて同じである．エナンチオマー同士で特性が異なるものの 1 つとして平面偏光に対する作用が挙げられる．偏光がアキラルな分子の溶液を通過しても出てくる偏光面に変わりはないが，偏光がキラルな化合物の溶液を通ると，光はその偏光面を変えて出てくる．この偏光面を回転させる性質をもつ化合物は光学活性(optically active)であるといわれる．本問題では，化合物の旋光性の指標となる比旋光度について出題した．比旋光度(specific rotation)とは，溶媒 1 mL に試料 1.0 g が溶けている溶液を，長さ 1.0 dm の試料測定管に入れて特定の温度と波長で測定したときに得られる旋光度の値であり，キラルな化合物は特有の比旋光度を有する．比旋光度は実測旋光度から次式を使って求めることができる．

$$[\alpha]_{\lambda}^{T} = \frac{\alpha}{l \times c}$$

ここで$[\alpha]$は比旋光度，T は温度（°C 単位），λ は入射光の波長，α は実測旋光度，l は試料測定管の長さ（dm 単位），c は試料の濃度である．純粋な光学異性体の旋光度が分かっていれば試料のエナンチオ過剰率を求めることもできる．ここで化合物の比旋光度を計算する際に，比旋光度はモル濃度ではなく質量パーセント濃度を用いて求めるという点に注意したい．

問題 2　化合物中の不斉中心の数が多くなるほどその化合物の立体異性体の数も多くなり，ある化合物中の不斉中心の数を n とすると，その化合物には最大 2^n 個の立体異性体が存在する．鏡像関係にある立体異性体はエナンチオマーとなるが，$n = 2$ 以上の場合は鏡像隊の関係とならない立体異性体も存在し，これらをジアステレオマーと呼ぶ．先ほど述べたように，エナンチオマー同士の物理的および化学的性質は旋光性を除いて同じとなるが，ジアステレオマー同士はこれらが全く異なるものとなる．

また，2 つの不斉中心をもつものでも，立体異性体を 3 つしかもたないものもある．その例として 1,2-dimethylcyclohexane が挙げられる．1,2-dimethylcyclohexane の立体異性体の候補として図 34A. 2 の 4 つが考えられるが，(a)と(b)は重ね合わせることのできない鏡像関係，つまりエナンチオマー対となっている．一方で，(c)と(d)は対称面をもち，反転することによって重ね合わせることができることからエナンチオマーの関係にないことがわかる．これらのように不斉中心をもつのにもかかわらずアキラルな分子をメソ化合物と呼ぶ．

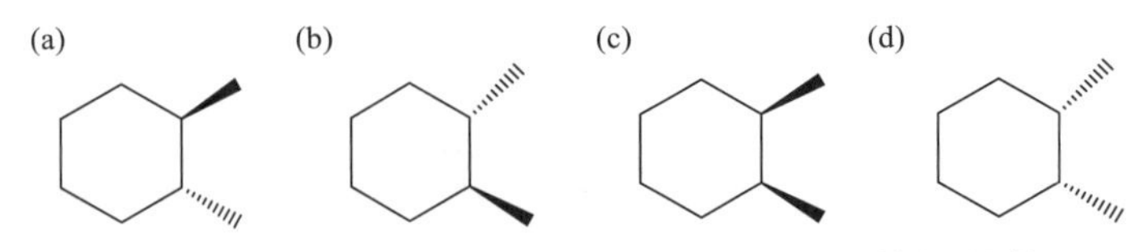

図 34A. 2　1,2-dimethylcyclohexane の立体異性体

問題 3　本問題で出題した **BINAP** などに見られるような結合の回転制限により光学異性体が発現する化合物は，アトロプ異性(atropisomerism)をもつといわれる．1,1-binaphthyl 骨格は近年，この軸的不斉に起因する有用性から，不斉触媒の配位子や円偏向発光素子としての利用に向けた研究開発が活発に行われている．

このアトロプ異性の他にも不斉中心をもたない分子のキラリティーとして，面性キラリティー(planar chirality)とヘリシティー(helicity)がある．面性キラリティーとは，分子内のある面の表と裏で原子の配列が異なることによって生じるキラリティーであり，そのような面をキラル面と呼ぶ．面性キラリティーをもつエナンチオマーの例として下に示すシクロファン化合物がある．この化合物ではベンゼン環の回転が阻害されるためにキラリティーが発現している．

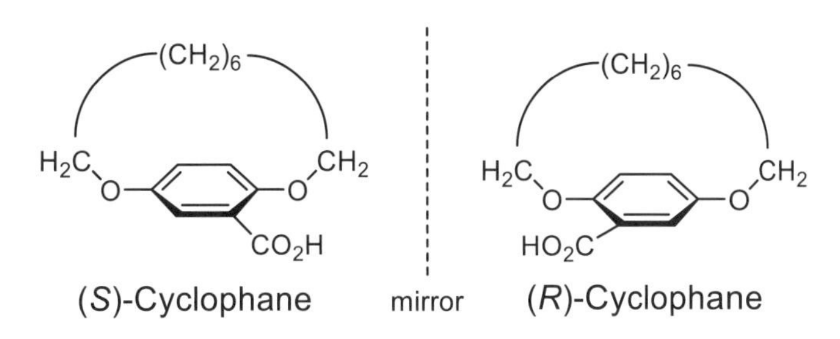

図 34A. 3　cyclophane の面性キラリティー

らせん構造をもつ化合物も右巻きと左巻きとで鏡像異性体となるためキラリティーが発現し，ここでみられるキラリティーをヘリシティーと呼ぶ．ヘリシティーに基づく立体配置は *MP* 表示法で表され，右回りの回転によってらせんが進む場合は *P* (plus)，その逆の場合は *M* (minus)となる．このヘリシティーをもつ化合物の典型的な例としてヘリセンがある．下に示すヘキサヘリセンでは絶対立体配置が(*P*)-(+)-であることが決定されている．

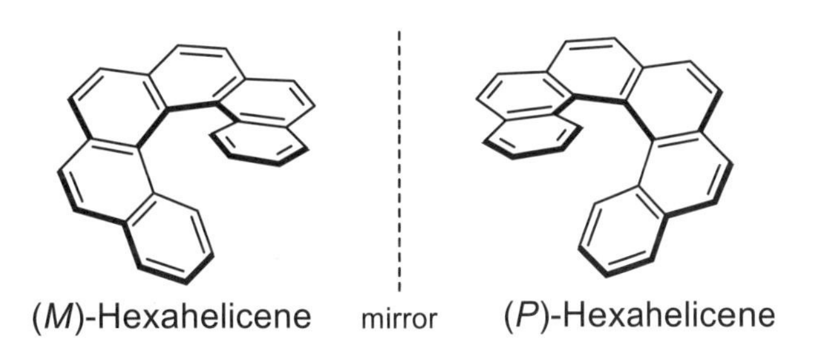

図 34A. 4　hexahelicene のヘリシティー

参考文献

1. 野依良治　他　『大学院講義有機化学 I　分子構造と反応・有機金属化学』　東京化学同人　1998 年
2. P. Y. Bruice 『ブルース有機化学（上）　第 5 版』 化学同人　2009 年 （監訳 : 大船泰史　他）

問 35　酸化・還元電位［解答］

問題 1　$E^{\mathrm{o}}_{\mathrm{AB}} > E^{\mathrm{o}}_{\mathrm{DC}}$

問題 2　$\left(\frac{a_\mathrm{F}}{a_\mathrm{E}}\right)^2 = \frac{a_\mathrm{G}}{a_\mathrm{H}}$

解説

問題 1　A と B, C と D についての 2 つの半反応式はそれぞれ, $\mathrm{A + e^- \rightarrow B}(E^\mathrm{o}_\mathrm{AB})$, $\mathrm{D + e^- \rightarrow C}\ (E^\mathrm{o}_\mathrm{DC})$ となり，全反応式は　$\mathrm{A + C \rightarrow B + D}$ $(E^\mathrm{o}_\mathrm{AB} - E^\mathrm{o}_\mathrm{DC})$となる．$E^\mathrm{o}$ が正となるとき，つまり $E^\mathrm{o}_\mathrm{AB} > E^\mathrm{o}_\mathrm{DC}$ となるとき反応は右向きに進行することになる．これは $G^\mathrm{o} = -nFE^\mathrm{o}$ の関係と，G^o が負となれば発熱過程であることからも理解される．

この反応は化合物 C が A に電子を供与することで反応が起こる．これは定性的には，化合物 C の HOMO から化合物 A の LUMO に電子が移動しているということである．電子のエネルギーと電位の関係は図 35A. 1 に示すことができる．電子はエネルギーの高い軌道から低い軌道へと流れ，反応が進行する．ただし，電子のエネルギーの高低と電位の正と負が逆になることに気を付ける必要がある．

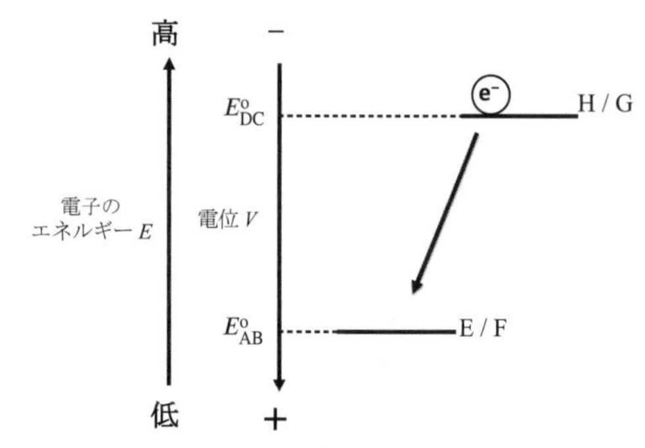

図 35A. 1　電子のエネルギーと電位の関係

問題 2　全反応式は　$\mathrm{2E + G \rightarrow 2F + H}$　となる．この反応は Nernst の式を用いて

$$E = (E^\mathrm{o}_\mathrm{EF} - E^\mathrm{o}_\mathrm{HG}) - \frac{RT}{nF}\ln K \qquad K = \frac{a_\mathrm{F}^2 a_\mathrm{H}}{a_\mathrm{E}^2 a_\mathrm{G}}$$

と表される．ここで K は平衡定数である．反応が停止するとき，$E = 0$ となる．また，$E^\mathrm{o}_\mathrm{EF} = E^\mathrm{o}_\mathrm{HG}$ であるため,

$$\frac{a_\mathrm{F}^2 a_\mathrm{H}}{a_\mathrm{E}^2 a_\mathrm{G}} = 1 \quad \text{つまり} \quad \left(\frac{a_\mathrm{F}}{a_\mathrm{E}}\right)^2 = \frac{a_\mathrm{G}}{a_\mathrm{H}}$$

となる．このように同じ標準電位のときでも，エントロピーの増大をドライビングフォースとして反応は進行する．

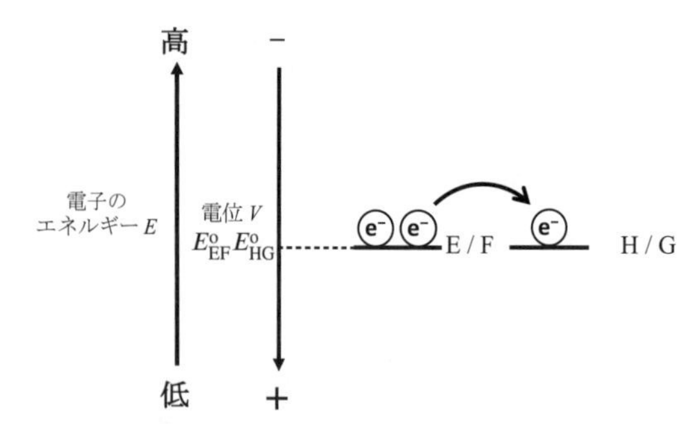

図 35A. 2　問題 2 における電子のエネルギーと電位

今回の問題で扱ったように，酸化還元反応が進行するかどうかは電位と濃度の関係から予測することができる．酸化および還元が進行する電位は反応の相手に依存しないので，どこかを基準(0 V)として，その電位からの相対的な電位として記述しておくのが便利である．基準となる半反応式は以下のように表せ，標準水素電極(Standard hydrogen electrode, SHE)と呼ばれている．

$$2H^+ + 2e^- \rightleftharpoons H_2 \quad E_{SHE} = 0$$

種々の金属の標準電位は既知である．電池においては，電位が離れた物質を組み合わせることで高い起電力をもった電池を設計することができる．例えば，Zn の溶解と Cu の析出を組み合わせた Daniell 電池では，

$$Zn^{2+} + 2e^- \rightleftharpoons Zn \quad E_{Zn^{2+}/Zn} = -0.763\ \mathrm{V\ vs.\ SHE}$$
$$Cu^{2+} + 2e^- \rightleftharpoons Cu \quad E_{Cu^{2+}/Cu} = 0.337\ \mathrm{V\ vs.\ SHE}$$

という二つの半反応式の組み合わせであり，活量によるが約 1.1 V の起電力を出すことができる．今回の問題で酸化還元反応は平衡状態に達する($E = 0$)まで電子が移動することを説明したが，これは電池切れに相当する．

参考文献
1.　大堺利行　他　『ベーシック電気化学』　化学同人　2000 年

問 36　反応速度論：Michaelis–Menten 式［解答］

問題 1　触媒分子と基質分子が複合体を形成した反応中間体の，生成速度と分解速度が等しく，その量の変化がない状態のことである．

問題 2　定常状態近似により，[ES]は常に一定である．すなわち，以下のように表せる．

$$\frac{\mathrm{d[ES]}}{\mathrm{d}t} = k_1[\mathrm{E}][\mathrm{S}] - (k_{-1} + k_2)[\mathrm{ES}] = 0$$

また，酵素 E の初期濃度について，$[E_0] = [E] + [ES]$が成立する．これにより，[E]を消去して，次のように書ける．

$$[\mathrm{ES}] = \frac{k_1[\mathrm{E_o}][\mathrm{S}]}{k_{-1} + k_2 + k_1[\mathrm{S}]}$$

よって，vは以下のように書ける．

$$v = \frac{\mathrm{d[P]}}{\mathrm{d}t} = k_2[\mathrm{ES}] = k_2\frac{[\mathrm{E_o}][\mathrm{S}]}{\frac{k_{-1} + k_2}{k_1} + [\mathrm{S}]}$$

さらに，V_{max} および K_m を代入することで，以下の式が与えられる．

$$v = \frac{V_{max}[\mathrm{S}]}{K_m + [\mathrm{S}]}$$

この式を Michaelis–Menten 式と呼ぶ．

問題 3

(1)

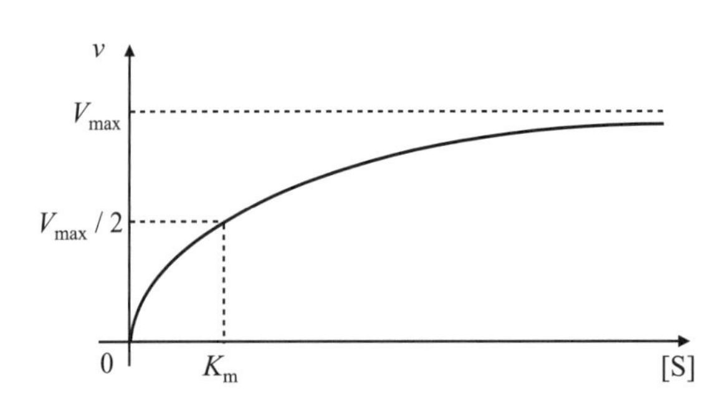

図 36A. 1　[S]に対する v のプロット

(2)

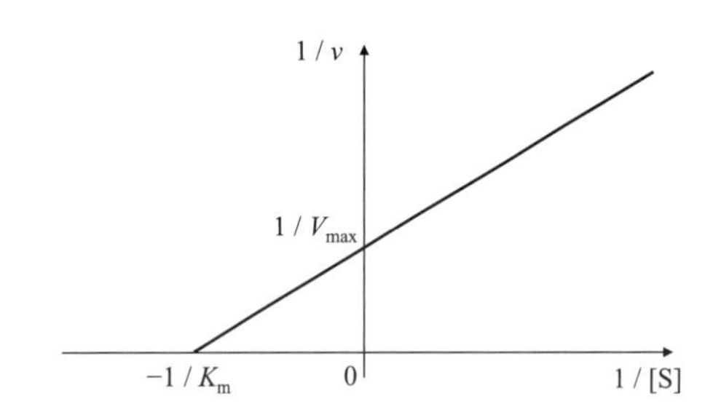

図 36A. 2　1/[S]に対する 1/vのプロット

解説

問題 1　一般的に定常状態とは，系においてエネルギーや物質のやりとりはあるが，状態の変化がない状態のことを指す．触媒反応においては，特に触媒を介した物質のやり取りに対する定常状態を考えればよい．

問題 2　ここでは，複合体 ES に対する定常状態を考えることによって，P の生成速度vを求める．阻害剤などの影響がある場合も，阻害剤との反応とその反応速度定数を考慮し，同様の定常状態近似を仮定すれば反応速度を求めることができる．

問題 3　(1) $[S] \ll K_m$ のとき，つまり中間体の生成効率が，二段目の反応と比較して低いときのvは以下のように近似でき，vは[S]に比例する．

$$v = \frac{V_{max}[S]}{K_m + [S]} \fallingdotseq \frac{V_{max}[S]}{K_m}$$

一方，$[S] \gg K_m$ のとき，vは以下のように近似でき，vは[S]によらず一定値となる．これは，中間体の生成は速やかに進行し，二段目の反応が律速となっていることを意味する．

$$v = \frac{V_{max}[S]}{K_m + [S]} \fallingdotseq V_{max}$$

さらに，$v = V_{max} / 2$ のとき，$[S] = K_m$ となる．このような式は，酵素反応系に限らず触媒反応系一般でみられる可能性がある．反応速度の基質濃度依存性や触媒濃度依存性などのデータを得ることで，どのステップが観察している反応の速度を決定しているかの情報が得られる．反応速度の温度依存性などを検討することで，活性化パラメーター（活性化エントロピーと活性化エンタルピー）についての議論が行われることもある．

Michaelis–Menten 式において，実験から求める量は Michaelis 定数 K_m と最大速度 V_{max} である．これを速度vと基質濃度[S]のプロット（問題 3(a)のグラフ）の回帰曲線から求めることも可能だが，問題 3(b)のような直線に変形することで，より単純な直線のフィッティングから求めることができる．これはデータの精度を直感的に把握するためにも役立つ．

(2) Michaelis–Menten 式を以下のように変形させる．

$$\frac{1}{v}=\frac{K_m}{V_{max}}\cdot\frac{1}{[S]}+\frac{1}{V_{max}}$$

このように，1/[S]に対して 1/vをプロットする方法を Lineweave–Burk プロットと呼ぶ．阻害剤の作用機構（競合阻害，不競合阻害，非競合阻害）を検討するため，Lineweaver–Burk プロットはよく用いられる（詳細は参考文献を参照）．

参考文献

1. J. M. Berg, et al. 『ストライヤー生化学　第 6 版』　東京化学同人　2008 年　（監訳：入村達郎　他）

問 37　極性反応：酸性条件［解答］

問題 1　(1) (*R*)-2-クロロブタンの反応では S_N2 反応が進行するため立体が反転した化合物が得られる．一方，(*R*)-ヨードブタンを用いた反応では S_N1 反応が進行し，ラセミ体が得られる．

Cl H → $^{\ominus}$CN → H CN　S_N2 reaction

I H → $-I^-$ → ⊕ → MeOH, $-H^+$ → OMe　S_N1 reaction

(2) 以下のような反応機構で主生成物が与えられる．

OH → H^+ → OH_2 ⊕ → H ⊕ ⇌ ⊕ H → Br^- → Br

問題 2　以下のような反応機構で主生成物が与えられる．

HO OH → H^+ → H ⊕O H, OH → ⊕ OH → $-H^+$ → O

問題 3　以下のどちらかの反応機構で主生成物が与えられる．

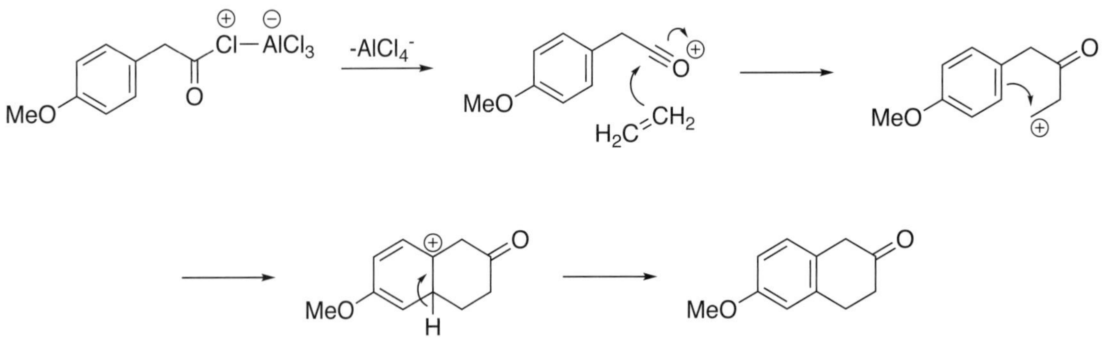

---------- or ----------

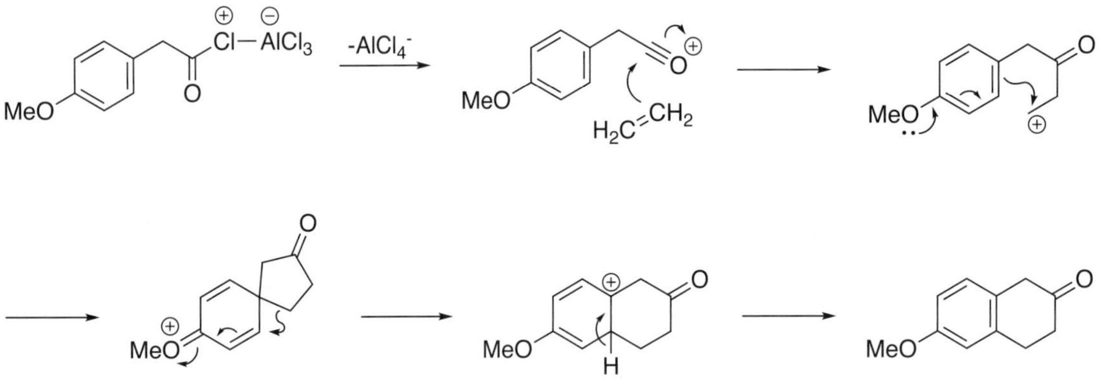

解説

問題 1　(1) 第二級ハロアルカンの求核置換反応は S_N1 反応および S_N2 反応のどちらも観測される．脱離能の小さい置換基をもつ基質に対して，極性の高い非プロトン性溶媒中で求核性の強い求核剤が存在する場合，S_N2 反応が優先して進行する．一方，脱離能の大きい置換基をもつ基質に対して，極性の高いプロトン性の溶媒を用いる場合，S_N1 反応が優先して進行する．

(2) カルボカチオンの重要な特性として，転位反応を起こすことが挙げられる．この S_N1 反応の場合，水素が元の位置から電子を 2 つ伴って隣接する炭素原子に移動する．すなわち，酸によって第二級カルボカチオンが生成したのち，第三級水素が隣接する電子不足なカルボカチオン炭素に[1,2]転位すると，より安定な第三級カルボカチオンが生じる．その後，臭化物イオンによってカルボカチオンが補足され，生成物となる．

一般的に，カルボカチオンの水素移動は超共役の効果により S_N1 反応や E1 反応より早く進行する．カルボカチオンにおける水素移動は，新たに生成されるカルボカチオンが元のカチオンよりも安定な場合起こりやすい．

問題 2　問題 1 の第三級水素が 1,2-転位することと同様に，この反応では第三級炭素が 1,2-転位する．この反応はピナコール-ピナコロン転位と呼ばれ，酸による水酸基の脱離とカルボカチオンの生成，酸素原子の非共有電子対からの電子の流入，第三級炭素の 1,2-転位が同時に起こる反応である．この問題のように環状置換基を有するピナコールはスピロ型化合物の前駆体として捉えることができ，環拡大反応の典型例であると言える．

問題 3　この反応は Friedel–Crafts アシル化反応を応用したものであり，求電子芳香族置換反応 (S_EAr)形式で進行する．Friedel–Crafts アシル化反応は，酸ハライドと塩化アルミニウムから高い求電子性をもつアシリウムイオンを生成させ，求電子芳香族置換反応を起こす反応である．

参考文献

1. K. P. C. Vollhardt, N. E. Schore 『ボルハルト・ショアー現代有機化学（上） 第 6 版』 化学同人 2011 年 （監訳：古賀憲司 他）
2. C. R. Walter Jr., *J. Am. Chem. Soc.*, **74**, 5185 (1952).
3. J. J. Sims, et al., *Org. Synth.*, **51**, 109 (1971).

問 38　極性反応：塩基性条件［解答］

問題 1　リチウムジイソプロピルアミド(LDA)はカルボニルの α 位の水素を引き抜いてエノラートを生成する際，下に示す疑似 6 員環遷移状態を経由する．遷移状態 TS1 から 6 位の疑似アキシャル水素引き抜きによりエノラート **4** を生成する経路と，遷移状態 TS2 で 2 位の疑似アキシャル水素の引き抜きによりエノラート **5** を生成する経路が存在する．エノラート **5** の方が熱力学的には安定だが，フェニル基と LDA のイソプロピル基の立体障害が大きいため，低温条件ではこちらの経路は進行しにくい．このことから，低温では速度論的に有利なエノラート **4** が，室温ではエノラート **5** が，それぞれ主生成物として得られ，これらをヨウ化メチルと反応させることで **2** および **3** が得られることとなる．

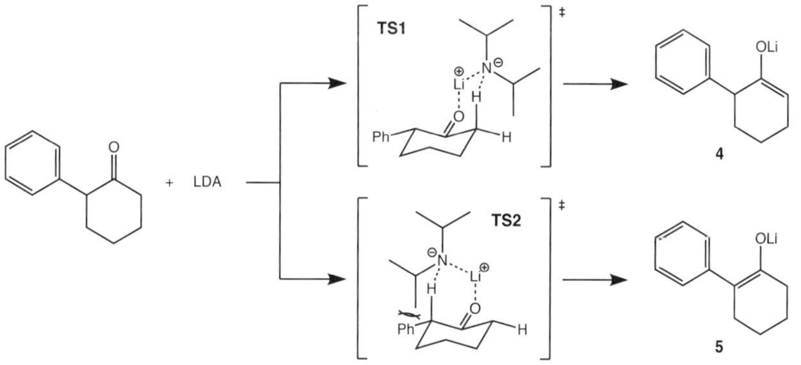

問題 2　主生成物

出発化合物はカルボニル基の α 位に不斉中心をもち，2 つのジアステレオマーが生成し得るので，これについて考察する．まず出発物質では，最もかさ高い置換基である Ph 基が，カルボニル基に対してゴーシュ配座をとったものが安定になる．続いて求核剤は，下図の path A および path B のどちらかの経路から攻撃することとなる．この A, B，2 つの path を比較すると，より立体障害の小さな H 側から求核剤が接近する path A が優先されると考えられるため，上記の化合物が主生成物として得られることが予測される．

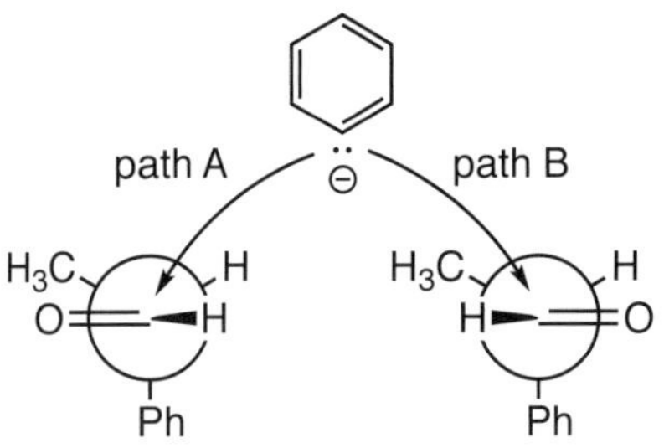

path A　path B
H_3C H O H Ph　H_3C H H O Ph

解説

問題 1　不安定生成物と安定生成物ができる可能性のある反応で，不安定生成物を生成する反応の活性化エネルギーが低く，安定生成物を生成する反応の活性化エネルギーがずっと高い場合，低温反応によって安定化合物生成のための活性化エネルギーを与えないことで不安定化合物のみを選択的に得ることができる場合がある．こうした制御法を kinetic control と呼ぶ（問 29 参照）．かさ高い試薬を用いることは，活性化エネルギー制御の重要な方法の 1 つである．本問題では，エノラート **5** は熱力学的に **4** より安定であるが，その反応にはより大きな活性化エネルギーが必要になる．実際に上記の反応で生成した **4** の溶液は−78 °C では，**4** の状態を保持するが，これを室温まで上昇させれば速やかに **5** に異性化する．また本問題の反応を室温で行った場合にも **5** のみを与える．この手法によって，生成するエノラートに種々の親電子剤 S_N2 反応をさせることで，ケトンの 2 位と 6 位への官能基導入が制御できる．

問題 2　本問題の反応で副生成する可能性があるジアステレオマーは下図の Q である．カルボニルの α 位にヘテロ原子が入ると，本問のように立体効果のみで生成物選択性を予測することは難しくなるが，置換基による立体電子効果まで考慮する Felkin–Anh モデルを用いると反応選択性について理解することができる．$sp^2 \rightarrow sp^3$ への軌道遷移を伴うようなカルボニルへの付加反応では，カルボニル C ＝ O から約 100°の方向で求核剤が侵入し，これは Burgi–Dunitz 角と呼ばれている．

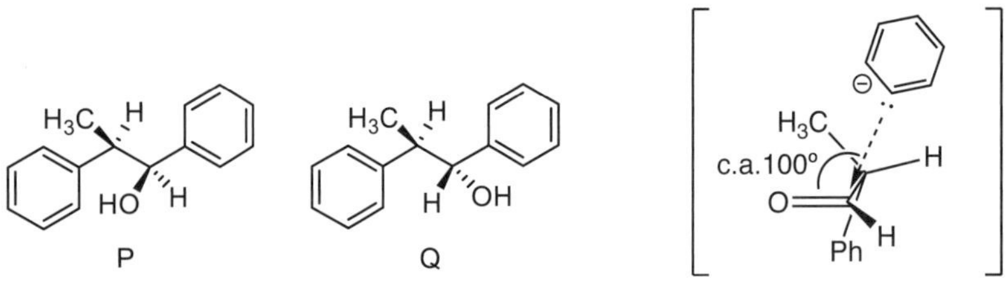

H_3C H HO H　P
H_3C H H OH　Q
H_3C c.a.100° H O H Ph ‡

参考文献

1. D. A. Evans, *Aldrichimica Acta.*, **15**, 23 (1982).
2. 岩村 秀　他　『大学院有機化学（中）』　講談社サイエンティフィク　1988 年
3. 野依良治　他　『大学院講義有機化学 I 分子構造と反応・有機金属化学』　東京化学同人　1998 年
4. A. Mengel, O. Reiser, *Chem. Rev.*, **99**, 1191 (1999).

問 39　ラジカル反応［解答］

問題 1　臭素化と塩素化は以下の反応機構で進行する．

X_2 (X= Cl or Br) →(hν) 2 X•

HX

X•　or

or X　X_2

反応の生成物を決定するステップはハロゲンラジカルによる基質からの水素引き抜き過程である．臭素ラジカルの反応性は塩素ラジカルのものより低いため，第一級炭素ラジカルと第三級炭素ラジカルの安定性の差が大きく反応活性化エネルギーに反映される．これにより，臭素を用いた場合，第三級 C–H 結合の臭素化が選択的に進行する．

問題 2　1,5 水素移動によりアルキル炭素上にラジカルが生じるため，アルキル鎖が重水素化された化合物が多く得られる．

Br　Ph　$Bu_3Sn\mathbf{D}$ AIBN benzene　Ph　**D**　+　Ph　**D**　H

14%　86%

Bu_3Sn·　$Bu_3Sn\mathbf{D}$

H·　Ph　1,5-水素移動　Ph　H

問題 3　(a)　反応機構と主生成物は以下の通りである．

Bu_3SnH →(AIBN) $Bu_3Sn^{\cdot}$　Br　Bu_3SnBr

Bu_3SnH　$Bu_3Sn^{\cdot}$

(b)　反応機構と生成物は以下の通りである．

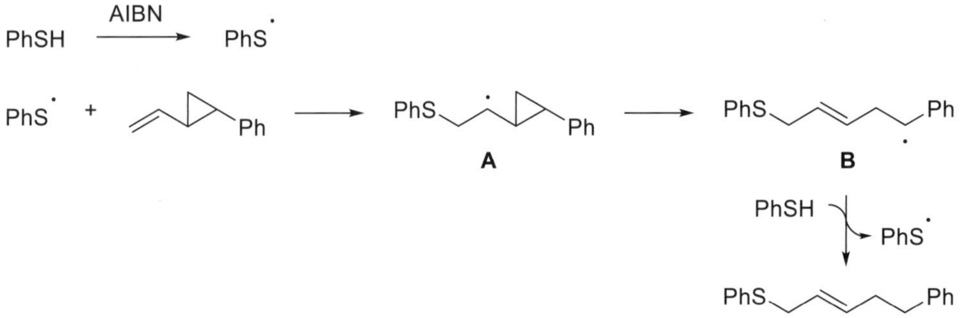

$$PhSH \xrightarrow{AIBN} PhS^{\cdot}$$

PhS˙ ＋ (vinylcyclopropyl)Ph ⟶ PhS…(radical)…cyclopropyl–Ph **A** ⟶ PhS…CH=CH…CH˙–Ph **B**

PhSH → PhS˙

PhS…CH=CH…CH₂–Ph

解説

問題 1　本問題で考えるべき素過程のエンタルピー変化を以下に示す．塩素ラジカルは臭素ラジカルより反応性が高く，第一級炭素より第三級炭素のC–H結合の方が反応性が高いことがわかる．

Br• ＋ H•	=	HBr	$+\ 366\ \mathrm{kJ\ mol^{-1}}$
Cl• ＋ H•	=	HCl	$+\ 431\ \mathrm{kJ\ mol^{-1}}$
$(CH_3)_3CH$	=	$(CH_3)_3C\bullet$ ＋ H•	$-\ 400\ \mathrm{kJ\ mol^{-1}}$
$(CH_3)_3CH$	=	$(CH_3)_2CH(CH_2\bullet)$ ＋ H•	$-\ 419\ \mathrm{kJ\ mol^{-1}}$

立体の影響を受けにくい水素原子移動反応では，2 つの類似の反応における生成エンタルピーの差(ΔH)と活性化エネルギーの差(ΔE_a)は，反応座標における遷移状態の位置(α)を用いて，$\Delta E_a = \alpha\Delta H$ と表すことができ，これは Bell–Evans–Polanyi 則と呼ばれる（図 39A. 1）．これを電子移動反応に適用したものが Marcus 理論（問 33）となる．吸熱的な過程($\alpha > 0.5$)では，発熱過程と比較して遷移状態の構造が生成系に近くなることから，生成系のエネルギー差をより大きく反映する．

塩素の系においても第三級炭素置換がエネルギー的には有利であるが，メチル基は 3 つあるため，第一級炭素上の水素への攻撃は第三級炭素上の水素への攻撃の 9 倍の頻度で起こる．この 2 つの要因によって，第一級ハロアルカンと第三級ハロアルカンの生成比が 35:65 となることにも注意せよ．

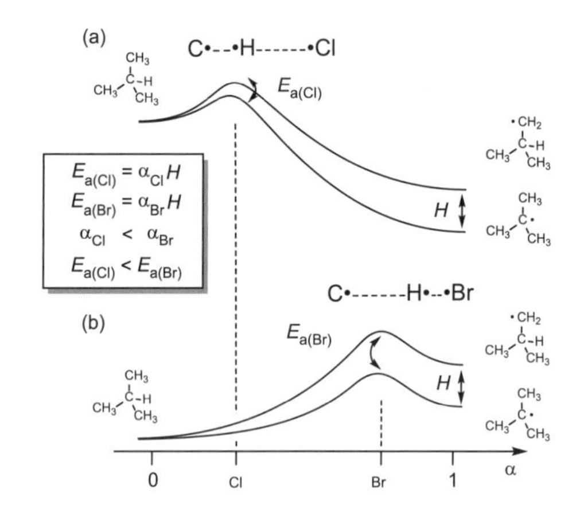

図 39A. 1　イソブタンのハロゲン化における Bell–Evans–Polanyl 則

問題 2　Sn–H, Sn–C 結合の解離エネルギーは比較的小さく(200 – 300 kJ $\mathrm{mol^{-1}}$)，これらの結合は均一開裂しやすいため，スズ試薬は種々のラジカル反応に用いられる．また，ベンゼン環の C–H 結合の解離エネルギーは 472 kJ $\mathrm{mol^{-1}}$ と非常に高く，フェニルラジカルはアルキル基の炭素から容易に水素を引き抜く(400 – 420 kJ $\mathrm{mol^{-1}}$)ことができる．そのため，分子内での 1,5-水素移動が速やかに進行し，このような生成物の比になったと考えられる．

問題 3　(a)は環化反応であり(b)は開環反応であるため，形式的には逆の反応である．これは，(a)では，安定な 5 員環の形成が熱力学的に有利であるのに対し，(b)では，環ひずみが大きく不安定な 3 員環の開環が熱力学的に有利であるためである．

環化反応において，軌道相互作用を考慮すると求核剤は適切な角度で炭素原子に接近する必要がある．この接近が容易であるかどうかで環化の起こりやすさが決まる．経験的にどのような環化反応が進行しやすいかまとめられており，Baldwin 則と呼ばれている．本問の環化反応では，6 員環も生成しうる（6-endo 環化）が，5 員環の形成（5-exo 環化）のほうがエントロピー，反応熱の両面で有利なため優先して進行する．

容易に開裂するシクロプロパン環をもった化合物は，反応過程でラジカルが発生したことを定性的に確認するためにも用いられる．また，これらの開環および閉環反応の速度定数は決定されており，これらを利用すると，ラジカル反応の速度を見積もることができる．このような使用法があることから，問題 3 の炭化水素類はラジカルクロックと称されることもある．

X•　Ph　A　k_2 (~10^{-7} s^{-1})　B

$$\frac{A}{B} = \frac{k_1 [X\bullet]}{k_2}$$

参考文献

1. K. P. C. Vollhardt, N. E. Schore 『ボルハルト・ショアー現代有機化学（上） 第 6 版』 化学同人 2011 年 （監訳：古賀憲司 他）
2. R. T. Morrison, R. N. Boyd 『モリソン・ボイド有機化学（上） 第 6 版』 東京化学同人 1994 年 （訳：中西香爾 他）
3. J. McMurry 『マクマリー有機化学 第 8 版』 東京化学同人 2013 年 （訳：伊東椒 他）
4. S. Warren, et al. 『ウォーレン有機化学 第 2 版』 東京化学同人 2015 年 （監訳：野依良治 他）
5. Y.-R. Luo, *Comprehensive Hand Book of Chemical Bond Energies* (CRC Press, 2007)

問 40　ペリ環状反応［解答］

問題 1　両末端の p 軌道が同じ方向に回転して σ 結合を生成する同旋過程，および逆方向に回転して σ 結合を生成する逆旋過程のどちらで反応が進行するかによって生成物の立体配置が変化する．この同旋および逆旋過程の選択性は軌道相関図によって説明することができる．まず反応に関与するブタジエンの π，π*軌道，およびシクロブテンの π，π*軌道と σ，σ*軌道を図 40A. 1 に示す．同旋および逆旋過程に関してそれぞれ反応原系と生成系の分子軌道を回転軸に対して対称 S (symmetry)か反対称 A (antisymmetry)かを帰属し，非交差則に従って同じ対称性の軌道同士を下から順に相関させると，同旋過程では反応原系と生成系の結合性軌道同士および反結合性軌道同士が相関するのに対して，逆旋過程では結合性軌道と反結合性軌道が相関していることがわかる．このとき同旋過程では基底状態で対称許容なので熱反応で進行するが，逆旋過程は基底状態で対称禁制であるため，反応を進行させるには光励起が必要となる．これらを考慮すると，a)は光反応でありジエンの LUMO が逆旋的に回転し，b)は熱反応でありジエンの HOMO が同旋的に回転するので，図 40A. 2 に示すようにそれぞれ対応する立体異性体が生成することとなる．

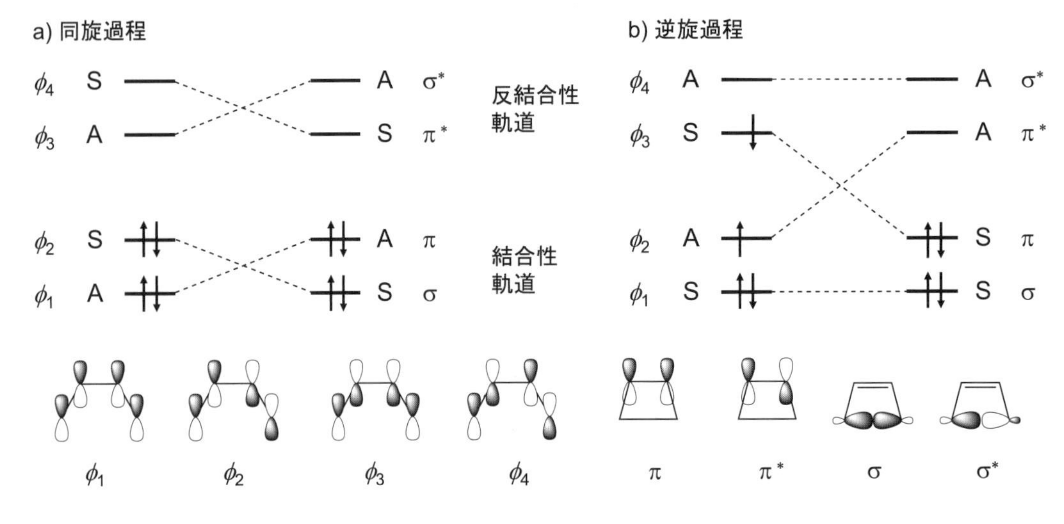

図 40A. 1　ブタジエンの電子環状反応における軌道相関図

図 40A. 2　ブタジエンの電子環状反応における光反応と熱反応の違い

問題 2　(a)

理由：シクロペンタジエンとアクリル酸メチルの Diels–Alder 反応である．この反応では，メトキシカルボニル基がビシクロ環に対してエンドおよびエキソにある二通りの付加生成物が考えられる．これらのどちらが主生成物となるかを判断するために，遷移状態におけるジエンの HOMO とジエノフィルの LUMO の相互作用を考える．エンド体およびエキソ体が得られる遷移状態を比較すると，エンド体生成過程ではジエノフィルのカルボニル炭素の軌道とジエン炭素の軌道間に二次的な相互作用（図 40A. 3 破線）があり，これが遷移状態を安定化させる．この安定化によりエンド体が主生成物となる．これをエンド則と呼ぶ．

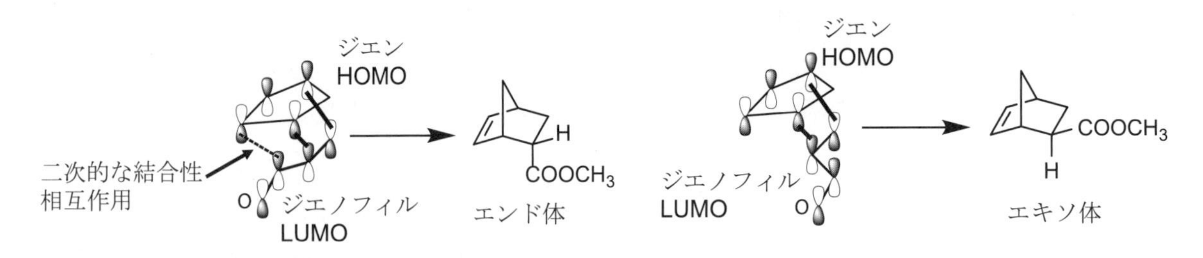

図 40A. 3　エンド則

(b)

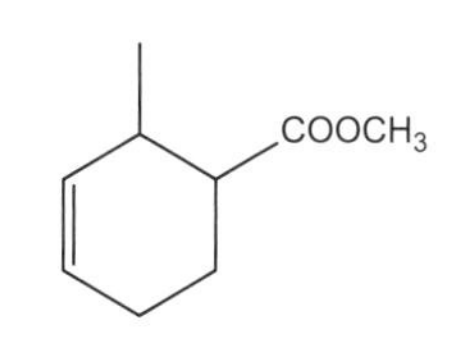

理由：置換ジエンと置換エチレンのDiels-Alder反応である．この反応の選択性はジエンのHOMOとジエノフィルのLUMOの係数の大きさによって支配される．ジエンの1位にメチル基などの電子供与基が置換すると，HOMOの係数は1位より4位で大きくなる．エチレンにメトキシカルボニル基などの電子吸引基が置換すると，LUMOの係数の絶対値は置換基から遠い炭素で大きくなる．付加環化反応が起こる場合，HOMOとLUMOの係数の絶対値の大きいもの同士が重なるほうがエネルギー的に有利となるため，3,4-置換シクロヘキセン誘導体が主生成物となる．

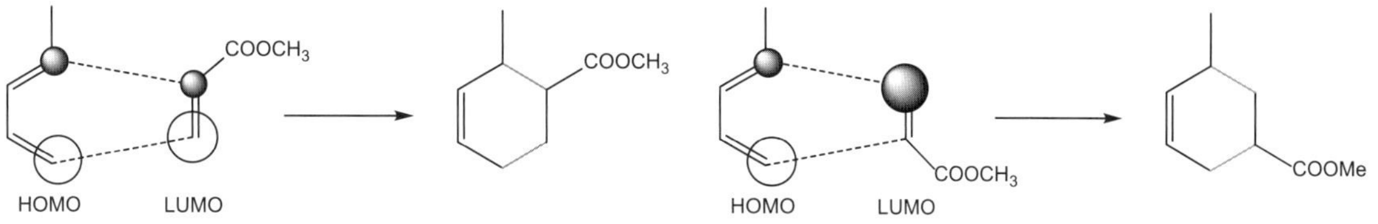

問題3

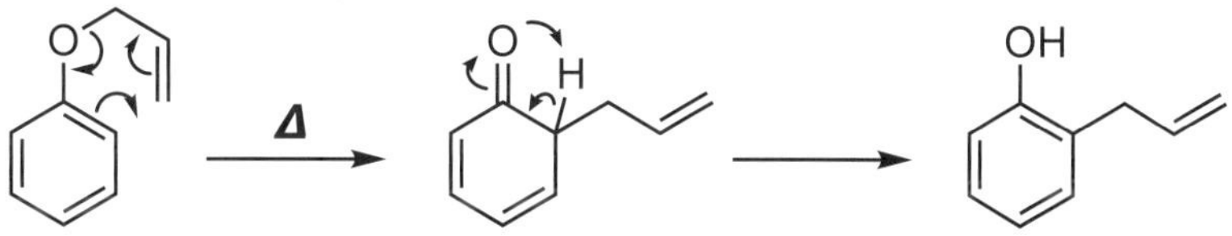

解説

問題1　ペリ環状反応の反応性は，一般的にWoodward–Hoffmann則によって説明され，反応の進み方や進みやすさは反応に関与する分子軌道の対称性によって定性的に予測することができる．本問題で出題したブタジエンの電子環状反応の反応性においては，同旋過程では安定化する軌道と不安定化する軌道のエネルギー変化が相殺されるので反応が熱的に進行する．このような過程を対称許容と呼ぶ．一方で，逆旋過程の反応を進行させせようとすると，2電子を励起するのに相当する活性化エネルギーが必要となる．このような過程を対称禁制であるという．

光により1電子励起状態を生成し，そこから反応を進行させれば，逆旋過程に必要な活性化エネルギーは電子1個分となる．この活性化エネルギーは，通常最初の光励起により賄うことができるために反応は進行するようになる．

問題2　Diels–Alder反応は[4+2]環化付加反応の代表的反応の1つであり，共役ジエンとジエノフィルからシクロヘキセン骨格を与える．立体および位置選択的に反応が進行するため，環状化合物特に6員炭素環の合成戦略において有力な反応の1つである．

近年，この環化付加反応をクリックケミストリー(click chemistry)へ応用する研究が注目されている．その名の“click”とは，シートベルトがカチッと音を立ててロックされるように，素早く確実な結合をつくる様子をたとえた言葉である．以下にその理想的な例とされているHuisgen反応を挙げる．Huisgen反応はヘテロ原子含有双極子とアルキン/アルケン間で進行する[3+2]双極子付加環化反応であり，アルキンとアジドを用いるとトリアゾール環を形成する．この反応は，高収率・高選択性・高速反応性をもち，さらに溶媒やタンパク質などの夾雑物の影響も受けず精製の必要もないため，機能性物質創製（医薬候補化合物，バイオプローブ，ソフトマテリアル）におけるリゲーション反応として広く活用されている．

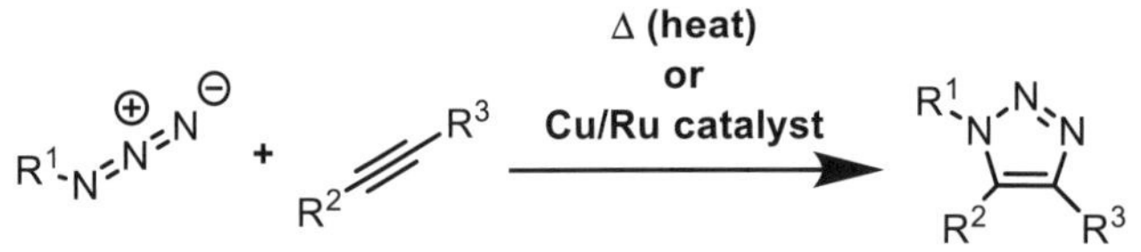

問題 3　本問題で出題したアリルビニルエーテルからγ,δ-不飽和カルボニル化合物が生じる反応を Claisen 転移と呼ぶ．この反応では生成物が出発物より熱力学的に安定であり不可逆的に反応が進行する．この Claisen 転移に似た反応で，炭素原子のみが関与する転移反応は Cope 転移と呼ばれる．以下にその例として 3-phenyl-1,5-hexadiene の Cope 転移を示す．

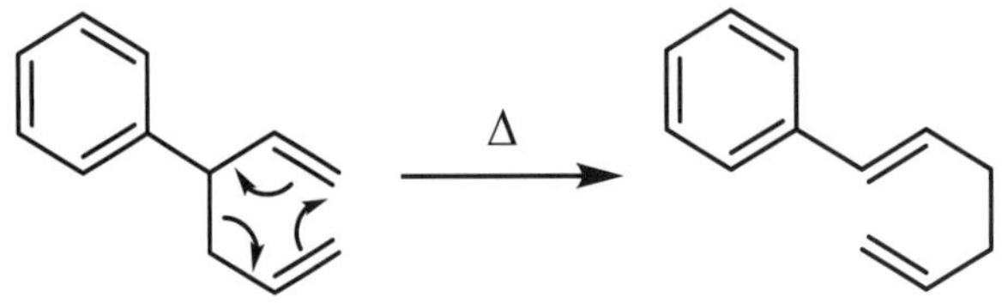

参考文献

1. 山本学　他　『有機化学演習』　東京化学同人　2008 年
2. P. Y. Bruice　『ブルース有機化学（上）　第 5 版』　化学同人　2009 年　（監訳：大船泰史　他）
3. 野依良治　他　『大学院講義有機化学 II　有機合成化学・生物有機化学』　東京化学同人　1998 年

問 41　遷移金属反応［解答］

問題 1　A，B

問題 2　反応機構と生成物は以下の通りである．

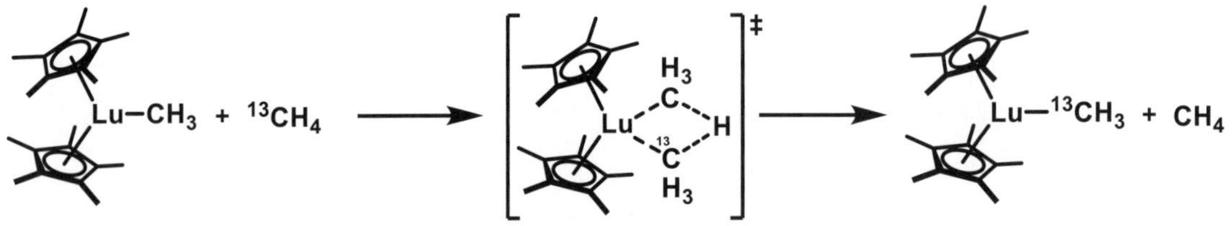

問題 3　反応機構の一例を以下に示す．

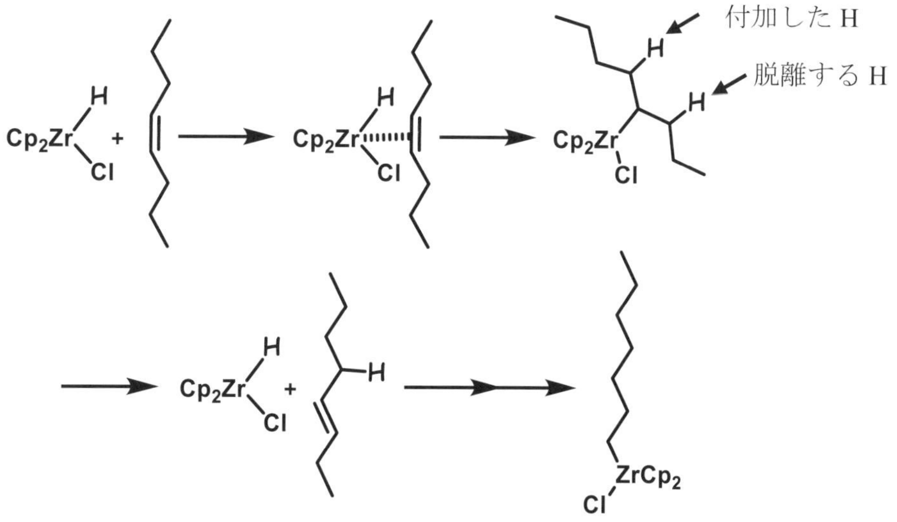

アルケンの配位，M–H 結合への挿入，β 水素脱離が繰り返し起こることで直鎖型のアルキル金属錯体が生成する．かさ高いシクロペンタジエニル基 (Cp) が金属の周辺に存在することでアルキル基の結合する空間に大きな立体的影響を及ぼし，立体障害の小さな末端炭素に金属が結合した直鎖型のアルキル錯体を選択的に与える．

解説

問題 1　電子を豊富にもった遷移金属錯体が電子を与えつつ（酸化されつつ），炭素と脱離基の結合を切断する反応を酸化的付加と呼ぶ．この反応では中心金属の形式酸化数と化合物の付加による配位数の増加を伴うため，遷移金属錯体はこれらの変化に対応可能な d 電子と空配位座が必要である．したがって，A (d^8, 16e) や B (d^9, 34e) などの d 電子豊富で配位不飽和な錯体が酸化的付加に対して高い反応性を示すと推定される．一方，C (d^0, 14e) は配位不飽和ではあるが d^0 錯体であり，反応に伴って失う d 電子が存在しないので酸化的付加は起こらない．

問題 2　Lu-CH_3 結合と ^{13}C-H 結合の間で 4 中心遷移状態を経る σ 結合メタセシス反応が進行し，標識されたメチル錯体と標識されていないメタンが生成する．$Cp^*_2LuCH_3$ における Lu は 3 価であり d 電子を有していない錯体（d^0 錯体）なので，酸化的付加および還元的脱離を伴う反応サイクルは経由することができない．

Grignard 試薬や有機リチウム試薬と遷移金属ハロゲン化物との反応による有機遷移金属錯体の合成も 4 中心遷移状態を経る典型的なメタセシス反応である．この反応はトランスメタル化反応と呼ばれている．

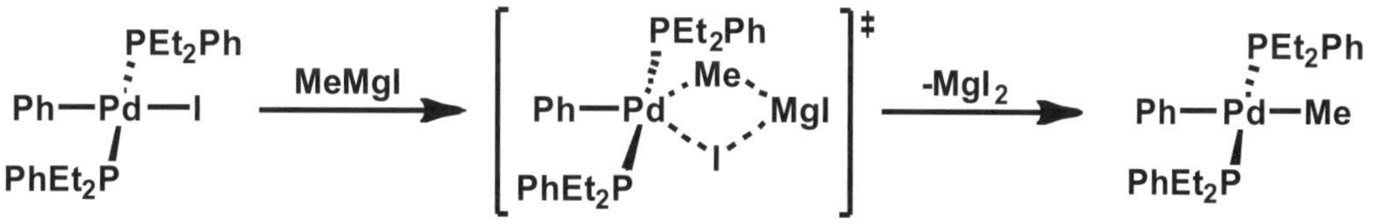

問題 3　β 水素脱離に対して，α 水素脱離も知られている．α 水素脱離はアルキル金属錯体からヒドリドカルベン錯体が生成する際に起こる素反応であり，アルキル基の α 炭素上の水素原子を金属が引き抜くことで進行する．

参考文献

1. 小澤文幸，西山久雄　『有機遷移金属化学』　朝倉書店　2016 年
2. 山本明夫　『有機金属化学　基礎から触媒反応まで』　東京化学同人　2015 年
3. J. F. Hartwig　『ハートウィグ有機遷移金属化学（上）』　東京化学同人　2014 年　（監訳：小宮三四郎　他）
4. J. F. Hartwig　『ハートウィグ有機遷移金属化学（下）』　東京化学同人　2015 年　（監訳：小宮三四郎　他）

問 42　高分子合成：概要［解答］

問題 1　逐次重合（重縮合，重付加，付加縮合）：反応点がモノマーに 2 つ（場合によっては複数）存在する．反応の初期はモノマー同士が反応した低重合度の重合体が多いが，モノマーが消失するにつれ重合体間での反応が増え，反応後半になって高重合度の重合体が現れる．基本的に平衡反応であるため，生成物側に平衡を偏らせる必要がある．

連鎖重合　（ラジカル重合，イオン重合（カチオン重合，アニオン重合），開環重合，配位重合）：反応点が重合体の末端に存在し，端から 1 つ 1 つモノマーが反応する．多くの場合いったん反応が開始された反応活性種は速やかに重合が進行するため，反応の初期段階から高い重合度の生成物ができる．一般に連鎖重合は重合体末端の活性点の失活過程が重合度を決定する要因となるが，重合体末端の活性点が維持される場合，モノマーが反応系中にある限り重合度は一定のペースで増大する．（［参考］問 43 リビング重合）

問題 2

ブロック共重合体，~A–A–A–A–A–A–B–B–B–B–B–B~

周期共重合体（定序高分子），~A–A–A–B–A–A–A–B–A–A–A–B~

交互共重合体，~A–B–A–B–A–B–A–B–A–B–A–B~

問題 3　重縮合

$x\mathrm{H_2N(CH_2)_6NH_2} + x\mathrm{HO_2C(CH_2)_4CO_2H} \rightarrow \;\text{+}\,\mathrm{NH(CH_2)_6NHCO(CH_2)_4CO}\,\text{+}_x \;+ 2x\mathrm{H_2O}$

ほとんどの重縮合において反応は平衡反応であるため，同時に生成される水などの低分子を，加熱，減圧などにより取り除き，平衡を高分子生成側に偏らせることが高分子量体を得るために重要である．組成比は官能基のモルバランスをそろえて，正確に等モル用いることが重要となる．

逐次重合における高分子の数平均重合度 M_{n} は，反応前の系中の全分子数 N_0 と重合反応系中の全分子数 N によって以下のように書ける．よって題意のもとでは $p = 0.995$ となる．

$$M_{\mathrm{n}} = \frac{N_0}{N} = \frac{C_0}{C} = \frac{1}{1-p}$$

解説

問題 1　高分子は，原料となる低分子（モノマー）を繰り返し化学結合で連結する（重合）ことで合成される．下記に代表的な重合法について簡単に紹介する．

・重縮合（縮合重合）：反応する2種類のモノマーから水分子などの小分子が脱離しながら重合が進行する．反応は平衡反応であるため，小分子を系外に排出することで，高分子量を得やすくなる．代表的な重合体にポリアミド樹脂（ナイロン），ポリエステル樹脂　(ポリエチレンテレフタラート(PET))，ポリカーボナート(PC)樹脂などがある．

・重付加：重縮合で見られた水分子などの脱離を伴わない高分子の生成反応である．ポリウレタン（ウレタン樹脂）やエポキシ樹脂，環状ポリオレフィン樹脂などがある．

・付加縮合：付加反応と縮合反応の繰り返しによる高分子の生成反応である．三次元的なネットワーク構造を有することが多く，フェノール樹脂やメラミン樹脂のような熱硬化性樹脂に多く用いられている．

・ラジカル重合：反応性に富む化学種であるラジカルが不飽和結合への付加反応を起こし，次々と二重結合に付加することにより高分子が生成する．過酸化物のO–O結合の熱による均一開裂や，アゾ化合物への光照射による窒素脱離反応によりラジカルを生成させ，開始剤として利用するものがよく知られている．生じたラジカルはモノマーへ付加して高分子ラジカルになり，成長する．成長反応で生じた高分子ラジカルはラジカルの再結合や不均化反応などの停止反応により消失する．高分子ラジカルはその他に溶媒などから水素を引き抜き，安定な高分子になると同時に新たなラジカルを生じ，連鎖移動反応が起こる．連鎖移動はモノマー，開始剤やポリマーに対しても起こる．連鎖移動が起こると高分子の分子量が予想より小さくなったり，枝の多いポリマーが生じることがある．ビニル化合物の重合方法として最もよく用いられている．

・イオン重合（カチオン重合，アニオン重合）：付加重合のうち活性種がアニオンもしくはカチオンの重合である．活性種と反対の電荷をもつイオンが対イオンとして存在する．この対イオンが高分子生成速度や立体規則性など，重合反応の制御に大きな影響を与える場合がある．成長末端の荷電間の反発のため，ラジカル重合で見られるような成長種間での2分子停止反応は起こらない．操作が複雑であり，水によって容易に反応が停止してしまうため，工業的に生産される高分子はラジカル重合によるものに比べて少ない．

・カチオン重合：水，酸，あるいはハロゲン化アルキルを少量添加したLewis酸やプロトン酸などが開始剤として用いられる．電子供与性基をもつアルケンは活性種であるカチオンを安定化するためにカチオン重合活性が高い．イソブテンと少量のイソプレンから得られる共重合体であるブチルゴムの生成法として利用されている．

・アニオン重合：ブチルリチウムなどのアルキルリチウム化合物が開始剤としてよく用いられる．エチレンの水素原子の1つが電子吸引性のシアノ基と置き換わったアクリロニトリルは二重結合の電子密度が低くなり，活性種となるアニオンを安定化するためにアニオン重合活性が高い．構造の制御されたエラストマーと密接な関係があり，溶液重合スチレンブタジエンゴム（溶液重合SBR）はアニオン重合によって合成される．

・開環重合：環状化合物の環構造が開裂することで重合が進む．環ひずみの大きな環状エステル（ラクトン）や環状エーテル，環状オレフィンなどがモノマーとして用いられ，開裂した結合と同じ種類の結合を生成しながら反応が進行する．原料となる環状化合物は三員環，四員環，および七員環以上であることが多く，立体的にひずみの小さい五員環および六員環化合物は重合しにくい傾向にある．エポキシドの開環重合は広く使われており，接着剤の硬化などにも用いられている．金属カルベン錯体を活性種とする炭素–炭素多重結合の組み換え反応を利用した開環メタセシス重合により，環状オレフィンから高分子が合成できる．形状記憶樹脂となるポリノルボルネンもこの重合法によって合成されている（［参考］Schrock 触媒，Grubbs 触媒）．

・配位重合：π 結合をつくる π 電子は金属や金属イオンと配位結合を通して錯体を形成する．この配位結合を利用すると重合が起こるとともに，モノマーの配位に立体規制が加わるので，立体規則性高分子を合成することが可能になる．$TiCl_4$ または $TiCl_3$ と $Al(CH_2CH_3)_3$ から生じた固体化合物を用いたエチレンやプロピレンなどのオレフィンの重合がその代表例であり，ラジカル重合で作られたものとは大きく物性が異なるものが生成する（［参考］Ziegler–Natta 触媒）．

これらの他にも最近では，連鎖型の重縮合，逐次型イオン重合なども開発されている．

問題 2　共重合体の物性は，構成されるモノマーの種類，比率だけでなく，その結合様式によっても大きく変化する．例えば同じモノマーから合成されたものでも，ブロック共重合体と比較してランダム共重合体は凝集力が低下し，融点の低下などが引き起こされる．ブロック共重合体では各モノマーによって形成されたそれぞれのポリマー部の特性が色濃く反映され，ミクロ相分離などの特徴が見られることも多い．

これまで線状の重合体（線状高分子）をとり上げてきたが，実際には環状の重合体（環状高分子）や分岐のある分岐高分子，三次元に無数の架橋構造が形成されている網目状高分子も知られている．その他詳細については文献を参照してほしい．

問題 3　200 程度の重合度のポリマーを得るためにはかなり効率よく反応が進行する必要があることがわかる（数平均の概念については問 58 を参照）．また，組成比などの条件にも敏感になる必要がある．仮にモノマーに 1 官能基性のものが混入していた場合，高分子の分子量は激減するため，試薬の精製や重合条件には注意を払わなければならない．実験室におけるナイロンの合成には，ジアミン水溶液（水）とジカルボン酸クロリドのヘキサン溶液（有機溶媒）との間にできる界面を用いた界面重縮合を用いることが多い．工業的には，ナイロン塩 $(H_3N^+(CH_2)_6N^+H_3O^-CO(CH_2)_4COO^-)$を真空下，270 ～ 280 °C に加熱することで合成される．ナイロン塩を用いることで，ジアミンとジカルボン酸のモル比を厳密に 1 : 1 に制御できる．

参考文献

1. 村橋俊介　他　『高分子化学　第 5 版』　共立出版　2007 年
2. 遠藤剛　他　『高分子の合成（上）—ラジカル重合・カチオン重合・アニオン重合』　講談社サイエンティフィク　2010 年

問 43　高分子合成：ラジカル重合［解答］

問題 1

開始反応

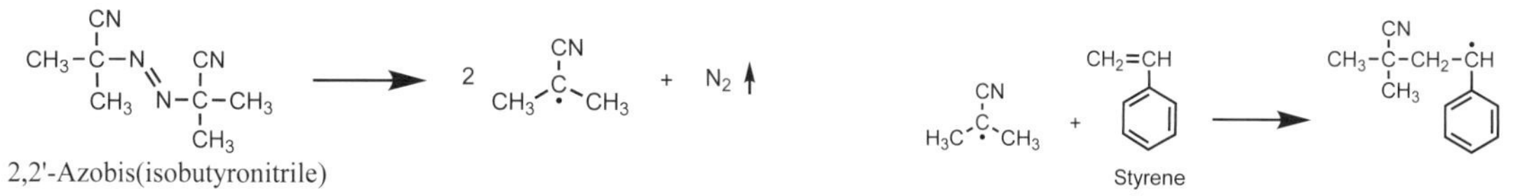

2,2'-Azobis(isobutyronitrile)

Styrene

成長反応

停止反応

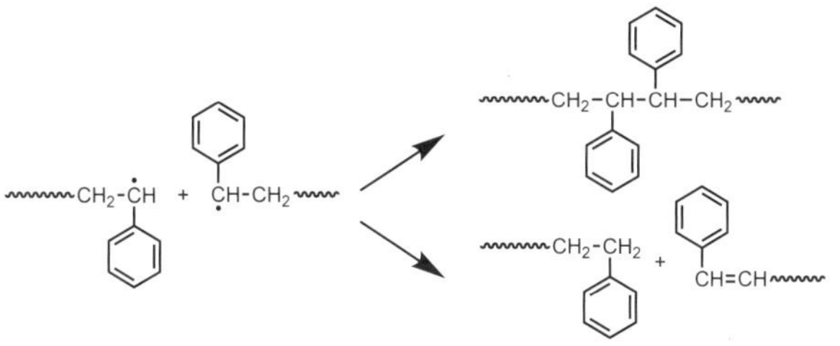

（再結合）

（不均化）

問題 2　A ③，B ①，C ②，D ④

問題 3　リビングラジカル重合では，停止反応である再結合や不均化の原因となるラジカル同士の反応を抑制するために，ラジカルの濃度を低く保つことが重要となる．そのために，成長種を一時的に不活性にするドーマント種とラジカル活性種の平衡の状態を利用する．ドーマント種側に偏った平衡を作り出し，系中のラジカルの濃度を低く保つことで，ラジカル同士の反応が抑制される．また，このドーマント種とラジカル活性種が非常に速く交換することで，すべての反応点において均一に反応が進行し，狭い分子量分布の高分子を得ることができる．

解説

問題 1　反応活性種（ラジカル重合の場合はラジカル）が生成してモノマーに付加する反応を開始反応，モノマーが順次付加していき，分子量の大きいポリマーになる反応を成長反応，反応活性種が失活しポリマーの成長が止まる反応を停止反応と呼ぶ．ラジカル重合ではその他に連鎖移動反応が起こる（問 42）．ラジカル重合は工業的に重要な重合法だが，ラジカル同士で停止反応が容易に生じてしまい，さらにイオン重合のように反応を制御する対イオンが存在しないため，反応の制御が難しかった．しかし，問題 3 にあるように，ドーマント種を利用することで，近年リビングラジカル重合が達成された．

問題 2　モノマーM_1 と M_2 の消失速度はそれぞれ，

$$-\mathrm{d}[\mathrm{M}_1]/\mathrm{d}t = k_{11}[\mathrm{M}_1 \bullet][\mathrm{M}_1] + k_{21}[\mathrm{M}_1][\mathrm{M}_2 \bullet]$$

$$-\mathrm{d}[\mathrm{M}_2]/\mathrm{d}t = k_{12}[\mathrm{M}_1 \bullet][\mathrm{M}_2] + k_{22}[\mathrm{M}_2][\mathrm{M}_2 \bullet]$$

なので，両辺を各々割ることで次の式を得る．

$$\frac{d[M_1]}{d[M_2]} = \frac{k_{11}[M_1\bullet][M_1] + k_{21}[M_1][M_2\bullet]}{k_{12}[M_1\bullet][M_2] + k_{22}[M_2][M_2\bullet]}$$

$M_1\bullet$と$M_2\bullet$点の濃度が定常状態，つまり，$M_1\bullet$が$M_2\bullet$に変化する速度と$M_2\bullet$が$M_1\bullet$に変化する速度が等しいとき，

$$k_{12}[M_1\bullet][M_2] = k_{21}[M_1][M_2\bullet]$$

となるので，これらを用いることで，問題 2 の式を得ることができる．

問題の条件では d[M$_1$]/d[M$_2$]は一定であるため，これがそのまま共重合体中の組成比({M$_1$}/{M$_2$})になる．各 r_1，r_2を代入したのち，任意のコモノマー中の M_1 の割合で，共重合体中の M_1 の割合を求めればよい．例えば，$(r_1, r_2) = (3, 4)$において，コモノマー中の M_1 の割合が 0.5 のとき($F = 0.5/0.5 = 1$)，d[M$_1$]/d[M$_2$] ={M$_1$}/{M$_2$} = (3 + 1)/(1 + 4) = 0.8 から，共重合体中の M_1 の割合は，{M$_1$}/({M$_1$}+{M$_2$}) = 0.8/(0.8 + 1) = 0.44 となる．コモノマー中の M_1 の割合が 0.2 なら($F = 0.2/0.8 = 0.25$)，d[M$_1$]/d[M$_2$] = 0.25 × (3 × 0.25 + 1)/(0.25 + 4) = 0.103 から，{M$_1$}/({M$_1$}+{M$_2$}) = 0.103/(0.103 + 1) = 0.093 となる．

ラジカル重合では r_1，r_2ともに 1 より小さく，A の曲線が得られることが多い．これは，ラジカル共重合において同種のモノマー間よりも，異種のモノマー間の方が反応しやすいことを示している．この反応性の違いは，置換基がモノマーとポリマー末端ラジカルの電子密度分布に与える効果によって説明される．電子吸引性の置換基 R^1 をもつ二重結合は，全体としてわずかに正に帯電する．また，二重結合上の π 電子全体が R^1 に求引されるので，R^1 が結合した炭素よりも末端の炭素の方が求電子性は大きくなる（問 40 問題 2 の解説も参照）．電子供与性の置換基 R^2 をもつ場合も同様であり，R^1 または R^2 をもつモノマーと，ポリマー末端のラジカルは，それぞれ以下のように分極すると考えられる．

δ+ [$\overset{\delta+}{CH_2}=\overset{\delta-}{CH}(R^1)$] → 〰〰$CH_2-\overset{\bullet\,\delta+}{CH}(R^1)$　　δ− [$\overset{\delta-}{CH_2}=\overset{\delta+}{CH}(R^2)$] → 〰〰$CH_2-\overset{\bullet\,\delta-}{CH}(R^2)$

このことから，異種モノマー間における反応が起こりやすいことが予想される．

この反応性については Alfrey–Price の Q-e スキームを用いることで，経験的に定量化されている．この Q-e の概念は各モノマーがラジカル重合，アニオン重合，カチオン重合をそれぞれしやすいか否かの指標となり，多くのモノマーの Q，e 値は Polymer Handbook にまとめられている．

問題 3　反応活性種であるラジカルとドーマント種は下図のような平衡を作る．

この平衡はドーマント種側に寄っているため，系中のラジカルの濃度が低くなり，ラジカル同士の停止反応が抑制される．もちろん各重合法に特徴はあるが，重合法は主に(i)ニトロキシドを用いる系(Nitroxide-Mediated Polymerization: NMP)，(ii)遷移金属錯体を用いる系(Atom Transfer Radical Polymerization: ATRP)，(iii)可逆的連鎖移動剤を用いる系(Reversible Addition Fragmentation Transfer: RAFT)の 3 種類に分けられる．

〰〰C−X（ドーマント種）⇄（速い平衡）〰〰C$^\bullet$　X$^\bullet$（反応活性種）

参考文献

1. 村橋俊介　他　『高分子化学　第 5 版』　共立出版　2007 年
2. 遠藤剛　他　『高分子の合成（上）―ラジカル重合・カチオン重合・アニオン重合』　講談社サイエンテフィク　2010 年
3. J. Brandrup, et al., *Polymer Handbook*, 4th Edition (Wiley, 2003)

問 44　アミノ酸・ペプチド・タンパク質［解答］

問題 1　①20 ②*S* ③L ④アルキル基 ⑤ヒドロキシ基 ⑥塩基性 ⑦酸性

問題 2　ペプチド結合は，アミド窒素の孤立電子対がカルボニル基と共役するために平面構造をとる．N–H 水素はカルボニル酸素に対してほとんど常にトランスの位置にあり，C–N 結合は二重結合性を帯びているため，そのまわりの回転は遅く，結合は比較的短い．

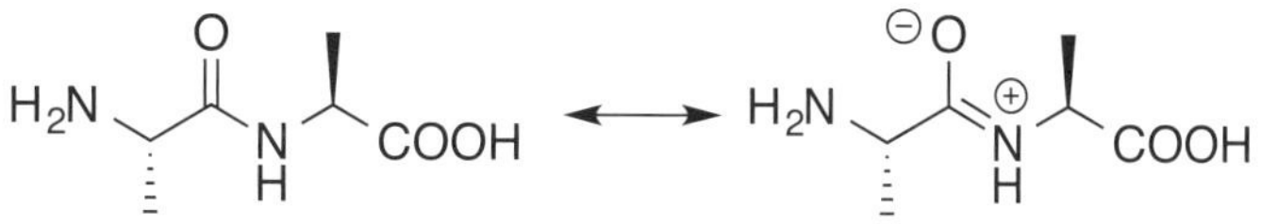

問題 3

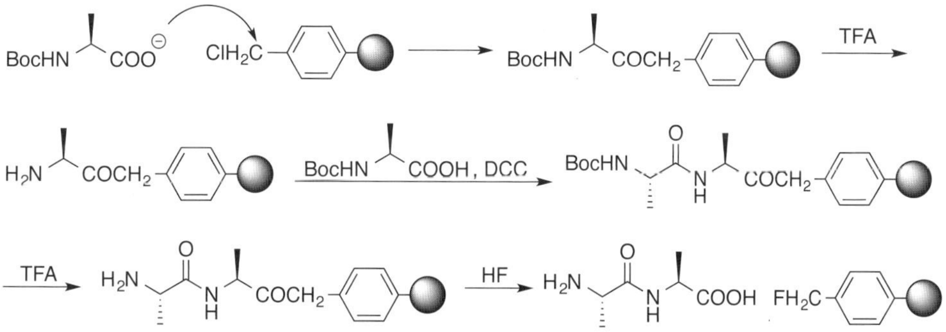

解説

問題 1　よく知られているアミノ酸の構造と略号を表 44A. 1 にまとめた．20 種類のアミノ酸には 3 文字および 1 文字略号が振り当てられている．

問題 2　ポリペプチドにおいて，ペプチド結合の両隣の結合は立体障害により自由回転できず，限られた二面角のみが安定に存在する．すなわち，ポリペプチドの構造は，そのペプチド結合面同士の二面角（ねじれ角）で表すことができる．立体的に許容されるペプチドの構造の範囲を図示したものを Ramachandran プロットと呼ぶ．

問題 3　固相合成法では，全ての中間体は担体に固定化されているので，担体のろ過と洗浄だけで不要物を簡便に除くことができる．また，脱保護と縮合の過程を繰り返すことで，大きなペプチドを合成することができる．しかし，ペプチドが大きくなると官能基同士の望まぬ相互作用や反応点がペプチド内部に潜り込むことによる反応効率低下のため，固相合成法ではアミノ酸 50 残基程度が限界とされている．さらに大きなポリペプチドやタンパク質を合成する方法として，ペプチド鎖同士を液相中で効率良くカップリングさせる Native Chemical Ligation(NCL)法を固相合成法と組み合わせる方法が提案されている．NCL 法は，C 末端にチオエステルをもつペプチドと N 末端に無保護システインをもつペプチドが混ぜるだけで反応することを利用しており，生体適合条件化でもこの反応は進行する．

表 44A. 1 アミノ酸の構造と略号

R	名称	3 文字略号	1 文字略号
H	グリシン(glycine)	Gly	G
CH_3	アラニン(alanine)	Ala	A
$CH(CH_3)_2$	バリン(valine)	Val	V
$CH_2CH(CH_3)_2$	ロイシン(leucine)	Leu	L
$CH(CH_3)CH_2CH_3$	イソロイシン(isoleucine)	Ile	I
CH_2Ph	フェニルアラニン(phenylalanine)	Phe	F
N(H) COOH	プロリン(proline)	Pro	P
CH_2OH	セリン(serine)	Ser	S
$CH(CH_3)OH$	スレオニン(threonine)	Thr	T
H_2C— —OH	チロシン(tyrosine)	Tyr	Y
CH_2CONH_2	アスパラギン(asparagine)	Asn	N
$CH_2CH_2CONH_2$	グルタミン(glutamine)	Gln	Q
$(CH_2)_4NH_2$	リシン(lysine)	Lys	K
$(CH_2)_3NHC(=NH)NH_2$	アルギニン(arginine)	Arg	R
H_2C N H	トリプトファン(tryptophan)	Trp	W
H_2C NH N	ヒスチジン(histidine)	His	H
CH_2SH	システイン(cysteine)	Cys	C
$CH_2CH_2SCH_3$	メチオニン(methionine)	Met	M
CH_2COOH	アスパラギン酸(aspartic acid)	Asp	D
CH_2CH_2COOH	グルタミン酸(glutamic acid)	Glu	E

参考文献

1. K. P. C. Vollhardt, N. E. Schore 『ボルハルト・ショアー現代有機化学（下） 第 6 版』 化学同人 2011 年 （監訳：古賀憲司 他）
2. P. E. Dawson, et al., *Science*, **266**, 776 (1994).

問 45　糖［解答］

問題 1　①アルデヒド　②アルドース　③ヘキソース　④α　⑤β

問題 2　①糖の環内にある酸素原子上の非共有電子対がアノマー炭素の σ*軌道と超共役し，非局在化することで安定化するという説明である．すなわち，電子供与性の非共有電子対が σ*軌道とアンチペリプラナーとなったとき（α 体，図 45A. 1 左），系の全エネルギーが低下し，より安定となるという考え方である．

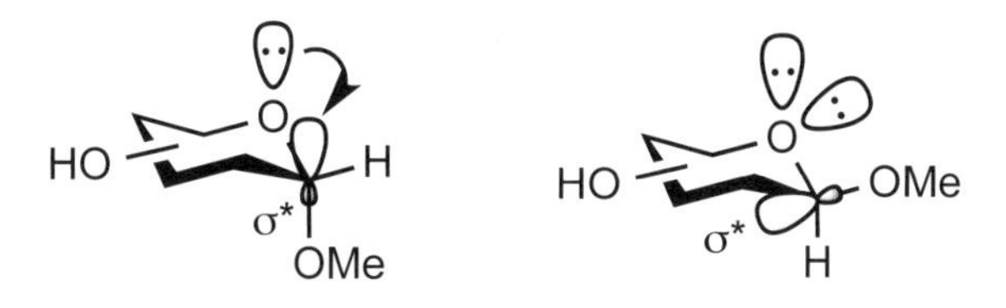

図 45A. 1　超共役による α 体の安定化

②エクアトリアル配置（β 体，図 45A. 2 右）の場合，2 つの酸素原子が部分的に並ぶため，双極子間で反発が起こり，不安定になるという説明である．対照的に，アキシアル配置（α 体）ではこれらの双極子はおおよそ逆向きであり，より安定な状態であると考えられる．

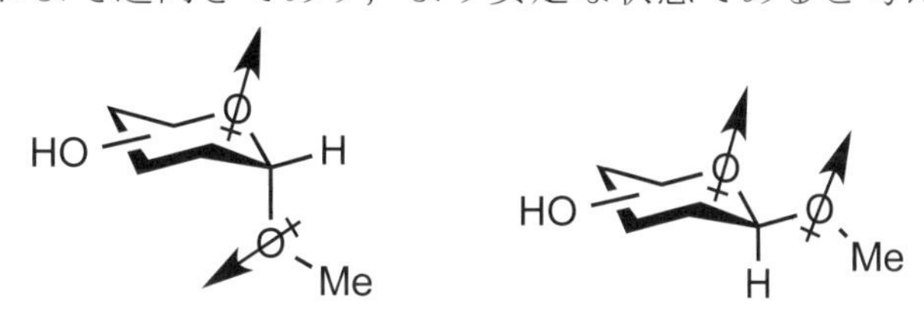

図 45A. 2　双極子反発による β 体の不安定化

解説

問題 1　アルデヒドを含む糖はアルドースと呼ばれ，ケトンを含む糖はケトースと呼ばれる．また，4，5，6，7 個の炭素原子からなる単糖を，それぞれテトロース（四炭糖），ペントース（五炭糖），ヘキソース（六炭糖），ヘプトース（七炭糖）と呼ぶ．これら単糖は多数の不斉炭素原子をもっており，D および L の記号はアルデヒドやケトンから最も遠く離れた不斉炭素原子の絶対配置を指定している（例えば，グルコースなら C5 がそれにあたる）．生体中ではほとんどの糖が D 体である．

問題 2　β-D-グルコースは水中では 6 割以上を占め，α 体の割合の倍近くを占める（鎖状構造は 0.01 %程度）．これはアキシアル型の立体反発によるものである．しかし，H がメチル基のような電子供与性の置換基に代わることで，問題 2 にある効果が優勢となり，α 体の割合が増加すると考えられている．しかし，実際には電子吸引性の置換基であっても α 体が優勢となることが多く，現在でも不明な点が多い．

メチル- D-グルコシドように，糖のアノマー炭素原子とアルコールのヒドロキシ基の酸素原子との間に形成された結合を *O*-グリコシド結合と呼ぶ．また，糖のアノマー炭素原子はアミンの窒素原子とも結合し，*N*-グリコシド結合を形成する．

グリコシド結合により，1 つの単糖が別の単糖と連結することができる．単糖は多数のヒドロキシ基をもつので，様々なグリコシド結合が可能となる．そして，多種類の単糖と多様な結合とが相まって，糖鎖は多様な構造をもつ分子となる．さらに，糖鎖は糖同士だけでなく，タンパク質や脂質，その他の低分子とも結合して多様な分子をつくり出す．これら糖タンパク質，糖脂質は生体内で重要な生理作用を担う．

例えば，糖タンパク質ホルモンの一種であるエリスロポエチン(EPO)は腎臓から分泌され，赤血球の生成を促進する．EPOは165個のアミノ酸からなり，3ヶ所のアスパラギン残基が*N*-グリコシル化され，1ヶ所のセリン残基が*O*-グリコシル化されている．成熟したEPOは重量の40%が糖鎖であり，この糖鎖付加で血中の安定性が増す．糖鎖が付加していないEPOは，腎臓で血液から速やかに除去されるため，糖鎖が付加したものに比べ約10%の生物活性しかない．このように，糖鎖は生体内において重要な役割を担っている．

参考文献

1. J. M. Berg, et al.　『ストライヤー生化学　第6版』　東京化学同人　2008年　（監訳：入村達郎　他）

第6章　分子の運動［解答］

問46　分子運動の基礎［解答］

問題1　最も軽い原子核である陽子でも，電子と比較して2000倍程度の質量があるため，原子核の運動は電子の運動に比べるとはるかに遅い．したがって，（原子核と電子の両方を含む）全体の波動関数$\boldsymbol{\Psi}$は，「電子が常に追随している原子核の運動を表す波動関数$\boldsymbol{\Psi}_{\mathrm{nucl}}$」と「ほとんど静止している原子核からのポテンシャルを受けながら運動する電子の波動関数$\boldsymbol{\Psi}_{\mathrm{el}}$」とに分離して記述することができる．このとき，原子核が感じるポテンシャルは原子核位置$\boldsymbol{R}$のみに依存するため$\boldsymbol{\Psi}_{\mathrm{nucl}}$は$\boldsymbol{R}$の関数になる．一方，電子には静止した原子核からのポテンシャルが及ぶため，$\boldsymbol{\Psi}_{\mathrm{el}}$は電子座標$\boldsymbol{\tau}$だけでなく原子核座標$\boldsymbol{R}$にも依存する．

問題2　式 46. 2のHamilton演算子は原子Aの座標ごとにポテンシャル項が分離されてないため，Schrödinger方程式が複雑な形になり解くのが困難である．一方，座標変換後の式 46. 3 の Hamilton演算子は，座標Q_iごとにポテンシャルが分離された調和振動子の形式になっており，モードごとに分離した上で（解析的な解が知られている）調和振動子の問題に帰結することができるというメリットがある．

<u>解説</u>

問題1　問題の系で波動方程式がどのように分離されるかを以下に示す．A番目の原子核の電荷と質量を原子単位でZ_A，M_Aとおくと，系のHamilton演算子$\hat{H}$は以下のようにかける．

$$\hat{H} = -\sum_{i=1}^{n}\frac{1}{2}\Delta_i - \sum_{A=1}^{N}\frac{1}{2M_A}\Delta_A - \sum_{i,A=1}^{n,N}\frac{Z_A}{r_{iA}} + \sum_{i>j}^{n}\frac{1}{r_{ij}} + \sum_{A>B}^{N}\frac{Z_A Z_B}{R_{AB}} \qquad \text{式 46A. 1}$$

ただし，r_{ij}は電子iとjの距離，R_{AB}は原子核AとBの距離，r_{iA}は電子iと原子核Aの距離を表す．$\Psi(\boldsymbol{\tau}_1, \boldsymbol{\tau}_2, \cdots, \boldsymbol{\tau}_n; \boldsymbol{R}_1, \boldsymbol{R}_2 \cdots, \boldsymbol{R}_N) \equiv \Psi(\boldsymbol{\tau}; \boldsymbol{R})$と略記するとBorn–Oppenheimer近似は

$$\Psi(\boldsymbol{\tau}; \boldsymbol{R}) = \Psi_{\mathrm{el}}(\boldsymbol{\tau}; \boldsymbol{R})\Psi_{\mathrm{nucl}}(\boldsymbol{R})$$

となる．このとき分離された$\Psi_{\mathrm{el}}(\boldsymbol{\tau}; \boldsymbol{R})$と$\Psi_{\mathrm{nucl}}(\boldsymbol{R})$の波動方程式は

$$\left(-\sum_{i=1}^{n}\frac{1}{2}\Delta_i - \sum_{i,A=1}^{n,N}\frac{Z_A}{r_{iA}} + \sum_{i>j}^{n}\frac{1}{r_{ij}} + \sum_{A>B}^{N}\frac{Z_A Z_B}{R_{AB}}\right)\Psi_{\mathrm{el}}(\boldsymbol{\tau}; \boldsymbol{R}) = E_{\mathrm{el}}(\boldsymbol{R})\Psi_{\mathrm{el}}(\boldsymbol{\tau}; \boldsymbol{R}) \qquad \text{式 46A. 2}$$

$$\left(-\sum_{A=1}^{N}\frac{1}{2M_A}\Delta_A + E_{\mathrm{el}}(\boldsymbol{R})\right)\Psi_{\mathrm{nucl}}(\boldsymbol{\tau}; \boldsymbol{R}) = E\Psi_{\mathrm{nucl}}(\boldsymbol{\tau}; \boldsymbol{R}) \qquad \text{式 46A. 3}$$

となる．式 46A. 2は，原子核位置をパラメーターとして電子状態を求める式であり，式 46A. 3が原子核の運動を求める式になっていることがわかる．また，原子核におよぶポテンシャル$E_{\mathrm{el}}(\boldsymbol{R})$は，電子状態のエネルギー（式 46A. 2の固有値）に相当していることもわかる．Born–Oppenheimer近似を用いると，分子の電子状態の波動関数と振動・回転の波動関数を分離して記述し考察することが可能となるため，解析が容易になる利点がある．一方で，原子核の運動が電子状態に影響を及ぼすような振電相互作用が顕著な系では，Born–Oppenheimer 近似は有効ではない．例えば，遷移金属錯体の電子配置を理解する上で重要なJahn–Teller効果に原子核の運動の影響が加わった動的Jahn–Teller効果などがBorn–Oppenheimer近似とのずれが大きい例として挙げられる．

問題 2　式 46. 2 においては，運動と原子座標が独立しているため，ポテンシャルの形状が，すべての原子の位置にかかわる複雑な形となる．一方で，座標変換後の式 46. 3 は，以下のようなモードごとの波動方程式に分離できる．

$$-\frac{\hbar^2}{2}\frac{\partial^2}{\partial {Q_i}^2}+\frac{1}{2}\kappa_i {Q_i}^2\psi_i(Q_i)=E_i\psi_i(Q_i) \qquad \text{式 46A. 4}$$

この固有関数$\psi_i(Q_i)$と固有値E_iから

$$\Psi_{\mathrm{nucl}}=\psi_1(Q_1)\psi_2(Q_2)\cdots\psi_{3N}(Q_{3N}) \qquad E=E_1+E_2+\cdots+E_{3N} \qquad \text{式 46A. 5}$$

を得ることができる．この形式では，ある振動モードの中ですべての原子の運動が関係づけられる．この変換により Schrödinger 方程式を解析的な形で解くことが可能となる．式 46A. 4 の Hamiltion 演算子を，生成消滅演算子を用いて書き直すと解析的に調和振動子の波動関数およびエネルギーを求めることができる．例えば，単純な調和振動子の Hamiltion 演算子は

$$\hat{H}=-\frac{\hbar^2}{2m}\frac{\mathrm{d}^2}{\mathrm{d}x^2}+\frac{m\omega^2}{2}x^2 \qquad \text{式 46A. 6}$$

で表され，生成演算子$\hat{a}^\dagger$および消滅演算子$\hat{a}$を用いることで，

$$\hat{a}^\dagger\hat{a}=\frac{m\omega}{2\hbar}\left(x-\frac{\hbar}{m\omega}\frac{\mathrm{d}}{\mathrm{d}x}\right)\left(x+\frac{\hbar}{m\omega}\frac{\mathrm{d}}{\mathrm{d}x}\right)=\frac{m\omega}{2\hbar}x^2+\frac{1}{2}\left(x\frac{\mathrm{d}}{\mathrm{d}x}-\frac{\mathrm{d}}{\mathrm{d}x}x\right)-\frac{\hbar}{2m\omega}\frac{\mathrm{d}^2}{\mathrm{d}x^2}=\frac{m\omega}{2\hbar}x^2-\frac{\hbar}{2m\omega}\frac{\mathrm{d}^2}{\mathrm{d}x^2}-\frac{1}{2} \qquad \text{式 46A. 7}$$

と書き直せることから，これを式 46A. 6 に代入すると

$$\hat{H}=\hbar\omega\left(\frac{m\omega}{2\hbar}x^2-\frac{\hbar}{2m\omega}\frac{\mathrm{d}^2}{\mathrm{d}x^2}-\frac{1}{2}+\frac{1}{2}\right)=\hbar\omega\left(\hat{a}^\dagger\hat{a}+\frac{1}{2}\right) \qquad \text{式 46A. 8}$$

となる．これは，生成消滅演算子を用いた表記法で調和振動子の Schrödinger 方程式を解くことができることを示している．

参考文献

1.　江沢洋　『量子力学 (I)』　裳華房　2002 年
2.　原田義也　『量子化学　下巻』　裳華房　2007 年

問 47　分子振動［解答］

問題 1　(1) $E(v+1)-E(v)=\nu_0$

(2) $\nu_0=\frac{1}{2\pi c}\sqrt{\frac{k}{\mu}}$

(3) 振動基底状態($v\ =0$)ではポテンシャル極小点付近で確率分布が最大となるが，振動量子数vが増大すると確率分布の節の数が増え，極小点からの変位が大きいところに確率分布が広がる．

問題 2　H_2分子およびD_2分子の振動数をそれぞれν_{H}，ν_{D}，換算質量をμ_{H}，μ_{D}とすると，

$$\nu_{\mathrm{D}}=\frac{1}{2\pi c}\sqrt{\frac{k}{\mu_{\mathrm{D}}}}=\frac{1}{2\pi c}\sqrt{\frac{k}{\mu_{\mathrm{H}}}\frac{\mu_{\mathrm{H}}}{\mu_{\mathrm{D}}}}=\nu_{\mathrm{H}}\sqrt{\frac{\mu_{\mathrm{H}}}{\mu_{\mathrm{D}}}}=4340\times\sqrt{\frac{1.00794}{2.0141}}=3070\ \mathrm{cm^{-1}} \qquad \text{式 47A. 1}$$

と算出できる．

問題 3

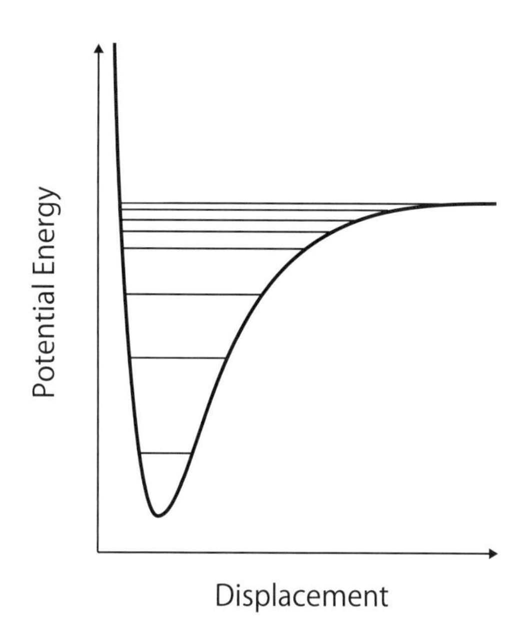

図 47A. 1　二原子分子のポテンシャルとエネルギー準位の模式図

調和振動子モデルでは，距離の 2 乗に比例してポテンシャルが大きくなるが，実際の二原子分子は核間距離が大きくなると結合が解離するため，ポテンシャルエネルギーは距離無限大で一定値になる．したがって，エネルギー準位は調和振動子のように等間隔にはならず，量子数vが大きくなると（エネルギーが大きくなると）間隔が狭くなる．

解説

問題 1　(1) 調和振動子モデルでの隣り合うエネルギー準位の間隔は等しい．

(2) 固有振動数は古典力学的な調和振動の振動数と同じになる（問 1 参照）．この問題では，波数表示にするため $2\pi c$ で割った．

(3) 調和振動子の波動関数は

$$\psi_v(x) = \left(\frac{\sqrt{\beta/\pi}}{2^v v!}\right)^{1/2} H_v(\sqrt{\beta}x)\mathrm{e}^{-\beta x^2/2} \qquad \text{式 47A. 2}$$

$$\beta = \frac{2\pi}{h}(\mu k)^{1/2} \qquad \text{式 47A. 3}$$

である．ここで x は核間距離，H_vは Hermite 多項式であり

$$H_v = (-1)^v \mathrm{e}^{\beta x^2}\frac{\mathrm{d}^v}{\mathrm{d}(\sqrt{\beta}x)^v}(\mathrm{e}^{-\beta x^2}) \qquad \text{式 47A. 4}$$

で与えられる．ψ^2の値をグラフに表すと図 47A. 2 のようになる．振動量子数が大きくなると，確率が最大の領域が古典的な運動の折り返し点に向かっていく様子がわかる．すなわち核の存在確率が古典的な調和振動子運動の端に偏ることとなる．ただし，これは単に核間距離が増大することを意味するわけではないので注意が必要である．

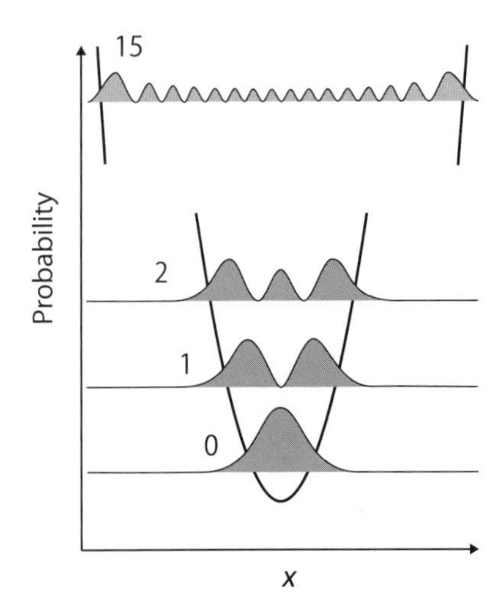

図 47A. 2　調和振動子の確率分布

問題 2　等核二原子分子の場合，原子量 m を用いて換算質量は

$$\mu = \frac{m \times m}{m + m} = \frac{m}{2} \qquad \text{式 47A. 5}$$

と算出できる．D の原子量は H のおよそ 2 倍であるため，μ_H/μ_D ～ 1/2 となる．同位体置換による質量変化の比率は，H と D が最大であり振動数の変化も最大である（三重水素 T もあるが，放射壊変するため使いにくい）．水素が関係する分子運動を見分ける際に，重水素置換によって振動数が変化するかどうかを調べる方法がある．

問題 3　ここでとり上げたような，調和振動子近似から外れる性質を非調和性と呼ぶ．分子振動の場合，結合解離エネルギーが小さいほど，すなわちポテンシャルが浅いほど，非調和性が大きな振動系とみなすことができる．図 47A. 1 のような片側に偏った非調和振動系の解析解は Morse ポテンシャルと呼ばれる特殊な関数系について知られている．

参考文献

1. P. W. Atkins, J. de Paula 『アトキンス物理化学（上） 第 10 版』 東京化学同人 2017 年 (訳: 中野元裕 他)

問 48　分子の並進・回転［解答］

問題 1　(1) 基底状態：$(n_x, n_y, n_z) = (1, 1, 1)$ より縮重度 $g_0 = 1$

第一励起状態：$(n_x, n_y, n_z) = (2, 1, 1), (1, 2, 1), (1, 1, 2)$より縮重度 $g_0 = 3$

(2) 基底状態と第一励起状態とのエネルギー差ΔE は

$$\Delta E = \frac{h^2}{8ML^2}(1+1+4) - \frac{h^2}{8ML^2}(1+1+1) = \frac{3h^2}{8ML^2}$$

で与えられる．$^{12}C^{16}O$ の質量は，$M = (12+16)/N_A = 4.650 \times 10^{-26}$ kg なので，$L = 10^{-2}$ m より，

$$\Delta E = \frac{3h^2}{8ML^2} = \frac{3\times\left(6.626\times10^{-34}\right)^2}{8\times4.650\times10^{-26}\times10^{-4}} = 3.541\times10^{-38}\ \mathrm{J} = 1.782\times10^{-15}\ \mathrm{cm^{-1}}$$

となる．

(3) $\Delta E = 1\ \mathrm{cm}^{-1}$ となるための立方体の辺の長さを l (m)とすると，

$$\frac{l^2}{L^2} = 1.782\times10^{-15}$$

より，$l = \sqrt{1.782\times10^{-15}}L = 4.222\times10^{-10}\ \mathrm{m} = 4.222\ \text{Å}$.

問題 2　(1) 球対称分子の場合，$I_a = I_c$ なので $A = B$ となり，

$$E_{J,K} = hc\left\{BJ(J+1) + (A-B)K^2\right\} = hcBJ(J+1)$$

となる．直線分子の場合は，分子軸回りの角運動量が 0 であるため $K = 0$ とすることができ，

$$E_{J,K} = hc\left\{BJ(J+1) + (A-B)K^2\right\} = hcBJ(J+1)$$

となる．

(2) $^{1}H^{127}I$ は直線分子なので，回転エネルギー準位 E_J は，水素の質量 m_H と回転半径 r を使って，

$$E_J = hcBJ(J+1) = \frac{h^2}{8\pi^2 I}J(J+1) = \frac{h^2}{8\pi^2 m_H r^2}J(J+1)$$

と書くことができる．したがって，

$$\Delta E = E_{J=1} - E_{J=0} = \frac{h^2}{4\pi^2 m_H r^2}$$

より

$$r = \frac{h}{2\pi}\sqrt{\frac{1}{m_H \Delta E}} = \frac{6.626\times10^{-34}}{2\times3.141}\sqrt{\frac{1}{\frac{1}{6.022\times10^{23}\times1000}\times3.921\times10^{11}\times6.626\times10^{-34}}} = 160.5\ \mathrm{pm}$$

(3) H_2 や F_2 などの等核 2 原子分子では，分子が 180°回転すると等価な原子核が入れ替わる．量子力学では，2 つの同種粒子からなる状態$\varphi(\tau_1, \tau_2)$は，粒子の入れ替えに対して同じ状態を取らなければならないため$\varphi(\tau_2, \tau_1) = \pm\varphi(\tau_1, \tau_2)$となる必要がある．ここで$\tau_1$, τ_2 は粒子の位置座標とスピン座標を合わせたものであり，分子の回転運動を扱う場合は回転座標と核スピン座標に対応する．分子の回転状態と核スピンの状態は，全波動関数の対称性が維持されるように決まり，回転波動関数の偶奇性は J の偶奇性に依るため，J の偶奇によって核スピンの偶奇が決まることになる．

解説

問題 1　この問題では，分子の並進エネルギーの具体的な計算を確認した．量子力学で最初に学ぶ井戸型ポテンシャル中の粒子の運動は，最もシンプルな並進運動モデルといえる．(1)では，三次元井戸型ポテンシャル中の並進エネルギー準位の縮重度が，基底状態と励起状態とで異なることを確認した．これは，一次元の調和振動子と大きく異なる点である．(2)では，具体的な並進エネルギー準位を計算して，エネルギー間隔が非常に小さいことを確認した．(3)では，並進のエネルギー準位間隔が遠赤外光やマイクロ波・テラヘルツ波のエネルギーと同程度になるには，分子を取り囲むケージが，分子と同程度に小さくなければならないことを確認した．近年，注目されている金属有機構造体(MOF)やゼオライト，フラーレン（ナノチューブ）などのナノスケールの空隙に取り込まれた小分子のふるまいを調べる際に，並進エネルギーの分光学的な知見が有効になるケースがある．

問題 2　この問題では，分子の回転エネルギーの具体的な計算を確認した．ここでは対称性の高

い分子の三次元的な回転を取り扱ったが，非対称な分子の回転や軸が固定された二次元的な回転の場合は異なる式が用いられる．(1)では，扁平・扁長な分子の結果から，より対称性の高い球対称分子，直線分子のエネルギーがどのように導かれるかを確認した．2 つのケースで得られる式の形は同じであるが，導出過程が異なることに注意が必要である．この差は縮重度の違いとして残ることになる．(2)では，マイクロ波分光法などで決まる回転準位間隔から分子の結合距離が導かれることを確認した．計算には幾つかの単位換算が必要となるため注意が必要である．(3)では，回転状態と核スピンの状態が関係することを確認した．よく知られているのは H_2 分子であり，J が偶数の回転状態は核スピン一重項（*para* 水素）に，J が奇数の回転状態は核スピン三重項（*ortho* 水素）になる．*ortho* 水素と *para* 水素の間の変換には非常に時間がかかり，液体水素の製造・貯蔵において問題になる．

参考文献

1. P. R. Bunker, P. Jensen, *Fundamentals of Molecular Symmetry* (Taylor & Francis, 2004).
2. P. Atkins, et al. 『基礎物理化学（上）―分子論的アプローチ』 東京化学同人 2011 年 （訳：千原秀明，稲葉章）

問 49　拡散［解答］

問題 1　(1) 断面積 σ で λ だけ進むから求める体積は $\sigma\lambda$ となる．

(2) 体積 V に含まれる分子数を N とすると，分子 1 つが占める体積は$\frac{V}{N}=\frac{1}{n}$．運動する分子が静止している分子 1 つに衝突するまでに占める体積が分子 1 つ分の体積に等しいので，

$$\sigma\lambda=\frac{1}{n}$$
$$\lambda=\frac{1}{n\sigma}$$

(3) 相対速度の二乗$\boldsymbol{u}^2$は，

$$\boldsymbol{u}^2=(\boldsymbol{v}-\boldsymbol{v}')^2=\boldsymbol{v}^2+\boldsymbol{v}'^2-2\boldsymbol{v}\cdot\boldsymbol{v}'$$

相対速度の平均二乗$\langle\boldsymbol{u}^2\rangle$は，$\langle\boldsymbol{v}\cdot\boldsymbol{v}'\rangle=0$であり，2 つの分子の運動が互いに独立であるから，

$$\langle\boldsymbol{u}^2\rangle=\langle\boldsymbol{v}^2\rangle+\langle\boldsymbol{v}'^2\rangle+0=2\langle\boldsymbol{v}^2\rangle$$

となる．根二乗平均相対速度$u_{\mathrm{rms}}=\sqrt{\langle\boldsymbol{u}^2\rangle}$は，根二乗平均速度$v_{\mathrm{rms}}=\sqrt{\langle\boldsymbol{v}^2\rangle}$を用いて，

$$u_{\mathrm{rms}}=\sqrt{2}v_{\mathrm{rms}}$$

と書ける．(2)で求めた静止している場合と比較して，$\sqrt{2}$倍だけ頻繁に衝突が起こることとなる．したがって，平均自由行程は$\frac{1}{\sqrt{2}}$倍され，

$$\lambda=\frac{1}{\sqrt{2}n\sigma}$$

となる．

問題 2　(1) 位置 x と $x+\mathrm{d}x$ における流入・流出量が，それぞれの位置における濃度に比例することから，全体の流束 J_x は，$C(x)>C(x+\mathrm{d}x)$に注意すると次のように求められる．

$$J_x = D\frac{|C(x+\mathrm{d}x)-C(x)|}{x+\mathrm{d}x-x} = -D\frac{C(x+\mathrm{d}x)-C(x)}{x+\mathrm{d}x-x} = -D\frac{\mathrm{d}C(x)}{\mathrm{d}x} \qquad \text{式 49A. 1}$$

(2) (1)で求めた計算を各方向成分に対して考慮すると，三次元に対する流束は，

$$\boldsymbol{J} = -D\nabla\boldsymbol{C}$$

となり，与えられた関係式$\boldsymbol{J} = -\frac{1}{3}\lambda v_{\mathrm{rms}}\nabla\boldsymbol{C}$と比較することで，拡散係数 D は以下のようになる．

$$D = \frac{1}{3}\lambda v_{\mathrm{rms}}$$

(3) 流入量が $J(x)$, 流出量が $J(x+\mathrm{d}x)$であること注意すると, 以下のように拡散方程式が得られる．ただし，最後の式変形において式 49A. 1 を用いた．

$$\frac{\mathrm{d}C(x)}{\mathrm{d}t} = \frac{J(x)-J(x+\mathrm{d}x)}{(x+\mathrm{d}x)-x} = -\frac{\mathrm{d}J(x)}{\mathrm{d}x} = D\frac{\mathrm{d}^2C(x)}{\mathrm{d}x^2}$$

解説

気体分子運動論によれば，分子は常温で$v_{\mathrm{rms}} = 2000\text{~}100\ \mathrm{m\ s^{-1}}$の高速で運動するが，巨視的には分子の拡散は非常にゆっくり進行する．これは，多くの分子が存在する状況下では，分子は衝突を繰り返しながら運動するためである．

問題 1　気体中の分子の運動を論ずる上では，分子間の衝突が起こるまでにどの程度の距離を進むことができるかが重要である．これを統計的に扱うための概念が平均自由行程である．初めに簡単のために運動する分子を限定して，そこから気体中での平均自由行程を求めた．(3)で用いた統計力学の関係式は，体積 V の箱の中の分子全体の運動を考えてみると容易に理解できる．すなわち，箱が止まっているとき分子全体にも動きがないために非常に多くの分子を考慮することで(3)の関係$\langle \boldsymbol{v}\cdot\boldsymbol{v}'\rangle = 0$が成り立つのである．

問題 2　巨視的な拡散現象では物質が濃度勾配に従って移動していく．このときの濃度変化を記述する方程式が，拡散方程式である．問題(1)および(3)では，巨視的な物質収支を考えることによって気体の拡散方程式を導いた．気体中では分子は他の分子と衝突を繰り返しながら運動する．したがって，問題 1 で扱った微視的な分子運動と拡散方程式は何らかの形で関係するはずである．(2)ではこれらの関係式を導いた．式 49. 1 は分子の運動に応じた微視的な物理量（この場合は数密度）の運搬を考えることで導出が可能である．細かい導出過程は参考文献を参照されたい．

参考文献

1.　大野克嗣　『統計物理　ジョギングコース』
http://www.yoono.org/Y_OONO_official_site/StatPhysJogging.html

第 7 章　分子集合体［解答］

問 50　分子間力：van der Waals 相互作用［解答］

問題 1

London 分散力：⑤

力の起源：分子の電荷ゆらぎによって生じる瞬間的な双極子モーメントが周囲に電場を形成し，この電場が近くの分子を分極して誘起双極子モーメントを作り出すことで生まれる，瞬間双極子–誘起双極子間の引力．

Keesom 相互作用：②

力の起源：電荷の偏った分子（極性分子）間にはたらく Coulomb 相互作用．

Debye 相互作用：④

力の起源：極性分子が作り出す電場によって無極性分子が分極して，その結果として生じる永久双極子–誘起双極子間の相互作用．

問題 2　メタンは無極性の球状分子として近似することができ，⑤の London 分散力によって結合している．2 個の分子間にはたらく相互作用エネルギー $w(r)$ は

$$w(r) = \frac{3\alpha^2 h\nu}{4(4\pi\varepsilon_0)^2 r^6}$$

とかける．結晶中で最近接分子の数が 12 個であるので，分子 1 個あたりの結合エネルギーは $6w(r)$ となる．そのため．モルあたりの凝集エネルギー U は以下のようになる．

$$U = 6N_{\mathrm{A}}\frac{3\alpha^2 h\nu}{4(4\pi\varepsilon_0)^2 r^6}$$

$$= \frac{6\times6.022\times10^{23}\times3\times\left(2.6\times10^{-30}\right)^2\times12.6\times1.602\times10^{-19}}{4\times(0.4\times10^{-9})^6} = 9.03\ \mathrm{kJ\ mol^{-1}}$$

問題 3　⑤の London 分散力の式は，電荷ゆらぎの中心が分子の中心と一致することが前提であるが，CCl_4 のような大きな分子では，電子分極の中心は C–Cl の共有結合中にある．したがって，距離 r は，分子直径よりも実質的に短くなっており，実測値は計算値よりも大きくなる．

解説

問題 1　van der Waals 力は広義には分子間力全般を指すこともあるが，通常は London 分散力と Keesom 相互作用，Debye 相互作用の 3 つを指す．いずれも r^{-6} の距離依存性をもつ．

- London 分散力は，その起源から「電荷ゆらぎ力」「誘起双極子間力」などと呼ばれることもある．瞬間双極子–誘起双極子間はたらく瞬間的な力は，時間平均がゼロにならないため定常的な相互作用となる．あらゆる分子種に存在する相互作用である．
- Keesom 相互作用には，熱ゆらぎによる分子配向の乱れが電荷の偏りを平均化して，相互作用が小さくなる効果も含まれている（これによって，相互作用エネルギー式の中に温度 T が含まれている）．分子配向の乱れが相互作用の大きさの目安になることから「配向相互作用」と

呼ばれることもある．

- Debye 相互作用は，双極子–双極子間相互作用よりも弱く，室温付近で極性分子の配向が定まらないことが多い．このため，極性分子の角度平均をとったものが実効的な相互作用として使われる．無極性分子に双極子が誘起されることから「誘起相互作用」と呼ばれることもある．

問題 2　この問題では最近接相互作用のみ考慮したが，より正確な計算には遠くの分子との相互作用も考慮に入れる必要があり，このとき $6w(r)$は $7.22w(r)$に変わる．その結果，モル凝集エネルギーは 10.9 kJ mol^{-1}になる．いずれにせよ，メタンの蒸発エネルギーと融解エネルギーを合わせた実測値は 9.8 kJ mol^{-1}と報告されており，よい一致が得られていることがわかる．同様のことは，球形の分子であるネオンやアルゴンにも当てはまる．

問題 3　CCl_4 分子の場合，$7.22w(r)$で計算すると，モル凝集エネルギーは 23.9 kJ mol^{-1}となるが，実測値は 32.6 kJ mol^{-1}と大きくずれている．一般に，⑤の London の式は直径が約 0.5 nm 以上の球形分子には使えないことが知られている．London 分散力は，この問題で扱った性質に加えて「全方位に均等に力がはたらく（力の異方性がない）」という特徴も重要である．これは，双極子–双極子相互作用とは大きく異なる特徴である．

参考文献

1. J. N. Israelachivili　『分子間力と表面力　第 2 版』　朝倉書店　1996 年　（訳：近藤保，大島広行）

問 51　液体：沸騰・融解［解答］

問題 1　(1) b　　(2) a　　(3) a　　(4) a

問題 2　ネオペンタン分子の方が *n*-ペンタン分子よりも対称性が高いため高密度の結晶になりやすく，融点は高くなる．一方，分子の表面積はネオペンタン分子の方が *n*-ペンタン分子よりも小さいので，分子間にはたらく分子間力が小さくなり，沸点は低くなる．

問題 3　Trouton の規則：液体の蒸発モルエンタルピー$\Delta_{vap}H$ と沸点 T_b が $\Delta_{vap}H/T_b \sim 88$ J K^{-1} mol^{-1}を満たすという経験的法則（「蒸発モルエントロピー$\Delta_{vap}S$ が$\Delta_{vap}S \sim 88$ J K^{-1} mol^{-1}を満たす」と言い換えてもよい）．

水が規則から外れる理由：水中の水分子は，水素結合によってミクロな秩序構造をもつため，液体状態のエントロピーが低く抑えられ，蒸発モルエントロピー$\Delta_{vap}S$ が大きくなるため．

解説

問題 1　この問題では，分子構造と融点の関係性を確認した．一般に融点は，液体と結晶の両方の安定性の差から決まる．特に重要な要因は結晶状態のエネルギー的な安定性であり，分子種を比較して融点の大小を予測する際は，①分子の大きさ，②分子の対称性，③分子極性や水素結合の有無などを判断の基準にするとよい．分子が大きければ，1 分子あたりの分子間引力が大きくなるため融点は高くなる（①）．また，同じ分子量であれば，対称性の高い分子ほど結晶中で分子が密に配列できるため，融点は高くなる（②）．さらに，van der Waals 相互作用以外の強い分子間力が作用する場合も融点は高くなる（③）．以下に問題で取り扱った各物質の傾向を見ていく（なお，ここでは分子性結晶に話を限定した．共有結合結晶やイオン結晶については問 53 を参照）．

(1)は直鎖炭化水素同士の比較である．*n*-オクタン(T_{fus} ～ 216 K)は *n*-ヘキサン(T_{fus} ～ 178 K)よりも分子量が大きいため，van der Waals 相互作用が強く作用して融点は高くなる．

(2)は同分子量の化合物間での比較である．ここで重要なのは分子の対称性である．ネオペンタン(T_{fus} ～ 257 K)は，*n*-ペンタンに比べて分子の対称性が高く，より密に充填された結晶状態が可能になるため融点も高くなる．

(3)は *cis*-*trans* 体の比較である．*cis* 体では分子中の折れ曲がり構造が密な結晶構造の形成を妨げるため融点は *trans* 体よりも低くなる．同様の理由で，同分子量であれば不飽和炭素水素の方が飽和炭化水素よりも融点が低い．なお，ここでとり上げたアゾ化合物の *cis*-*trans* の構造は，光によって可逆的に変換すること（光異性化）が知られている．*trans*-アゾトルエンは融点が T_{fus} ～ 326 K だが，紫外線を照射すると異性化が生じて *cis* 体となり，融点が T_{fus} ～ 316 K に下がる．この性質を用いると，光照射によって固体―液体の相転移を引き起こすことができるため，新しいタイプの接着剤などの産業応用が期待される興味深い物質である．

(4)は，水素結合の有無が関係する．水は水素結合を有する代表的な分子であり，分子間にはたらく力が非常に強いため融点が高くなる（H_2O: T_{fus} ～ 273 K, H_2S: T_{fus} ～ 191 K）．水素結合は水のような低分子だけでなく，高分子鎖間の相互作用の大小にも大きく影響する．

問題 2　ネオペンタンは *n*-ペンタンよりも沸点が低い（ネオペンタン: T_{vap} ～ 283 K，*n*-ペンタン: T_{vap} ～ 309 K）．これは融点とは逆の傾向である．沸点は，液体と気体の安定性の差から決まるが，特に重要になるのは液体状態の安定性である．液体では分子配向が乱れているため，分子の対称性の違いによるエネルギー差はあまり大きくない．つまり，融点の議論で挙げた 3 要素のうち①と③が重要になる．この問題の対象分子では，分子間にはたらく引力は主に炭素原子間の van der Waals 力であり，この力は分子の表面積に比例する．したがって，球状分子であるネオペンタンよりも鎖状分子である *n*-ペンタンの方が，分子間相互作用が強くなり沸点が高くなる．なお一般的には融点が高い物質は沸点も高く，このような逆転現象は稀である．

問題 3　Trouton の規則は 1884 年に Trouton によって発見されたもので，これを用いると物質の沸点から蒸発エンタルピーなどの熱力学量を見積もることができる．この法則は多くの物質で成立するが，水やカルボン酸などの水素結合をもつ物質などでは成り立たない．その原因は，解答に記述したように，液体状態におけるミクロな秩序構造が原因である．液体が秩序だっていると，完全に無秩序状態である気体への相転移には余計なエントロピー変化が必要であるため，法則からのずれが生じると理解される．水素結合系の物質以外にも，メタンが Trouton の規則からずれることも知られている．メタンは慣性モーメントが小さく，回転特性温度が高いために回転準位の間隔が広くなっており，気体状態でのエントロピーが小さい．したがって，蒸発の際のエントロピー変化が小さく抑えられ，Trouton の規則から外れてしまう．

<u>**参考文献**</u>

1.　P. Atkins, J. de Paula　『アトキンス物理化学（上）　第 8 版』　東京化学同人　2009 年（訳：

千原秀昭，中村亘男）
2. K. P. C.Vollhardt, et al. 『ボルハルト・ショアー現代有機化学（上）　第4版』 化学同人　2004年　（訳：古賀憲司　他）
3. E. Uchida et al., *Nat. Commun.* **6**, 7310 (2015).

問 52　結晶：空間群・逆格子［解答］

問題 1　(a) Bravais（ブラベ）格子　(b) 面心立方　(c) 空間群
(d) 単純格子　(e) 面心格子　(f) 体心格子
(g) ダイヤモンド映進（ダイヤモンドグライド）
(h) 3 回対称　(i) 反転　（＊(h)と(i)は逆でもよい）

問題 2　二次元正三角格子の格子ベクトルは $\boldsymbol{a} = a(1, 0)$, $\boldsymbol{b} = a(1/2, \sqrt{3}/2)$と書けるため，$\boldsymbol{a}\cdot\boldsymbol{a}' = \boldsymbol{b}\cdot\boldsymbol{b}' = 2\pi$ と $\boldsymbol{a}\cdot\boldsymbol{b}' = \boldsymbol{a}'\cdot\boldsymbol{b} = 0$ を満たすような基本逆格子ベクトル $\boldsymbol{a}'$, $\boldsymbol{b}'$を見つければよく，$\boldsymbol{a}' = 2\pi/a(1, -1/\sqrt{3})$，$\boldsymbol{b}' = 2\pi/a(0, 2/\sqrt{3})$となる．Wigner–Seitz 胞は隣接逆格子点との垂直二等分線で囲まれる領域であり，二次元正三角格子の場合は，図 52A. 1 に灰色で示すような正六角形の領域が第一 Brillouin ゾーンになる．

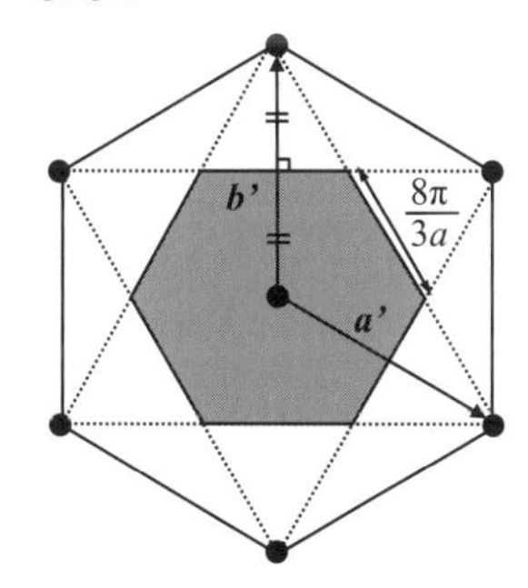

図 52A. 1　格子定数 a の二次元正三角格子における第一 Brillouin ゾーン

解説

問題 1　空間群と対称操作の関係は複雑であり，空間群の記号を見ただけで，全ての対称操作を理解することは難しい．230 種類の空間群におけるすべての対称操作や付随する細かい情報は *International Tables for Crystallography,* vol. A にまとめられている．

空間群は結晶構造の分類だけでなく，結晶の対称性に由来する物性の評価にも役立つ. 例えば，対称性の高い結晶の温度を下げていくと構造相転移によって一部の対称性が失われ，場合によっては低対称構造に由来する強誘電性が現れる．空間群は，強誘電性の発現が可能かどうかを判断する 1 つの手がかりになる．また磁気的な相転移を解釈する場合には，磁気モーメントに関する対称操作を含めた磁気点群による表現も可能である．

問題 2　三次元の結晶の場合は基本並進ベクトル $\boldsymbol{a}, \boldsymbol{b}, \boldsymbol{c}$ に対して，基本逆格子ベクトルは

$$\boldsymbol{a}' = 2\pi(\boldsymbol{b}\times\boldsymbol{c})/(\boldsymbol{a}\cdot(\boldsymbol{b}\times\boldsymbol{c})),\quad \boldsymbol{b}' = 2\pi(\boldsymbol{a}\times\boldsymbol{c})/(\boldsymbol{a}\cdot(\boldsymbol{b}\times\boldsymbol{c})),\quad \boldsymbol{c}' = 2\pi(\boldsymbol{a}\times\boldsymbol{b})/(\boldsymbol{a}\cdot(\boldsymbol{b}\times\boldsymbol{c}))$$

となる．これも問題文で示した直交関係を満たす．任意の整数 n_1, n_2, n_3 を用いて表される逆格子ベクトル $\boldsymbol{G} = n_1\boldsymbol{a}' + n_2\boldsymbol{b}' + n_3\boldsymbol{c}'$の終点の集合が逆格子と呼ばれる．物質の構造を議論する際は空間群を用いて実空間で議論する場合が多いが, X 線構造解析などの回折法では逆格子空間の概念（例

えば面指数）が用いられることもある．また Brillouin ゾーンは結晶の対称性だけでなく，電子の波動関数などを考える場合にもよく用いられ，金属状態における Fermi 面の議論などにも有効である．電子のエネルギー状態の記述に関しては問 67 を参照．

参考文献

1. 今野豊彦　『物質の対称性と群論』　共立出版　2001 年
2. C. Kittel　『キッテル固体物理学入門（上）　第 8 版』　丸善　2005 年　（訳：宇野良清　他）

問 53　固体・ガラス［解答］

問題 1　分子性結晶　：　van der Waals 結合・水素結合
　　　　イオン性結晶　：　イオン結合（静電気力）
　　　　共有結晶　：　共有結合
　融点　：共有結晶 ≧ イオン性結晶 ≫ 分子性結晶

問題 2

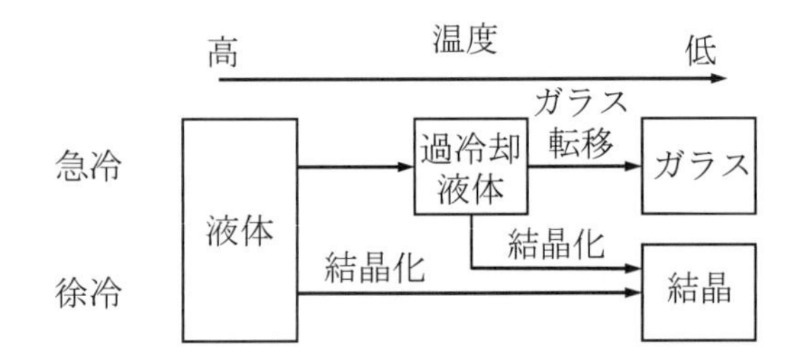

図 53A. 1　液体からの冷却過程

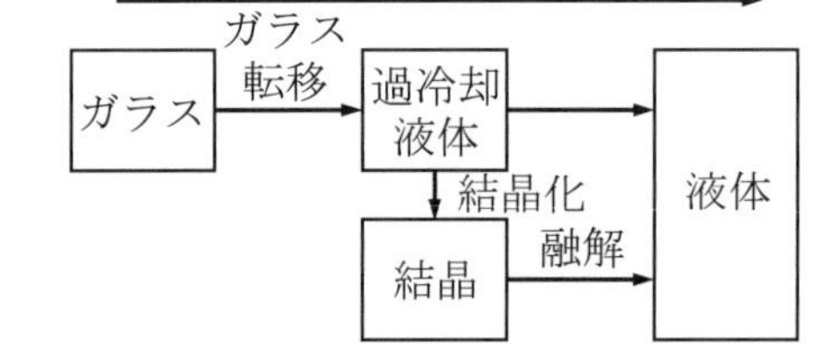

図 53A. 2　ガラスからの加熱過程

それぞれ上図のようになるため，

(a) (1)　(b) (2)　(c) (3)　(d) (1)　(e) (3)　(f) (4)
(A) (ii)　(B) (i)　(C) (i)　(D) (ii)　(E) (i)　(F) (iii)

問題 3　徐冷する．伸長する（流動する・配向させる）．可塑剤として溶媒を加える．など．

解説

問題 1　分子性結晶は，分子が van der Waals 結合や水素結合によって凝集した結晶であり，これらの結合力はイオン結合や共有結合に比べて弱いため結晶は柔らかく，融点も低い．有機物の結晶の多くは分子性結晶に分類される（例：ベンゼンの融点 279 K）．イオン結合と共有結合の本質は同じであるが，電気陰性度の大きさが異なる．イオン結合では，結合に関与する原子間の電気陰性度の差が大きいため，電気陰性度の高い原子に結合性軌道が局在化する．このときの凝集力は古典的な静電相互作用で記述できる．静電相互作用は分子間力の 10 ～ 1000 倍も強いため，イオン性結晶は融点が高く，硬い結晶になりやすい（例：塩化ナトリウムの融点 1073 K）．共有結合では，結合に関与する原子間の電気陰性度に大きな差がないため結合性軌道は原子間で非局在化しており，電離することもできないため最も強い結合力となる．このため共有結晶は，極めて高い融点をもった硬い結晶になりやすい（例：シリコンの融点 1687 K）．

問題 2　通常，液体は冷やしていくと融点で結晶へと転移するが，その相転移が一次相転移であるため場合によっては相転移を起こさずに準安定な過冷却液体状態にとどまることがある（問 54 参照）．過冷却液体状態は更に冷やすと分子運動が我々の観測時間スケールに比べて遥かに遅いガラス状態となる．つまり融点>ガラス転移温度の関係があり，また一部の高分子などの場合は融点とガラス転移温度の間はゴム状態となる．ガラスは速度論的に成立する状態であるため，熱力学的に定義される相ではないことに注意が必要である．しかし，相ではないにもかかわらずガラス転移温度では相転移のような熱異常が存在し，ガラス状態が相のような特徴を示すことは興味深い．ガラス転移の原因や相転移の有無など未だ未解明な点はいくつもあり，現在も盛んに研究が行われている．

問題 3　高分子の結晶化は非常に遅く，液体を冷却すれば容易に過冷却状態になる．これは高分子に特有な分子内および分子間の幾何的な束縛により，系全体が熱力学的に最安定な構造を取りにくいことが原因として考えられる．過冷却液体状態からさらに温度を下げていくと，高分子の主鎖の運動性が著しく低下して，ガラス状態になる．結晶化のための時間を十分確保せずにガラス転移温度以下まで温度を下げることは結晶化度の低下につながる．ゆえに，徐冷は結晶化度を上げるために有効である．また，高分子の結晶化には主鎖どうしが規則正しく配列する必要があり，そのため高分子材料を伸長，流動させることによって主鎖の向きをそろえ，結晶化を促すことも可能である（配向結晶化）．さらに，溶媒を加えると，可塑剤効果（高分子鎖間に低分子が入りこむことで，高分子鎖間の幾何的束縛が減少し，高分子鎖の運動性が向上する効果）によって結晶化速度が上がり，結晶化度が増加する場合がある．

この問題では 2 相モデルによって，結晶化度を導入したが，実際には空間的な結晶領域と非晶領域の境目は連続的であり，どちらにも属さない中間領域が存在する．結晶化度の測定には X 線回折法，密度法，赤外吸収分光法など様々な方法があるが，それらの結果がよく一致しない場合もある．これは測定法によって捉えている現象が異なるためである．得られた結晶化度の正確な解釈には測定法の原理や，用いた仮定や近似がどのようなものかの正確な理解が必須である．

参考文献

1. W. Götze, *Complex Dynamics of Glass-Forming Liquids* (Oxford University Press, 2008).
2. 村橋俊介　他　『高分子化学　第 5 版』　共立出版　2007 年
3. 高分子学会編　『基礎高分子科学』　東京化学同人　2006 年

問 54　相転移：次数，Landau 理論［解答］

問題 1　エントロピー，定積熱容量 C_v はそれぞれ $S=-\left(\frac{\mathrm{d}A}{\mathrm{d}T}\right)$，$C_v=T\left(\frac{\mathrm{d}S}{\mathrm{d}T}\right)$ であるため，それぞれの相転移における S, C_v の温度依存性は図 54A. 1, 2 のようになる．

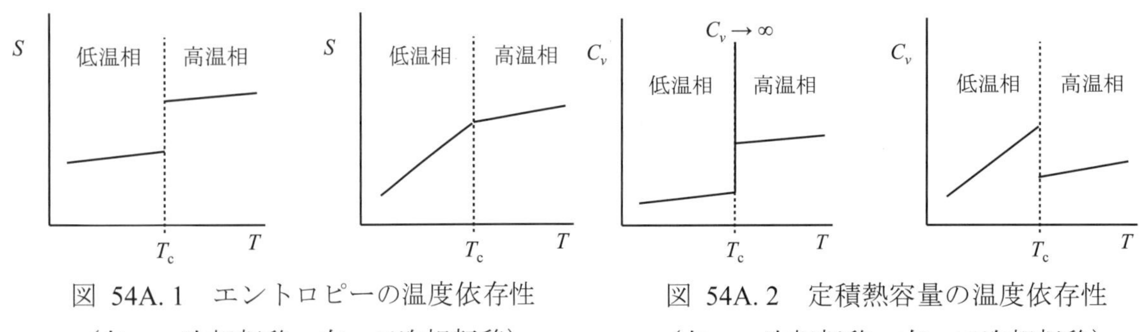

図 54A. 1　エントロピーの温度依存性（左：一次相転移，右：二次相転移）

図 54A. 2　定積熱容量の温度依存性（左：一次相転移，右：二次相転移）

問題 2　ある温度 T で Helmholtz エネルギーが最小になる相が，温度 T での最安定相である．与えられた Helmholtz エネルギーの微分 $\mathrm{d}A/\mathrm{d}\theta = 0$ となる θ が，温度 T における配向角（秩序変数）となる．つまり，

$$\frac{\mathrm{d}A}{\mathrm{d}\theta} = 2a(T - T_\mathrm{c})\theta + 4b\theta^3 = 0$$

$$\theta = 0, \pm\left\{\frac{-a(T-T_\mathrm{c})}{2b}\right\}^{1/2}$$

$T > T_\mathrm{c}$ の転移温度域では $\theta = 0$ で極小であり，転移温度以下では $\theta = \pm\left\{\frac{-a(T-T_\mathrm{c})}{2b}\right\}^{1/2}$ となる．つまり，配向角 θ の温度依存性は図 54A. 3 のようになる．また，Helmholtz エネルギー A は，

$$A(T) = A_0(T) + a(T - T_\mathrm{c})\frac{-a(T-T_\mathrm{c})}{2b} + b\left\{\frac{-a(T-T_\mathrm{c})}{2b}\right\}^2 = A_0(T) - \frac{a^2(T-T_\mathrm{c})^2}{4b}$$

となるため，その温度依存性は図 54A. 4 のようになる．

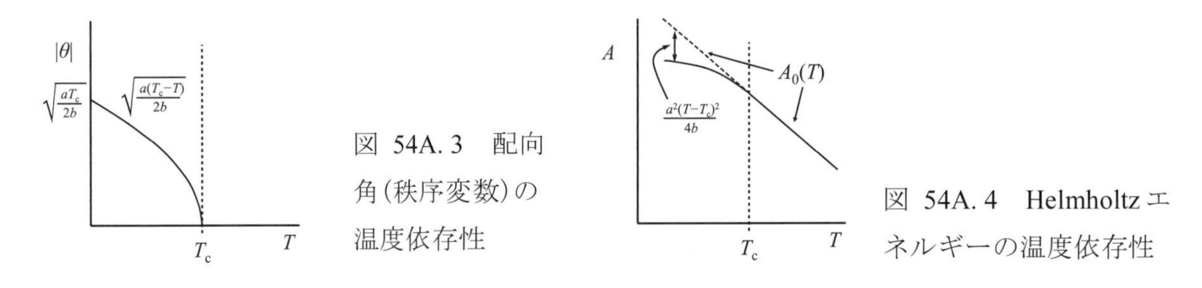

図 54A. 3　配向角（秩序変数）の温度依存性

図 54A. 4　Helmholtz エネルギーの温度依存性

問題 3　$T > T_\mathrm{c}$ と $T < T_\mathrm{c}$ の場合のそれぞれについて，問題 2 で得られた Helmholtz エネルギー A を用いて，エントロピー S と定積熱容量 C_v を計算すると以下のようになる．

$T > T_\mathrm{c}$ の場合：　$S = -\frac{\mathrm{d}A_0(T)}{\mathrm{d}T}$,　　$C_v = -T\frac{\mathrm{d}^2A_0(T)}{\mathrm{d}T^2}$

$T < T_\mathrm{c}$ の場合：　$S = -\frac{\mathrm{d}A_0(T)}{\mathrm{d}T} - a^2(T - T_\mathrm{c})/2b$,　　$C_v = -T\frac{\mathrm{d}^2A_0(T)}{\mathrm{d}T^2} - a^2T/2b$

T_c 前後でエントロピーが連続，熱容量が不連続であるため二次相転移に分類される．

解説

問題 1　一次相転移では Helmholtz エネルギーの一次微分量であるエントロピーが不連続となり，二次相転移では二次微分量の熱容量が不連続となる．つまり一次相転移では相転移に有限の転移エントロピーが必要となるため潜熱が生じる．また高温相と低温相の Helmholtz エネルギーは相転移点で交差することから，過冷却状態や過熱状態などの準安定状態が生じる場合がある．一方，二次相転移ではエントロピーは連続であり，潜熱は存在しない．また， Helmholtz エネルギー曲線は 1 本であり，準安定状態は生じない．一次相転移の理想系では熱容量が転移温度の一点で無限大に発散するが，現実の系では熱容量が有限の温度幅で発散する．そのため実測の熱容量から相転移の次数を決定する際には注意を要する．

問題 2　ここでは配向角を秩序変数として扱ったが，この式はスピンや電荷の自由度などあらゆる秩序変数についても同様に扱うことができる．この式は Landau の自由エネルギーと呼ばれ，現象論的に転移温度以上は秩序変数が 0 であることと転移温度以下で秩序変数が低温に向かって増大すること，秩序変数の反転に対して対称であることから導かれた大胆な近似である．しかし相転移現象の本質をうまく記述しており，超伝導転移を説明する Ginzburg–Landau 方程式や液晶の相転移を説明する Landau–de Gennes 理論などの基本となる重要な概念になっている（Landau–de Gennes 理論については，問 63 でも取り扱っている）．

問題 3　例えば 1/2 スピンのような（上向きか下向きの）2 つの状態しかとらない系の秩序−無秩序転移を考える．その際の転移エントロピー$\Delta_{trs}S$は Boltzmann の公式より$\Delta_{trs}S = N_A k_B \ln W = R\ln 2 \sim 5.76\ \mathrm{J\ K^{-1}\ mol^{-1}}$と計算できる．ここで W は状態の数である．秩序立った低温相では系の対称性が低いため，無秩序な高温相よりエントロピーが小さい．系の温度を低温側から相転移温度 T_c に近づけると，対象となる自由度がもつエントロピーが放出されるため，熱容量も大きくなる．実際には，様々な相互作用や物質の次元性，量子効果などが原因で，T_c より高温でもエントロピーの放出が起きる．このようにマクロな熱力学量からミクロな状態数に関する情報を得ることができるため，物質研究において熱力学量の重要性は高い．

参考文献

1.　L. D. Landau, E. M. Lifshitz　『統計物理学（下）』　岩波書店　1980 年（訳：小林秋男　他）

問 55　溶液：溶解度［解答］

問題 1　(1) Raoult の法則: 混合溶液における各成分の蒸気圧は，それぞれの純液体の蒸気圧と混合溶液中のモル分率の積で表すことができるという法則.

Henry の法則: 揮発性の溶質を含む希薄溶液において気相と液相が平衡状態にあるとき, 気相中の溶質の分圧は溶液中の溶質濃度に比例するという法則.

(2) 束一的性質：希薄溶液について成り立つ，溶質分子の数にのみ依存する溶液の性質

具体例：沸点上昇，凝固点降下，浸透圧など

問題 2　(1) 蒸発時の体積変化を $\Delta_{vap}V$ とすると, 熱力学第一法則より $\Delta E = \Delta_{vap}H - p\Delta_{vap}V$ となる．$V_{liquid} \ll V_{gas}$ より $\Delta_{vap}V \sim V_{gas}$ とみなすことができ，理想気体の状態方程式$pV_{gas} = nRT$より$p\Delta_{vap}V = RT$となる．よって，$\delta = ((\Delta_{vap}H - RT)/V)^{1/2}$ と書くことができる．

(2) $\delta = \left(\frac{(\Delta_{vap}H - RT)}{V}\right)^{1/2} = \left(\frac{40.6\times10^3 - 8.31\times(25+273)}{18/1}\right)^{1/2} = 40.6\ \mathrm{J^{1/2}\ cm^{-3/2}}$

(3) フェノールの方が n-ヘキサンよりも水の SP 値に近いため，フェノールの方が溶けやすいと考えられる．（実際の溶解度は，n-ヘキサン：$1.51\times10^{-4}\ \mathrm{mol\ L^{-1}}$，フェノール：$0.882\ \mathrm{mol\ L^{-1}}$）

問題 3　水中に非極性分子が存在すると，その分子を取り囲む水分子は，水分子どうしの水素結合によって規則的な構造をとる．このとき，取りうる水素結合ネットワーク構造の種類は非極性分子がないときに比べて著しく制限され（言い換えると，水分子の再配向運動が制限され），結果的に系のエントロピーが減少して熱力学的に不安定になる．このエントロピー減少効果は，非極性分子どうしが凝集して水分子と接する面積を小さくすることで小さく抑えることができる．このため，水分子と非極性分子が接触しないような二相の分離が自発的に起こる．

解説

問題 1　Raoult の法則と Henry の法則は，溶液の物理化学的な性質を議論する上で最も基本的な法則といえる．Raoult の法則が成立して，混合熱が厳密に 0 である溶液は理想溶液と呼ばれる．理想溶液では，同種分子間の相互作用と異種分子間での相互作用が等しいとみなされる．トルエンとベンゼンの混合溶液など，似た形状をもつ分子の混合物は，理想溶液とみなせる場合が多い．一方で， Henry の法則が成り立つ溶液を理想希薄溶液と呼ぶ．理想希薄溶液では，溶媒について Raoult の法則が成り立つ．理想希薄溶液の定義では，混合熱が 0 で無くてもよい．したがって，理想希薄溶液は理想溶液であるとは限らない．

問題 2　物質が混ざり合うか否かを判定するには，溶液の熱力学的安定性を議論すればよい．しかし，実際の物質を考える際には，分子間の相互作用とその変化，混合に際するエントロピー・エンタルピー変化など，溶液の熱力学的安定性を決定する要因は極めて多種多様であり，取り扱いは極めて困難である．

溶解度パラメーター（SP 値）は，正則溶液の安定性を議論するために Hildebrand によって導入された概念である．溶解度パラメーターは「1 cm^3 の液体が蒸発するのに必要な凝集エネルギーの平方根」として定義されている．溶解度パラメーターが近い値であるほど混合に際するエンタルピー変化が小さくなり，Gibbs エネルギー変化は 0 に近くなるか負になるために混合は自発的に進行する．Hildebrand の溶解度パラメーターは蒸発エンタルピーと分子のモル体積が似た値であれば同じような値を与えてしまうため，現実の系では合わない場合が多い．現在では Hildebrand の方法を改良した Hansen の溶解度パラメーターが主流である．ただし，「似た物質どうしは混ざりやすい」という化学の経験則を定量的に議論しようとした試みとして，Hildebrand の溶解度パラメーターの歴史的意義は大きい．

問題 3　物質が混ざり合った状態の方がエントロピーは低くなるというのは実に非直感的である．これは水分子の特異な性質が背景にある．水中で水分子の 2 個の H 原子と 1 個の O 原子は，周囲の水分子との 4 個の水素結合に参加することができる．このような水分子の正四面体配位は，無限に多様な水素結合ネットワークを形成するのに適している．これは，ちょうど C 原子から正四面体の頂点に向けた 4 本の結合が伸びることで，有機化合物の構造が無限の可能性をもっているのに似ている．解答で述べたように，水素結合で結ばれた微視的なネットワークの取り方の数は，非極性分子が混合すると大幅に減少する．ここで注意すべきは，非極性分子が水素結合を破壊するためにエネルギー的に不安定になっているわけではないという点である．水分子は非極性分子を取り囲むような籠状の構造を形成して（再配向して），その結果，自由に動き回ることができなくなるために，全体のエントロピーが減少してしまうのである．なお極性分子の場合は，分極した分子間の双極子相互作用によるエネルギー利得によって熱力学的安定性が担保されるため，混合が自発的に起こりやすくなる．

疎水性相互作用は，両親媒性分子の凝集やタンパク質のフォールディングなどの駆動力となる重要な効果である．その起源がエントロピーの変化にあることを忘れてはならない．

参考文献

1. J. N. Israelachvili　『分子間力と表面力　第 2 版』　朝倉書店　1996 年　（訳：近藤保，大島広行）

問 56　溶液：浸透現象［解答］

(a) $\mu_A^*(p) = \mu_A(x_A, p + \Pi)$　　(b) $\mu_A(x_A, p + \Pi) = \mu_A^*(p + \Pi) + RT\ln x_A$

(c) $\mu_A^*(p + \Pi) = \mu_A^*(p) + \int_p^{p+\Pi} V_m \mathrm{d}p$　　(d) $-RT\ln x_A = \int_p^{p+\Pi} V_m \mathrm{d}p$

(e) RTx_B/V_m　　(f) $[B]RT$

(g) $16\pi N_A r^3/3$　　(h) $RT([B] + 16\pi N_A r^3/3[B]^2)$

解説

希薄溶液において「存在する溶質粒子の数にだけ依存して，粒子の個性によらない性質」を束一的性質と呼ぶ．問題で取り扱った浸透圧は束一的性質の代表例であり，これ以外に沸点上昇や凝固点降下などがよく知られている．これらの性質は全て，溶質の存在によって化学ポテンシャルが減少することが起源であり，平衡状態にある二つの相の化学ポテンシャルが等しいという関係性から導出される．浸透圧以外の現象の理論的導出については参考文献を参照．

浸透圧は細胞内の輸送，透析，浸透圧法によるモル質量の決定から食材の調理に至るまで様々な場面で登場する．浸透圧は，問題で述べた van ‘t Hoff の式によって熱力学的に取り扱うことができるが，導出の過程でわかるように様々な近似の上に成り立っている．したがって，現実の系（特に溶質が高分子であるような場合）では成り立たないことが多く，補正が必要である．非理想的な系の記述には，問題中で述べたように浸透ビリアル係数が重要な役割を担う．ビリアル展開の第二項（第二ビリアル係数）は排除体積効果に対応すると考えられるが，分子と溶媒の相互作用や分子間相互作用などの影響により，第二ビリアル係数は純粋な排除体積効果から予想される値からずれる．この実験値と理論値のずれは溶質粒子の個性によって生じる．複雑な相互作用がある系では，より高次のビリアル係数による補正が必要であるが，高次係数の解釈については諸説あり，現在も議論が続いている．

参考文献

1. P. Atkins, J. de Paula　『アトキンス物理化学（上）　第 8 版』　東京化学同人　2009 年　（訳：千原秀昭，中村亘男）

問 57　溶液：化学平衡［解答］

問題 1　(1) H_4edta の総量を C とすると，

$$C = [\mathrm{H_4edta}] + [\mathrm{H_3edta^-}] + [\mathrm{H_2edta^{2-}}] + [\mathrm{Hedta^{3-}}] + [\mathrm{edta^{4-}}]$$

と表せる．H_4edta の総量のうち $\mathrm{edta^{4-}}$として存在する割合は，$\alpha_4 = [\mathrm{edta^{4-}}]/C$ と表せる，ここで，

$$[\mathrm{Hedta^{3-}}] = [\mathrm{H^+}][\mathrm{edta^{4-}}]/K_{a4},\ [\mathrm{H_2edta^{2-}}] = [\mathrm{H^+}][\mathrm{Hedta^{3-}}]/K_{a3} = [\mathrm{H^+}]^2[\mathrm{edta^{4-}}]/(K_{a3}K_{a4}),$$

$$[\mathrm{H_3edta^-}] = [\mathrm{H^+}]^3[\mathrm{edta^{4-}}]/(K_{a2}K_{a3}K_{a4}),\ [\mathrm{H_4edta}] = [\mathrm{H^+}]^4[\mathrm{edta^{4-}}]/(K_{a1}K_{a2}K_{a3}K_{a4})$$

と表せるので，これを上記の式に代入すると，

$$C = [\mathrm{H^+}]^4[\mathrm{edta^{4-}}]/(K_{a1}K_{a2}K_{a3}K_{a4}) + [\mathrm{H^+}]^3[\mathrm{edta^{4-}}]/(K_{a2}K_{a3}K_{a4})$$
$$+ [\mathrm{H^+}]^2[\mathrm{edta^{4-}}]/(K_{a3}K_{a4}) + [\mathrm{H^+}][\mathrm{edta^{4-}}]/K_{a4} + [\mathrm{edta^{4-}}]$$

となり，

$$1/\alpha_4 = C/[\mathrm{edta^{4-}}] = [\mathrm{H^+}]^4/(K_{a1}K_{a2}K_{a3}K_{a4}) + [\mathrm{H^+}]^3/(K_{a2}K_{a3}K_{a4}) + [\mathrm{H^+}]^2/(K_{a3}K_{a4}) + [\mathrm{H^+}]/K_{a4} + 1 = 2.8\times10^6$$

と計算できる．したがって，$\alpha_4 = [\mathrm{edta^{4-}}]/C = 3.5\times10^{-7} = 3.5\times10^{-5}\%$となる．

(2) $\mathrm{Cd^{2+}}$と $\mathrm{edta^{4-}}$から $\mathrm{Cd(edta)^{2-}}$が生成するときの錯生成定数を K とすると，

$$K = [\mathrm{Cd(edta)^{2-}}]/([\mathrm{Cd^{2+}}][\mathrm{edta^{4-}}]) = [\mathrm{Cd(edta)^{2-}}]/([\mathrm{Cd^{2+}}]C\alpha_4)$$

となる．よって，

$$[\mathrm{Cd(edta)^{2-}}]/([\mathrm{Cd^{2+}}]C) = K\alpha_4 = 1.0\times10^{10}$$

となる．このとき，C は錯形成に使われていない H_4edta の総量を表している．ここで，50 mL 中の $\mathrm{Cd^{2+}}$の物質量は 5.0×10^{-5} mol であり，当量点では等しい量の H_4edta が加えられるので，0.010 M H_4edta 標準溶液は 5.0×10^{-5} mol / 0.010 mol $\mathrm{L^{-1}}$ = 5 mL 加えられる．当量点において遊離している $\mathrm{Cd^{2+}}$の濃度を x とおくと，溶液 55 mL 中の $\mathrm{Cd^{2+}}$の総量が 5.0×10^{-5} mol / 55 mL = 9.1×10^{-4} M であるため，$\mathrm{Cd(edta)^{2-}}$の濃度は $9.1\times10^{-4} - x$ と表せる．また，H_4edta の総量も 9.1×10^{-4} M であるため，錯形成に使われていない H_4edta の総量は $9.1\times10^{-4} - (9.1\times10^{-4} - x) = x$ となる．ここで，上で求めた式に代入すると，$[\mathrm{Cd(edta)^{2-}}]/([\mathrm{Cd^{2+}}]C) = (9.1\times10^{-4} - x)/x^2 = 1.0\times10^{10}$ となるため，方程式を解くことで，$x = 3.0\times10^{-7}$ mol $\mathrm{L^{-1}}$ と求められる．

問題 2　(1) 有機相中の濃度に o，水相中の濃度に a を付けて表記すると，$\mathrm{Cu^{2+}}$の分配比は，

$$D = [\mathrm{CuA_2}]_o/([\mathrm{Cu^{2+}}]_a + [\mathrm{CuA^+}]_a + [\mathrm{CuA_2}]_a) = ([\mathrm{CuA_2}]_o/[\mathrm{CuA_2}]_a)/([\mathrm{Cu^{2+}}]_a/[\mathrm{CuA_2}]_a + [\mathrm{CuA^+}]_a/[\mathrm{CuA_2}]_a + 1)$$
$$= K_{DM}/([\mathrm{Cu^{2+}}]_a/[\mathrm{CuA_2}]_a + [\mathrm{CuA^+}]_a/[\mathrm{CuA_2}]_a + 1)$$

と表される．$\beta_1 = [\mathrm{CuA^+}]_a/([\mathrm{Cu^{2+}}][\mathrm{A^-}])$，$\beta_2 = [\mathrm{CuA_2}]_a/([\mathrm{Cu^{2+}}][\mathrm{A^-}]^2)$であるので，

$$[\mathrm{Cu^{2+}}]_a/[\mathrm{CuA_2}]_a = 1/(\beta_2[\mathrm{A^-}]^2),\ [\mathrm{CuA^+}]_a/[\mathrm{CuA_2}]_a = \beta_1/(\beta_2[\mathrm{A^-}])$$

と変形できる．したがって，$D = K_{DM}/\{1/(\beta_2[\mathrm{A^-}]^2) + \beta_1/(\beta_2[\mathrm{A^-}]) + 1\}$となる．

(2) (1)で求めた式から分配比を計算するには，$[\mathrm{A^-}]$を求める必要がある．HA のトルエン相中の初濃度を $c = 0.10$ M とおくと，$K_a = [\mathrm{H^+}][\mathrm{A^-}]_a/[\mathrm{HA}]_a$ より，$[\mathrm{A^-}]_a = K_a[\mathrm{HA}]_a/[\mathrm{H^+}] = 1.0\times10^{-4}[\mathrm{HA}]_a \ll c$ となる．また，$\mathrm{Cu^{2+}}$の初濃度(1.0×10^{-4} M) $\ll c$ であることから，$[\mathrm{CuA^+}] \ll c$ および$[\mathrm{CuA_2}] \ll c$ が成り立つ．したがって，$[\mathrm{HA}]_o + [\mathrm{HA}]_a \approx c$ と近似することができる．HA の分配係数 $K_D = [\mathrm{HA}]_o/[\mathrm{HA}]_a = 1.0$ であることから，$[\mathrm{HA}]_a \approx c/2$ となるため，$[\mathrm{A^-}]_a \approx 1.0\times10^{-4}c/2 = 5\times10^{-6}$ M となる．

(1)で求めた式にそれぞれの値を代入すると，$D = 9.8$ と求められる．

解説

問題 1　当量点において遊離している Cd^{2+}はごくわずかであり，ほとんどが $edta^{4-}$と錯形成していることがわかる．このように，金属イオンと $edta^{4-}$の錯形成は非常に強力あり，当量点において十分に平衡が偏るため，様々な金属イオンの定量に用いることができる．

問題 2　Cu^{2+}が CuA_2 として有機相中にどの程度抽出されるのかを見積もる際は，抽出率 E を用いる．有機相の体積を V_o，水相の体積を V_a とすると，$E(\%) = 100\times[CuA_2]_oV_o/\{[CuA_2]_oV_o + ([Cu^{2+}]_a + [CuA^+]_a + [CuA_2]_a)V_a\} = 100D/(1 + D)$と表される．今回の場合，$D = 9.8$ と求められたので，$E = 91\%$となり，1 回の抽出操作で 91%の Cu^{2+}が有機相中に抽出されることがわかる．

参考文献

1. G. D. Christian　『クリスチャン分析化学 I 基礎』　丸善株式会社　2005 年　（監訳：土屋正彦　他）

問 58　高分子鎖：基本的な取り扱い［解答］

問題 1

$$M_\mathrm{n} = \sum\nolimits_i \frac{1}{\dfrac{N_i M_i}{\left(\sum_j N_j M_j\right)}} M_i = \sum\nolimits_i \frac{M_i}{\omega_i}, \quad M_\mathrm{w} = \sum\nolimits_i \frac{N_i M_i}{\left(\sum_j N_j M_j\right)} M_i = \sum\nolimits_i \omega_i M_i$$

静的光散乱法：M_w，蒸気浸透圧法：M_n，末端基定量法：M_n

問題 2　(a) nb^2, (b) $\boldsymbol{S}_i^2 - 2\boldsymbol{S}_i \bullet \boldsymbol{S}_j + \boldsymbol{S}_j^2$，(c) $2(n+1)$，(d) $1/\{2(n+1)^2\}$，(e) $|j-i|b^2$，(f) $b^2/(n+1)^2$，(g) $nb^2/6$

(a)の導出は以下の通り．

異なる結合ベクトル $\boldsymbol{r}_i$ と $\boldsymbol{r}_j$ の間には相関がなく，$\langle \boldsymbol{r}_i \cdot \boldsymbol{r}_j\rangle = 0\ (i \neq j)$ なので，

$$\langle \boldsymbol{R}^2 \rangle = \sum_{i=1}^{n}\sum_{j=1}^{n}\langle \boldsymbol{r}_i \bullet \boldsymbol{r}_j\rangle = \sum_{i=1}^{n}\langle \boldsymbol{r}_i^2\rangle + 2\sum_{1\le i<j\le n}\langle \boldsymbol{r}_i \bullet \boldsymbol{r}_j\rangle = nb^2$$

(c)の導出は以下の通り．

重心の定義により$\sum_{i=0}^{n}\boldsymbol{S}_i = 0$であるから，

$$\sum_{i=0}^{n}\sum_{j=0}^{n} R_{ij}^2 = \sum_{i=0}^{n}\sum_{j=0}^{n}\left(\boldsymbol{S}_i^2 - 2\boldsymbol{S}_i \bullet \boldsymbol{S}_j + \boldsymbol{S}_j^2\right) = \sum_{i=0}^{n}\sum_{j=0}^{n}\boldsymbol{S}_i^2 + \sum_{i=0}^{n}\sum_{j=0}^{n}\boldsymbol{S}_j^2 - 2\sum_{i=0}^{n}\sum_{j=0}^{n}\boldsymbol{S}_i \bullet \boldsymbol{S}_j$$
$$= (n+1)\sum_{i=0}^{n}\boldsymbol{S}_i^2 + (n+1)\sum_{j=0}^{n}\boldsymbol{S}_j^2 - 2\left(\sum_{i=0}^{n}\boldsymbol{S}_i\right)\left(\sum_{i=0}^{n}\boldsymbol{S}_j\right) = 2(n+1)\sum_{i=0}^{n}\boldsymbol{S}_i^2$$

(e)，(f)，(g)の導出は以下の通り．

$\langle \boldsymbol{R}^2 \rangle = nb^2$ の結果から，$\langle R_{ij}^2 \rangle = |j-i|b^2$ を用いると，

$$\langle S^2 \rangle = \frac{1}{2(n+1)^2}\sum_{i=0}^{n}\sum_{j=0}^{n}|j-i|b^2 = \frac{b^2}{(n+1)^2}\sum_{0\le i\le j\le n}(j-i) = \frac{b^2}{(n+1)^2}\sum_{j=0}^{n}\sum_{i=0}^{j}(j-i)$$

$$= \frac{b^2}{(n+1)^2}\frac{1}{6}(n-1)n(n+1) \approx \frac{nb^2}{6}$$

ただし，最後の近似には高分子において n が非常に大きいことを用いた．

問題 3

$$\langle \boldsymbol{R}^2 \rangle = \int_{\boldsymbol{R}} R^2 P(\boldsymbol{R})\mathrm{d}\boldsymbol{R} = \int_0^{\infty}\int_0^{\pi}\int_0^{2\pi} R^2 \left(\frac{3}{2\pi nb^2}\right)^{\frac{3}{2}} \exp\left(-\frac{3\boldsymbol{R}^2}{2nb^2}\right) R^2 \sin\theta\, \mathrm{d}\phi \mathrm{d}\theta \mathrm{d}R$$

$$= 4\pi\left(\frac{3}{2\pi nb^2}\right)^{\frac{3}{2}}\int_0^{\infty} R^4 \exp\left(-\frac{3\boldsymbol{R}^2}{2nb^2}\right)\mathrm{d}R = 4\pi\left(\frac{3}{2\pi nb^2}\right)^{\frac{3}{2}}\frac{3}{8}\sqrt{\pi}\left(\frac{2nb^2}{3}\right)^{\frac{5}{2}} = nb^2$$

解説

問題 1　粘度や温度応答性などの高分子試料の性質は，平均分子量によって規定される場合が多い．行っている実験に影響する平均分子量が，どのように平均をとられた分子量なのかは常に注意を払う必要がある．最もよく用いられる分子量測定法の 1 つとして，サイズ排除クロマトグラフィー（Size Exclusion Chromatography: SEC，ゲル浸透クロマトグラフィー(GPC)とも呼ばれる）が知られている．この方法では分子量分布関数が得られるが，見かけの分子量が分子の広がりの影響を受けること，分子量が既知の試料で検量線を作成しなければならないことから注意が必要である．近年では光散乱や粘度検出器と組み合わせた装置が市販されており，それらを利用することで簡便に高分子試料の分子量分布を知ることができる．

M_n と M_w には分子量分布の広さに関する情報が含まれていないが，この二つの分子量から得られる $M_\mathrm{w}/M_\mathrm{n}$ は分布の広さの目安としてしばしば用いられる．試料が単一の分子量で構成されている場合，$M_\mathrm{w}/M_\mathrm{n}$ は 1 となるが，分子量分布が広くなるにつれて $M_\mathrm{w}/M_\mathrm{n}$ は 1 より大きくなる．

問題 2，3　$\langle \boldsymbol{R}^2 \rangle$や$\langle S^2 \rangle$のような溶液中の高分子の広がり方を知ることで，高分子と溶媒の相互作用や，粘度などに関する情報が得られる．本問では，最も単純な自由連結鎖モデルをとり上げた．この他にも結合角と内部回転角に制限のある自由回転鎖モデルや，回転異性体近似モデルなどが知られている．自由連結鎖，自由回転鎖，回転異性体モデルのいずれも，分子量が十分大きいときは，問題 3 で紹介した Gauss 鎖としてふるまう．実際に，問題 2 と 3 における$\langle \boldsymbol{R}^2 \rangle$の値はどちらも nb^2 となる．一般に，自由回転鎖や回転異性体モデルの$\langle \boldsymbol{R}^2 \rangle$は nb^2 ではないが，b について適切な値を Gauss 分布に適用することで，Gauss 鎖として記述することができる．高分子の理論では，高分子鎖が Gauss 鎖としてふるまうことを仮定している場合が多いため，Gauss 分布から外れる挙動や，そもそも分子量があまり大きくないものを扱う場合には注意を要する．

Gauss 鎖に分類される高分子鎖の広がり方は

$$C_\infty \equiv \lim_{n\to\infty}\langle \boldsymbol{R}^2 \rangle / nb^2 = \lim_{n\to\infty}\langle S^2 \rangle / \left(nb^2/6\right)$$

で定義される特性比 C_∞によって特徴づけられる．かさ高い側鎖を有する高分子鎖では，C_∞は大きくなる傾向がある．

内部回転が比較的自由な高分子を屈曲性高分子と呼ぶのに対し，らせん構造をとる高分子や共役二重結合性を有する高分子などは，剛直性高分子，あるいは半屈曲性高分子と呼ばれている．剛直性高分子の場合でも，十分高分子量になると，わずかな揺らぎが全体で大きなたわみとなり，まっすぐな棒状分子とはみなせない．このような剛直性，半屈曲性高分子の統計的性質を記述するモデルとしてみみず鎖が知られている．

参考文献

1. 村橋俊介　他　『高分子化学　第 5 版』　共立出版　2007 年
2. 松下裕秀　他　『高分子の構造と物性』　講談社　2013 年

問 59　高分子溶液［解答］

問題 1　(1) 図 59A. 1 より，溶媒と高分子試料の混合による，セグメントと溶媒分子の接触 1 つ当たりの内部エネルギー変化 $\Delta_{\mathrm{mix}}u$ は，$\varepsilon_{\mathrm{PS}} - (\varepsilon_{\mathrm{SS}} + \varepsilon_{\mathrm{PP}})/2$ と表される．これは χ パラメーターを用いて表すと，

$$\Delta_{\mathrm{mix}}u = \frac{k_{\mathrm{B}}T\chi}{Z}$$

となる．また，この格子モデルにおいて，分子の接触の数は，$Zn_{\mathrm{site}}/2$ である．ゆえに，混合に伴う内部エネルギーの変化 $\Delta_{\mathrm{mix}}U$ は，χ パラメーターと与えられている溶媒とセグメントの接触が起こる確率を用いて，以下のように表される．

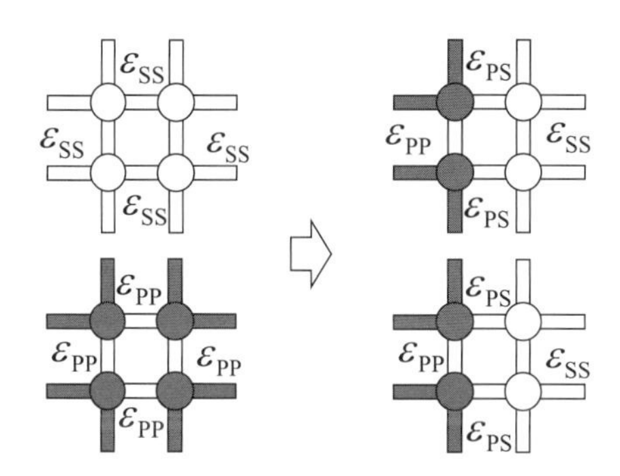

図 59A. 1　混合による系のエネルギー変化 $(Z = 4)$

$$\Delta_{\mathrm{mix}}U = 2\varphi(1-\varphi)\frac{Zn_{\mathrm{site}}}{2}\Delta_{\mathrm{mix}}u = \chi\varphi(1-\varphi)n_{\mathrm{site}}k_{\mathrm{B}}T$$

(2) $\Delta A = \Delta U - T\Delta S$ より，Helmholtz エネルギーは以下の通りとなる．

$$\Delta_{\mathrm{mix}}A = \varphi(1-\varphi)n_{\mathrm{site}}k_{\mathrm{B}}T + \frac{n_{\mathrm{site}}k_{\mathrm{B}}T\varphi}{N}\ln\varphi + n_{\mathrm{site}}k_{\mathrm{B}}T(1-\varphi)\ln(1-\varphi)$$

問題 2　c と φ の関係式より，以下の式が成り立つ．

$$\varphi = \frac{N_{\mathrm{A}}NV}{Mn_{\mathrm{site}}}c$$

これを，Flory–Huggins 理論で得られる浸透圧の式に代入し，両辺を $VN_{\mathrm{A}}/n_{\mathrm{site}}$ で割ると，

$$\frac{\Pi}{N_{\mathrm{A}}k_{\mathrm{B}}T} = \frac{c}{M} + \left(\frac{1}{2} - \chi\right)N_{\mathrm{A}}\frac{V}{n_{\mathrm{site}}}\left(\frac{N}{M}\right)^2 c^2 + \cdots$$

この式の右辺第二項を一般的な浸透圧のビリアル展開と比較することで以下の解を得る．

$$A_2 = \left(\frac{1}{2} - \chi\right)N_{\mathrm{A}}\frac{V}{n_{\mathrm{site}}}\left(\frac{N}{M}\right)^2$$

$\chi < 1/2$ のとき，$A_2 > 0$：見かけ上，セグメント間に斥力的な相互作用がはたらいている．
$\chi = 1/2$ のとき，$A_2 = 0$：見かけ上，セグメント間の斥力と引力が釣り合っている．
$\chi > 1/2$ のとき，$A_2 < 0$：見かけ上，セグメント間に引力的な相互作用がはたらいている．

問題3　モル質量Mの高分子鎖1本が溶液中で占める体積をV_pとし，これがN本で溶液全体を占めるとすると，定義から，

$$c^* = \frac{(M/N_\mathrm{A})\times N}{V_0\times N} = \frac{M}{N_\mathrm{A}V_\mathrm{p}}$$

1つの高分子鎖を，回転半径を半径とする球と仮定すると，$V_\mathrm{p} = 4\pi\langle S^2\rangle^{3/2}/3$ と表されるので，重なり濃度c^*は以下のように表される．

$$c^* = \frac{M}{N_\mathrm{A}V_\mathrm{p}} = \frac{3M}{4\pi N_\mathrm{A}\langle S^2\rangle^{3/2}}$$

Flory–Huggins理論は，平均場近似を用いているため，高分子のセグメントが均一に分布していることが必要である．重なり濃度c^*以下では，溶液中のセグメントの局所濃度の分布に不均一が生じるため，Flory–Huggins理論は適用できない．

解説

高分子溶液は，溶質のサイズが溶媒分子に比べて非常に大きいため，粘度の上昇など低分子溶液には見られない特徴的な物性を示す．また，濃厚溶液においては，溶質分子同士の絡み合いなどの，高分子間の相互作用が大きくなるため，濃厚溶液の物性は希薄溶液と異なる．このような高分子の溶液物性の基礎的な理解は，基礎研究だけでなく，食品や日用品などの最終製品や，合成繊維の紡糸などといった工業製品の製造過程において有用である．

問題1　問題中の溶媒とセグメントの接触が起こる確率は次のように計算される．格子モデルでは，全てのセグメントおよび溶媒分子の占める体積は等しいと仮定している．そのため，系中のセグメント数および溶媒分子数は，それぞれφn_siteおよび$(1-\varphi)n_\mathrm{site}$と表される．ある隣接する2つの格子点のうち，両方の格子点がセグメントで占められる確率，両方の格子点が溶媒分子で占められる確率はそれぞれ，

$$\frac{\varphi n_\mathrm{site}(\varphi n_\mathrm{site}-1)}{n_\mathrm{site}^2} \approx \varphi^2, \qquad \frac{(1-\varphi)n_\mathrm{site}\{(1-\varphi)n_\mathrm{site}-1\}}{n_\mathrm{site}^2} \approx (1-\varphi)^2$$

と表される．したがって，溶媒とセグメントの接触が起こる確率は以下のようになる．

$$1-\varphi^2-(1-\varphi)^2 = 2\varphi(1-\varphi)$$

高分子は1分子の構成原子数が非常に多いため，低分子のように詳細な分子構造から溶液物性を議論することは容易ではない．そのため，高分子鎖を粗視化したモデルによる議論が効果的である．Flory–Huggins理論では，格子モデルの仮定の下で，溶媒とセグメントの相互作用を表すχパラメーターを導入することで，Gibbsエネルギー，Helmholtzエネルギーが理論的に導かれ，高分子溶液の非理想性が説明された．

(2)における$\Delta_\mathrm{mix}A$は$N=1$とすると，2成分低分子正則溶液に対する式と一致する．一方，Nが非常に大きいとき，エントロピー項に由来する第一項のN依存性により，低分子溶液の状況からは大きく外れ，その結果高分子溶液特有の熱力学的性質が現れる．Flory–Huggins理論はこのようにして高分子溶液の非理想性を見事に説明した．高分子が溶媒に溶けにくいのは，Nの増加に伴って$\Delta_\mathrm{mix}S$が小さくなることに由来するところが大きい．

問題2，3　第二ビリアル係数は高分子鎖の見かけの排除体積を表す物理量である．格子モデルから定義される仮想的な量であるχパラメーターに対して，第二ビリアル係数は光散乱法や浸透圧

法で実験的に測定可能な値なので，実際の高分子鎖にはたらく相互作用を議論する際に重要な値となる．特に斥力と引力が見かけ上釣り合う $A_2 = 0$ はシータ状態と呼ばれる．

格子モデルでは，混合による体積変化が 0 であると仮定しているため，$\Delta_{\text{mix}}G = \Delta_{\text{mix}}A$ となる．$\Delta_{\text{mix}}A$ から求められる溶媒と高分子それぞれの化学ポテンシャルを用いて計算した浸透圧にもとづいてビリアル展開を行うと，問題 2 で与えられた，浸透圧を高分子の体積分率 φ で展開した式が得られる．また，Flory–Huggins 理論を高分子試料同士の混合に適用すると，エントロピー項が溶液の場合よりさらに小さくなり，高分子同士の混合が難しいことが説明できる．希薄溶液の場合は，第三ビリアル項以上を無視できるが，濃厚溶液の場合は，高分子鎖同士が互いに接触しており，第三ビリアル項以上も考慮する必要がある．

Flory–Huggins 理論では，全てのセグメントに平均的な相互作用がはたらいていると仮定した平均場近似を用いている．希薄溶液では，セグメント同士が共有結合で一定数つながっているため，セグメントの分布はポリマー分子の存在する場所に集中し，不均一となる．そのため，平均場近似が成り立たず，Flory–Huggins 理論は適用できない．

参考文献

1. I. Teraoka, *Polymer Solutions: An Introduction to Physical Properties* (John Wiley & Sons, Inc., 2002).
2. 柴山充弘　他　『光散乱の基礎と応用』　講談社　2014 年
3. 村橋俊介　他　『高分子化学　第 5 版』　共立出版　2007 年

問 60　高分子材料：力学物性［解答］

問題 1　(a) $f\mathrm{d}L$　　(b) $-S\mathrm{d}T + V\mathrm{d}P$

(c) T　　(d) P　［(c)と(d)は逆でも可］　(e) $\left(\frac{\partial H}{\partial L}\right)_{T,P} - T\left(\frac{\partial S}{\partial L}\right)_{T,P}$

問題 2　Boltzmann の式 $S(\boldsymbol{R}) = k_{\mathrm{B}}\ln w$ より

$$S(\boldsymbol{R}) = k_{\mathrm{B}}\ln w(\boldsymbol{R}) = k_{\mathrm{B}}\ln\left[\left(\frac{3}{2\pi N b^2}\right)^{3/2}\right] - \frac{3k_{\mathrm{B}}}{2Nb^2}\boldsymbol{R}^2$$

問題 1 でエントロピーに関する力が得られているので，

$$f_{\mathrm{e}} = -T\frac{\mathrm{d}S}{\mathrm{d}\boldsymbol{R}} = \frac{3k_{\mathrm{B}}T}{Nb^2}\boldsymbol{R} = \frac{3k_{\mathrm{B}}T}{\langle \boldsymbol{R}^2\rangle}\boldsymbol{R}$$

ただし，最後の式変形では $Nb^2 = \langle \boldsymbol{R}^2\rangle$（問 58：自由連結鎖）を用いた．

問題 3　(i) A：ガラス領域，B：ガラス転移領域，C：ゴム状平坦域，D：流動域

(ii) 高温の場合と高分子量の場合は，それぞれ図 60A. 1，図 60A. 2 の実線のようになる．点線はもとの応力緩和を表す．

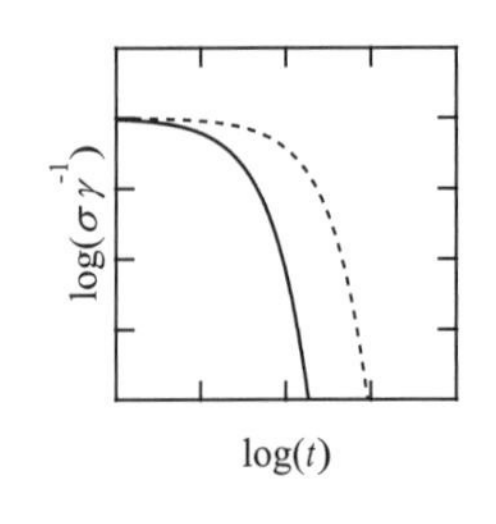

図 60A. 1　高温の場合の応力緩和の模式図

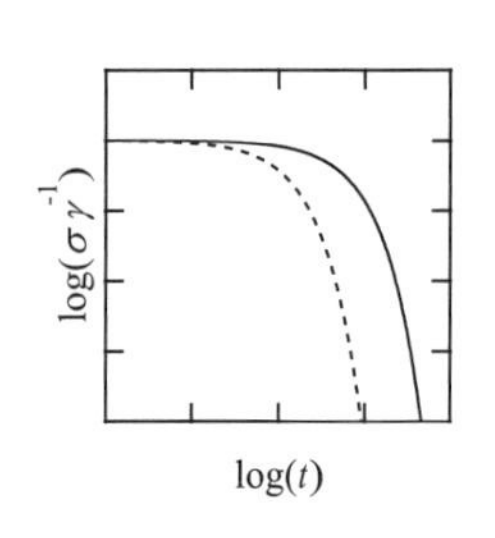

図 60A. 2　高分子量の場合の応力緩和の模式図

解説

問題 1　Maxwell の関係式から$-\left(\frac{\partial S}{\partial L}\right)_{T,P}=\left(\frac{\partial f}{\partial T}\right)_{T,L}$が得られる．これを最後の式に代入すると$f=\left(\frac{\partial H}{\partial L}\right)_{T,P}+T\left(\frac{\partial f}{\partial T}\right)_{T,L}$を得る．図 60A. 3 に一定伸張比における力$f$と温度$T$の典型的な実験結果の例を示す．式に従うと，$L$一定で$f$を測定し，その温度依存性を測定すれば，図 60A. 1 のように変形によるエンタルピー変化に由来する項と，エントロピー変化に由来する項に分離することが可能である．

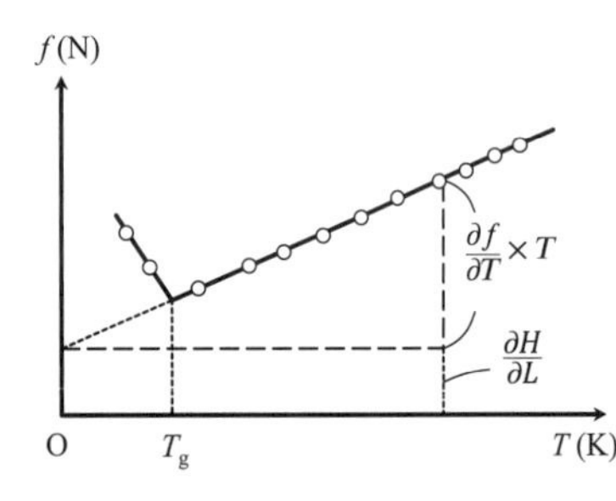

図 60A. 3　一定伸張比におけるゴムの力fと温度Tとの関係．T_gはガラス転移温度

一般に，金属やセラミックの弾性率は，温度によってほとんど変化しない，これは，第一項が支配的であり，変形によるエンタルピー変化が力の起源となることを示している．ガラス状態の高分子もこれに近い．一方，ゴムの弾性率は温度増加とともに増加する．これは，第二項が支配的であり，弾性の起源がエントロピー変化であることを示している．

問題 2　鎖のエントロピー弾性は，分子論的には次のように理解される．高分子材料が引き伸ばされると，それによって分子配向が誘起され，エントロピーが減少する．ランダムな運動である熱運動はこの分子配向のある異方的な状況を解消し，等方的になろうとする．結果的にこれが力となって観測される．この様子は，問題のように自由連結鎖モデルで理解することができる．

問題 3　高分子の運動は，空間スケールに応じた階層性をもつ．その形態は観測の時間スケールに応じて変化しており，流動域のような長時間スケールでは局所的な運動は平均化され（図 60A. 4 では右側），高分子の主鎖全体の大規模な運動が観測される．ゴム状平坦域では高分子同士のからみ合いによる幾何的な束縛点（からみ合い点）が疑似的な架橋点となり，ゴム（架橋高分子）と同様の弾性を示す．ガラス転移領域では，もう少し小

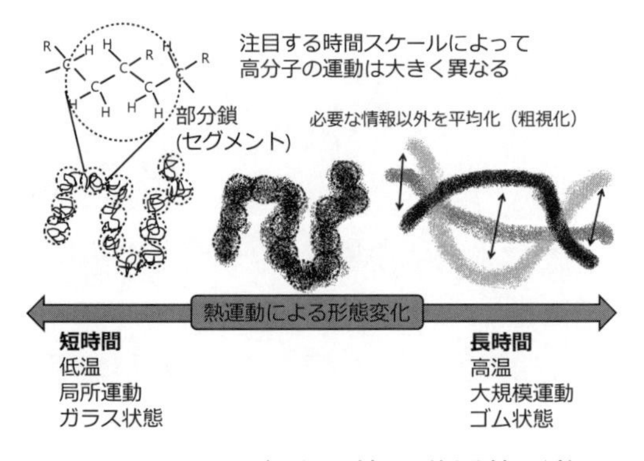

図 60A. 4　高分子鎖の階層的形態

さな運動単位，部分鎖（セグメント）の運動が観測され，ガラス域のような短時間スケールでは側鎖の回転などの局所的な運動が観測される．

高分子の応力の主な起源である熱運動は，高温でより激しくなるため，変形により生じた異方性の消失も高温ほど速くなる．したがって，高分子の力学応答の温度依存性は，応答時間の違いとして読み替えることができる（時間–温度換算則）．これを利用して，観測時間範囲が固定されている場合に，短時間の応答（ガラス領域）の測定を低温で，長時間の応答（流動域）の測定を高温で行うことが多い．

高分子の力学的なひずみに対する応力の大きさは絶対温度に比例する．ゆえに通常，ガラス転移温度以上の高温では，応力に対する温度変化の影響は小さい（300 K において 10 K の温度上昇による応力の大きさの変化は $310/300 \approx 1.03$ より 3%程度となり，対数グラフではほとんど判別できない）．また，十分に分子量が大きく，高分子鎖同士がからみ合っている場合，分子量の違いの効果は応力の大きさには表れず，緩和時間にのみ反映される．緩和時間の分子量依存性は非常に強く，分子量の約 3.4 乗であることが知られている．

この問では直鎖型の高分子鎖について述べたが，分岐のある星型鎖の研究も行われている．直鎖型と星型ではゴム状平坦域における弾性率は等しいが，緩和様式が大きく異なる．この違いは管モデルを用いて説明される．これは高分子鎖同士のからみ合いによるトポロジー的な拘束を管として表現し，定式化されたものである．現在の高分子のからみ合いや緩和に関する理論のもととなっているモデルであり，盛んに研究，利用されている．

参考文献

1. 村橋俊介　他　『高分子化学　第 5 版』　共立出版　2007 年
2. 松下裕秀　他　『高分子の構造と物性』　講談社　2013 年
3. M. Doi, S. F. Edwards, *The Theory of Polymer Dynamics* (Oxford University Press, 1990).

問 61　核酸［解答］

問題 1　(a) 転写　(b) 翻訳　(c) コドン　(d) セントラルドグマ

問題 2

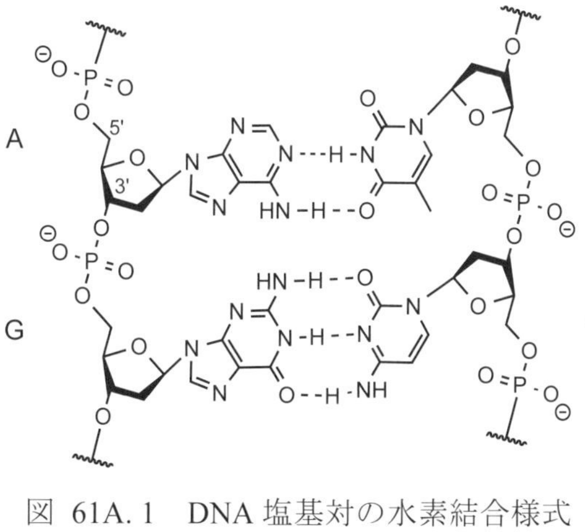

A
T
G
C

図 61A. 1　DNA 塩基対の水素結合様式

問題 3　RNA の 2’-OH 基は分子内求核剤としてはたらき，2’-3’環状中間体を生じる．

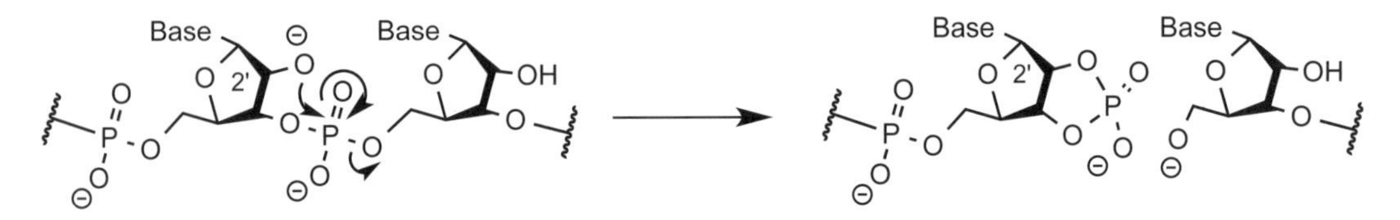

図 61A. 2　塩基性条件下にける RNA の加水分解反応

__解説__

問題 1　$4^3 = 64$ 種のコドンは全て解読されている（表 61A. 1）．例えば，mRNA の 5’AUG3’というコドンはメチオニンを，CAU はヒスチジンを指定している．AUG はペプチド鎖内部のメチオニンをコードするだけでなく，翻訳開始コドンとして重要である．アミノ酸に対応するコドンの数は，そのアミノ酸がタンパク質中に現れる頻度に相関している．

問題 2　個々の水素結合による DNA 全体への安定化の寄与は小さいが，水素結合の数が非常に多いため，DNA 分子の二重らせん構造は安定になる．また，二重らせん構造の内側では，基本的に塩基は前の塩基の上に積み重なるように配置されている．このような塩基のスタッキング（π-π スタッキング相互作用）も二重らせん構造の安定性を高めている．この二種類の相互作用により，DNA の二重らせん構造は非常に安定である．

問題 3　DNA は安定な二重らせん構造（B 型二重らせん構造）により，遺伝情報を長期間保存することができる．一方，RNA は DNA と異なり 2 位に水酸基をもつため，立体障害により B 型二重らせん構造をとることができず，ヘアピン構造や一本鎖など様々な形態をとる．RNA は遺伝情報を一時的に利用する際に使われ，不要になったら直ちに分解される．DNA と比較して不安定な構造をもつことが，酵素による分解をうけやすい性質に反映されている．

表 61A. 1　DNA の遺伝暗号

1 文字目	2 文字目				3 文字目
（5’側）	U	C	A	G	（3’側）
U	Phe	Ser	Tyr	Cys	U
	Phe	Ser	Tyr	Cys	C
	Leu	Ser	終止	終止	A
	Leu	Ser	終止	Trp	G
C	Leu	Pro	His	Arg	U
	Leu	Pro	His	Arg	C
	Leu	Pro	Gln	Arg	A
	Leu	Pro	Gln	Arg	G
A	Ile	Thr	Asn	Ser	U
	Ile	Thr	Asn	Ser	C
	Ile	Thr	Lys	Arg	A
	Met（開始）	Thr	Lys	Arg	G
G	Val	Ala	Asp	Gly	U
	Val	Ala	Asp	Gly	C
	Val	Ala	Glu	Gly	A
	Val	Ala	Glu	Gly	G

参考文献

1. J. M. Berg, et al.　『ストライヤー生化学　第 6 版』　東京化学同人　2008 年　（監訳：入村達郎　他）
2. K. P. C.Vollhardt, et al.　『ボルハルト・ショアー現代有機化学（下）　第 4 版』　化学同人　2004 年　（訳：古賀憲司　他）

問 62　脂質［解答］

問題 1　(1)　ステアリン酸（化合物 **1**）

脂肪酸のアシル鎖の長さは脂肪の相転移温度に影響を与え，長い炭化水素鎖は短鎖より強く相互作用するため.

(2)　ステアリン酸（化合物 **1**）

飽和脂肪酸では，その直鎖の炭化水素鎖疎水部が強く相互作用する．一方で，*cis* 二重結合があると，炭化水素鎖疎水部が曲がるため，脂肪酸アシル鎖の秩序立った充填が妨げられ，相転移温度が下がる.

問題 2　温度が低下すると van der Waals 相互作用によって脂肪鎖の充填密度が増加し，流動性が減少する．これを防ぐために，新しく作られるリン脂質はより短い炭化水素鎖と多くの *cis* 二重結合をもっている．短い炭化水素鎖はファンデルワールス相互作用の数を減らす．*cis* 二重結合は構造上の曲がりをもたらしてリン脂質中の脂肪酸尾部が詰め込まれるのを防ぐ．

問題 3　(1) 温度が高くなると，脂質二重膜の流動性が増す．相転移温度 T_m は，流動性が小さいゲル相から流動性の大きな液晶相に劇的に移行する温度である．コレステロールは流動性の移行の幅を広げる．つまり，コレステロールは膜流動性の温度変化に対する感受性を下げる．
(2) コレステロールは相転移現象を鈍化させて，膜の流動性の急激な変化を防ぐ．膜タンパク質の機能は膜の流動性に依存するので，コレステロールは膜タンパク質が機能するための適切な環境を維持するために重要である．

<u>**解説**</u>

問題 1　(1) 脂肪酸のアシル鎖が長いほど，脂質の融点は高くなる（表 62A. 1）．具体的には，メチレン基が 1 つ加わると，隣接する二つの炭化水素鎖間の相互作用の Gibbs エネルギーに，約−2 kJ mol^{-1} の寄与をする．(2) 脂肪酸のアシル鎖に *cis* 二重結合があると，アシル鎖の秩序だった充填が妨げられ，融点が低くなる．二重結合の数は「不飽和度」と呼ばれる．バターやラードなどの動物性油脂のアシル鎖は飽和しているものが多く，室温で固体である．一方，植物油は不飽和なアシル鎖をもっており，室温で液状である．マーガリンは植物油に水素を添加して二重結合をなくしてあるため，室温でもバターのように固体になっている．

問題 2，3　脂質二重膜は脂肪酸鎖の秩序性を反映した構造相転移を示す．一般的に高温ではアシル鎖の配向が乱れ，高い流動性を示す「液晶相」と呼ばれる状態になる．一方，低温ではアシル鎖が配向し，低い流動性を示す「ゲル相」と呼ばれる状態になる．

運搬やシグナル伝達など，膜の多くの過程は膜脂質の流動性に依存する．膜脂質の流動性は脂肪酸鎖の性質に依存している．細菌では問題 2 の通り，脂肪酸アシル鎖の二重結合の数と鎖長を変えて膜の流動性を調節する．動物ではコレステロールが膜の流動性の調節に重要であり，コレステロール添加によって膜の流動性は下がるが，同時に相転移も起こりにくくなるため，膜の流動性を調節することができる．この効果はコレステロールの二様性効果と呼ばれ，液晶層においてコレステロールはアシル鎖の充填を促進し，ゲル相においては配向秩序を乱すために生じる．

問題でとり上げたリン脂質，コレステロールの他に糖脂質も主な生体膜の構成成分である．糖脂質とはその名の通り糖を含む脂質のことである．例えば，ガングリオシドは糖鎖上に 1 つ以上のシアル酸を結合しているスフィンゴ糖脂質の一種である．ガングリオシドは細胞膜表面の脂質ラフト上に集中して存在して，細胞のシグナル伝達の調節や免疫学的に重要なはたらきをしている．脂質ラフトとは，膜ミクロドメインの一種であり，膜タンパク質あるいは膜へと移行するタンパク質を集積して，膜を介したシグナル伝達，細菌やウイルスの感染，細胞接着などの重要な役割を果たす（脂質ラフトについては現在も様々な議論がある）．

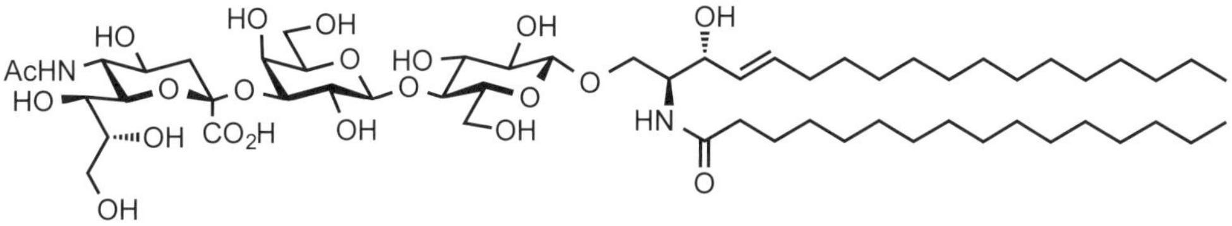

図 62A. 1　ガングリオシドの一種 GM3

表 62A. 1　同じ脂肪酸を2つもつホスファチジルコリンの相転移温度

炭素数	二重結合の数	脂肪酸（慣用名）	脂肪酸（体系名）	T_m (°C)
22	0	ベヘン酸	*n*-ドコサン酸	75
18	0	ステアリン酸	*n*-オクタデカン酸	58
16	0	パルミチン酸	*n*-ヘキサデカン酸	41
14	0	ミリスチン酸	*n*-テトラデカン酸	24
18	1	オレイン酸	*cis*-Δ^9-オクタデセン酸	−22

参考文献

1. J. M. Berg, et al.　『ストライヤー生化学　第6版』　東京化学同人　2008年　（監訳：入村達郎　他）

問63　ソフトマター：液晶・ミセル［解答］

問題1　マヨネーズ，液晶ディスプレイ，塗料，プラスチック，紙，水族館の水槽，de Gennes

問題2　分子配向に変化が生じるか否かは，θ_0 がゼロ以外の値をもつかどうかで判断できる．したがって，F_{tot} が最小値をとるとき（＝熱力学的な平衡状態）の θ_0 の値がゼロ以外になるような磁場 H の値を求めればよい．問題文の条件から

$$\nabla \bullet \boldsymbol{n} = \frac{\partial n_z}{\partial z} = \cos\theta \frac{\mathrm{d}\theta}{\mathrm{d}z},\quad \nabla\times\boldsymbol{n} = \left(0, \frac{\partial n_x}{\partial z}, 0\right) = \left(0, -\sin\theta\frac{\mathrm{d}\theta}{\mathrm{d}z}, 0\right)$$

$$\boldsymbol{n}\bullet\nabla\times\boldsymbol{n} = 0,\quad \boldsymbol{n}\times\nabla\times\boldsymbol{n} = \sin\theta\frac{\mathrm{d}\theta}{\mathrm{d}z}$$

なので，$\theta_0{}^2$ の項だけを残して F_{tot} を計算すると，

$$\begin{aligned}
F_{\mathrm{tot}} &= \int_0^L \left[\frac{1}{2}K_1\left(\cos\theta\frac{\mathrm{d}\theta}{\mathrm{d}z}\right)^2 + \frac{1}{2}K_3\left(\sin\theta\frac{\mathrm{d}\theta}{\mathrm{d}z}\right)^2 - \frac{1}{2}\Delta\chi H^2\sin^2\theta\right]\mathrm{d}z \\
&\approx \int_0^L \left[\frac{1}{2}K_1\left(\frac{\mathrm{d}\theta}{\mathrm{d}z}\right)^2 + \frac{1}{2}K_3\left(\theta\frac{\mathrm{d}\theta}{\mathrm{d}z}\right)^2 - \frac{1}{2}\Delta\chi H^2\theta^2\right]\mathrm{d}z \\
&= \int_0^L \left[\frac{1}{2}K_1\left(\frac{\theta_0\pi}{L}\cos\frac{\pi z}{L}\right)^2 + \frac{1}{2}K_3\left(\theta_0\sin\frac{\pi z}{L}\bullet\frac{\theta_0\pi}{L}\cos\frac{\pi z}{L}\right)^2 - \frac{1}{2}\Delta\chi H^2\theta^2\right]\mathrm{d}z \\
&\approx \int_0^L \left[\frac{1}{2}K_1\left(\frac{\theta_0\pi}{L}\cos\frac{\pi z}{L}\right)^2 - \frac{1}{2}\Delta\chi H^2\left(\theta_0\sin\frac{\pi z}{L}\right)^2\right]\mathrm{d}z
\end{aligned}$$

ただし，$\cos\theta \approx 1$，$\sin\theta \approx \theta$の近似を用いた．これを積分すると

$$F_{\mathrm{tot}} = \frac{1}{4}\left[\frac{K_1\pi^2}{L} - \Delta\chi H^2 L\right]\theta_0^2 = \frac{1}{4}\Delta\chi L\left(H_c^2 - H^2\right)\theta_0^2$$

が得られる．なお，最後の式変形では $H_c = \sqrt{K_1\pi^2/\Delta\chi L^2}$ と置き直した．したがって，$H < H_c$ ならば $\theta_0 = 0$ で F_{tot} は最小となる．つまり，$H < H_c$ であれば，磁場をかけても液晶の向きは全く変化しない．磁場の効果が現れるのは $H > H_c$ の場合であり，閾値は $H_c = \sqrt{K_1\pi^2/\Delta\chi L^2}$ となる．

問題 3　① B，② C，③ A，④ D

解説

問題 1　ソフトマターとは，高分子，コロイド，液晶，界面活性剤などの柔らかな物質の総称である．マヨネーズ（エマルション），液晶ディスプレイ（液晶），塗料（ミセル，高分子など），プラスチック（高分子），紙（高分子），水族館の水槽（高分子）はすべて上記のソフトマターに分類される．de Gennes は Nobel 賞受賞講演の際に，ソフトマターというタイトルの講演を行い，それ以降「ソフトマター」が定着した．

ソフトマターには様々な物質が含まれるが，その共通点は，原子・分子に比べて構成単位が非常に大きいという点である．直径 0.1 μm のコロイド粒子には数億もの原子が含まれており，高分子は何万もの原子が連なっている．液晶や界面活性剤は分子サイズよりはるかに大きい集合状態を形成する．構成単位が巨大であることは，ソフトマターに非線形性と非平衡性の 2 つの特徴を与える．ソフトマターは小さな力でも大きく変形し，変形と力の関係は容易に非線形となる．また，外場を加えたときに定常状態に移行するまでの緩和時間が，通常の液体では 10^{-9} s 程度であるのに対し，ソフトマターでは 1 ～ 10^6 s にもなる．そのため，ソフトマターは非平衡状態であることが多く，非平衡状態のダイナミクスが重要となる．

問題 2　F_{tot} の積分内の 1 ～ 3 項目は液晶の配向の空間変化によるエネルギーの変化を，4 項目は磁場によるエネルギー変化を表している．Frank 弾性係数 K_1，K_2，K_3 はそれぞれ広がり(splay)，ねじれ(twist)，曲がり(bend)の変形が起きたときのエネルギーを表す（図 63A. 1）．近似前に F_{tot} から K_2 の項が消えているのは，今回の条件ではねじれ変形が生じていないことを表している．また，より高次の近似を用いると $\theta_0 \propto (H - H_c)^{1/2}$ が得られ，転移後の磁場依存性がわかる．ここで紹介した転移は Fredericks 転移と呼ばれる．

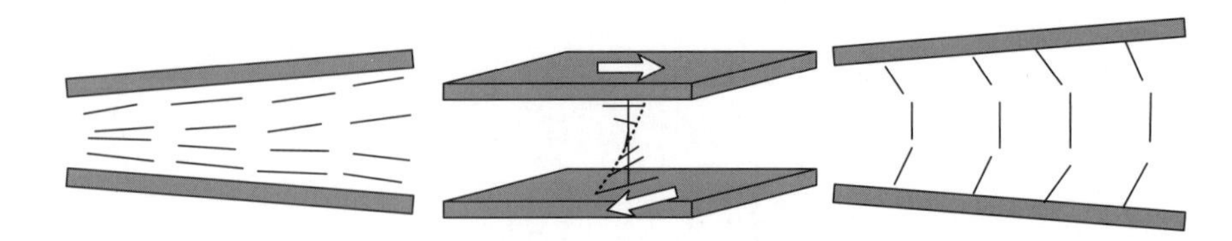

図 63A. 1　各 Frank 弾性係数に対応する変形. 左から splay, twist, bend

液晶の特筆すべき特徴の 1 つとして，偏光との相互作用がある（偏光については問 80）．液晶の配向により偏光はゆがめられ，この特性を利用して様々な光学デバイスがつくられている．今回紹介した Fredericks 転移は，磁場が閾値を超えると配向が大きく変化するため，液晶ディスプレイのスイッチの ON と OFF に利用されている．

問題 3　球状ミセルのような自己組織体の規則構造は，自己組織体と分子分散溶液の比率および自己組織体を構成する両新媒性物質の分子構造によって決まり，与えられた条件の中で自己組織体の表面積が最小になる幾何学的構造をとる．図 63A. 2 に充填時の分子構造と，その集合形態との関係を模式的に示した．濃度や温度によってももちろん集合状態は変化するが，界面活性剤分子の実際の構造と，充填時の集合体の構造の関係は，以下のようにまとめることができる．

- 球状ミセル：大きな頭部（親水部）をもつ単鎖界面活性剤，CPP: < 1/3
- ひも状ミセル：小さな頭部をもつ単鎖界面活性剤，CPP: 1/3 ～ 1/2
- ベシクル：大きな頭部をもつ 2 本鎖界面活性剤，CPP: 1/2 ～ 1
- 平面状 2 分子層：小さな頭部をもつ 2 本鎖界面活性剤，CPP: ～ 1

CPP が 1 を超えると，外側が疎水基で囲まれた逆ミセルが形成されるが，疎水鎖部分の相互作用を無視した CPP ではあいまいにしか記述できない．また，より高濃度では，液晶を形成する場合も多い．ここで述べた CPP 以外にも，親水性–疎水性のバランスを示す HLB 値も重要な指標として知られている．

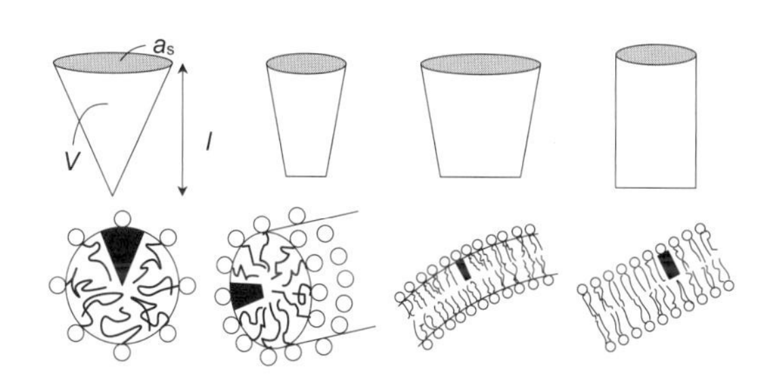

図 63A. 2　界面活性剤分子の平均的（動的）充填構造（上）と，それらがつくる分子集合体の形態（下）．左から順に球状ミセル，ひも状（棒状）ミセル，ベシクル，平面状 2 分子層を表す

参考文献

1. 土井正男　『ソフトマター物理学入門』　岩波書店　2010 年
2. 日本化学会編　『現代界面コロイド化学の基礎―原理・応用・測定ソリューション　第 3 版』　丸善　2009 年

問 64　相図：分子集合体　［解答］

問題 1　(1) (a) 液相，(b) ダイヤモンド，(c) 黒鉛（グラファイト）

(2) 曲線 OA の傾きは正であるから，$\mathrm{d}p/\mathrm{d}T > 0$ である．一方，Clapeyron の式より $\mathrm{d}p/\mathrm{d}T = \Delta_{\mathrm{trs}}H/T\Delta_{\mathrm{trs}}V$ であり，(b) → (c)の変化に対して $\Delta_{\mathrm{trs}}H < 0$ であるから，転移に際してのモル体積変化 $\Delta_{\mathrm{trs}}V < 0$ となる．したがって，(b)のダイヤモンドの方が単位体積当たりの質量が大きい（密度が高い）．

問題 2

(a) ほとんど純粋な B の液体が得られる．

(b) ほとんど純粋な A の液体が得られる．

(c) A の組成が x_{M} である液体が得られる．

(d) A の組成が x_{M} である液体が得られる．

問題 3　点 S（2 K 付近）では ^{4}He と ^{3}He がともに液体として存在する．温度が低くなると ^{4}He の液相–超流動相転移が起こる．さらに温度を降下すると，^{3}He 濃厚相と希薄相の二相分離が起こる．濃厚相は，温度低下とともに濃度がさらに高くなり，絶対零度付近で ^{3}He 100%の状態になる．一方，希薄相は，超流動 ^{4}He に ^{3}He が 6.4%溶けた状態へと収束する．

解説

問題 1　炭素には様々な同素体が存在するが，室温で最も安定なものは黒鉛（グラファイト）である．常温常圧ではダイヤモンドも安定に存在しているが，熱力学的には黒鉛よりも不安定である．常温常圧におけるダイヤモンドのように，熱力学的に真の安定状態ではないが，大きな衝撃がない限り安定に存在するものを準安定状態と呼ぶ．設問に記したように，黒鉛からダイヤモンドへの転移エンタルピーは 1.9 kJ mol^{-1} と非常に小さいが，反応速度が極めて遅いためにダイヤモンドが自発的に黒鉛へと変化することはない．人工ダイヤモンドの作成の際には，黒鉛からダイヤモンドへの反応速度を上昇させるために鉄系の触媒が用いられる．

問題 2　相図は，液体の蒸留や分留を考える上で非常に重要である，この問題では，二成分系の温度–組成相図についてとり上げた．以下，図 64A. 1 のような簡単な温度–組成図を用いて分留操作について解説する．

組成 x_1 の混合物の温度を上げて沸騰させる．このとき発生する蒸気の組成は，相図より x_2 であることがわかる．この蒸気を凝集させて集めた後，再び蒸発させると今度は組成 x_3 の蒸気が発生する．この操作を繰り返すことで，凝集物の A の濃度は上昇していき，最終的にはほとんど純粋な A が得られる．また，発生した蒸気を取り除く操作を繰り返すと，残った溶液中の B の濃度は上昇し，最終的にはほとんど純粋な B が得られる．

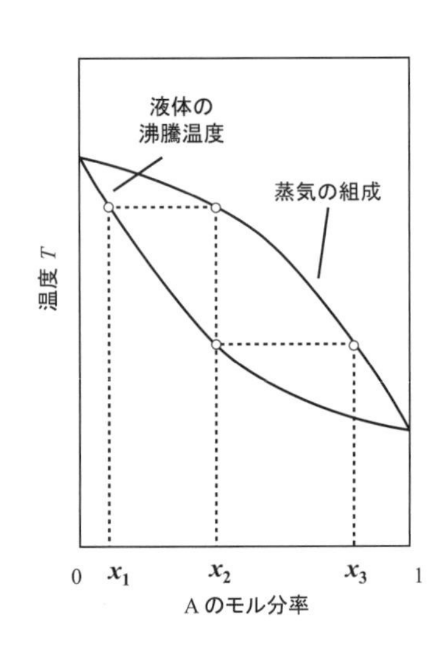

図 64A. 1　二成分系 A–B の温度–組成図

設問のような，温度–組成の相図上に極大・極小が現れる場合は，蒸留操作の考え方は少し複雑になる．例えば極小がある場合，蒸留操作を繰り返して最終的に得られるのは共沸組成をもつ共沸混合物である．共沸組成に達すると，共沸液体と蒸気の組成が同じであるため，二種の液体を分離することが不可能になる．例えば水/エタノールの混合溶液では水の濃度 4%で共沸が起こるため，分留操作によって純度 96%以上のエタノールを得るのは困難である．

問題 3　^{4}He と ^{3}He はヘリウムの同位体であるが，低温での性質は大きく異なる．^{4}He は Bose 粒子であり，Bose–Einstein 統計に従う．一方，^{3}He は Fermi 粒子であり，Fermi–Dirac 統計に従う．この違いが，低温における相挙動の違いを生み出している．零点振動の効果により，^{4}He も ^{3}He も絶対零度で（常圧では）固体状態にはならない．^{4}He は 2.2 K 以下で超流動相へと転移する．超流動相は極めて高い流動性をもち，その粘性は 0 とみなせる．超流動は量子力学的な性質の一種であり，現在もなお多くの研究者によって研究が進められている．^{4}He–^{3}He の相図で特に注目すべきは，低温で ^{3}He 濃厚相と希薄相の二相に分離するという点である（それぞれ C 相，D 相などと呼ばれる）．これらの二相は化学平衡状態にあり，D 相中の ^{3}He を選択的に蒸発させると C 相から ^{3}He が供給されて ^{4}He に ^{3}He が再び溶解する．この際，^{3}He の気化熱によって熱を奪うことができる. この仕組みを利用したのが希釈冷凍機と呼ばれる冷却装置である. 希釈冷凍機では 10 mK 程度の極低温を実現することが可能であり，今日の低温実験には欠かせないものとなっている.

参考文献

1. P. Atkins, J. de Paula 『アトキンス物理化学（上） 第 8 版』 東京化学同人 2009 年 （訳：千原秀昭，中村亘男）

問 65　相図：セラミックス［解答］

問題 1　温度 T_2 における各組成での状態をまとめると，下表のようになる.

表 65A. 1　温度 T_2 における各組成の状態

組成領域	状態
左端から点 b	固相 α
点 b，c 間	固相 α と液相 L の共存領域
点 c，d 間	液相 L
点 d，e 間	固相 β と液相 L の共存領域
点 e から右端	固相 β

よって温度 T_2 における各状態の Gibbs エネルギーの組成依存性は図 65A. 1 のようになる.

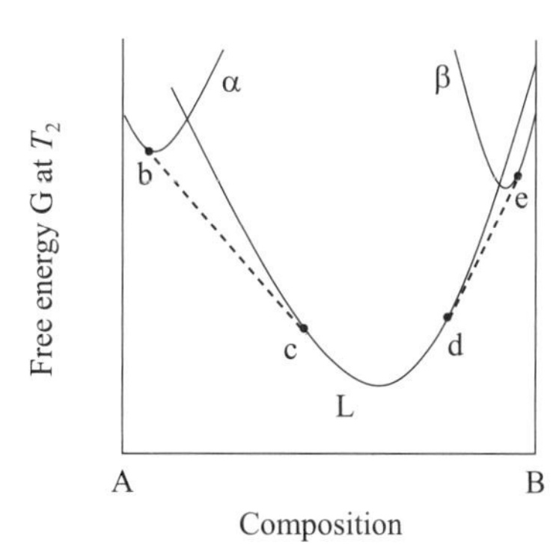

図 65A. 1　温度 T_2 における各状態の Gibbs エネルギーの組成依存性

問題 2　混合物の総物質量を n とすると，

$$n = n_\alpha + n_L$$

点 b，c からの垂線と横軸の交点をそれぞれ C_α，C_L とすると，固相 α，液相 L に含まれる物質 B の量はそれぞれ $n_\alpha C_\alpha$，$n_L C_L$ となる．したがって，物質 B の総量は

$$nC_1 = n_\alpha C_\alpha + n_L C_L$$

上の 2 つの式より，

$$n_\alpha (C_1 - C_\alpha) = n_L (C_L - C_1)$$

が成り立つ．$C_1 - C_\alpha$，$C_L - C_1$ は d_α，d_L と等しいため，以下の関係が成り立つ.

$$n_\alpha d_\alpha = n_L d_L$$

問題3　点g，hにおける組織図は以下の図 65A. 2のようになる．

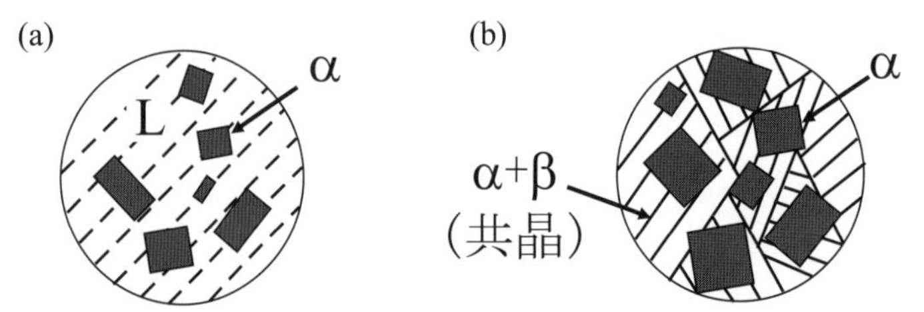

図 65A. 2　(a)点gにおける組織図 (b)点hにおける組織図

解説

問題1　図 65. 1(a)の点b，c間，点d，e間では，固相α，β，液相Lの曲線よりも破線の方がGibbsエネルギーは小さくなる．この破線のGibbsエネルギーは両接点の状態のGibbsエネルギーの重み付き和，すなわち2相共存領域のGibbsエネルギーとして表される．この平衡状態図は一般的に共晶型平衡状態図と呼ばれる．共晶型平衡状態図をとる物質の組み合わせの一例として，温度センサーやレーザー用結晶として利用可能なスピネル($MgAl_2O_4$)の原料となる MgO と Al_2O_3が挙げられる．

各温度における各状態の Gibbs エネルギーを計算により求めることができれば，任意の物質の平衡状態図を理論的に導くことが可能である．しかし，実際には計算に必要な熱力学的パラメーターの大部分が不足しているため，ほとんどの平衡状態図は実験的に決定されている．

問題2　ここで証明した関係を"てこの法則(lever rule)"と呼ぶ．2つの相の物質量とその割合の関係が，てこの両端にある質量と支点からの距離の関係と似ているため，このように呼ばれる．

問題3　点fから徐々に冷却すると，液相線aiと交差する温度から，固相αが徐々に析出し，その比率は温度低下とともに大きくなる．一方，液相Lは液相線aiに沿って，その組成を変化させる．温度がT_3に達すると，液相Lが完全に共晶相α + βに変化するまで温度は低下せず一定を保つ．この液相Lと共晶相α + β間の反応（共晶反応）は点i（共晶点）で起こる．点iにおいて固相α，β，液相Lの3相が共存するため，系の自由度が0となり，共晶反応は温度や組成が一定の不変反応となる（自由度についての詳しい説明は参考文献を参照）．つまり，共晶相の組成は元々の組成によらず共晶点iの組成C_Eになる．

混合物の各相の融点や析出量がひと目でわかる平衡状態図は合成の際に有用であるが，その他にフラックス法への利用にも有効である．フラックス法とは高融点をもつ物質に融剤（フラックス）を混ぜ，比較的低温で混合物を融解させ，目的の単結晶を得る合成法である．適切な融剤を選択する際に，融剤の候補と目的物質の平衡状態図は大変有用である．

参考文献

1.　守吉祐介　他　『セラミックスの基礎科学』　内田老鶴圃　1989年
2.　P. Gordon　『平衡状態図の基礎』　丸善　1971年　（訳：平野賢一，根本実）

問 66　表面物性：金属表面への分子吸着［解答］

問題 1　物理吸着：van der Waals 相互作用

化学吸着：吸着物と固体表面の間に生じる化学結合（電子のやり取り）

問題 2

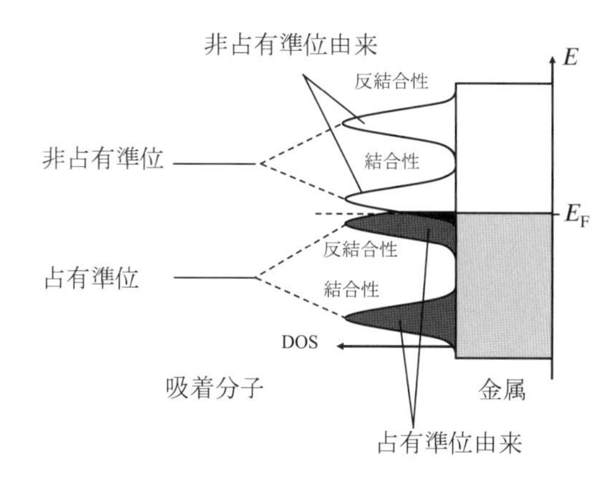

図 66A. 1　吸着分子–金属間の軌道間相互作用が強い場合の吸着分子，金属表面の電子状態（吸着後）

問題 3　(1)

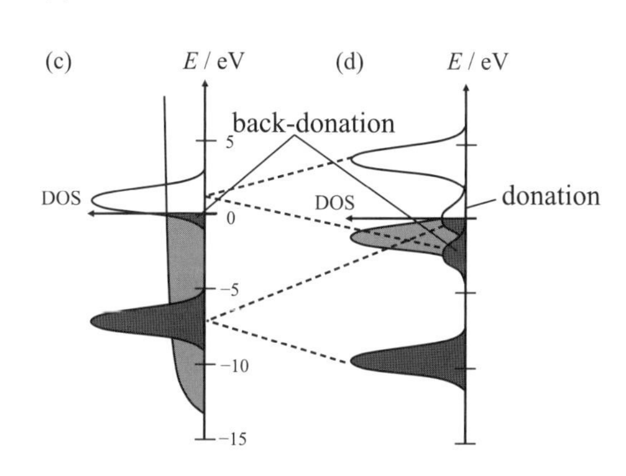

図 66A. 2　CO 分子の HOMO, LUMO と遷移金属の sp，d バンドとの相互作用（図 66. 2 (c), (d)）における donation, back-donation

(2)　Al は典型金属(sp-metal)であり d バンドに電子をもたないため，図 66. 3(c)に示す相互作用でとどまる．そのため donation が起こらず，back-donation も d バンドに電子をもつ遷移金属と比べて弱くなり，吸着エネルギーも遷移金属に比べて小さくなる．

解説

問題 1　物理吸着の典型例としては，固体表面への希ガスや飽和炭化水素の吸着が挙げられる．化学吸着の典型例としては，金属表面への N_2 や CO 分子の吸着が挙げられる．吸着エネルギーは，物理吸着は 0.3 eV 以下，化学吸着は 0.3 eV 以上が目安である．

問題 2　吸着分子–金属間の軌道間相互作用は，Nobel 化学賞を受賞した福井謙一らが構築したフロンティア軌道理論を基礎にして，片方（金属）がバンドを形成している場合を考える．軌道とバンドの相互作用では，分子軌道間の相互作用では起こらないような，非占有準位同士・占有準位同士の相互作用による結合性，反結合性軌道の形成も起こる．形成された準位のうち，E_F よりも下の準位は電子に占有されるが，E_F より上の準位は占有されない．

問題3　図 66.3 に示す相互作用において，5σは炭素上の非共有電子対に局在しており，CO 分子は C 原子を金属表面に向けて吸着する．2π*への back-donation は CO 分子の反結合性軌道が多数の電子で占有されることを意味し，back-donation が強すぎると CO は解離した状態で金属表面に吸着しやすくなる．解離吸着は，例えば触媒反応において非常に重要である．触媒反応としてもっとも有名な Haber–Bosch 法は，磁鉄鉱(Fe_3O_4)を触媒として窒素(N_2)と水素(H_2)からアンモニア(NH_3)を生成する．N_2 分子の N 原子間では三重結合が形成されており，その解離には非常に大きな活性化エネルギーが必要となるが，触媒を用いることで N_2 分子解離の活性化エネルギーを下げることに成功した．1906 年に開発されたこの反応であるが，その反応機構は複雑で，1980 年代にドイツ人化学者の Gerhard Ertl によって解明されるまで謎のままであった．Ertl は Haber–Bosch 法の反応機構の解明のほか，パラジウム・白金触媒表面での一酸化炭素の二酸化炭素への酸化反応機構など様々な触媒反応の機構を表面科学的手法により解明した功績から，2007 年「固体表面上の化学反応の研究」の受賞理由で Nobel 化学賞を受賞した．

参考文献

1. 岩澤康裕　他　『ベーシック表面化学』　化学同人　2010 年

問 67　結晶中の電子状態：バンド理論・強束縛近似［解答］

問題1

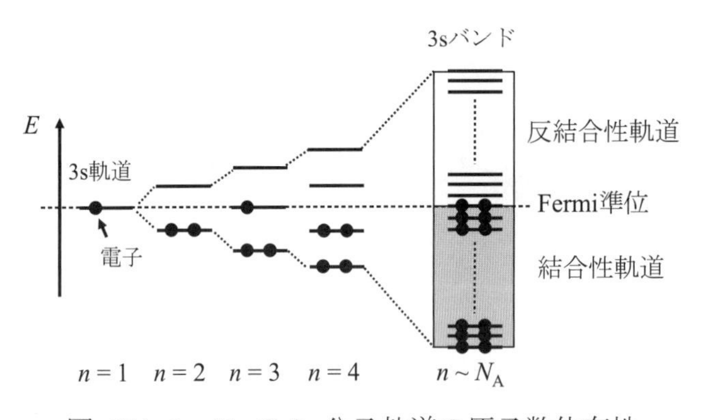

図 67A. 1　Na の 3s 分子軌道の原子数依存性

問題2　電子の Schrödinger 方程式は$\hat{H}(x)\psi(x) = [\hat{p}^2/2m_e+\hat{V}(x)]\psi(x) = E\psi(x)$であり($\hat{p}$は運動量演算子)，単位格子の周期性から Hamilton 演算子とポテンシャルに$\hat{H}(x+a) = \hat{H}(x)$，$\hat{V}(x+a) = \hat{V}(x)$の関係が成り立つことから，

$$[\hat{p}^2/2m_e + \hat{V}(x)]\psi(x + a) = E\psi(x + a)$$

となる．並進操作演算子$\hat{T}_a$と Hamilton 演算子$\hat{H}$の交換関係は，

$$\hat{T}_a\{\hat{H}(x)\psi(x)\} = \hat{H}(x + a)\psi(x + a) = \hat{H}(x)\psi(x + a) = \hat{H}(x)\hat{T}_a\psi(x)$$

より可換であることが確認できる．つまり$\hat{T}_a$と$\hat{H}$は固有状態 $\psi(x)$を共有する．$\hat{T}_a$の固有値を A とすると$\hat{T}_a\psi(x) = A\psi(x)$が成り立ち，$\hat{T}_a\psi(x) = \psi(x+a)$より $\psi(x+a) = A\psi(x)$という関係が成立する．これは，波動関数に定数 A を掛ければ隣の格子点の波動関数になることを意味する．したがって，N 個先の格子点の波動関数は $\psi(x + Na) = A^N\psi(x)$となる．ここで結晶の周期境界条件を考えると $\psi(x +$

$Na) = \psi(x)$となることより，A は 1 の N 乗根の 1 つであることがわかる．したがって，$A = \exp(2\pi i n/N)$ となり（$n = 0, 1, 2, \ldots, N-1$），波数 $k = 2\pi n/Na$ を用いると $A = \exp(ika)$が導かれる．よって $\psi(x+a) = \exp(ika)\psi(x)$が満たされる．

問題 3　まずエネルギー期待値 $E_{\boldsymbol{k}}$を計算する．最近接サイト間の積分要素以外は 0 なのでサイト j とその各軸での隣接サイト $j \pm 1$ の間の積分のみを考えると，

$$\begin{aligned} E_{\boldsymbol{k}} &= \int \psi^*(\boldsymbol{r})\,\hat{H}\,\psi(\boldsymbol{r})\mathrm{d}\boldsymbol{r} \\ &= \frac{1}{N}\sum_j \exp[i\boldsymbol{k}\cdot\{(\boldsymbol{r}_{j+1}-\boldsymbol{r}_j)+(\boldsymbol{r}_{j-1}-\boldsymbol{r}_j)\}]\int \varphi^*(\boldsymbol{r}-\boldsymbol{r}_{j\pm1})\,\hat{H}\,\varphi(\boldsymbol{r}-\boldsymbol{r}_j)\mathrm{d}\boldsymbol{r} \end{aligned}$$

となる．$\int \varphi^*(\boldsymbol{r}-\boldsymbol{r}_{j\pm1})\,\hat{H}\,\varphi(\boldsymbol{r}-\boldsymbol{r}_j)\mathrm{d}\boldsymbol{r} = -t$とし，$j$ を N 番目のサイトまで足し合わせることで，

$$\begin{aligned} E_{\boldsymbol{k}} &= -t[\{\exp(ik_xa)+\exp(-ik_xa)\}+\{\exp(ik_ya)+\exp(-ik_ya)\}] \\ &= -2t\{\cos(k_xa)+\cos(k_ya)\} \end{aligned}$$

となる．Brillouin ゾーン内($\pi/a \leqq k_{x,y} \leqq \pi/a$)で $E_{\boldsymbol{k}}$を積分すると系全体のエネルギー E は $E = \iint_{-\pi/a}^{\pi/a} E_{\boldsymbol{k}}\mathrm{d}k_x\mathrm{d}k_y = -2t\iint_{-\pi/a}^{\pi/a}\{\cos(k_xa)+\cos(k_ya)\}\mathrm{d}k_x\mathrm{d}k_y = 0$ となる．これは全エネルギー準位が電子に占有されたとき（各格子点上に 2 個の電子があるとき）に，系全体のエネルギー平均が 0 になることを意味する．電子が各サイトあたり 1 個ずつ存在する場合は半分の準位までしか占有されないため（半充填），Fermi 準位がちょうど 0 になる．ここで $E_{\boldsymbol{k}} = 0$ を満たす場合は $\cos(k_xa) = -\cos(k_ya)$となるため，第一 Brillouin ゾーンを図 67A. 2 の外枠の正方形で表したときに，Fermi 準位に存在する電子の k_x と k_y の関係は中心の正方形の外周線になる．Fermi 準位以下の電子はこの正方形の内部（灰色部分）になる．

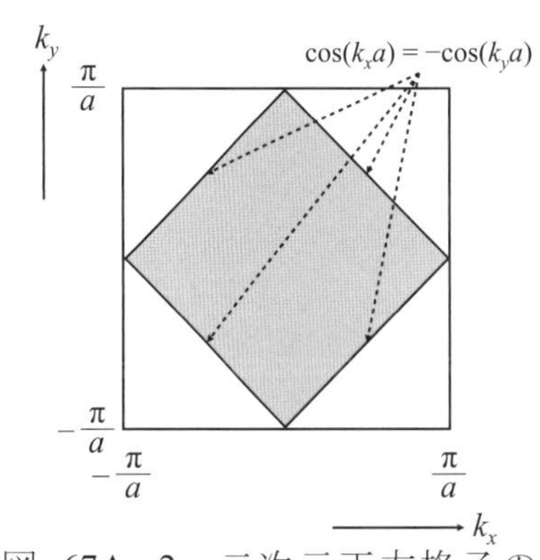

図 67A. 2　二次元正方格子の半充填バンドにおける Fermi 面

<u>解説</u>

問題 1　少数の原子で構成される分子軌道のエネルギー準位は離散的であるが，Avogadro 数個の原子が凝集している結晶全体の電子のエネルギー準位は連続的である．連続的な準位の集合は，その形が帯状に見えるためバンドと呼ばれる．一般的な有機分子は通常閉殻の電子構造であるため，電子占有軌道（価電子帯）がバンド全てを埋める．つまり非占有軌道（伝導帯）に電子が励起できないため伝導電子が存在できず，絶縁体となる．伝導性の詳細については問 68 を参照．

問題 2　これは Bloch の定理と呼ばれており，周期ポテンシャル中で運動する電子を考える際の出発点となる重要な定理である．ここでは一次元の結晶を取り扱ったが，三次元系でも位置座標 x をベクトル $\boldsymbol{r}$，格子定数 a を格子ベクトル $\boldsymbol{R}$ にすることで $\psi(\boldsymbol{r}+\boldsymbol{R}) = \exp(i\boldsymbol{k}\cdot\boldsymbol{R})\psi(\boldsymbol{r})$が成り立つ．ここで注目されるのは電子を特徴づける量子数が波数ベクトル $\boldsymbol{k}$ である点である．そのため問 52 で紹介したように，電子状態を考える場合の多くは運動量（波数）空間で議論が行われる．

問題 3　Fermi 準位の電子が波数空間上で満たす領域を Fermi 面と呼ぶ．Fermi 面は Fermi 準位に電子が存在する金属状態にしか存在せず，価電子帯と伝導帯の間にエネルギーギャップがある絶縁体は Fermi 面をもたない．実験的な Fermi 面の決定には角度分解光電子分光(ARPES)や物理量の量子振動（de Haas–van Alphen 効果）などが用いられる．

今回の計算では隣接サイトへの t 以外の項を無視した．この t は移動積分と呼ばれ，サイト間の電子の飛び移りの頻度を意味する値となる．この問で使われた近似は強束縛(tight binding)モデルと呼ばれ，電子が強く束縛されている場合の電子物性の解析に有効である．例えば銅酸化物高温超伝導体などの電子相関の強い系は，解答によく似たFermi面をもつ．一方，電子が結晶全体を動き回れるような金属状態の場合は準自由電子(nearly free electron)モデルなどが有効であり，近似を用いたバンド計算では対象とする系に合ったモデルを適用する必要がある．

参考文献

1. C. Kittel　『キッテル固体物理学入門（上）　第8版』　丸善　2005年　（訳：宇野良清　他）
2. 森健彦　『分子エレクトロニクスの基礎』　化学同人　2013年

問68　電気伝導特性：金属・半導体［解答］

問題1　電子は電場から$-eE$の力を受けるため，運動方程式は，

$$m_e \frac{d^2x}{dt^2} = -eE$$

となる．電子が散乱されるまで（時間 τ）この方程式が成立すると考えると，電子は，

$$v = \frac{dx}{dt} = \int_0^\tau \frac{d^2x}{dt^2} dt = -\frac{eE}{m_e}\tau$$

まで加速される．単位体積あたり n 個の電子が平均速度$\langle v\rangle$で流れるとき，長さ L 断面積 S の物質内を流れる電流 I は，

$$I = Sn(-e)\langle v\rangle = \frac{Sne^2E}{m_e}\langle\tau\rangle = \frac{S}{L}\frac{ne^2}{m_e}\langle\tau\rangle V$$

となるため，

$$V = \frac{L}{S}\frac{m_e}{ne^2}\frac{1}{\langle\tau\rangle}I = RI$$

となり，電気抵抗 R を $\frac{L}{S}\frac{m_e}{ne^2}\frac{1}{\langle\tau\rangle}$とすることでOhmの法則 $V=IR$ が導かれる．

問題2　(1) 半導体

半導体のバンドは図 68A. 1の左側のようになり，Fermi準位 E_F がバンドの外（禁制帯）に存在するため，価電子帯の電子を伝導帯に励起させるにはバンドギャップ Δ だけのエネルギーが必要となる．これにより電気抵抗は温度によるエネルギー k_BT とギャップ Δ の兼ね合いで決まるため熱活性型の$\exp(\Delta/k_BT)$に比例する．つまり熱エネルギーの小さな低温では抵抗が大きく，逆に高温で抵抗が小さくなる(1)のような負の温度依存性を示す．

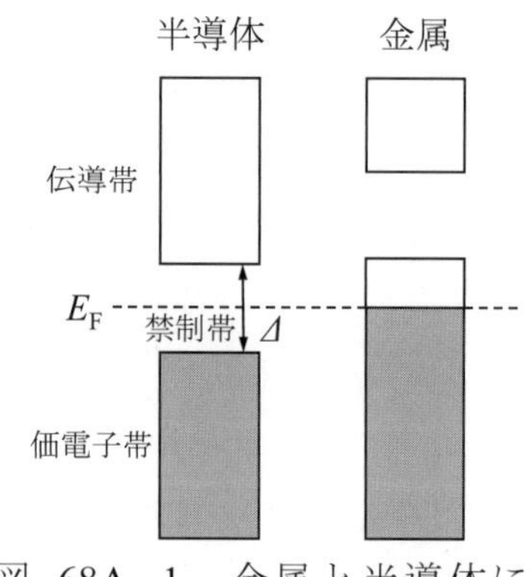

図 68A. 1　金属と半導体におけるエネルギーバンド

(2) 金属

金属のバンドは図 68A. 1 の右側のようになり，バンド中に E_F が存在するため無限小のエネルギーで伝導電子を励起させることができる．そのため電気抵抗を生み出す要因は電子の散乱となる．高温では電子と格子の散乱なども寄与するが，格子振動が小さくなる低温では電子−電子散乱が電気抵抗を支配する．伝導に関わる電子は E_F 近傍の幅 k_BT のエネルギー範囲で励起されており，また散乱体となる電子も E_F 近傍の幅 k_BT の範囲に存在するため電子間の散乱時間$\langle\tau\rangle$は $E_F/(k_BT)^2$ に比例する．よって抵抗は T^2 に比例し，低温では散乱が抑えられ抵抗が小さく，高温では散乱が大きくなるので抵抗も大きくなり，(2)のような正の温度依存性を示す．

解説

問題 1　得られた関係式から電気抵抗は物質の長さと面積の比 L/S に比例することがわかる．そのため物質本来の伝導特性を評価する際はサイズ効果を規格化した電気抵抗率 $\rho = RS/L$ を使うことが多い．電気抵抗率は$\frac{m_e}{ne^2}\frac{1}{\langle\tau\rangle}$で表され，電子密度と散乱時間の逆数で与えられる．つまり抵抗率の低い伝導体を作る際には電子密度が大きく，散乱時間が長いものを選ぶ必要がある．これは電子密度が大きければ電気を運ぶ量が多く，散乱時間が長いものが電気を通しやすいという直感的な考え方と一致する．

一般的に Ohm の法則は半導体・金属に関わらず成り立つ（正確な議論に関しては参考文献 1 を参照）．しかし一部の物質では成り立たない場合があり，そのような現象を非線形伝導と呼ぶ．非線形伝導には物質ごとに応じた要因があり，様々な解釈が提案されている．

問題 2　半導体の電気抵抗は熱活性型を示すため $\ln R$ vs. $1/T$ のプロットで評価されることが多い．このプロットではデータは直線的になり，その傾きからギャップ Δ が求められる．Δ が非常に大きくなると室温程度では活性型の励起がおこらず，電気抵抗の大きい絶縁体となるため，半導体と絶縁体両者の明確な違いはない．慣習的に比較的ギャップが小さく，不純物などによるキャリアドープが可能なものを半導体と呼ぶ．また一部の物質では，熱活性型ではないが不純物効果や電子相関の効果により温度低下とともに電気抵抗が増大するものもあり，これも広義の半導体として分類される．

金属の電気抵抗には，この問題で取り扱った（低温で顕著になる）電子−電子散乱に由来したもの（詳しい機構については参考文献 2 を参照）以外にも様々な散乱機構が存在する．散乱の原因が複数ある場合の電気抵抗は，それぞれの散乱による抵抗の総和が実測の抵抗になる．主な散乱の起源は，格子欠陥・不純物・格子振動による散乱などが考えられる．前者 2 つは温度依存性をもたず，不純物濃度などに依存した定数となる．この値は他の散乱の寄与が存在しない 0 K における抵抗と一致し，残留抵抗 R_0 と呼ばれる．室温抵抗 R_{RT} との比 R_{RT}/R_0 は RRR(Residual Resistivity Ratio)と呼ばれ，その物質の純度を評価する指標として用いられる．一方，後者の格子振動による散乱には格子振動自体が温度依存性を示すために温度依存性が存在する．詳細な説明は省くが，格子振動を特徴づける特性温度（Debye 温度）を基準にして高温側で T に比例，低温側で T^5 に比例する項が現れることが知られている．またこれらの依存性から逸脱している場合でも温度を下げることで電気抵抗が減少する物質は広義的に金属として分類される．

参考文献
1. 川畑有郷　『固体物理学』　朝倉書店　2007年
2. 岡崎誠　『固体物理学—工学のために』　裳華房　2002年

問69　格子振動［解答］

問題1　(1) $m\frac{\mathrm{d}^2x_n}{\mathrm{d}t^2} = \kappa_0[(x_{n+1} - x_n) - (x_n - x_{n-1})]$

(2) (1)に $x_n = A\exp[\mathrm{i}(kna - \omega t)]$ を代入すると $-m\omega^2 = \kappa_0(\mathrm{e}^{\mathrm{i}ka} + \mathrm{e}^{-\mathrm{i}ka} - 2)$ となる．ここで $2\cos ka = \mathrm{e}^{\mathrm{i}ka} + \mathrm{e}^{-\mathrm{i}ka}$ の関係を用いると

$$-m\omega^2 = 2\kappa_0(\cos ka - 1) = -4\kappa_0\left(\sin\frac{ka}{2}\right)^2$$

となる．これをωについて解くと以下の関係式が得られる．

$$\omega = 2\sqrt{\frac{\kappa_0}{m}}\left|\sin\frac{ka}{2}\right|$$

(3)

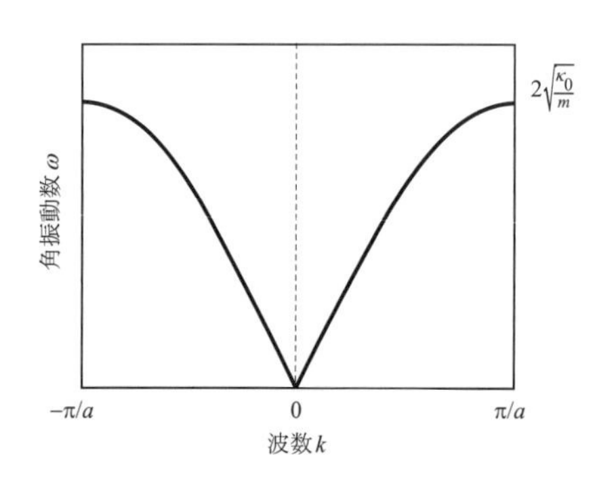

図69A. 1　波数kと角振動数ωの関係

(4) 調和振動子の固有エネルギーを用いて，

$$\varepsilon_j(k) = \frac{h}{2\pi}\omega(k)(j + \tfrac{1}{2})\quad (j = 0, 1, 2, \ldots)$$

問題2　(1) 群速度 $v_\mathrm{g} = \frac{\mathrm{d}\omega}{\mathrm{d}k}$

$k = \pm\pi/a$ 近傍では分散曲線の傾き（k に対するωの変化率）が小さい．つまり，フォノンの群速度が小さいため，熱を運ぶ能力も小さい．

(2) 構成元素を重元素に置換すると，分散関係の全体的な低エネルギー化が起きる．これによって，分散曲線の傾きが小さくなることから，フォノンの群速度も小さくなる．また，分散関係の全体的な低エネルギー化により，励起されるフォノンの数が増加する．これによって，フォノン–フォノン散乱の確率が高くなり，フォノンの平均自由行程は短くなる．フォノンの平均自由行程と群速度の低下の両方によって，格子振動による熱伝導率の低下が引き起こされる．

解説

問題1　分散関係について補足する．波数 k は，原子数が有限である限り離散的な値を取る．こ

のため角振動数ωも離散的な値になる．角振動数の微小区間 $\omega \sim \omega + d\omega$ に存在する状態数を状態密度と呼ぶ．状態密度の角振動数依存性を見れば，どのようなエネルギースケールに状態がどれだけ存在するかを知ることができる．分散関係における$-\pi/a < k < \pi/a$ の領域は，Brillouin ゾーンと呼ばれる．結晶中の電子状態を取り扱うバンド理論においても Brillouin ゾーンが扱われる．これは，フォノンも電子も結晶中を伝播する「波動」という観点では同じ枠組みで考えることができるからである．

問題 2　波動は波数 k と角振動数ωで特徴づけられる．両者の関係は分散関係と呼ばれ，真空中の光の場合は k とωは比例関係になる．このときの比例係数が光速になる．格子振動の場合は，図 69A. 1 に示すように波数 k と角振動数ωは比例関係にはならない. 波の速度には「位相速度」と「群速度」の 2 種類がある．前者は，$v = \omega/k$ で定義され，後者は$v_g = d\omega/dk$で定義される．位相速度は，波の「山」が進む速さであり，群速度は波に乗って情報が伝達する速さである．光の場合には両者は同じになるが，格子振動の場合には二者は異なる値になる．格子振動による熱の輸送を考える場合は群速度を考慮する必要がある．

格子振動による熱の伝播は,「それぞれの振動状態に対応するフォノンが熱を運んでいる」と考えると理解しやすい（フォノンのより厳密な取り扱いについては参考文献を参照）．あるフォノンがどの程度熱を輸送するかは，問題で述べられているように熱容量，群速度，平均自由行程などで決まる. 熱容量は, 常温付近では Dulong–Petit の法則により物質に依らず一定値になるため, 熱輸送を制御する上では群速度と平均自由行程が重要になる.

群速度は分散曲線の傾きであり，一次元鎖モデルの場合（図 69A. 1），$k = 0$ 付近の傾きは有限であるが，$k = \pm\pi/a$ 近傍ではほとんど 0 である．振動の伝播スピードが遅いため，この振動があまり多くの熱を運ばないというのは直感的にも理解できる．平均自由行程の熱輸送に対する寄与は少し複雑である．フォノンを散乱させる機構は複数存在するが，常温付近で最も寄与が大きいのはフォノン同士の衝突による散乱である．温度が高くなると励起されるフォノンの数が多くなるため，フォノン同士の散乱が強くなり，熱伝導率が低下する（Umklapp 散乱）．このため，高温領域の格子熱伝導率は $1/T$ の依存性をもつ.

以上を踏まえて，重元素置換による熱伝導度への影響を考えてみる．まずフォノンの分散関係ではωが質量 m に逆比例することより（問題 1 (2)の解を参照），質量 m の増大に伴って$\omega(k)$全体が小さくなる．その結果，フォノン励起に必要なエネルギーが小さくなり，温度一定の場合は励起されるフォノンの数が増加する．これは Umklapp 散乱の効果を強めて平均自由行程を短くする効果として作用する．このとき，励起されるフォノンの数自体は増加しているが，フォノンの群速度が小さくなっているため熱輸送能が低下しており，励起数の増加による熱伝導率の増大効果は相殺されてしまう．結果として，重元素置換を行うと一般的に熱伝導率が低下する.

参考文献

1.　幸田清一郎　他　『大学院講義物理化学Ⅲ固体の化学と物性　第 2 版』　東京化学同人　1997 年

問 70　誘電体［解答］

問題 1

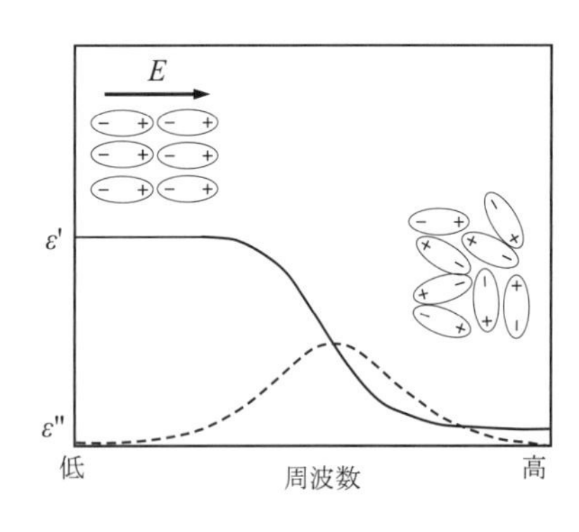

図 70A. 1　双極子の配向と誘電率・誘電損失の周波数依存性

問題 2　$BaTiO_3$：変位型　　　　$NaNO_2$：秩序–無秩序型

解説

問題 1　電場中の極性分子は，電場を打ち消すように双極子が配向するため，静電場を印加すると，問題で与えられた配向分極を示す．交流電場を印加した場合，電場の変化に追随して双極子は回転し，配向分極を示す．しかし，この双極子の回転にはある程度の時間が必要なため，誘電率は周波数に依存する．低周波数領域では双極子の配向が電場変化に完全に追随するため，静電場の誘電率と同じ値になる．周波数を高くしていくと双極子の配向が電場変化の速度に追随できず，分極が不完全となる．つまり誘電率が小さくなる（誘電緩和）．高周波数極限では電子分極や原子分極など時間スケールが非常に早い応答のみが誘電率として観測されるため，一定値になる．また，時間スケールが異なる双極子の回転運動モードが複数存在する場合は，特性周波数が異なった複数の誘電緩和が確認される．実験的には周波数を固定し，誘電率の温度変化を追跡することで特定の運動モードの温度変化について議論することもできる．誘電損失は交流電場による分子の動きから生じる熱的なエネルギー損失であり，低周波数では分子が回転する際の摩擦熱は大きくない．しかし特性周波数近傍では双極子はばらばらに配向しながらも電場に応答するためエネルギー損失が大きくなる．更に高周波数領域では分子運動が電場に応答できない速度であるため電場の影響は少なくなり，誘電損失は減少する．この機構を使っているのは電子レンジであり，水を特定の周波数で運動させ，運動の熱的エネルギー損失から水の加熱を行っている．

問題 2　どちらも T_C 以下で強誘電状態であるため全ての双極子の向きが揃っている状態であるが，双極子モーメントの大きさが変化しても配向が変化しないのが変位型，モーメントの大きさは変わらないが配向が揃うのが秩序–無秩序型である．$BaTiO_3$ では高温相で対称性の高い立方晶だったのが，強誘電転移でそれぞれの原子が変位して正方晶になることで双極子が生まれる．代表的な強誘電体であり，携帯電話などの中のセラミックコンデンサーなどに用いられている．一方，$NaNO_2$ では NO_2^- の配向が高温でランダムになっている．分極の際に b 軸方向へと配向が揃うため秩序–無秩序型であることがわかる．

その他の誘電性としては反強誘電性などがある．反強誘電では双極子が隣接サイト間で反対向きに揃い，強電場を印加することで自由エネルギーを変えて強誘電状態的なふるまいを変えることも可能である．一般的には誘電性は電場で制御されることが多いが，近年は（反）強誘電性や（反）強磁性などが共存したマルチフェロイックと呼ばれる物質において，磁場によって分極率の変化を起こす電気磁気効果などが注目されている．

参考文献

1.　徳永正晴　『誘電体』　培風館　1991 年

問 71　磁性体［解答］

問題 1　(a) 常磁性（スピングラスも可）　(b) 強磁性　(c) 反強磁性　(d) フェリ磁性

問題 2

$$
\begin{aligned}
E_{\mathrm{triplet}} &= \int \Psi^{*}_{\mathrm{triplet}} \hat{H} \Psi_{\mathrm{triplet}} \mathrm{d}\boldsymbol{r} \\
&= \frac{1}{2} \iint \{\varphi_1(\boldsymbol{r}_1)\varphi_2(\boldsymbol{r}_2) - \varphi_1(\boldsymbol{r}_2)\varphi_2(\boldsymbol{r}_1)\}^{*} \hat{H} \{\varphi_1(\boldsymbol{r}_1)\varphi_2(\boldsymbol{r}_2) - \varphi_1(\boldsymbol{r}_2)\varphi_2(\boldsymbol{r}_1)\} \mathrm{d}\boldsymbol{r}_1 \mathrm{d}\boldsymbol{r}_2 \\
&= \frac{1}{2} \Big\{ \iint \varphi_1^{*}(\boldsymbol{r}_1)\varphi_2^{*}(\boldsymbol{r}_2) \hat{H} \varphi_1(\boldsymbol{r}_1)\varphi_2(\boldsymbol{r}_2) + \varphi_1^{*}(\boldsymbol{r}_2)\varphi_2^{*}(\boldsymbol{r}_1) \hat{H} \varphi_1(\boldsymbol{r}_2)\varphi_2(\boldsymbol{r}_1) \\
&\qquad - 2\varphi_1^{*}(\boldsymbol{r}_1)\varphi_2^{*}(\boldsymbol{r}_2) \hat{H} \varphi_1(\boldsymbol{r}_2)\varphi_2(\boldsymbol{r}_1) \mathrm{d}\boldsymbol{r}_1 \mathrm{d}\boldsymbol{r}_2 \Big\} \\
&= (K+U)/2 - J
\end{aligned}
$$

$$
\begin{aligned}
E_{\mathrm{singlet}} &= \int \Psi^{*}_{\mathrm{triplet}} \hat{H} \Psi_{\mathrm{triplet}} \mathrm{d}\boldsymbol{r} \\
&= \frac{1}{2} \iint \{\varphi_1(\boldsymbol{r}_1)\varphi_2(\boldsymbol{r}_2) + \varphi_1(\boldsymbol{r}_2)\varphi_2(\boldsymbol{r}_1)\}^{*} \hat{H} \{\varphi_1(\boldsymbol{r}_1)\varphi_2(\boldsymbol{r}_2) + \varphi_1(\boldsymbol{r}_2)\varphi_2(\boldsymbol{r}_1)\} \mathrm{d}\boldsymbol{r}_1 \mathrm{d}\boldsymbol{r}_2 \\
&= \frac{1}{2} \Big\{ \iint \varphi_1^{*}(\boldsymbol{r}_1)\varphi_2^{*}(\boldsymbol{r}_2) \hat{H} \varphi_1(\boldsymbol{r}_1)\varphi_2(\boldsymbol{r}_2) + \varphi_1^{*}(\boldsymbol{r}_2)\varphi_2^{*}(\boldsymbol{r}_1) \hat{H} \varphi_1(\boldsymbol{r}_2)\varphi_2(\boldsymbol{r}_1) \\
&\qquad + 2\varphi_1^{*}(\boldsymbol{r}_1)\varphi_2^{*}(\boldsymbol{r}_2) \hat{H} \varphi_1(\boldsymbol{r}_2)\varphi_2(\boldsymbol{r}_1) \mathrm{d}\boldsymbol{r}_1 \mathrm{d}\boldsymbol{r}_2 \Big\} \\
&- (K+U)/2 + J
\end{aligned}
$$

問題 3　磁場中に置かれた磁気モーメント $\boldsymbol{\mu}_{\mathrm{s}}$ のエネルギーは真空の透磁率 μ_0 を用いて $E = -\boldsymbol{\mu}_{\mathrm{s}} \cdot (\mu_0 \boldsymbol{H})$ で与えられる．そのため磁場 H によって $S_z = 1/2$ と $-1/2$ のそれぞれの状態におけるエネルギー準位は $\pm g\mu_{\mathrm{B}} S_z \mu_0 H$ だけ変化するので，$g\mu_{\mathrm{B}}\mu_0 H$ のエネルギー差が生じる．2 つの準位の占有数が Boltzmann 統計に従うと仮定すると，

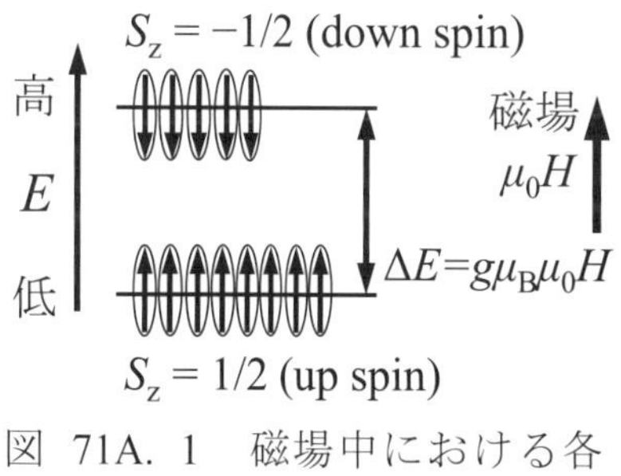

$$N_{\mathrm{up}} = N/\{1 + \exp(-g\mu_{\mathrm{B}}\mu_0 H/k_{\mathrm{B}}T)\},$$

$$N_{\mathrm{down}} = N\exp(-g\mu_{\mathrm{B}}\mu_0 H/k_{\mathrm{B}}T)/\{1 + \exp(-g\mu_{\mathrm{B}}\mu_0 H/k_{\mathrm{B}}T)\}$$

$S_z = -1/2$ (down spin)　高　E　低　磁場 $\mu_0 H$　$\Delta E = g\mu_{\mathrm{B}}\mu_0 H$　$S_z = 1/2$ (up spin)

図 71A. 1　磁場中における各スピンの分布と up スピンと down スピンのエネルギー差

となる．よって磁化（合計の磁気モーメント）M は

$$
\begin{aligned}
M &= (N_{\mathrm{up}} - N_{\mathrm{down}})\mu_{\mathrm{B}} = N\mu_{\mathrm{B}}\{1 - \exp(-g\mu_{\mathrm{B}}\mu_0 H/k_{\mathrm{B}}T)\}/\{1 + \exp(-g\mu_{\mathrm{B}}\mu_0 H/k_{\mathrm{B}}T)\} \\
&= N\mu_{\mathrm{B}} \tanh(g\mu_{\mathrm{B}}\mu_0 H/2k_{\mathrm{B}}T)
\end{aligned}
$$

となる．低磁場極限($g\mu_{\mathrm{B}}\mu_0 H \ll k_{\mathrm{B}}T$)の場合，$\tanh(g\mu_{\mathrm{B}}\mu_0 H/2k_{\mathrm{B}}T) \sim g\mu_{\mathrm{B}}\mu_0 H/2k_{\mathrm{B}}T$ となるため

$$M \sim Ng\mu_{\mathrm{B}}^{2}\mu_0 H/2k_{\mathrm{B}}T$$

と表すことができ，磁化が磁場 H に比例，温度 T に反比例することがわかる．

解説

問題 1　隣接したスピン間で平行になるような相互作用がある場合は強磁性，反平行の場合は反強磁性，相互作用がない場合は常磁性，何かの理由（複数の相互作用の影響など）でスピンの回転が凍結した場合はスピングラス，反平行ではあるがスピンの大きさや数に差があり，マクロに磁化がある場合はフェリ磁性と呼ぶ．磁気状態は他にもヘリカル磁性（強磁性的）やスピン液体（反強磁性的）など細かく分類されている．磁気状態によって磁場に対する応答や特性は異なり（問 85 参照），その特性によって磁気メモリや HDD の磁気ヘッドなどへの応用がされている．その他にもスピンが関わる磁気状態としては spin Peierls 状態，SDW（スピン密度波）などが存在するが，上述の磁気状態とは異なり，系の次元性から生じる状態である．

問題 2　J は電子座標の交換によって生じる項であるため交換積分と呼ばれる．J の符号が正のときは $E_{\mathrm{triplet}} < E_{\mathrm{singlet}}$ となるためスピンが隣接サイトで平行になる方が安定であり，負の場合は反平行が安定となる．つまり交換積分 J が磁気状態を決める主要な要因になっている．ここでは 2 電子のみを取り扱ったが，結晶中では Avogadro 数のスピンが存在し，J が隣接スピンを介して結晶中の隅々まで行き渡りマクロな長距離の磁気秩序状態となる（現実の系では不純物効果や量子効果，複数の J が存在するなどの理由により長距離の相互作用が妨げられることもある）．J が正の場合は強磁性が，J が負の場合は反強磁性が安定状態になり，$J = 0$ の場合は相互作用がないため 0 K でも秩序化しない常磁性となる．J はエネルギーの次元[J]を有するが，Boltzmann 定数を用いて J/k_{B} とすることで温度[K]へ変換して取り扱うことが多い．これは磁気秩序状態がよく温度 T と比較されるためで，転移温度 T_{c} 以上では熱エネルギーが J/k_{B} より高いために常磁性になるといった考察に用いられる．

問題 3　得られた磁化を磁場で割った M/H は磁化率 χ と呼ばれ，$C = Ng\mu_{\mathrm{B}}^2\mu_0/2k_{\mathrm{B}}$ とおくことで $\chi = C/T$ と表現できる．この磁化率が温度に反比例したふるまいは Curie 則と呼ばれ，実際の常磁性体における磁化率を非常によく再現する．また Weiss 温度 θ を導入して $\chi = C/(T-\theta)$ という関数にすることにより，低温で強磁性や反強磁性に転移する磁性体の相転移温度以上の常磁性状態の磁化率も表現できるようにしたものを Curie–Weiss 則という．実際には様々な効果が存在するため Curie–Weiss 則に従うのは相転移温度より比較的高温の領域に限られる場合が多い．なお磁場によって Zeeman 分裂したエネルギー準位差に相当する電磁波を照射・共鳴させることで，物質の磁気状態などを測定する方法が NMR や ESR などの磁気共鳴法である（詳しくは問 82 ～ 84 を参照）．

参考文献

1. 金森順次郎　『磁性（新物理学シリーズ 7）』　培風館　1969 年
2. 小林久理真，志村史夫　『したしむ磁性』　朝倉書店　1999 年

第8章　物性測定法［解答］

問72　元素分析法［解答］

問題1

炭素：熱分解により生じた二酸化炭素を定量する．

水素：熱分解により生じた水を定量する．

窒素：熱分解により生じた窒素酸化物を窒素へ還元して定量する．

酸素：熱分解により生じた酸素を炭素触媒下，一酸化炭素へ変換し定量する．

硫黄：熱分解により生じた二酸化硫黄を定量する．

酸素以外の4つの元素は同時定量が可能である．

問題2　GFAASは対象元素を原子化して，原子の光吸収から元素濃度を定量する原子吸光分析に分類される．Joule熱による電気的な加熱により原子化を行うが，この際黒鉛炉が一般的に用いられる．化学フレームを用いた原子化との違いは，昇温プログラムにより段階的に加熱することができる点にあり，試料の乾燥・灰化の過程で分析に干渉する物質を排除することができる利点がある．

ICP-MSは誘導結合プラズマ（一般にアルゴンプラズマが用いられる）中でイオン化された原子を質量分析装置で分離し，定量する分析法である．多くの無機元素の定量においては最も高感度な分析手法である. 例えば, Coの検出限界はGFAASでは0.1 ng mL^{-1}であるが, ICP-MSでは0.0005 ng mL^{-1}に達する．一方で，高感度であるがために，他の原子スペクトル分析法では問題にならない濃度の不純物に注意する必要がある．

問題3　原子発光分析法では，試料を熱的に原子化かつ熱励起を行い，観測される原子発光スペクトルから原子の定量を行う．炎光分析とICP-AESでは，原子化した試料を熱励起する熱力学的温度に大きな差がある．炎光分析で用いられる化学フレームはせいぜい3000 Kであるのに対し，誘導結合プラズマ(ICP)は 6000 ～ 10000 K に達する．原子がとるエネルギー状態は Maxwell–Boltzmann分布に従い，励起された原子の存在確率は高温度であるほど高い．スペクトル強度および測定感度は励起された原子の存在確率に比例するため，熱力学的温度の高いICP-AESの方が幅広い原子の定量に適用可能である．

炎光分析は熱励起されやすいアルカリ金属やアルカリ土類金属の定量に適しているが，試料が原子化に至らず分子発光が見られる場合も多い．一方で，ICP-AESではほとんど全ての元素に適用することができる．

解説

原子発光分析法は発光スペクトルを解析するために，多元素を同時に解析することが可能である．一方，原子吸光分析では，対象とする元素の原子発光を単波長の光源として利用するため，多元素同時解析は不可能である．しかし，スペクトル強度が基底状態の原子の存在確率に比例するため，一般的に原子発光分析と比べて適用可能な原子の幅は広い．

参考文献

1. 庄野利之，脇田久伸　『入門機器分析化学』　三共出版　1988 年
2. 井上久則，樋上照男　『基礎から学ぶ機器分析化学』　化学同人　2016 年

問 73　質量分析法［解答］

問題 1　(1) 電子イオン化法(EI) : 測定対象となるガス状の化学種に対し，加速した電子を衝突させてイオン化する．

(2) 化学イオン化法(CI) : 測定対象となるガス状の化学種に対し，あらかじめ EI 法で生成した試薬ガスのラジカルカチオンが，試薬ガスとイオン分子反応を繰り返すことにより生成したイオンが試料分子と反応し，イオン化する．

(3) 高速原子衝撃法(FAB) : 固体や溶液の試料に高速の中性原子ビームを衝突させて，イオン化する．

(4) エレクトロスプレーイオン化法(ESI) : 高電圧が印加された細管から，試料溶液を噴霧すると，帯電した液滴から溶媒の蒸発を経て，試料がイオン化する．

(5) マトリックス支援レーザー脱離イオン化法(MALDI) : マトリックスと混合した固体試料に対しレーザー光を照射して，レーザー光を吸収したマトリックスからの電子移動やプロトン移動によって，試料をイオン化する．

問題 2　(1) 飛行時間(TOF)型 : 一定のエネルギーを与えられたイオンが一定の距離を飛行する時間を検知するため，理論上測定可能な質量に制限はなく，一度に生成したイオン全てを検出できる．実際に，分子量 10 万を超える巨大なタンパク質なども検出されている．

(2) 磁場(B)型 : 磁場によって飛行する電荷にはたらく Lorentz 力が向心力となって，分子イオンは円運動を行う．その円運動の半径との関係を利用し，一定の質量をもつイオンを検出する．検出可能な質量は磁場の強さおよび装置設計に依存するが，一般には分子量 10 ～ 10000 程度の分子に適用される．

(3) 四重極(Q)型 : 直流電圧と高周波の交流電圧を同時に印加した四重極の間に発生する電場中を，イオンが振動しながら飛行する．直流電圧・交流電圧の条件によって，安定に飛行できるイオンの m/z が決定され，一定の質量をもつイオン以外は検出器まで到達できない．一般的に分子量 1000 以下の分子に適用される．

問題 3　イオンが速さ v で移動するとき，単位時間あたりに分子との衝突が起こりうる体積は衝突断面積 σ と v の積で表される円柱の体積と一致する（図 73A. 1(a)）．この円柱の体積に数密度 n をかければ，単位時間あたりにイオンが衝突する分子の数，すなわち衝突頻度 z が得られる．

$$z = n\sigma v$$

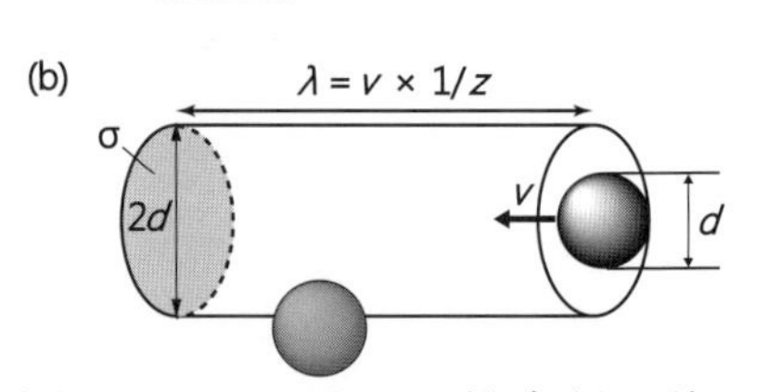

図 73A. 1 イオンの衝突断面積

平均自由行程 λ とは，衝突から衝突までにイオンが移動できる平均距離であるので， v と衝突頻度の逆数（1 回の衝突に要する平均時間）の積で表すこと

ができる．したがって，λ は以下の式で記述できる．

$$\lambda = \frac{v}{z} = \frac{1}{\sigma n} = \frac{k_B T}{\sigma p} \quad (\text{ここで，} n = \frac{p}{k_B T}, \ k_B\text{: Boltzmann 定数})$$

図 73A. 1(b)では，v で移動するイオンが λ だけ移動するモデルを考えている．この際，平均して 1 回衝突が起こるので，図 73A. 1(b)中の円柱の体積は分子 1 個が占める平均体積，すなわち数密度 n の逆数と同意である．以上からも上記の式を導出できる．ここに $T = 300$ K，$\sigma = 5.00\times10^{-19}$ m^2，$p = 1.00\times10^{-3}$ Pa，Boltzmann 定数(1.38×10^{-23} J K^{-1})を代入すると，$\lambda = 8.28$ m が算出される．

解説

問題 1　(1) EI 法：ラジカルカチオンを生成する．

(2) CI 法：EI 法で生成した試薬ガスのラジカルカチオン（例：$CH_4^{+\bullet}$）が，試薬ガスとさらなるイオン分子反応を繰り返すことにより生成したイオン（例：CH_5^+, $C_2H_5^+$）を利用する．試料はプロトン化され，偶数電子イオン(M–H$^+$)が生成する．

(3) FAB 法：はじめに EI 法によりアルゴンやキセノンをイオン化し，数 keV に加速して同種の中性原子と衝突させる．このとき電荷交換により，高速の中性原子ビームが得られる．これを流動性液体マトリックス（グリセロールや 3-ニトロベンジルアルコールなどの低揮発性有機溶剤）と混合した試料に照射してイオン化させる．FAB 法によるイオン化機構は十分には解明されていないが，高速原子の衝突により，マトリックスの広い範囲が瞬間的に加熱されて試料分子やイオンが脱離し，それらが多重衝突してイオン分子反応することによりイオン化すると考えられている．マトリックスが緩衝材の役割を果たすため EI のようなフラグメンテーションは起こりにくい．

(4) ESI 法：イオン化の原理については，電荷残留とイオン蒸発の 2 つのメカニズムが提唱されている．ESI 法の特徴として多価のイオンが生成する．多価イオンは m/z が小さくなるため，質量範囲に上限があるような装置でも高分子量の試料を測定できるメリットがある．

(5) MALDI 法：マトリックスがレーザー光を吸収し，励起されたり局所的に加熱されたりすることで，マトリックスからの脱離・イオン化反応が起こり，マトリックスと試料の間でプロトンなどの授受が起こって試料がイオン化すると考えられている．MALDI ではプロトン付加分子[M + H]$^+$，ナトリウム付加分子[M + Na]$^+$，脱プロトン分子[M–H]$^-$が主に生成する．ESI 法や MALDI 法は比較的ソフトなイオン化法とされ，分子量の大きなタンパク質，金属錯体分子や超分子の測定に利用される．

質量分析法は試料成分を分離する技術であるクロマトグラフィーと組み合わせて用いることで，より強力な分析手法となる．例えば，液相でのイオン化法である ESI は液体クロマトグラフィー(LC)と，気相でのイオン化法である EI はガスクロマトグラフィー(GC)と組み合わせて用いられ，それぞれ LC/MS，GC/MS と表現される．

問題 2　ここで示した中で四重極型は測定上限がもっとも低いが，イオンの飛行距離が短いため必要な真空度が高くないことや，保守性，耐久性が高く安価というメリットもあり，汎用装置として普及している．ここで例示した手法以外にもイオントラップ(IT)型，Fourier 変換イオンサイクロトロン共鳴(FT-ICR)型が存在する．これらの質量分離法にもそれぞれのイオン化法との相性がある．例えば，MALDI-TOF，ESI-IT，ESI-Q などはよく用いられる組み合わせである．

問題 3　衝突があるとイオンの飛行が阻害されるため，質量分離部の長さ以上の平均自由行程が求められる．最も一般的な真空ポンプであるロータリーポンプで到達可能な真空度は 0.1 Pa 程度である．すなわち，問と同様の条件では平均自由行程λ = 8.28 cm となり，質量分析計で用いるには不適であることがわかる．ここで用いたモデルは最も単純なモデルであるが，実際の系に近づけるには全ての分子が Maxwell–Boltzmann 分布に従い，ある平均速度$\bar{v}$で運動するモデルを考えればよい（問 49 参照）．

参考文献

1. 庄野利之，脇田久伸　『入門機器分析化学』　三共出版　1988 年
2. 井上久則，樋上照男　『基礎から学ぶ機器分析化学』　化学同人　2016 年
3. P. Atkins, J. de Paula　『アトキンス物理化学（下）　第 8 版』　2009 年
4. 豊田岐聡　『質量分析学　基礎編』　国際文献社　2016 年

問 74　熱分析・熱量測定法［解答］

問題 1　DTA で上向きのピークは試料温度が参照物質より高いことを示すため発熱反応であり，下向きは吸熱反応となる．また空気雰囲気下では酸素の存在によって燃焼が起きるが，窒素雰囲気下では燃焼が起こらずより高温で分解反応が起こったと考えられるので（イ），（ウ）はそれぞれ燃焼，分解と推定できる．（ア）は重さに変化がない吸熱反応であるため結晶間の相転移や融解と考えられる．したがって，
（ア）融解：吸熱反応（イ）燃焼：発熱反応（ウ）分解：吸熱反応

問題 2　(1) 試料系の温度変化に使われる熱量$C_p \frac{\mathrm{d}T}{\mathrm{d}t}$は，加熱による熱量 Q から緩和線を通じて流出した熱量$\kappa(T - T_0)$を引けばよいので以下のようになる．

$$C_p \frac{\mathrm{d}T}{\mathrm{d}t} = Q - \kappa(T - T_0)$$

(2) (1)の微分方程式を解くと，

$$\frac{1}{(T-T_0)}\mathrm{d}T = -\frac{\kappa}{C_p}\mathrm{d}t$$

両辺を積分して整理すると，

$$\ln(T - T_0) + \mathrm{const.} = -\frac{\kappa}{C_p}t + \mathrm{const.}$$

$$T = T_0 + A\exp\left(-\frac{\kappa}{C_p}t\right)\ \ (A = \mathrm{const.})$$

となり，$t = 0$ のとき $T = T_0 + \Delta T$ であるため，緩和曲線は$T = T_0 + \Delta T\exp\left(-\frac{\kappa}{C_p}t\right)$が得られる．

解説

熱分析法では温度変化に伴う質量変化などの物理的性質の変化を測定する．熱量測定法は試料への熱量の出入りからエンタルピーやエントロピー，熱容量などの情報を得る．この問題では TG-DTA と熱緩和法を取り扱ったが，これ以外にも DSC や断熱法，交流法などがよく知られてい

る．いずれも温度変化に伴う熱量（熱容量）変化を測定する手法である．これ以外に，化学反応や溶解，吸着などに伴う熱量変化を定量する測定法も存在する．

問題 1　TG-DTA は温度変化に伴う物理・化学変化の同定に有効である．図 74A. 1 に DTA の測定原理を（融解を例に）模式的に示す．基準試料と測定試料は同じ速度で加熱されるが，試料が融解に差しかかると，その吸熱によって試料の温度上昇が止まり，DTA 曲線に下向きのピークが生じる．反対に結晶化のように発熱現象が生じれば DTA 曲線には上向きのピークが表れる．図 74A. 2 のように TG と DTA 曲線の形を組み合わせて解釈することで反応を推定することができる．

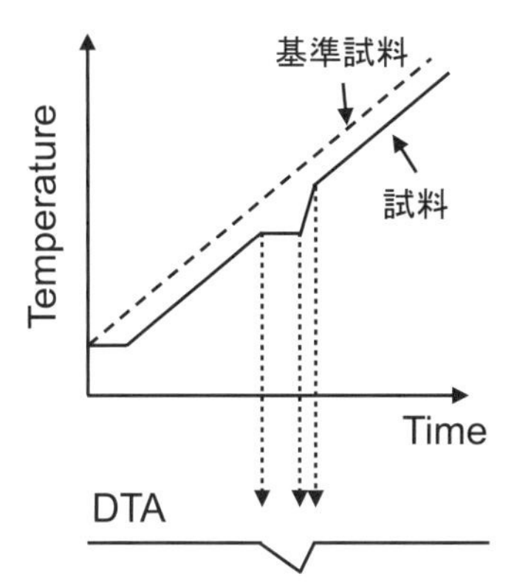

図 74A. 1　融解現象における DTA 曲線

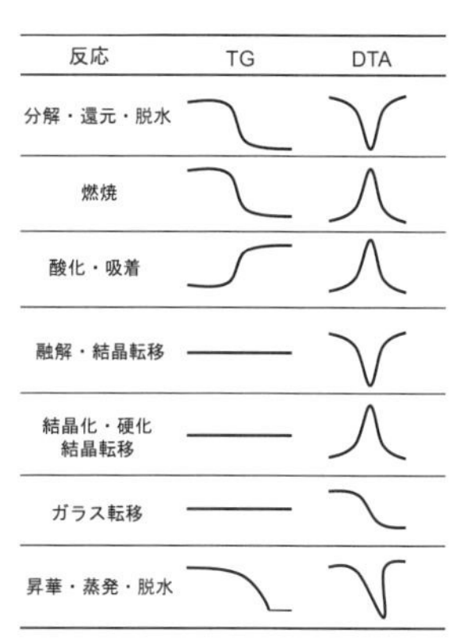

図 74A. 2 それぞれの反応・相転移現象における TG-DTA 曲線

問題 2　図 74. 3 に見られるような加熱時の定常状態では，(1)の解答の式は $0 = Q - \kappa \Delta T$ となる．つまり熱量 Q と温度差 ΔT から緩和パス（通常はセンサーのリード線）の熱伝導率 κ を求めることができる（試料の熱伝導率ではないことに注意）．この問題では「試料」ではなく「試料系」という曖昧な言葉を用いたが，これは「試料系」に（試料以外に）温度計や加熱ヒーターなどが含まれるためである．事前にこれらの（試料以外の）熱容量を測定しておき，「試料系」の熱容量から差し引くことで「試料」の熱容量を得ることができる．熱緩和法は，①熱流出が緩和線のみから生じる，②ΔT の温度範囲では熱容量・熱伝導率に温度依存性がない，③試料系の温度 T は均一である，という複数の仮定の元で成り立つ．実際の測定系において，これらの条件がどの程度満たされているかを認識しておくことは重要である．

問題文中でも述べたが，DSC を用いても熱容量を決定することができる．DSC は，熱流束型と熱補償型に大別されるが，熱流束型 DSC の方が普及している．熱流束型 DSC を用いるときは，既知の標準物質を用いて装置の熱伝導率などを事前に較正しておく必要がある．一方，熱補償型 DSC では標準物質と試料の温度差がゼロになるように熱量を「補償」するため，補償に使われた熱量から直接熱容量が求められる．

参考文献

1.　日本熱測定学会編　『熱量測定・熱分析ハンドブック』　丸善　2010 年

問 75　X 線・中性子回折法［解答］

問題 1　単結晶試料では，Bragg の式($2d\sin\theta = n\lambda$)を満たした斑点状の回折像（逆格子点）が得られ，結晶性粉末試料では環状の回折像（Debye–Scherrer 環）が観測される（図 75. 1）．結晶性粉末試料においては，あらゆる方向から撮影した単結晶の回折像を重ね合わせた像となり，結果として同心円状の回折像になる．

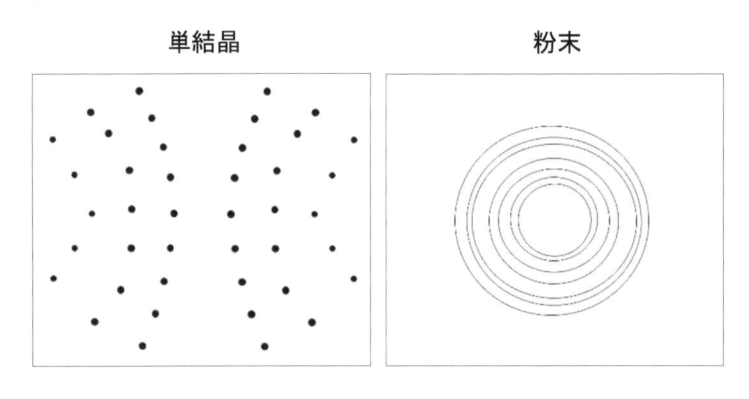

図 75A. 1　単結晶試料と粉末試料の回折像

問題 2　試料に入射した X 線は原子核の周りに存在する電子との相互作用によって回折を起こす．水素原子は電子を 1 つしかもっておらず，電子を大量にもつ重原子が存在すると，分子の電子密度はほとんど重原子に分布するため，水素原子による回折強度は重原子に比べて無視される程度の強度になる．したがって，重原子の存在下では水素原子の位置を決定することは困難である．

問題 3　(b) 中性子回折

中性子は電荷をもっておらず，原子核との相互作用により回折される．したがって，原子核に含まれる中性子の有無によって回折の強度が変化するため，軽水素と重水素の区別が可能である．

解説

問題 1　単結晶と粉末結晶の X 線回折像の違いを図 75. 1 に示した．単結晶の回折像からは分子構造および結晶構造を得ることができるが，粉末結晶はランダムな方向を向いた結晶の集まりであるため，回折像だけから分子構造や結晶構造の詳細な構造解析することは困難である．しかし，分子構造のモデルを用いたフィッティングを行うことで，粉末試料の回折像からだけでも最適な結晶構造を導き出せる Rietveld 解析法などが開発されており，構造解析における強力なツールとなっている．

問題 2　厳密には重原子が入っていれば水素原子が全く観測できないというわけではなく，測定方法を工夫すれば水素原子まで観測できることもある．例えば弱い反射を観測するために放射光などの強力な光源を用いる方法，重元素による吸収の影響を極力抑えるためにできるだけ小さな結晶を用いる方法，より重元素に吸収されにくい短波長の X 線を用いる方法などが挙げられる．しかし多くのケースでは重元素は水素原子の位置決定における大きな障害となる．例えば水銀や鉛などの重原子が含まれる錯体の水素原子位置決定は，重原子を含まない錯体に比べて格段に難しい．一般的に X 線回折実験による構造解析では，水素原子位置は経験的な計算によって決定される．このとき，水素原子位置は，結合する原子の幾何学的情報（ベンゼン型，sp^3 炭素など）と他の原子との結合角をもとに決められるため，これらの結合様式が把握できていることが前提となる．

問題 3　中性子回折法を用いると同位体元素の区別だけでなく，スピンの情報も得ることができる．スピンに由来する回折像から，結晶の磁気構造を直接解析することができるという点でも中性子回折法は有力な構造解析手段である．中性子回折法の最大の問題点は中性子の取り扱いの難しさにある．研究室レベルで簡単に手に入る X 線源とは異なり，中性子は大型加速器や原子炉などを使用しないと発生できないため，使用できる施設が限られている．

参考文献

1.　大場茂，植草秀裕　『X 線構造解析入門—強度測定から CIF 投稿まで』　化学同人　2014 年

問 76　分光法の基礎［解答］

問題 1　$T = \frac{I}{I_0}$,　　$A = -\log_{10} T = -\log_{10}\left(\frac{I}{I_0}\right)$,　　$\varepsilon = -\frac{1}{xC}\log\left(\frac{I}{I_0}\right)$

問題 2　物質中の光電場$E'(t,x)$は.

$$E'(t,x) = E_0 \mathrm{e}^{\mathrm{i}\left(\omega t - \frac{\bar{n}\omega x}{c}\right)} = E_0 \mathrm{e}^{\mathrm{i}\left(\omega t - \frac{\omega x}{c} n + i\frac{\omega x}{c}\kappa\right)} = E_0 \mathrm{e}^{\mathrm{i}\left(\omega t - \frac{\omega x}{c} n\right)} \mathrm{e}^{-\frac{\omega x}{c}\kappa}$$

周波数 ω と波長 λ との間には$\omega = \frac{2\pi c}{\lambda}$の関係が成り立ち，光のエネルギー$I$ は電場振幅の絶対値の 2 乗に比例することから，比例係数を p とすると

$$I = p|E'|^2 = pE_0^2 \mathrm{e}^{-\frac{2\omega x}{c}\kappa} = pE_0^2 \mathrm{e}^{-\frac{4\pi\kappa}{\lambda}x}$$

となる．入射光についても $I_0 = p|E_0|^2$ となることより，吸収係数αは以下のようになる．

$$\alpha = -\frac{1}{x}\ln\left(\frac{I}{I_0}\right) = -\frac{1}{x}\ln\left(\frac{E_0^2 e^{-\frac{4\pi\kappa}{\lambda}x}}{E_0^2}\right) = \left(-\frac{1}{x}\right)\left(-\frac{4\pi\kappa}{\lambda}x\right) = \frac{4\pi\kappa}{\lambda}$$

問題 3　均一幅：物質を構成する分子に固有の緩和現象に由来する線幅の広がり（遷移に関わる固有状態間のコヒーレンスの消失とも言い換えられる）．

不均一幅：物質中で個々の分子が置かれた微視的環境の違いを反映した線幅の広がり．

解説

問題 1　分光法には，入射光強度に対する透過光強度の比率を調べる方法（吸収分光法）と，反射光の強度との比率を調べる方法（反射分光法）とがある．この問題では，吸収分光法によって，どのような物理量が得られるかを整理した．透過率 T は，特定の波長の入射光が物質を通過する割合を表し，吸収だけでなく反射や散乱の寄与も含まれる．吸光度 A も，光が物質を通過したときに強度がどの程度弱まるかを示す無次元量である．これにも反射や散乱の寄与が含まれる．希薄溶液について成り立つモル吸光係数と吸光度の関係 $A = \varepsilon Cx$ は Lambert–Beer の法則と呼ばれる．試料が厚さ d の固体である場合は，$A = \alpha d$ の関係が成り立ち α は吸光係数と呼ばれる．分光測定

の分野では，吸光度や吸光係数の算出は常用対数を用いて定義されるが，「物質を透過することによる電磁波の振幅（強度）が減衰する」という物理的な観点からは，減衰率は自然対数を使って表現する方がわかりやすい．自然対数を使って定義される減衰定数は，複素屈折率や複素誘電率と関連付けて議論することができる（問題 2）．

問題 2　分光測定で得られる吸光係数 α が，物質の複素屈折率$\bar{n}$と関連付けられることを確認した．なお，問題文中で定義した吸光係数 α は自然対数で定義されている点に注意が必要である（問題 1 の解説を参照）．また，関係式$\bar{n} = kc/\omega$は，一見すると右辺が実数だけで構成されているように見えるが，実際は k が複素数である点にも注意する必要がある（問 4 参照）．複素屈折率$\bar{n}$の虚部は消衰係数と呼ばれ，物質に電場が印加されたときのエネルギー損失を現わす．$\bar{n}$は，誘電率測定で得られる複素誘電率 ε^*とも関連付けられる．いずれも外部電場に対する物質の応答によって，電場の位相や振幅，エネルギーが変化するという点では共通である．複素誘電率 ε^*や複素屈折率$\bar{n}$から直接的に吸光係数 α を導くことは可能であるが，逆に吸光係数 α から ε^*や$\bar{n}$を直接導くことは困難である．

問題 3　均一幅の具体例としては自然幅がよく知られている．これは，量子力学的な不確定性原理$\Delta E \Delta t \geq \hbar/2$によるエネルギー準位の不確定さが原因であり，遷移に関わる準位の寿命Δt が小さいほど線幅が大きくなる．それ以外に，気相において，分子の衝突による緩和現象が原因の圧力幅などもよく知られている．このような有限寿命の緩和現象は，減衰振動系として取り扱うことができ，減衰が指数関数的であれば，スペクトル線は（指数減衰関数を Fourier 変換して得られる）Lorentz 型のバンドになる．圧力幅の利用例としては，圧力を高めることによって発光の線幅を著しく広帯域にした高圧水銀ランプなどが挙げられる．不均一幅には，気相における分子の並進速度によって生じる Doppler 幅や凝縮相における分子配向のゆらぎ，分子間相互作用の違いによるゆらぎなどが知られている．並進速度の分布や，分子配向のゆらぎは正規(Gauss)分布に従い，スペクトル線は（Gauss 関数の Fourier 変換で得られる）Gauss 型バンドになると考えられる．液体の水の赤外スペクトルにおける O–H 伸縮振動のバンドは非常に幅広いピークになることが知られており，多様な水素結合ネットワークの形成による大きなゆらぎが原因と考えられている．

参考文献

1. 小尾欣一　『分光測定の基礎　（分光測定入門シリーズ 1)』　講談社サイエンティフィック　2009 年
2. 日本化学会編　『実験化学講座 9　物質の構造 I　分光（上）　第 5 版』　丸善　2005 年
3. 工藤恵栄　『光物性基礎』　オーム社　1996 年

問 77　紫外・可視分光法，光電子分光法［解答］

問題 1　透過法：吸光度が測定波長全域にわたって 1 以下の透明な液体試料
　　　　反射法：吸光度が大きすぎて光が透過しない液体試料や固体試料

問題 2　二重結合を N 本もつポリエン中にπ電子およびπ電子由来の軌道も$2N$個存在する．π電子由来の軌道に下から電子を詰めていくと，HOMO，LUMO はそれぞれ下からN番目，$N+1$ 番目の軌道となる．長さ L の一次元の箱を考え，$L = Na$ を用いることで，HOMO，LUMO のエネルギーおよびそのエネルギー差はそれぞれ次のように表される．

$$E(\mathrm{HOMO}) = \frac{N^2h^2}{8m_\mathrm{e}L^2} \qquad \text{式 77A. 1}$$

$$E(\mathrm{LUMO}) = \frac{(N+1)^2h^2}{8m_\mathrm{e}L^2} \qquad \text{式 77A. 2}$$

$$\Delta E = E(\mathrm{LUMO}) - E(\mathrm{HOMO}) = \frac{(2N+1)h^2}{8m_\mathrm{e}L^2} = \frac{(2N+1)h^2}{8m_\mathrm{e}N^2a^2} \qquad \text{式 77A. 3}$$

したがって式 77A. 3 より，ポリエンの共役長が長くなるにつれて，HOMO と LUMO のエネルギー差は小さくなり，極大吸収波長は長くなることがわかる．

問題 3　(1) $E_\mathrm{k} = h\nu - (\varphi + E_\mathrm{B})$

(2) $E_\mathrm{k} = 21.2 - (5 + 9) = 7.2$ eVより，図 77. 1 (c) から脱出深さは約 3 nm.

解説

問題 1　吸光度 A は Lambert–Beer の法則により式 77A. 4 で表される．

$$A = -\log_{10}\left(\frac{I}{I_0}\right) = \varepsilon cl \qquad \text{式 77A. 4}$$

ここで I_0，I はそれぞれ入射光，透過光の強度，ε は物質固有のモル吸光係数，c は試料のモル濃度，l は試料の厚みを表す．式 77A. 4 より，吸光度は試料の濃度に比例することがわかる．吸光度が 1 を超えることは，透過光強度が入射光強度の 10%しかないことを意味する．このような光吸収の大きい領域では Lambert–Beer の法則が成り立たなくなり，吸光度は試料の濃度に対する比例関係からずれてしまうため，正確なモル吸光係数εを得ることができなくなる．このような状況では，透過法よりも反射法の方が有効である．

問題 2　ポリエンの共役構造においては，分子面に対して垂直方向に存在する炭素原子の $2p_z$ 軌道が重なり合うことで 1 つのπ軌道を形成している．この軌道に存在するπ電子は分子骨格全体に広がった電子雲の中を自由に動き回ることができるため，一次元の箱の中に存在する電子と近似できる．図 77A. 1 にエチレン，1, 3-ブタジエン，1, 3, 5-ヘキサトリエンのフロンティア軌道を模式的に示す．

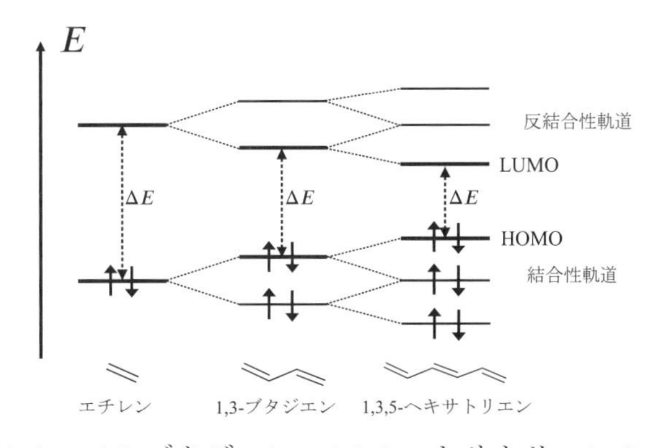

図 77A. 1　エチレン，1,3-ブタジエン，1,3,5-ヘキサトリエンのフロンティア軌道

共役長が伸びるほど軌道の重なりが大きくなるため，HOMO および LUMO の軌道は分裂し，その結果，軌道間のエネルギー差は小さくなることがわかる．今回は HOMO–LUMO 間の電子遷移に由来する極大吸収波長を取り扱った．分子軌道の中でも特に HOMO と LUMO が化学反応に寄与するため，化学反応の起こりやすさを考えるうえで HOMO–LUMO 間のエネルギー差を理解することは重要である．

問題 3　UPS の励起光源には He など希ガスの放電ランプやシンクロトロン放射光が広く用いられる．問題で示した $h\nu = 21.2$ eV は，最も一般的に UPS 光源として用いられる He ランプからの He(I)線のエネルギーである．UPS で用いる光のエネルギーはせいぜい数 10 eV であり，価電子帯など浅い準位の電子しか真空準位以上のエネルギーに励起されず，価電子帯の電子準位を詳しく調べるのに適している．

光電子分光法としては，UPS 以外にも，励起光に X 線を用いる X 線光電子分光(X-ray Photoemission Spectroscopy: XPS)が広く知られている．光源の X 線のエネルギーは 1000 eV を超え，内殻準位の結合エネルギーが測定できる．これは固体に存在するそれぞれの元素固有の値をもつので，試料に存在する原子の種類がわかる．結合エネルギーの化学シフトを調べると，価数や酸化の程度を知ることができる．

光電子分光法において，固体中に発生した光電子は固体内で非弾性散乱や弾性散乱を起こす．これにより光電子はエネルギーや運動量を失って，大部分は試料に吸収されてしまう．発生した光電子のうち，発生したときのエネルギーと運動量を保ったまま固体外に脱出したもののみが信号として検出される．図 77. 1 (c)のユニバーサルカーブの縦軸は光電子の非弾性散乱平均自由行程を表しており，これを形式上，脱出深さと呼ぶ．非弾性散乱の由来など，光電子の脱出深さの詳細については参考文献 3 を参照されたい．

参考文献

1. D. W. Ball 『ボール物理化学　第 2 版』 化学同人　2015 年（訳：田中一義　他）
2. 津田俊輔　他，*J. Vac. Soc. Jpn*. **56**, 6 (2008).
3. M. P. Seah, W. A. Dench, *Surf. Interface Anal.* **1**, 2 (1979).

問 78　振動分光法［解答］

問題 1　電気双極子モーメントは，電荷と距離の積で表すことができるため，電気双極子モーメント演算子μは，

$$\mu = R\delta q = R_e\delta q + x\delta q = \mu_0 + x\delta q$$

と表せる．ここで，μ_0は原子核同士が平衡間隔にあるときの電気双極子モーメント演算子であり，定数とみなせる．したがって，遷移双極子モーメントは次のようになる．

$$\langle \mathrm{f}|\mu|\mathrm{i}\rangle = \mu_0\langle \varphi_\mathrm{f}|\varphi_\mathrm{i}\rangle + \delta q\langle \varphi_\mathrm{f}|x|\varphi_\mathrm{i}\rangle$$

f$\neq$i なので，振動波動関数φ_fとφ_iは互いに直交することから $\langle \varphi_\mathrm{f}|\varphi_\mathrm{i}\rangle = 0$ となり，

$$\langle \mathrm{f}|\mu|\mathrm{i}\rangle = \delta q\langle \varphi_\mathrm{f}|x|\varphi_\mathrm{i}\rangle$$

となる．一方，$\delta q = \mathrm{d}\mu/\mathrm{d}x$ であるため，

$$\langle \mathrm{f}|\mu|\mathrm{i}\rangle = \langle \varphi_\mathrm{f}|x|\varphi_\mathrm{i}\rangle \frac{\mathrm{d}\mu}{\mathrm{d}x}$$

となり，双極子モーメントμが変位 x とともに変化しなければ，右辺が 0 になることがわかる．つまり，赤外吸収分光法における遷移の選択概律は「振動によって電気双極子モーメントが変化しなければならない」となる．

問題 2　ここでは(1)と(2)の解答をまとめて示す．図 78A. 1 と図 78A. 2 に，H_2O 分子の 3 個の基準振動モードと CO_2 分子の 4 個の基準振動モード，および，各振動モードの赤外活性の判定（○：活性あり，×：活性なし）を示す．

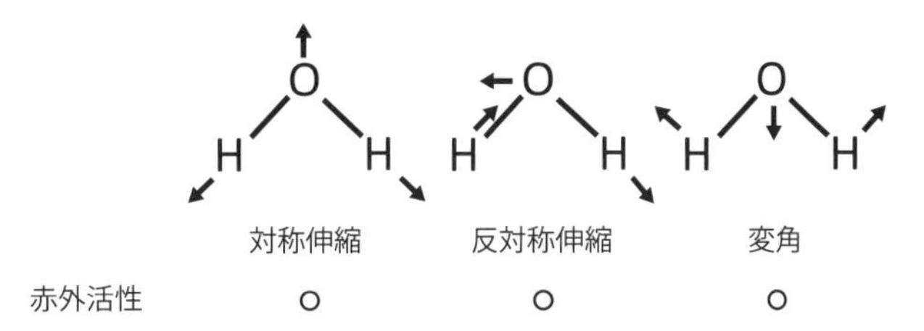

図 78A. 1　H_2O 分子の 3 個の基準振動モードと赤外活性

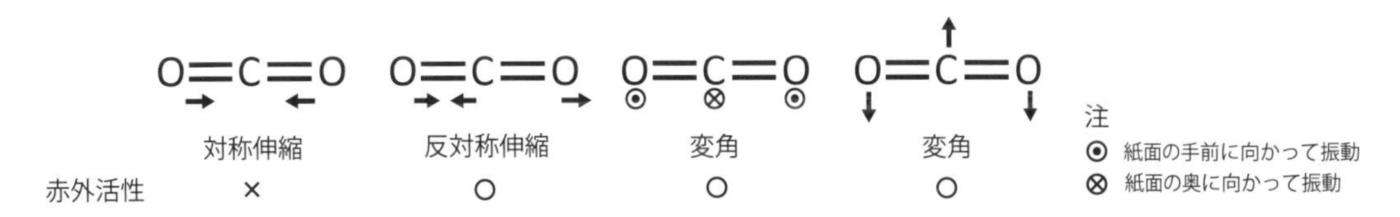

図 78A. 2　CO_2 分子の 4 個の基準振動モードと赤外活性

問題 3　(1) (A)：O–H 伸縮振動，(B)：C–H 伸縮振動，(C)：C–O 伸縮振動
類推の理由：C，O，H の原子量はそれぞれ約 12，16，1 であることから，より質量の大きな原子が関わる C–O 伸縮振動が他の 2 モードよりも共鳴振動数が小さくなると考えられ，(C)と類推される．また，OH 基は液体中で水素結合ネットワークを形成しているため，O–H 伸縮振動が広い振動数分布をもつと考えられ，(A)と類推される．
(2) メタノールは$-CH_3$基をもつため，その C–H 伸縮振動は，全対称伸縮振動（1 モード）と縮重伸縮振動（2 モード）の 2 種類に分けられる．これらのモードは，振動数が少し異なるため，2 本のピークとして観測される．
(3) 気相では分子間相互作用が小さいため，振動遷移準位の分布が小さくなり，個々のピークは鋭くなる（振動遷移状態の寿命が長くなることも，ピークが鋭くなる 1 つの要因である）．また，気相では分子が自由に回転できるため，同じ振動遷移であっても様々な回転準位間の遷移を伴い，複数の吸収ピークが現れる．

解説

問題 1　赤外吸収分光法における選択概律は，分子振動に伴う電気双極子モーメントの変化をイメージすることで，比較的容易に想像することができる．振動 Raman 分光法の選択概律は「振動によって分極率が変化しなければならない」である．Raman 活性の有無は，分子の分極率が振動に伴ってどのように変化するかを調べる必要がある．

問題 2　CO_2 分子は対称性の良い形をしており，それ自身は永久双極子モーメントをもたない．しかし，変角振動や反対称伸縮振動によって（瞬間的に）歪んだ分子構造になると，電気双極子モーメントが生じる．振動によって，双極子モーメントがゼロの状態から有限の状態に変化するため，CO_2 分子は赤外活性になる．この赤外活性は，CO_2 分子が温室効果ガスと認定されていることと密接に関連している．地球表面から放出される赤外線を大気中の CO_2 分子が吸収して，結果的に大気の温度が上昇すると考えられているためである．一方，N_2 分子や O_2 分子は，等核二原子分子であり，伸縮振動モードが赤外不活性であるため赤外線を吸収せず，地球の温暖化には直接寄与しないと考えられている．

問題 3　振動モードの共鳴振動数は，問 47 で取り扱ったように対応するモードの換算質量とばね定数の大きさに依存する．C–H 結合，O–H 結合，C–O 結合がいずれも単結合であるため，伸縮振動モードに限定すれば，振動のばね定数が比較的近いとみなせる．これより，より質量の大きな原子が関連する C–O 伸縮振動の方が，C–H 伸縮振動や O–H 伸縮振動よりも低振動数域に現れると推定することができる．このような原子の質量による単純な類推は，同じタイプの振動モードを比較する場合にのみ有効である．例えば，同じ C–H 結合が関連する振動モードであっても，H–C–H の角度が変化する「変角振動」は，「伸縮振動」とはばね定数が大きく異なるため，質量の効果だけで単純比較することはできない．

赤外吸収スペクトルは，液相と気相とでは大きく異なる．これは(3)で説明したように，分子の回転運動が振動スペクトルに影響を与えるためである．回転の寄与が大きなスペクトルは，「振動回転スペクトル」と呼ばれ，これを使って，逆に分子の回転状態を調べることができる．液相や固相では，回転状態の寿命が著しく短いため，振動スペクトルの回転構造はぼやけてしまい，振動構造のみが残る．振動準位は，分子の置かれた環境によって少しずつ異なるが，劇的に変化することは稀であるため，分子種や官能基の特定に利用することができる．

参考文献

1. P. Atkins, J. de Paula 『アトキンス物理化学（下）　第 8 版』 東京化学同人　2009 年　（訳：千原秀昭，中村亘男）
2. 日本分光学会編　『赤外・ラマン分光法　（分光測定入門シリーズ 6)』　講談社サイエンティフィク　2009 年

問 79　レーザー分光法［解答］

問題 1　(1) Light Amplification by the Stimulated Emission of Radiation
輻射の誘導放出による光増幅

(2) 以下の 4 個のうち 3 個あればよい．

- 光が広がらない（指向性が高い）
- 位相が揃っている（コヒーレント光）
- 照射面積あたりの光強度が大きい（高輝度）
- 光の周波数（波長）が 1 種類である（単色光）

(3) レーザーは，誘導放出を利用した光の増幅によって，位相の揃った光を発振する．誘導放出はレーザー媒質中で起こり，誘導放出を誘導吸収よりも大きくするために，別の励起源によるポンピングで，媒質中の特定のエネルギー準位の占有率を反転分布させる．誘導放出された光は，2 枚のミラーで作った共振器内部で行き来することで，さらに（誘導放出によって）増幅され，同時に共振器の長さによって決まる共振条件によって増幅される光の周波数が選択される．十分に増幅された光は，ミラーの片面（部分透過ミラー）より外部に取り出される．

問題 2　(1) ポンプ光：分子の電子励起などの瞬間的な変化を試料にもたらす．
プローブ光：ポンプ光によって励起した試料のスペクトルを得るための励起光である．
光学遅延ステージ：プローブ光の光路長を変化させるために使う．光路長を制御することでポンプ光とプローブ光が試料に到達する時間差をコントロールする．
(2) プローブ光が試料に到達する時間の変化量Δt と光路長の変化量Δl との関係は，$\Delta l = c\Delta t$と書け，光速 $c = 2.998 \times 10^8$ m s^{-1} より，10 ps の時間差に相当する光路長変化は，

$$\Delta l = c\Delta t = 2.998\times10^8\times10\times10^{-12} = 0.0030 \text{ m} = 3.0 \text{ mm}$$

となる．プローブ光が試料に到達する時間を遅らせる場合は，光路長を長くする必要があるため，図 79. 2 の光学系では，光学遅延ステージを左側に移動させる必要がある．ステージの移動距離は光路差の半分あることを踏まえると，10 ps 後のスペクトルをとるには，光学遅延ステージを左側に 1.5 mm 移動させる必要がある．
(3) ポンプ－プローブ法において，プローブ光 1 パルスだけで精度の良いスペクトルを得ることは難しい．ポンプ光が誘起する試料の変化が可逆的であれば，レーザーの繰り返し発振の特性を生かした積算測定によって，精度の良いスペクトル測定を行うことができる．一方，試料変化が不可逆な場合は，原理的には最初の 1 パルスで測定を行うしかなく，精度の良い結果を得ることができない．このため化学反応のような不可逆な変化の追跡には適さない．

解説

問題 1　この問題では，レーザーの基本原理について確認した．(1)レーザーの本質は，その名前にすべて表されており，「誘導放出」を用いて「光を増幅」する装置を指す．なお，レーザーは光の増幅器であるが，その前身はマイクロ波の増幅器：メーザー(MASER: Microwave Amplification by the Stimulated Emission of Radiation)であった．(2)レーザー光が高輝度であるのは，光の指向性が高いことに起因する．なお，連続波のレーザーは完全に単色光であるが，パルスレーザーなどは，スペクトルとしてはある程度のエネルギー広がりをもち，厳密には単色光とはいえない．解答に示した 4 つの特徴により，光を試料の特定の場所にタイミングを揃えて照射して，特定の遷移を起こすことが可能になり，分光法の発展につながった．(3)レーザーは媒質やポンピングの種類などによって多種多様なものが存在するが，いずれにおいても媒質内で誘導放出による光増幅を行い，共振器で発振させるという，レーザー光を生成する基本原理は共通である．媒質の種類によって「気体レーザー」「固体レーザー」と分類されることもある．媒質がもつ量子力学的なエネルギー準位間隔が発振される光の周波数に直接反映されるため，発振周波数が固定されたレーザーが多い．レーザー光の周波数を変化させるためには，物質の非線形光学効果を利用した波長変換を用いることが多い．
問題 2　ポンプ-プローブ法は，短パルスレーザーの開発とともに，近年盛んになってきている分

光法の 1 つである．ポンプ光とプローブ光の光路差を光学遅延ステージで制御することで，任意の時間遅れでスペクトル測定ができることから，励起状態から平衡状態に戻るまでの緩和過程を追跡することができる．このため，生体系の複雑な光化学反応におけるエネルギーの散逸過程を追跡できる有用な手法として広く用いられている．問題 1 でも触れたように，レーザーの発振周波数（波長）を微調整することは困難であるため，波長変換の技術を駆使して，研究対象となる励起現象を引き起こす光をつくり出す必要がある．レーザーのパルス幅は，追跡したい緩和現象の時定数よりも十分小さくなければならない．繰り返し測定の場合は，測定ごとに試料が励起前の状態に戻らなければならないので，レーザーのパルス間隔は，緩和現象が完全に終わる時間よりも長く設定する必要がある．

参考文献

1.　黒澤宏　『まるわかりレーザー原論』　オプトロニクス社　2011 年

2.　日本化学会編　『実験化学講座 9　物質の構造 I　分光（上）　第 5 版』　丸善　2005 年

問 80　偏光解析［解答］

問題 1　$z = 0$ の条件のもとで式 80. 2 に従い，t を変化させながら x，y 成分それぞれを足し合わし，プロットする．図 80A. 1 に示すように，$\phi = 0$ のときは直線偏光①，$\pi/4$ のときは楕円偏光②，$\pi/2$ のときは円偏光③，π のときは直線偏光④，$3\pi/2$ のときは円偏光⑤になる．

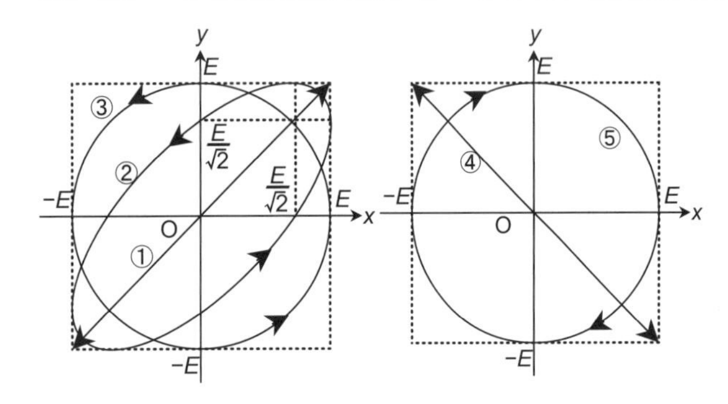

図 80A. 1　電界ベクトルの時間変化を xy 平面上に投影したときの軌跡．x 成分と y 成分の位相差によってベクトル軌道（偏光）が変わることを示している．

問題 2　円二色性：(B)，旋光性：(A)

円二色性と旋光性は，どちらも物質の右円偏光と左円偏光に対する応答の違いから生じる．円二色性が左右の円偏光の吸収強度の違いから生じるのに対して，旋光性は左右の円偏光の屈折率の違いから生じるという点に違いがある．

問題 3　偏光板は対応する向きの直線偏光のみを透過させる．そのため，2 枚の偏光板の方向が揃っていれば光は透過するが（図 80A. 2 左端），直交している場合は全く透過しない（図 80A. 2 中央）．しかし，複屈折性をもつ物質を 2 枚の偏光板の間に置くと，偏光板が直交していても，1 枚目の偏光板で直線に偏光した光が物質中で楕円偏光に変化するため，2 枚目の偏光板を透過できる成分が生まれる（図 80A. 2 右端）．

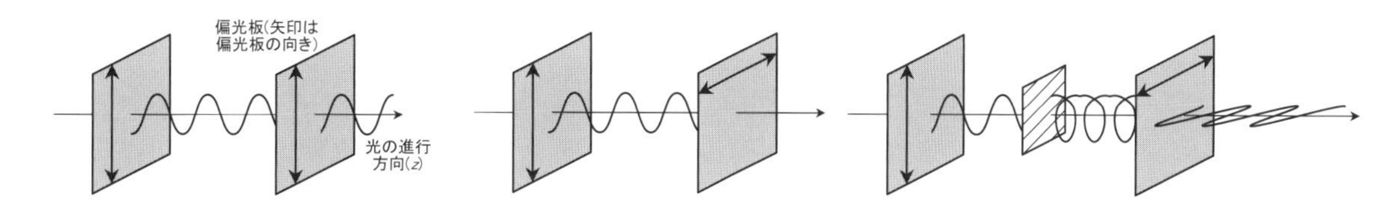

図 80A. 2　2 枚の偏光板を光が透過するときの模式図．左端：2 枚の偏光板の方向が揃っている場合．中央：2 枚の偏光板の方向が直交している場合．右端：2 枚の偏光板の方向が直交していて，間に複屈折性をもつ物質が挟まれている場合．

解説

偏光とは二次元的な電磁波であり，実生活でこのような波の性質を観察することはまれである．偏光は進行方向に対して垂直な平面内で，その電界ベクトルの動きを観察すれば，x 成分，y 成分の足し合わせとして比較的容易に記述できる．例えば，式 80. 2 で記述される光が x 成分のみを透過する偏光板を透過した場合には，x 成分が $E\cos(kz-\omega t)$，y 成分が 0 となる光（直線偏光）が透過することになる（問題 3）．ここでは触れなかったが，より簡便に偏光を記述する方法として，Jones ベクトルが用いられる．また，Jones ベクトルでは扱えない非理想的な偏光を記述可能な Stokes パラメーターも同様によく用いられる．

問題 1　全ての偏光は互いに独立した 2 つの偏光の和で表すことができる．今回紹介した式 80. 2 は x，y 方向の偏光の和で表現していると見ることができる．③，⑤で表される右円偏光，左円偏光も互いに独立であり，この 2 つの足し合わせによっても，すべての偏光を表現することができる（ただし，文献によって右円偏光，左円偏光の定義が反対の場合があり，常に注意を払う必要がある．今回は参考文献 1 に従った）．直線偏光の和，円偏光の和として偏光をとらえることは，異なる異方性を有する問題 2，3 の状況において重要になる．

問題 2　y 方向に平行な直線偏光を，波長，振幅の等しい 2 つの円偏光の和として考える（図 80A. 3）．円二色性は右円偏光と左円偏光の吸収の違いとして測定される．右円偏光と左円偏光の吸収が異なるため，円二色性を示す物質を透過すると，直線偏光は楕円偏光に変化する（図 80A. 4 左）．旋光性を示す物質では，左右の円偏光で屈折率が異なり，透過光の位相に差が現れるため，図 80A. 4 右に示すように直線偏光の偏光面が回転する．

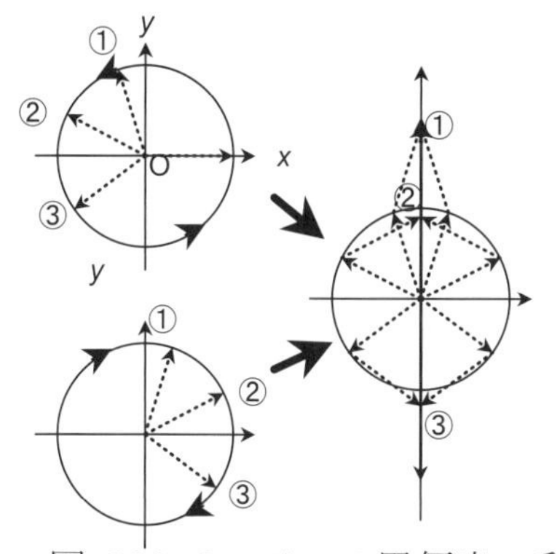

図 80A. 3　二つの円偏光の和として表された直線偏光

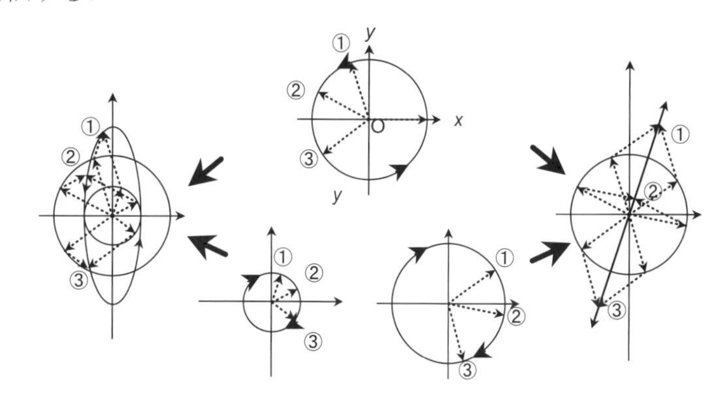

図 80A. 4　円二色性（左），旋光性（右）の影響を受けた直線偏光

キラルな分子は円二色性を示す．この性質はエナンチオマーで左右の円偏光に対する応答が逆転するためであり，光学活性の物質の識別に用いられる．特に，生体高分子では個々の単量体単

位がキラルであることに加え，ヘリックスのような高次構造もキラルであるため，二次構造に関して多くの情報を与えてくれる．円二色性，旋光性は全く別の現象のようにみえるが，実際は密接な関係がある．屈折率を複素数で書いた場合，実部は屈折率，虚部は吸収に対応する．そのため全波長依存性が分かれば，周波数応答関数に関する一般的な関係式である Kramers–Kronig の関係式によって相互に関係づけられる．

問題 3　水のような物質は，マクロに見るとすべての方向で屈折率が等しいが，方解石のような異方的な結晶や，液晶のように配向することで異方性を有する物質では，向きによって屈折率が異なる．この光学特性は複屈折と呼ばれる．屈折率に異方性があることは簡単には次のように理解できる．光は振動する電場であるため，物質を透過中に物質中の電子を振動させる．この相互作用は物質中の光の速度（位相速度）を遅らせる．屈折率は真空中の光速に対するこの速度の比として定義される．物質の電子の量，電場との相互作用のしやすさに異方性がある場合，光との相互作用にも異方性が生じるため，屈折率の異方性，複屈折が現れる．

x，y 方向の屈折率が n_x，n_y で表される複屈折性の物質に，式 80. 2 で表される偏光が入射する場合を考える．物質中の偏光は，式 80. 2 において波数 k に含まれる屈折率 n が n_x，n_y に置き換わり，x，y 成分の速度が変わる．最終的に物質を透過後，それは位相差として式中に表れる．そのため，一般的に直線偏光が複屈折性の物質を透過すると楕円偏光へと変化する．

複屈折は結晶や液晶だけでなく，高分子を伸長することでも生じる．伸長により生じた配向が，異方性として複屈折を生じさせているためである．分子配向を起源とする複屈折は配向複屈折と呼ばれ，x 方向への一軸配向の場合には，複屈折 $\Delta n = n_{xx} - n_{yy}$ は次のように書ける．

$$\Delta n = \Delta n_0 f = \Delta n_0 \frac{3\langle \cos^2\theta \rangle - 1}{2}, \quad \Delta n_0 = \frac{1}{18\varepsilon_0}\frac{(n^2+2)^2}{n} N\Delta\alpha$$

ここで f，θ，ε_0，n，N，$\Delta\alpha$ はそれぞれ配向関数，配向軸と分子のなす角，真空の誘電率，平均の屈折率，単位体積当たりの分子数，分子の分極率の異方性である．また Δn_0 は分子が完全に一軸配向した場合の複屈折に対応し，固有複屈折と呼ばれる．ここからわかるように，複屈折はマクロに分子配向を反映した量ではあるが，同時に分極率の異方性という分子の微視的な構造をも反映している．高分子系のように，配向を起源として応力と複屈折が生じると，その間には応力光学則として知られる比例関係が成立する．この関係は分子に微視的にかかっている変形と，マクロな応答とを結びつけることが容易となるため，材料関連の研究，開発に利用されている．

参考文献

1.　G. G. Fuller, *Optical Rheometry of Complex Fluids*, 1st Edition (Oxford University Press, 1995).
2.　大津元一　『光の物理的基礎　（現代光科学 1)』　朝倉書店　1994 年
3.　P. W. Atkins, J. de Paula　『アトキンス物理化学（下）　第 8 版』　東京化学同人　2009 年（訳：千原秀昭，中村亘男）
4.　松下裕秀　他　『高分子の構造と物性』　講談社サイエンティフィク　2013 年

問81　静的・動的光散乱法［解答］

問題1

・分子量 M_w および回転半径 $R_{g,z}$

式 81. 2 より，十分希薄な溶液で測定した Kc/R_θ は，c に対して直線的に変化する．したがって，希薄溶液を用いて各散乱角 θ で実測した R_θ を用いて Kc/R_θ を求め，c に対してプロットして $c \to 0$ に外挿することで，無限希釈条件における各 Kc/R_θ が求まる．式 81. 1 より，無限希釈条件における Kc/R_θ を k^2 に対してプロットすると，図 81A. 1 のように，その切片の逆数が分子量 M_w となる．また，このプロットの傾きは $R_{g,z}{}^2/3M_w$ なので，切片より求めた分子量 M_w を用いて，回転半径 $R_{g,z}$ が求まる．

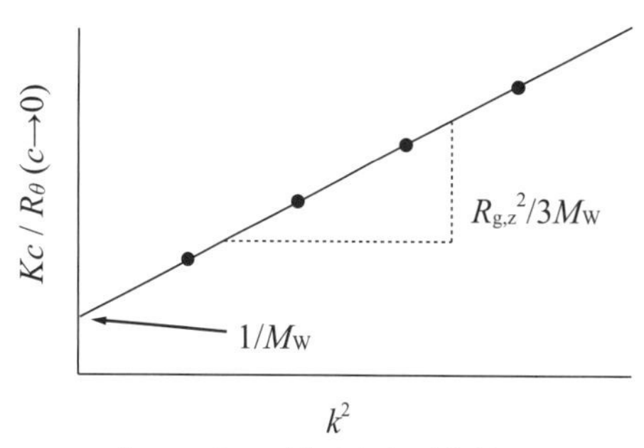

図 81A. 1　プロットの模式図．横軸を c，縦軸を $Kc/R_\theta (\theta \to 0)$ とすれば，傾きは $2A_{2,LS}$ となる

・第二ビリアル係数 $A_{2,LS}$

式 81. 1 より，希薄溶液の測定で得られる Kc/R_θ は，k^2 に対して直線的に変化する．したがって，各濃度 c の溶液で実測した R_θ を用いて Kc/R_θ を求め，k^2 に対してプロットし，$k \to 0$ に外挿することで，散乱角 0°における各 Kc/R_θ が求まる．式 81. 2 より，散乱角 0°における各 Kc/R_θ を濃度 c に対してプロットすると，その傾きから第二ビリアル係数 $A_{2,LS}$ が求まる．

問題2　式 81. 3 の両辺の自然対数をとって式変形すると，以下の関係式が得られる．

$$\ln\left(g^{(2)}(\tau) - 1\right) = -2\Gamma\tau + \ln\beta$$

この式より，$\ln(g^{(2)}(\tau) - 1)$ を τ に対してプロットすると，その傾きから Γ が求まる．また，問題1の関係式 $k = 4\pi n \sin(\theta/2)/\lambda_0$ に $\theta = 90°$を代入することで k が得られる．これらの値と，問題文中の Γ と D の関係式 $\Gamma = k^2 D$ より D が得られる．

解説

高分子やミセルのような微粒子が分散している溶液系に対して光が入射すると散乱が生じる．この特性を利用した測定法が光散乱法である．測定に適した粒子のスケールは，100 nm ～ 10 μm 程度であり，前述の高分子やミセルに加え，同様のスケールのエマルションなどのふるまいを評価することもできる．光散乱過程は，光と微粒子がエネルギーのやり取りをしない散乱（弾性散乱）であるため，検出される散乱光の波長は，入射光と同じである．

問題1　静的光散乱法は散乱光の時間平均を測定する手法で，回転半径や重量平均分子量，第二ビリアル係数など，平均の大きさや構造に由来する情報が得られる．測定における注意事項として，サイズの大きな異物の影響を受けやすいことが挙げられる．その影響は特に可視領域の光を用いた場合に大きく現れ，粉塵が取り除かれた環境での溶液調製が必要となる．また，散

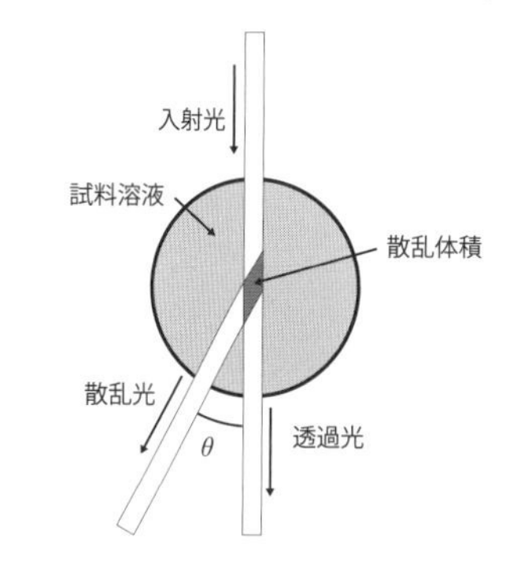

図 81A. 2　散乱体積の模式図

乱光強度の統計平均をとるため，長時間の測定を要する．検出器で直接測定される散乱光強度は散乱体積と呼ばれ，散乱光が検出器に届く領域の体積（図 81A. 2）や入射光の強度，散乱点と検出器の距離に依存する．実験ではこれらの値を 1 つ 1 つ測定するのではなく，トルエンなどの Rayleigh 比が既知の物質を用いて散乱光強度を測定し，実測値と Rayleigh 比の関係を求める．

問題 2　散乱光は熱運動による局所的な粒子数密度の揺らぎや媒質の密度揺らぎを反映し，常に揺らいでいる．ある瞬間に観測される散乱光強度とその後に観測される強度の相関は，始めの時刻からの時間の経過とともに消失する（緩和する）．動的光散乱における緩和速度 Γ は，この相関が消失する速さを表す量で，散乱光の揺らぎの速さと関係する．そのため，動的光散乱は目的の粒子の Brown 運動に由来する散乱光のゆらぎを測定することで，拡散係数や流体力学的半径のようにダイナミクスと強く関係した情報が得られる．問題 2 では，単分散試料の希薄溶液という限定された条件を考えたが，多分散試料を用いた場合の解析方法やプログラムも複数考案されている．また，静的光散乱法に比べて測定時間が短く，必要な外部定数が溶液の粘度と屈折率のみであるため，測定が比較的簡便である．一方で，測定原理は複雑であるため，適用限界について注意が必要である．

光散乱法の理論では白濁した系などに現れる多重散乱（散乱光が別の粒子によってさらに散乱される現象）を無視している．また，入射光の波長に吸収帯をもつ系では散乱光強度が低下するだけでなく，吸収効果を考慮する必要があり，より複雑な議論が必要になる．そのため，用いる溶液は無色透明であることが望ましい．

参考文献

1. 柴山充弘　他　『光散乱の基礎と応用』　講談社　2014 年
2. 村橋俊介　他　『高分子化学　第 5 版』　共立出版　2007 年
3. I. Teraoka, *Polymer Solutions: An Introduction to Physical Properties* (John Wiley & Sons, Inc., 2002).

問 82　磁気共鳴法の基礎［解答］

問題 1　Heisenberg の運動方程式に角運動量演算子と Hamilton 演算子を代入すると $i\hbar\frac{d\hat{\boldsymbol{I}}}{dt} = [\hat{\boldsymbol{I}}, -\gamma\hbar\hat{\boldsymbol{I}}\cdot\boldsymbol{H_0}]$ の関係が成り立つことがわかる．磁場 $\boldsymbol{H}_0 = (0,\ 0,\ H_z)$ では $\hat{\boldsymbol{I}}\cdot\boldsymbol{H_0} = I_zH_z$ であるため $\frac{d\hat{\boldsymbol{I}}}{dt} = i\gamma[\hat{\boldsymbol{I}}, I_zH_z]$ となり，スピン角運動量 $\hat{\boldsymbol{I}}$ の時間依存性について解くことができる．それぞれの角運動量の成分についてみると，

$$dI_x/dt = i\gamma[I_x, I_zH_z] = i\gamma H_z(I_xI_z - I_zI_x) = \gamma H_zI_y$$
$$dI_y/dt = i\gamma[I_y, I_zH_z] = i\gamma H_z(I_yI_z - I_zI_y) = -\gamma H_zI_x$$
$$dI_z/dt = i\gamma[I_z, I_zH_z] = i\gamma H_z(I_zI_z - I_zI_z) = 0$$

となる．スピンの交換関係より $iI_x = I_yI_z - I_zI_y$，$iI_y = I_zI_x - I_xI_z$ であることを用いた．つまり二次微分は $d^2I_j/dt^2 = -(\gamma H_z)^2I_j$ と $(j = x \text{ or } y)$ なるため，I_x，I_y，I_z は以下のようになり，

$$I_x(t) = I_x(0)\cos(\gamma H_zt) + I_y(0)\sin(\gamma H_zt)$$
$$I_y(t) = I_y(0)\cos(\gamma H_zt) - I_x(0)\sin(\gamma H_zt)$$

$$I_z(t) = I_z(0)$$

$\{I_x(t)\}^2 + \{I_y(t)\}^2 = \text{const.}$となる．よって，$\boldsymbol{I}$ が図 82. 1 のような z 軸を軸とした xy 面内回転運動をすることがわかる．

問題 2　核スピンの有効 Hamilton 演算子は超微細相互作用を考慮すると，

$$\hat{H}_{\text{eff}} = \hat{H} + \hat{H}_{\text{HF}} = -\gamma\hbar\hat{\boldsymbol{I}} \cdot \boldsymbol{H_0} + A\hat{\boldsymbol{I}} \cdot \hat{\boldsymbol{S}} = -\gamma\hbar\hat{\boldsymbol{I}} \cdot \left(\boldsymbol{H_0} - A\frac{\hat{\boldsymbol{S}}}{\gamma\hbar}\right)$$

となるため，有効磁場 $\boldsymbol{H_{\text{eff}}}$ は $\boldsymbol{H_{\text{eff}}} = \boldsymbol{H_0} - A\frac{\hat{\boldsymbol{S}}}{\gamma\hbar}$ となる．ここで問題 1 の歳差運動より共鳴周波数 ω_0 は $\omega_0 = \gamma H_z$ であることがわかるので，Knight シフト K は，

$$K = \frac{\omega_{\text{eff}} - \omega_0}{\omega_0} = \frac{\gamma \boldsymbol{H}_{\text{eff}} - \gamma \boldsymbol{H}_0}{\gamma \boldsymbol{H}_0} = -\frac{A}{\gamma\hbar\boldsymbol{H_0}}\hat{\boldsymbol{S}} = -\frac{AS_z}{\gamma\hbar H_z} = -\frac{A}{g\mu_{\text{B}}N_{\text{A}}\gamma\hbar}\chi$$

となる．よって Knight シフトは磁化率に比例する．

<u>解説</u>

問題 1　上で示したような回転運動を Larmor の歳差運動と呼ぶ．歳差運動の周波数 ω_0 は $\omega_0 = \gamma H_z$ で得られるため γ は磁気回転比と呼ばれる．この周波数に相当する電磁波エネルギーがちょうど問 71 のようなスピン準位の Zeeman 分裂幅と一致する．この γ は対象とするスピンの g 値と磁子 μ を使って $\gamma = g\mu/\hbar$ と与えられるため，（核種によるが）核スピンを対象とする NMR では $\gamma_{\text{N}}/2\pi$ ～ 10 MHz/T 程度，電子スピンを対象とする ESR では $\gamma_{\text{s}}/2\pi$ ～ 28 GHz/T となる．つまり NMR と ESR では共鳴周波数帯が大きく異なり，NMR はラジオ波，ESR ではマイクロ波が必要となることがわかる．その周波数に対応したスピンが存在しなければ共鳴が起きず，信号は検出されないため，NMR では周波数に対応した核スピン，ESR では不対電子が必要になる．

問題 2　上述のように NMR では超微細相互作用による Knight シフトから磁化率を求めることができる．しかしこの場合の磁化率 χ は時間に関して平均的な「静的な磁化率」を指す．一方，時間的に変動する動的な磁化率は共鳴周波数のシフトではなく核スピンの緩和現象から情報を得ることができる．スピン–格子緩和時間 T_1 はこの緩和を特徴づける時間の 1 つであり，T_1^{-1} ～ $(A/g\hbar)^2\int\langle S_+(\tau) \cdot S_-(0)\rangle\exp(\mathrm{i}\omega_0\tau)\mathrm{d}\tau$ で与えられる．A をスピン波数 q の Fourier 成分で表現し，揺動散逸定理を用いることで T_1^{-1} ～ $\Sigma_q|A_q|^2\chi''(q,\omega)$ と表せることから T_1^{-1} は動的磁化率の虚数成分に対応する．これにより T_1^{-1} から動的な磁気状態の情報が得られる．例えば金属状態ではゆらぎの起源が Fermi 面上の熱的な励起によるため，状態密度 $N(E_{\text{F}})$ を用いて T_1^{-1} ～ $(A/g\hbar)^2N(E_{\text{F}})^2k_{\text{B}}T$ と表現できる．慣例的に $(T_1T)^{-1}$ ～ $N(E_{\text{F}})^2$ で表現し，この一定値をとる関係は Korringa 則と呼ばれ，金属状態を特徴づける 1 つの指標とされる．

このように NMR は非常に多様な情報を与える手法であるため分子構造の解析だけでなく固体物性研究などでもよく用いられる．他にも核スピンが $I > 1/2$ の場合は，原子核の電荷分布が球対称から歪むことで核四極子モーメントが生じるため，このモーメントを使った核四重極共鳴 (NQR) も物性測定によく利用される．

<u>参考文献</u>

1.　日本化学会編　『実験化学講座 8　NMR・ESR』　丸善　2006 年

2. 安岡弘志　『核磁気共鳴技術　(岩波講座　物理の世界　ものを見るとらえる 3)』　岩波書店　2002 年
3. 朝山邦輔　『遍歴電子系の核磁気共鳴—金属磁性と超電導（物性科学選書)』　裳華房　2002 年

問 83　核磁気共鳴法［解答］

問題 1　TMS の 12 個の水素原子は化学的に等価であるため, 1 本線の鋭い NMR シグナルを示す. そのため，基準点として用いやすい．さらに反応性が低いこと，磁気等方性をもつこと，および大部分の有機溶媒へ可溶であることに加え，沸点が低い(b.p. 27 °C)ので測定終了後に容易に除去が可能である.

問題 2　電気陰性な原子が結合すると，炭素の電子密度が低下して遮蔽が弱まり，有効磁場強度が増加するため共鳴周波数は高くなる．また，電気陽性な原子が結合した場合は電子密度が高くなるため，実効磁場強度が減少するため共鳴周波数は低くなる.

問題 3　ベンゼン環の非局在化した π 電子は環状の炭素骨格上を自由に運動できる．ベンゼン環に磁場がかかったとき，この π 電子は外部磁場を遮蔽する方向に動くことになる．この環電流によって生じた磁束はベンゼン環の外側では外部磁場と平行になるため，プロトン核は印加された外部磁場よりも大きな磁場を感じることになる（図 83A. 1)．そのため，アルキル炭素上のプロトンなどと比べて小さな磁場でもプロトン核の磁気共鳴が起こり，シグナルは低磁場シフト（高周波側にシフト）する.

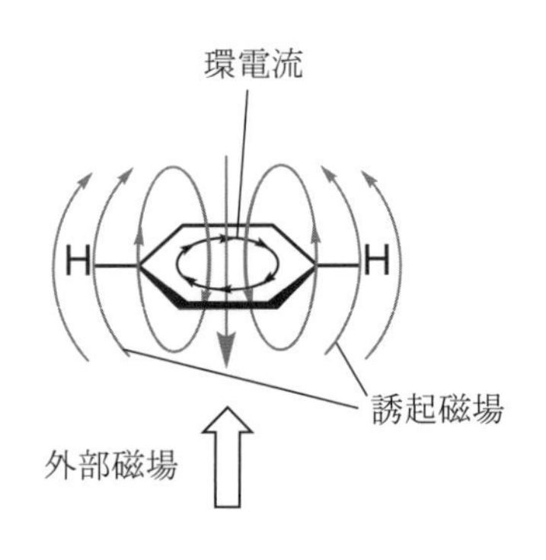

図 83A. 1　ベンゼン環上 π 電子の磁場応答

解説

問題 1　核磁気共鳴は，ある磁場条件下に置かれた原子核のエネルギー準位が分裂する事（Zeeman 効果）を利用するものである．この分裂幅は，印加された外部磁場強度(B_0)と各原子核固有の核磁気モーメント(μ)に依存し，物質に照射された電磁波のエネルギー($h\nu$)と同じときに共鳴吸収が起こる（式 83A. 1)．核磁気モーメントが化学的な環境に依存しないのに対し，核が感じる外部磁場の大きさは，原子核周辺の電子による遮蔽のためにわずかに異なる．そのため核が置かれた電子環境の違いによって共鳴周波数の変化が生じる．核が感じる磁場（有効磁場強度）B_{eff}は，電子が磁場中で誘起する磁場が外部磁場強度に比例し，式 83A. 2 で表される．ただし，σ は遮蔽定数（核の周りの電子状態により決まる定数）である.

$$h\nu = \mu B_0 \qquad \text{式 83A. 1}$$

$$B_{\mathrm{eff}} = B_0 - \sigma B_0 \qquad \text{式 83A. 2}$$

本問題で出題した TMS のプロトンは，ヒドリド種などを除くほとんどすべての有機化合物のプロトンよりも強く遮蔽されているため，その NMR シグナルは高磁場側に鋭い 1 本のピークとして観測される．有機化合物の NMR 分光法では慣習上，注目するプロトン核のシグナルの TMS のプロトンのシグナルからの差を化学シフトと呼んでいる．一般に弱い遮蔽により原子核の共鳴周波数が高周波数（NMR チャート左側）にシフトすることを低磁場シフト，強い遮蔽により共鳴周波数が低くなることを高磁場シフトと呼ぶ．化学シフトを Hz 単位で表すときは共鳴周波数を明記しなければならないが，一般的には共鳴周波数を分光器固有の周波数(ν_0)で除して 10^6 を乗じることによって，周波数とは無関係の無次元の単位であるδ (ppm)で表す(式 83A. 3)．例えば分光器の周波数が 300 MHz の場合，TMS から 300 Hz のところにあるシグナルはδ 1.00 (1.00 ppm)となる．

$$\delta = (\nu - \nu_0)/10^6 \qquad \text{式 83A. 3}$$

問題 2　注目している炭素原子上の置換基の電気陰性度により，その ^{13}C NMR の化学シフトは，ある程度予測される．例えばアルキル系列における ^{13}C NMR シグナルは CH_4, RCH_3, R_2CH_2, R_3CH の順に低磁場シフトする．これは C が H よりも電気的に陰性であることにより理解する事ができる．

問題 3　ベンゼン環などの芳香族化合物の ^{1}H NMR ではπ電子の作る誘起磁場による反磁性異方性(diamagnetic anisotropy)により，プロトン上の電子密度から予想されるよりも低磁場側にシグナルが現れる．一方，芳香族化合物と対照的に，アルキンでは高磁場側にシグナルが観測される（およそδ 1.9）．これはアルキンの三重結合のπ電子がつくる誘起磁場が，アセチレン水素の位置で外部磁場を打ち消す向きになるためである．このように環電流による化学シフトの方向は，プロトンとπ電子の作る環電流の位置関係に依存することがわかる．

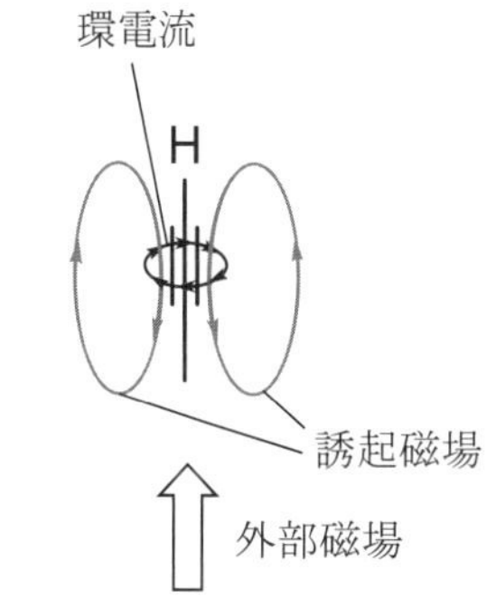

図 83A. 2　アルキンにおける三重結合π電子の磁場応答

参考文献

1. K. P. C. Vollhardt, N. E. Schore 『ボルハルト・ショアー現代有機化学（上）　第 6 版』 化学同人　2011 年　（訳：古賀憲司　他）
2. R. M. Silverstein, F. X. Webster 『有機化合物のスペクトルによる同定法　第 8 版』 東京化学同人　2016 年　（訳：岩澤伸治　他）

問 84　電子スピン共鳴法［解答］

問題 1　(1) 吸収線数：25 本，最小強度：最大強度 ＝1 : 18
(2) 吸収線数：120 本，最小強度：最大強度 ＝1 : 3

問題 2　(1) 8 本の等価な吸収線が予想される．
(2) ESR ピークは Zeeman 効果によって分裂したエネルギー準位間の遷移に相当しており，吸収強度は二準位の電子占有数の差が大きいほどが大きくなる．各準位の電子占有数は Boltzmann 分布に従い，低温になるほど占有数の差が大きくなり，吸収強度も大きくなる．
(3) 凍結によって磁気双極子相互作用の効果が強くなりシグナルがブロード化するため，超微細構造による分裂は観測が困難になる．

解説

問題 1　電子スピンは外部磁場 H の中に置かれると $E_- = -\mu_B H$ と $E_+ = \mu_B H$ の二つのエネルギー準位に分裂する（Zeeman 分裂）．この二準位のエネルギー差に相当する電磁波が照射されると，二準位間に遷移が起こり電磁波の吸収が起こる．これを電子スピン共鳴(ESR)と呼ぶ．ESR は不対電子が存在する遷移金属錯体やラジカル種でしか観測できないため，NMR などと比べると適用範囲は狭い．ただし，孤立スピンの置かれた環境や相互作用の異方性など，他の測定では得られない詳細な情報を含んでいる場合が多い．

ESR から得られる情報としては，主に g 値と超微細結合定数である．g 値は電子スピンの状態を反映しており，物質中の磁気モーメントの状態に関する状態が得られる（例えば，スピン $S = 1/2$ の場合は $g = 2$ であり，$S = 3/2$ のとき（遷移金属など）は $g = 4$ のように変化する）．一方で，超微細結合定数は電子スピンと構成元素の核スピンとの相互作用を反映したものであり，主に構造の同定に用いられる．超微細相互作用を考慮すると，核スピン I の元素が n 個存在するとき，吸収線は $2nI + 1$ 本に分裂する．

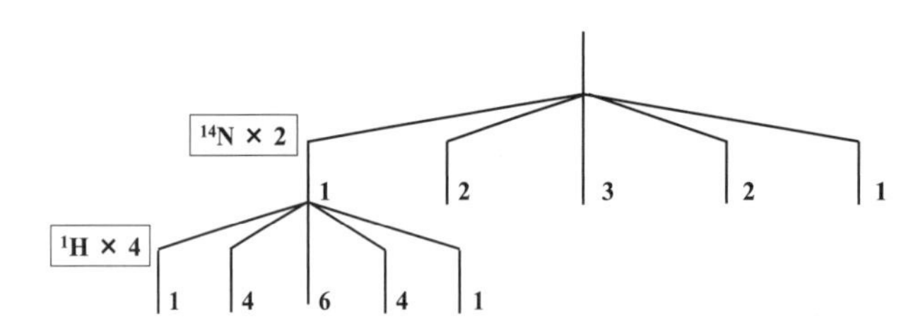

図 84A. 1　ピラジンの超微細相互作用による ESR ピーク分裂の模式図

問題 1 の化合物は，ラジカルスピンが π 電子系中に非局在化しているため，全ての原子の核スピンが超微細相互作用する．吸収ピークの分裂の数は，対象となる原子核の全磁気量子数のとり得る数であり，吸収強度はそれぞれの各量子数を与える組み合わせの数に比例する．^{12}C は核スピンが 0 なので分裂に寄与しない．2 つの ^{14}N は核スピン $I = 1$ であり，2 つは互いに等価である．^{14}N 核の全磁気量子数 J は 2，1，0，−1，−2 の 5 通りをとるから，吸収線は 5 本に分裂する．$J = 2$ を与える組み合わせは(+1, +1)の 1 通り，$J = 1$ を与える組み合わせは(+1, 0)，(0, +1)の 2 通り，以下同様に考えると強度比は 1 : 2 : 3 : 2 : 1 となり，これがピーク強度の比率に対応する．次に 4 つの ^{1}H は核スピンが 1/2 であるため，さらに 5 本に分裂が起き，その強度比は 1 : 4 : 6 : 4 : 1 である．結果として吸収線は 25 本になり，強度最小のものと最大のものの比は 1 : 18 となる．実際には水素による分裂間隔が狭いために，ブロードな 5 本の吸収線として観測される場合もある．

重水素置換を行うとスペクトルは大きく変わる．^{14}N によって 5 本に分裂した後，核スピン 1 の重水素によって 3 本に分裂する．重水素置換によって，残り 3 つの水素原子はそれぞれ非等価になるため，それぞれ分裂を考えなくてはならない．したがって，3 種の水素原子によってピーク $2^3 = 8$ 本に分裂する．以上より，吸収線は 120 本に分裂すると予想される．最大と最小の強度比は 1 : 3 である．このように，少しの構造変化でスペクトル構造が劇的に変化するため，ESR では重水素や ^{13}C などの同位体置換体を用いた測定がしばしば行われる．

問題 2　ESR の実際の測定においては，吸収が小さい場合やピークがブロード化してしまう場合がある．ピーク強度の小ささが原因である場合は，低温で測定すると状況が改善する場合がある．ESR のピークは Zeeman 効果によって分裂したエネルギー準位間（E_-と E_+）の遷移によって生じるものであるから，2 つのエネルギー準位を占有する電子数の差が大きいほど吸収強度が大きくなる．各準位の電子数の比 n_+/n_- は Boltzmann 分布に従うため $\frac{n_+}{n_-} = \exp\left(-\frac{\Delta E}{k_B T}\right)$ となり，低温ほどピーク強度が大きく，より高感度な測定が可能になる．

低温で感度が向上することを念頭に，試料を凍結させた場合にどうなるかを考える．ピークの線幅のブロード化は，スピンの寿命と緩和に深く関係している．電磁波によって E_+ 状態へと励起されたスピンは，スピン–格子相互作用，あるいはスピン–スピン相互作用によってエネルギーを失い，脱励起する．前者をスピン–格子緩和，後者をスピン–スピン緩和と呼び，それぞれの緩和時間を T_1，T_2 と表す．このとき，緩和時間が短いほどピークの線幅は狭くなる関係がある．

通常条件では，ESR スペクトルのブロード化に寄与するのはスピン–スピン相互作用であり，磁気双極子相互作用がこの大きさを決める．2 つの磁気モーメント $\boldsymbol{\mu}_A$，$\boldsymbol{\mu}_B$ が距離 r だけ離れて存在するとき，相互作用エネルギーは $U_{AB} = \frac{1}{r^3}\left\{\boldsymbol{\mu}_A \cdot \boldsymbol{\mu}_B - 3\frac{(\boldsymbol{\mu}_A \cdot \boldsymbol{r})(\boldsymbol{\mu}_B \cdot \boldsymbol{r})}{r^2}\right\}$ で表される．固体に対する ESR ではスピンの磁気モーメントが大きいため，双極子相互作用によって線幅が広がり，超微細構造による分裂は多くの場合観測できない（ブロードな一本の吸収ピークのように見える）．特に，急冷などで多結晶状態になると，双極子相互作用の効果はより顕著に表れ，観測されるピークは非常にブロードなものとなる．この双極子相互作用は $\sin\theta$ と $\cos\theta$ の関数であるから，スピンが無秩序に動けるような溶液状態であると平均化されて消失する．一方で，超微細結合の起源である電子スピンと核スピンの Fermi 接触相互作用は等方的な相互作用であり，角度に依存しない．よって，分子運動が激しい液体・気体状態でも超微細構造による吸収線の分裂は消失しない．線幅のブロードニング効果がないために，溶液の方が鋭いピークを与えることになる．これを一般に motional narrowing と呼ぶ．スピンを取り巻く環境や濃度，温度などの外的要因によって，観測されるピークは大きく変容することを押さえておかなくてはならない．

参考文献

1.　石津和彦　『実用 ESR 入門—生命科学へのアプローチ』　講談社　1981 年

問 85　磁化測定法［解答］

問題 1

表 85A. 1　各磁化測定手法の特性

	市販 SQUID（引き抜き方）	交流磁化	磁気トルク	振動試料型磁力計（VSM）	NMR・ESR
絶対値測定	容易	困難	(a) 困難	困難	(b) 容易
測定速度	遅い	(c) 速い	速い	(d) 速い	遅い
測定感度（弱磁場）	高い	高い	(e) 低い	(f) 高い	低い
測定感度（強磁場）	低い	高い	高い	高い	(g) 高い
異方性検出	困難	(h) 困難	容易	困難	容易

問題2　(a)　(iii) 強磁性　(b)　(i) 常磁性　(c)　(iv) 反強磁性
(d)　(v) Pauli 常磁性　(e)　(ii) 反磁性

解説

問題1　表 85A. 1の分類は相対的な指標である．一般的に使われているSQUIDを用いた磁化測定装置では精密磁束測定によって磁気モーメントを決定するため，高精度な磁化の絶対値の決定が可能である．一方で強磁場下での測定は困難である点，測定速度が遅い点が問題点として挙げられる．交流磁化率測定，磁気トルク，振動試料型磁力計(VSM)では精密な校正がなければ絶対値の決定が難しいが，感度は非常に高く，測定速度が速いなどの特徴から小さな磁気相転移の検出などに向いている．交流磁化率測定では磁場を交流変調させて磁気モーメントの応答を観測するが，VSMでは直流磁場で試料を振動させて磁化測定を行う．そのためVSMでは交流応答は測定できず，また極低温条件では発熱の問題から測定が困難とされる．磁気トルクでは磁気モーメントの異方性のみが検出されるため絶対値測定は困難であるが，磁気異方性の検出には非常に強力である．NMRやESRでは共鳴する核種や不対電子が不可欠ではあるが，特定のサイトなどの局所磁化や動的磁化率の絶対値を決定できる強みがある．磁気トルクや磁気共鳴では信号が磁場強度に依存するため弱磁場では感度は低いが，強磁場では非常に高感度な測定が可能となる．実際の測定ではこれらの特性を元に，対象となる磁性に適した測定を選択する必要がある．

問題2　磁化率χは他に帯磁率，磁気感受率などとも呼ばれ，スピン分極の起こりやすさを表す物理量である．磁化Mは単位体積あたりの磁気モーメントのベクトル和を表し，磁化率はそれを外部磁場Hで割ったM/Hで定義される．しかし強磁性体などのゼロ磁場でも自発磁化をもつような場合は無限発散するため定義できない．強磁性・常磁性・反強磁性では電子スピンがサイトに局在し，そのスピン間相互作用によって状態が決まる．詳しくは問71を参照．一方，(d)のPauli常磁性では電子が遍歴（非局在化）しており，金属状態である．この有限の磁化率は，金属がもつFermiエネルギーの状態密度が磁場によって分裂し，upスピンとdownスピンで異なったエネルギースペクトルとなるため，その差分が常磁性的な磁化率となる．Pauli常磁性の存在は物質が金属状態であることを特徴づける重要な情報である．(e)の反磁性の起源にも様々な要因が考えられるが，全ての物質に存在するLarmor反磁性（内殻反磁性）が代表的である．これは磁場中で電子が原子核の周囲をサイクロトロン運動することによって生じ，原子番号が大きい元素では反磁性が大きくなる．スピンの寄与などに比べると絶対値としては小さいが，スピンの寄与を解析する際には各原子やイオンについての反磁性を加算していくPascalの加算則などを用いて物質全体の反磁性の補正を行わなければならない（芳香環の作る反磁性などの他の効果もあるためPascalの加算則も厳密ではないことに注意する）．

参考文献

1. 松田瑞史，栗城眞也　『SQUIDの原理とシステム化技術』　応用物理 Vol. 71, No.12, P. 1534 2002年
2. 金森順次郎　『磁性（新物理学シリーズ7)』　丸善　1969年

問 86　電気伝導特性測定法［解答］

問題 1　電気抵抗は電圧計と電流計で測定される値の比 V/I から得られる．2 つの測定法において測定される電圧 V について考えると，二端子法では電圧計に流れる電流 I が電流計・抵抗体（配線や接触抵抗）・試料にも流れるので，電圧計が示す電圧 V は $I(R_s + 10 + 10 + 1)$ となる．つまり V/I と試料抵抗 R_s との比は $\frac{(R_s+10+10+1)}{R_s}$ となるため，

$R_s = 1$ のときは 2100%の誤差，

$R_s = 10^9$ のときは～10^{-6}%の誤差.

一方，四端子法では並列回路を考えると電圧計に流れる電流が $\frac{IR_s}{R_s+10+10+10^9}$ となるので，電圧計が示す電圧 V は $\frac{10^9 IR_s}{R_s+10+10+10^9}$ となる．つまり V/I と試料抵抗との比は $\frac{10^9}{R_s+10+10+10^9}$ となるため，

$R_s = 1$ のときは～10^{-6}%の誤差，

$R_s = 10^9$ のときは～50%の誤差.

よって 1 GΩ の場合は二端子法，1 Ω の場合は四端子法で測定する方が正確に測定できる．

問題 2　磁束密度 B_z 中のキャリアにかかる Lorentz 力は $F_y = -qv_xB_z$ となるため，y 方向にキャリアが加速する．これにより y 方向に Hall 電場 E_y が生じ，キャリアが E_y から受ける力と Lorentz 力が釣り合うことで平衡状態となることを考えると，

$$qE_y = q\langle v_x\rangle B_z$$

が成り立つ．試料の面積から電流密度 j_x は $j_x = \frac{I_x}{Wh}$ であり，これはキャリア密度を用いると $j_x = nq\langle v_x\rangle$ と表されることを考えると，

$$V_y = WE_y = \frac{I_xB_z}{hnq}$$

であるため，Hall 電圧はキャリア密度 n に反比例する．

解説

問題 1　電気抵抗測定を行う場合は試料抵抗と電圧計がもつ電気抵抗を考える必要がある．金属などの低抵抗の物質を測定する場合は四端子法が適切な場合が多いが，絶縁体などの高抵抗の場合は二端子法の方がよい場合もある．これ以外にも，測定時に電流を直流か交流で印加するかについても考える必要がある．試料抵抗が高い場合は誘電応答を考える必要があるため高周波の交流電場では注意が必要である．また試料抵抗が低くても，接触抵抗などの抵抗が高い場合は静電容量が出る場合もあり，正確な測定ができないこともある．一方，直流測定では回路や試料中の温度差による熱起電力が測定電圧に含まれてしまう可能性があるため注意する必要がある．

問題 2　得られた $V_y = \frac{I_xB_z}{hnq}$ を $V_y = R_H\frac{I_xB_z}{h}$ $(R_H = \frac{1}{nq})$ としたときの R_H を Hall 係数と呼ぶ．Hall 係数がキャリアの電荷量とキャリア密度の積の逆数で与えられるため，Hall 電場の符号からその物質中における主要なキャリアの種類を，その大きさからキャリア密度を決定することができる．また電気抵抗がキャリア密度と散乱時間から求まること（問 68 を参照）から，電気抵抗と同時に測

ることでキャリアの移動のしやすさを示すHall易動度も決定することができる．ただし金属ではキャリア密度が高いためにHall電圧は小さく，測定が難しくなる．そのため主に半金属や半導体などのキャリア密度が低い系で測定される場合が多い．Hall 効果は本問で取り扱った古典的な描像だけでなく，二次元電子系で電子運動が Landau 量子化されることによる量子 Hall 効果などにより量子力学やトポロジーに関連した効果としても注目されている．

参考文献

1. 森健彦　『分子エレクトロニクスの基礎』　化学同人　2013 年
2. 鹿児島誠一編　『低次元導体』　裳華房　2000 年

問 87　電気化学測定法［解答］

問題 1　$5.10 \times 10^{-6}\ \mathrm{cm^2\ s^{-1}}$

問題 2　(a)　$J = D\frac{\Delta C}{\delta}$　　(b)　$i = nFSJ = \left(\frac{nFSD\Delta C}{\delta}\right)$　　(c)　拡散限界電流

(d) $i_\mathrm{L} = \frac{nFSDC}{\delta}$　　(e) 98.3 μm

解説

問題 1　サイクリックボルタンメトリーとは，電位を連続的に変化させ，電流–電圧曲線を得る測定法である．酸化電流のピーク電流が得られる電位と，還元電流のピーク電流が得られる電位の中点から，化学物質の酸化還元電位を得ることができる．また，本問のように拡散係数などの物性値も得ることができる．問題に記載されている式は，Randles–Sevcik 式と呼ばれており，可逆的な変化の場合に適用することで，種々の物性値を得ることができる．ピーク電流の総員温度依存性を調べて，図 87A. 1 のようにプロットすると直線が得られる．Randles–Sevcik 式に条件を代入し，プロットから得られた傾きと比較することで拡散係数の値が得られる．問題 1 の冒頭にある過塩素酸テトラエチルアンモニウムは，支持電解質と呼ばれ，電気化学測定の際に溶媒に電導性を与えるために加えられるイオン性の物質であり，溶媒の伝導性が低い場合，必須である．サイクリックボルタングラムには，図 87. 1 のような対称性の高い可逆系以外にも準可逆系，非可逆系と呼ばれるものが存在する．それぞれ物質移動の速度と電荷移動の速度の比により定義され，以下のようになる．

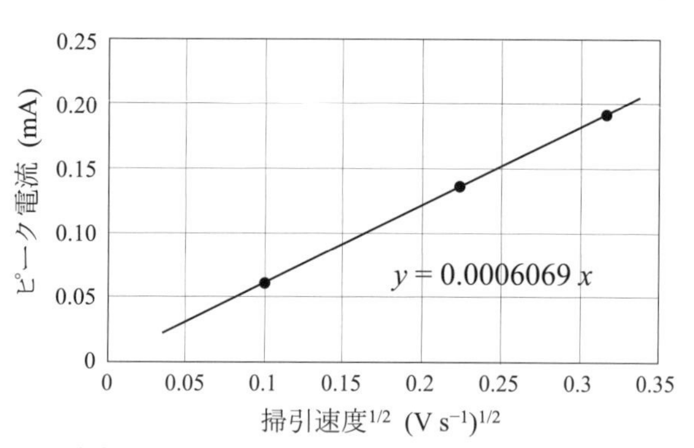

図 87A. 1　Randles–Sevcik 式のプロット

可逆系	物質移動速度 ≪ 電荷移動速度
準可逆系	可逆系と非可逆系の中間
非可逆系	物質移動速度 ≫ 電荷移動速度

つまり，反応物の拡散過程が律速であれば可逆系となり，電荷移動過程が律速であれば非可逆系となる．今回とり上げた Randles–Sevcik 式は可逆系においてのみ成り立つ．このように，電極反

応では，可逆，非可逆かによって適用できる式が変わってくる．

問題 2　拡散層とは電極近傍でできる濃度勾配のことを指す．粘性などに依存するが，水溶液の場合は 10^{-2} ～ 10^{-3} cm になる．電極反応が起きると濃度勾配ができ，化合物 A は流束 J で輸送される．ここで，流束の単位は[mol m^{-2} s^{-1}]である．これは，1 秒間に 1 m^2 の平面を 1 mol の粒子が通過するという物理的意味がある．つまり，単位時間当たりの電極に輸送される化合物 A の数は，電極面積 S と流束 J の積で表される．流れる電子数と反応する化合物 A は等しいので，電流は $nFSJ$ によって表すことができる．一方，拡散限界電流は，律速段階が拡散になったとき，つまり電極表面の化合物 A が直ちに反応し，電極表面の濃度を 0 となるときの電流である．このとき，(4) の式を用いることにより形成される拡散層の厚さが得られる．

問題中では，既知の酸化還元反応の電気化学測定について取り扱った．反応機構が未知の系においては，ボルタングラムの解析により重要な情報が得られる場合がある．例えば，測定によって得られる反応電子数から，系中で起こっている電気化学反応について推測することができる．

サイクリックボルタンメトリー以外も様々な電気化学測定の手法が存在する．詳しくは参考文献をあたっていただきたい．

参考文献

1. 大堺利行　他　『ベーシック 電気化学』　化学同人　2000 年
2. 電気化学会編　『電気化学測定マニュアル　基礎編』　丸善　2002 年
3. 電気化学会編　『電気化学測定マニュアル　実践編』　丸善　2002 年

問 88　粘弾性測定法［解答］

問題 1　$$\epsilon = \ln\frac{L}{L_0},\ \gamma_0 = \frac{x}{l},\ \sigma_{xy} = \frac{F}{A}$$

微小変形なら，変形した量を $\Delta L\ (= L - L_0)$とすると，

$$\epsilon = \ln\frac{L}{L_0} = \ln\left(1 + \frac{L - L_0}{L_0}\right) = \ln\left(1 + \frac{\Delta L}{L_0}\right) \approx \frac{\Delta L}{L_0}$$

問題 2　力のつり合いから，バネとダッシュポットの間で次の式が成り立つ．

$$\sigma = \sigma_1 = \sigma_2$$

全体の変形量は$\gamma = \gamma_1 + \gamma_2$なので，両辺を時間で微分すると，

$$\frac{\mathrm{d}\gamma}{\mathrm{d}t} = \frac{\mathrm{d}\gamma_1}{\mathrm{d}t} + \frac{\mathrm{d}\gamma_2}{\mathrm{d}t}$$

ここにバネの式の時間微分と，ダッシュポットの式をそれぞれ代入することで解答を得る．

$$\frac{\mathrm{d}\gamma}{\mathrm{d}t} = \frac{1}{G}\frac{\mathrm{d}\sigma}{\mathrm{d}t} + \frac{\sigma}{\eta} = 0, \qquad \sigma = G\gamma_0 \exp\left(-\frac{t}{\tau}\right) \quad \left(\text{ただし } \tau = \frac{\eta}{G}\right)$$

これは，$\frac{\mathrm{d}\gamma}{\mathrm{d}t}$は変形を保持しているため 0 となり，$t = 0$ において，応力は Hooke 弾性のみの寄与であるためである．グラフは図 88A. 1 に示すようになる（ただし図 88A. 1 では縦軸，横軸ともに適当に規格化している）．τ が大きい極限では，σ は時間に依存せず，弾性的に見える．一方，τ が

小さい極限には，σ は $t=0$ でしか有限値を示さず，粘性的に見える．

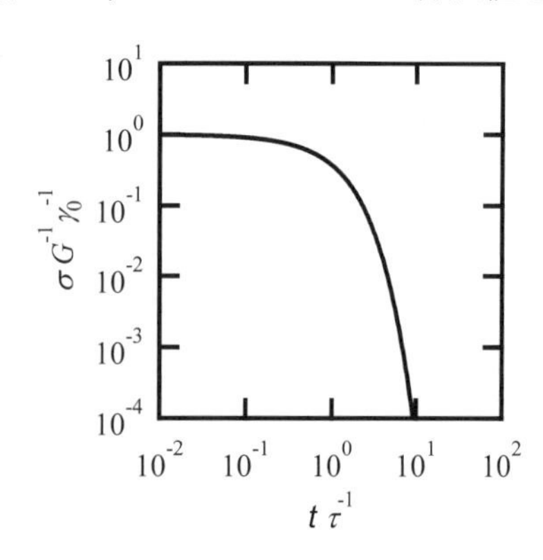

図 88A. 1　Maxwell モデル（図 88. 2）において，時間 $t=0$ で瞬間的に γ_0 のひずみを加えた場合（応力緩和測定）の σ と t の関係．

問題 3　(1) Newton 粘性体では, 応力は変形速度に比例するので, 以下の式から[A]は $\pi/2$ となる．

$$\sigma_{xy}(t) = \eta \frac{\mathrm{d}\gamma}{\mathrm{d}t} = -\eta\omega\gamma_0 \sin \omega t = \eta\omega\gamma_0 \cos(\omega t + \pi/2)$$

(2) $G(\omega)' = G_0 \cos[\delta(\omega)]$，$G''(\omega) = G_0 \sin[\delta(\omega)]$　ただし，$G_0 = \sigma_0/\gamma_0$.

解説

問題 1　物質の力学特性を議論するためには，力と変形の関係を正確に知る必要がある．連続体の力学では，物質はいくら拡大しても，原子，分子は見えず，無限個の点が含まれる，連続体と考える．無限個の点を考察することは困難であるから，基本的な要素を微小な立方体で表し，これを考察の対象とする．この微小な立方体に作用する力は，静電気力や重力といった要素の体積で大きさが決まる力（体積力）と，隣接する立方体同士が接触面を通じて直接的に作用する力の二種類が存在する．後者の力の大きさは，作用面の面積で決まるので，面積力と呼び，面積で規格化したものを応力と呼ぶ．応力の単位は，通常 Pa が用いられる．変形を表すためには，立方体のサイズで規格化した無次元量であるひずみが用いられる．本来，立方体は三次元体であり，応力，ひずみのどちらもがテンソルによって記述され，物質の力学的性質は，応力テンソルとひずみテンソルの間の関係として記述される．しかしながら，変形様式を指定すれば，その変形を特徴づけるスカラーを考え，議論を単純化することができる．例えば，ずり変形であれば，ずり応力とずりひずみの関係を考えることで，主要な性質を理解することができる．

Hooke 弾性体を一軸伸長, ずり変形したときの応力 σ とひずみの関係は, それぞれ $\sigma = E\epsilon$, $\sigma = G\gamma$ となる．E は一軸伸長弾性率，あるいは Young 率，G はずり弾性率，あるいは剛性率と呼ばれる．E, G ともにしばしば弾性率と呼ばれるため混同しやすいが，異なるものであることに注意してほしい．実際にはテンソルを用いた計算により，物質の圧縮に関する特性値である Poisson 比 μ を用いると，この二つには $E = 2G(1+\mu)$の関係がある．特に微小変形で Poisson 比は 0.5 とすることができ，$E = 3G$ となる．いずれにしても，異なる装置や，系で測定を行う場合や，他の物性値との関連を議論する場合は，座標に依存しない値を利用するか，テンソルにまで拡張して対応関係を考慮し，議論しなければならない．

問題 2　応力緩和測定によって得られる σ/γ_0 は緩和弾性率 $G(t)$と呼ばれる．Hooke 弾性体では，$G(t)$は時間に依存しない．Newton 粘性体では，$G(t)$はデルタ関数となる．粘弾性体では，応力（弾性率）は時間に依存し，時間経過に伴い減衰する．この減衰を特徴づける特性時間 τ は緩和時間と呼ばれ，Maxwell モデルでは $\tau = \eta/G$ で表される．粘弾性緩和は，分子運動と関係している．高分子では，種々のスケールの分子運動が観測されるため，粘弾性測定においても種々の緩和時間が観測される．

問題 3　動的粘弾性測定は，最も高精度で行うことができる線形粘弾性の測定方法の 1 つである．G'，G''の ω 依存性や温度依存性からは，様々な情報が得られる．通常，微小な振動ひずみを用いて行われるが，ひずみ量が大きすぎると，刺激と応答の比例性が損なわれ，非線形性が現れる．この場合には，応答には ω の周波数成分以外の高調波成分が現れはじめるため，試料の特性（線形粘弾性）を理解することができなくなる．市販の装置では，高調波成分を考慮せずに見かけの G'，G''を表示するものがあるので，注意が必要である．G'，G''はひずみに依存しない値であるため，簡単にはひずみを変えて同じ実験をすることで，測定の妥当性を確認することができる．

参考文献

1.　村橋俊介　他　『高分子化学　第 5 版』　共立出版　2007 年
2.　松下裕秀　他　『高分子の構造と物性』　講談社サイエンティフィク　2013 年
3.　日本レオロジー学会編　『新講座・レオロジー』　太洋堂　2014 年

問 89　表面測定法：仕事関数の測定［解答］

問題 1　表面項：金属表面において，電子が真空側に染み出すことにより，金属側がわずかに正，真空側がわずかに負に分極して形成される電気二重層に由来する．
バルク項：金属中の電子間の Coulomb 力やスピン間相互作用によって，金属の正のイオン殻と電子間にはたらく引力の遮蔽が不完全になることに由来する．

問題 2　NH_3 分子の場合，金属表面の電気二重層とは反対向きに電気双極子モーメントが誘起される（図 89. 2(a)）．このため表面項の寄与が小さくなり，仕事関数も小さくなる．CO 分子の場合は NH_3 分子とは逆になり（図 89. 2(b)），表面電気二重層が強められることで表面項の寄与が大きくなり，仕事関数も大きくなる．

図 89A. 1　グラファイト基板上 PbPc 薄膜および電気双極子モーメント：下図は一層膜，上図は二層膜

問題 3　図 89. 1 より，光電子が検出され始めるエネルギーは真空準位E_{VAC}に対応する．$E_F = 0$（図 89. 3(b)）より仕事関数$\varphi = E_{VAC}$となる．したがって，3 つの場合の仕事関数は，グラファイト清浄面：$\varphi = 4.45$ eV，PbPc 一層膜：$\varphi = 4.27$ eV，PbPc 二層膜：$\varphi = 4.45$ eVとなる．仕事関数は PbPc 一層膜が形成されると減少し，二層膜が形成されると増加していることから，一層目由来の誘起双極子モーメントは，グラファイト清浄面の電気二重層と逆方向であり，二層目由来の誘起双極子モーメントは同方向であることがわかる．また，一層目の形成による仕事関数の減少分と，二層目の形成による増加分が等しいことから，二層目は，電気二重層を一層目と上下逆にしたような配向であることが予想される（図 89A. 1）．

解説

問題 1　正確なバルク項の定義は，「電子の交換・相関ポテンシャルから Fermi 準位の電子の運動エネルギーを差し引いたもの」である．電子は金属の正イオン殻によるポテンシャルを受けるが，その大部分は他の電子による遮蔽効果で打ち消される．しかし，解答に示したような電子間の反発が存在すると遮蔽は不完全になり，電子は正のイオン殻からの引力で安定化する．電子をこの安定化した状態から真空準位にとり出すために必要な仕事が交換・相関ポテンシャルである．

図 89. 1 のエネルギーダイアグラムは Fermi 準位がバンドの中にある金属などでのみ成立する．半導体や絶縁体ではバンドギャップの間に Fermi 準位が位置するので，図 89. 1 をそのまま適用することはできない．

問題 2，3　固体からの光電子放出は図 89A. 2 に示すような 3 ステップに分けられる．

① 光による固体内での電子の励起（光励起過程）
② 励起された電子の表面への輸送（移送過程）
③ 表面からの電子の脱出（脱出過程）

なお図 89A. 2 の中の E_i，E_f は光励起の始状態および終状態エネルギー，E_B は結合エネルギー，E_k は光電子のエネルギーであり，いずれも Fermi 準位を 0 としたときの値を指す．まず①では，入射光によって $E_\mathrm{F} - h\nu \leqq E \leqq E_\mathrm{F}$ のエネルギーをもつ電子が励起される．②では，励起された電子が固体中では不安定であるため，より安定な真空を目指して固体表面に向かって移動する．このとき一部の電子は移動途中で，他の電子や原子核（格子）による散乱を受けてエネルギーを失う．このような電子は二次電子と呼ばれ，光電子スペクトルの低エネルギー側に大きなバックグラウンドとして現れる．③では，エネルギーを失わず表面に到達した電子のうち，仕事関数のポテンシャルからの束縛に打ち勝ったものだけが真空中に脱出する．最終的に得られる光電子スペクトルは図 89A. 2 中に斜線で示された形となり，ここから測定試料の DOS（Density of States，単位エネルギー当たりのエネルギー準位数）を知ることができる．これらの過程ではエネルギー保存則が成り立つため，検出した光電子の運動エネルギー E_k は次の式で表せる．

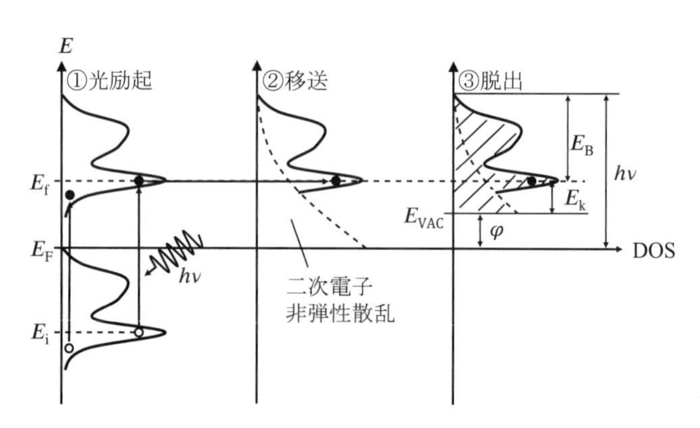

図 89A. 2　光電子放出過程の模式図

$$E_\mathrm{k} = h\nu - (\varphi + E_\mathrm{B}) \qquad \text{式 89A. 1}$$

φ と $h\nu$ がわかっていれば E_k を測定することで E_B が求まる．また，入射光の光子エネルギーからスペクトル幅 $E_\mathrm{k} + E_\mathrm{B}$ を差し引くことで，試料の仕事関数も求められる．

PbPc 分子は，真空中でグラファイト基板に蒸着させた後，400 K で 1 時間アニールすることで図 89A. 1 に示すような配向を取る．一層目，二層目が形成されるときの仕事関数変化は，膜厚の増加に対して線形であるため，光電子分光での仕事関数変化を用いれば，一層以下の分解能で有機薄膜の膜厚を規定することができる．

参考文献

1. 岩澤康裕　他　『ベーシック表面化学』　化学同人　2010 年
2. 高橋隆　『光電子固体物性』　朝倉出版　2011 年
3. I. Yamamoto, et al., *Surf. Sci.*, **602**, 2232 (2008).

問 90　表面測定法：STM・AFM［解答］

問題 1　STM：探針–試料間に流れるトンネル電流
AFM：探針–試料間にはたらく原子間力

問題 2　トンネル電流 I は V_s に対して図 90A. 1(a)に示すように変化する．また，試料の LDOS は，トンネル電流 I を試料電圧 V_s で一次微分することで得られる（図 90A. 1 (b)）．

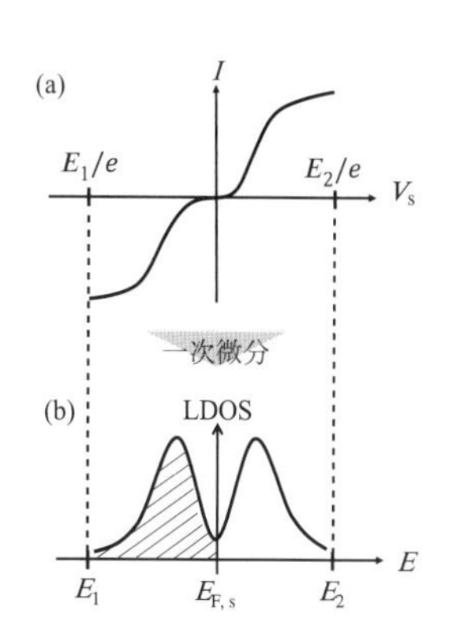

図 90A. 1　(a) 試料電圧 V_s に対するトンネル電流 I，(b) 試料の LDOS（(b) は解答に含まない）

問題 3　(1) コンタクトモード：

① 探針を試料に直接押しつけて試料表面をなぞるように走査する．

② 探針と試料を常に接触させており，探針先端には常に単原子荷重を超える力がはたらくため，探針と試料両方に原子レベル以上の破壊を引き起こしながら測定をしている．

③ 探針を試料に直接押し付けることで引き起こされるカンチレバーの変位から探針–試料間の原子間力を検出し，表面高さ像を得る．

(2) タッピングモード：

① カンチレバーをレバーに固有の共振周波数で振動させながら走査する．

② 探針は試料表面と周期的に接触することで振動振幅が減少する．

③ 試料表面との周期的な接触による振動振幅の減衰量が一定となるように，探針–試料間距離のフィードバックをはたらかせながら試料を走査する．そのフィードバックの値から表面高さ像を得る．

(3) ノンコンタクトモード：

① カンチレバーをレバーに固有の共振周波数で振動させながら走査する．

② 原子間力の引力領域と斥力領域を区別し，引力領域のみで動作させることができるため，探針が試料に接触することなく測定を行える．

③ 探針–試料間の相互作用によるカンチレバーの共振周波数シフトをフィードバックとして表面高さ像を得る．

解説

問題 1　図 90A. 2 (a)に SPM の模式図を示す．STM では，先鋭な金属探針を用いて探針–試料間に電圧を印加してトンネル電流を計測する．トンネル電流の作用長が原子スケールで減衰するために，原子分解能が得られる．また，AFM では図 90A. 2 (b)のようなカンチレバーをピエゾ素子の先に取り付け，探針–試料間にはたらく原子間力によるカンチレバーの変位を測定することで表面高さ像を得る．変位の検出には，レーザー光をカンチレバー背面に照射し，その反射光の角度変化を 4 分割フォトダイオードで検出することにより，カンチレバーの変位を検出する光てこ方式などがある．

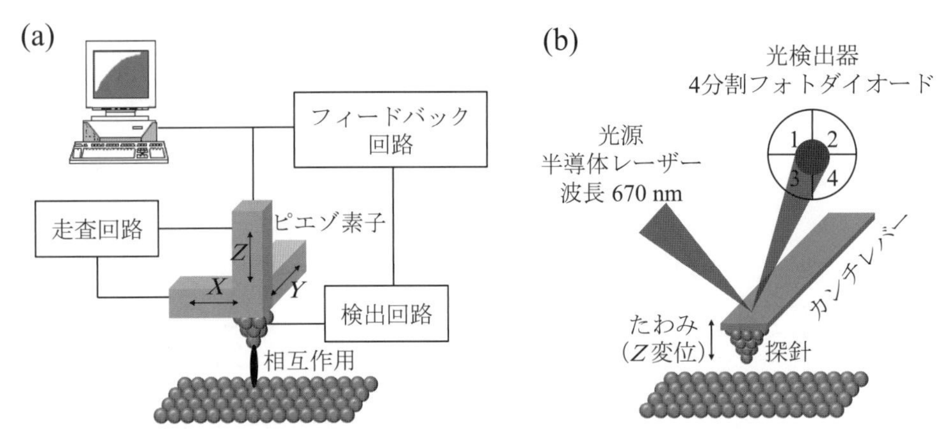

図 90A. 2　(a)SPM の模式図，(b) AFM の探針周りの模式図

問題 2　V_sを正の方向に大きくしていく場合（図 90. 1(a)）を考える．$E_{F,t}$から $E_{F,s}$までの全ての電子が探針から試料にトンネル伝導するため，V_s を大きくするほど I は大きくなる．トンネル電流の変化量は探針の Fermi 準位が試料の LDOS のピークを通過するとき最大となる．V_s が負の場合では，電子がトンネル伝導する方向が異なるだけで，Iの変化はV_sが正のときと同じように考えることができる．したがってIは，図 90A. 1 のように試料の LDOS を一次微分した形となる．

問題 3　図 90A. 3 に，問題で取り扱った AFM の 3 つの測定モードの動作領域を，探針–試料間の相互作用ポテンシャル $U(r)$（図中では Lennard–Jones 型ポテンシャルを採用）に対応させて示す．ノンコンタクトモードは，周波数シフトを用いることで，引力領域と斥力領域を区別し，引力領域のみで動作させることができる．現在，AFM の主流はタッピングモードである．その主な理由には，(1)試料と周期的に接触させることで，試料へのダメージは表面や探針の形状を変化させないほどに抑えられていること，(2)ノンコンタクトモードでは，タッピングモードに比べて装置構成が複雑になることの 2 つが挙げられる．しかし，ノンコンタクトモードは真空中での測定に優れており，より応用的な測定で採用される．

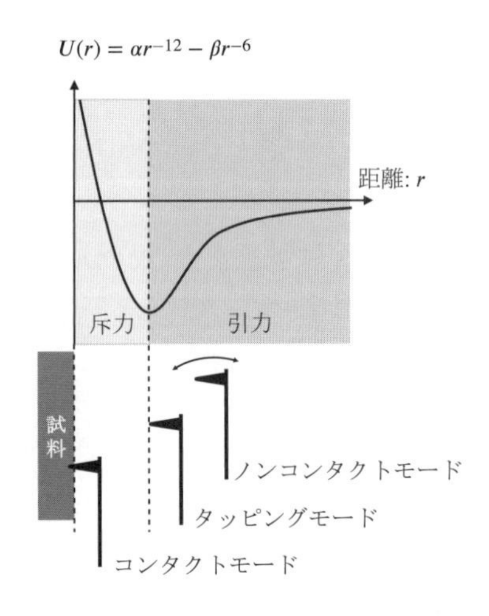

図 90A. 3　AFM の 3 つの測定モードの動作領域

参考文献
1. 菅原康弘　『STM および AFM—原理と応用』　電子顕微鏡　2003 年
2. 富取正彦　『走査トンネル分光法の基礎』　顕微鏡　2008 年

問 91　表面測定法：清浄面の保持［解答］

問題 1　(1)　$\int_{-\infty}^{\infty} f(v_x)\,\mathrm{d}v_x = 1$ に式 91. 2 を代入し，式 91. 3 を用いることで K は式 91A. 1 となる．

$$\int_{-\infty}^{\infty} f(v_x)\,\mathrm{d}v_x = \int_{-\infty}^{\infty} K^{1/3}\mathrm{e}^{-mv_x{}^2/2k_\mathrm{B}T}\,\mathrm{d}v_x = K^{1/3}\left(\frac{2\pi k_\mathrm{B}T}{m}\right)^{1/2} = 1$$

$$K = \left(\frac{m}{2\pi k_\mathrm{B}T}\right)^{3/2} \qquad \text{式 91A. 1}$$

また，式 91A. 1 を式 91. 2 に代入することで $f(v_x)$ は式 91A. 2 となる．

$$f(v_x) = \left(\frac{m}{2\pi k_\mathrm{B}T}\right)^{1/2}\mathrm{e}^{-mv_x{}^2/2k_\mathrm{B}T} \qquad \text{式 91A. 2}$$

(2)　分子の x 方向の速度が $v_x(>0)$ のとき，分子が影を付けた面から $v_x t$ の距離にいれば，分子は時間 t 以内に影を付けた面に衝突する．したがって分子の x 方向の速度に分布がないとき，時間 t の間に影を付けた面に衝突する分子数は $Atv_x n$ 個である．実際には分子の x 方向の速度に分布 $f(v_x)$ があるため，時間 t の間に影を付けた面に衝突する分子数 N は $Atv_x n$ に $f(v_x)$ を掛けて 0 から ∞ までのすべての場合について積分することで式 91A.3 のように得られる．

$$N = \int_0^{\infty} Atv_x f(v_x) n\,\mathrm{d}v_x \qquad \text{式 91A. 3}$$

式 91A. 3 に式 91A. 2 を代入し，さらに式 91. 4 を用いて積分することで式 91A. 4 を得る．

$$N = Atn\left(\frac{m}{2\pi k_\mathrm{B}T}\right)^{1/2}\int_0^{\infty} v_x \exp\left(-\frac{mv_x{}^2}{2k_\mathrm{B}T}\right)\mathrm{d}v_x = Atn\left(\frac{k_\mathrm{B}T}{2\pi m}\right)^{1/2} \qquad \text{式 91A. 4}$$

(3)　式 91A. 4 を At で割り，理想気体より $p = nk_\mathrm{B}T$ を用いることで入射頻度 F を得る．

$$F = \frac{N}{At} = n\left(\frac{k_\mathrm{B}T}{2\pi m}\right)^{1/2} = \frac{p}{(2\pi mk_\mathrm{B}T)^{1/2}} \qquad \text{式 91A. 5}$$

問題 2　分子量 28，$T = 300$ K, $p = 10^5$ Pa（大気圧），10^0 Pa（中真空），10^{-4} Pa（高真空），10^{-9} Pa（超高真空）を式 91A. 5 に代入することで表 91A. 1 を得る．

表 91A. 1　各真空領域における入射頻度および一分子層形成時間

p (Pa)	10^5	10^0	10^{-4}	10^{-9}
F (m^2 s^{-1})	3×10^{27}	3×10^{22}	3×10^{18}	3×10^{13}
単分子層形成時間	3×10^{-9} s	3×10^{-4} s	3 s	1×10^2 h

解説

表面の研究は，真空技術とともに進歩してきた．この問題で示したように，10^{-9} Pa 程度の超高真空下でなければ，表面はすぐに汚染されて（表面原子が吸着分子に覆われて）しまい，表面を精密に測定することは不可能である．ちなみに問題 2 では，表面に衝突した分子の付着確率を 1（衝突すると必ず吸着する）として単分子層形成時間を計算しているため，実際には，表面が完全に汚染されてしまう時間は問題 3 で示したものよりも長くなるが，それでもせいぜい 10^{-8} Pa 程度の超高真空下でなければ，表面は一日ともたず汚染されてしまう．この問題で使用した高真空や超高真空などの真空領域は，JIS によって以下のように区分される．

表 91A. 2　JIS による真空領域の区分

低真空	中真空	高真空	超高真空
10^5 – 100 Pa 以上	100 – 0.1 Pa	0.1 – 10^{-5} Pa	10^{-5} Pa 以下

しかし JIS 規格の超高真空は幅があり，実際の表面の研究は10^{-8} Pa 以下で行われることが多い．10^{-8} Pa 以下の真空度に到達するためには，ステンレス製のチャンバーをターボ分子ポンプ*で真空引きしながら 200 °C 程度で数日加熱（ベーキング）したあと，チャンバー内をターボ分子ポンプでさらに数日真空引きする必要がある．10^{-8} Pa 以下の真空度は，宇宙空間の人工衛星周囲と同程度である．

＊ターボ分子ポンプ：飛行機のジェットエンジンと似た構造をしており，1 分間に 50000 ～ 70000 回動翼を回転させてチャンバー内のガスをチャンバー外に叩き落とす．到達真空度は10^{-8} ～ 10^{-9} Pa．設置方向を選ばず，ほぼメンテナンスフリーで扱えるため，現在最もよく使われている真空ポンプの 1 つである．

参考文献

1. P. Atkins, J. de paula 『アトキンス物理化学（下） 第 8 版』 東京化学同人 2009 年 （訳：中村亘男，千原秀昭）

問 92　単分子接合の電子輸送［解答］

問題 1　$\psi_{\mathrm{I}}(x) = \psi_{\mathrm{II}}(0)$, $\psi_{\mathrm{I}}'(0) = \psi_{\mathrm{II}}'(0)$, $\psi_{\mathrm{II}}(L) = \psi_{\mathrm{III}}(L)$, $\psi_{\mathrm{II}}'(L) = \psi_{\mathrm{III}}'(L)$ より

$$a_1 + b_1 = a_2 + b_2 \qquad \text{式 92A. 1}$$

$$\mathrm{i}k(a_1 - b_1) = \gamma(a_2 - b_2) \qquad \text{式 92A. 2}$$

$$a_2\mathrm{e}^{\gamma L} + b_2\mathrm{e}^{-\gamma L} = a_3\mathrm{e}^{\mathrm{i}kL} \qquad \text{式 92A. 3}$$

$$\gamma\left(a_2\mathrm{e}^{\gamma L} - b_2\mathrm{e}^{-\gamma L}\right) = \mathrm{i}ka_3\mathrm{e}^{\mathrm{i}kL} \qquad \text{式 92A. 4}$$

問題 2　式 92A. 3, 4 よりa_2，b_2をa_3で表すと，

$$a_2 = \frac{a_3}{2\gamma}(\gamma + \mathrm{i}k)\mathrm{e}^{(\mathrm{i}k-\gamma)L}$$
$$b_2 = \frac{a_3}{2\gamma}(\gamma - \mathrm{i}k)\mathrm{e}^{(\mathrm{i}k+\gamma)L} \qquad \text{式 92A. 5}$$

を得る．また，式 92A. 1, 2 からb_1を消去して整理すると，

$$2\mathrm{i}ka_1 = (\mathrm{i}k + \gamma)a_2 + (ik - \gamma)b_2 \qquad \text{式 92A. 6}$$

を得る．式 92A. 5 を式 92A. 6 に代入し，整理すると次の式を得る．

$$\frac{a_3}{a_1} = \frac{4\mathrm{i}\gamma k\mathrm{e}^{-\mathrm{i}kL}}{(\gamma + \mathrm{i}k)^2\mathrm{e}^{-\gamma L} - (\gamma - \mathrm{i}k)^2\mathrm{e}^{\gamma L}} \qquad \text{式 92A. 7}$$

透過率$T = |a_3/a_1|^2$を得るためには，式 92A. 7 の分母と分子それぞれの複素数の絶対値の 2 乗を計算すればよい．まず分母を展開して実数部と虚数部に整理すると，式 92A. 8 を得る．

$$\left(\gamma^2 - k^2\right)\left(\mathrm{e}^{-\gamma L} - \mathrm{e}^{\gamma L}\right) + 2\gamma k(\mathrm{e}^{-\gamma L} + \mathrm{e}^{\gamma L})\mathrm{i} \qquad \text{式 92A. 8}$$

式 92A. 8 の絶対値の 2 乗は，

$$\left(\gamma^2 - k^2\right)^2\left(\mathrm{e}^{-\gamma L} - \mathrm{e}^{\gamma L}\right)^2 + 4\gamma^2 k^2(\mathrm{e}^{-\gamma L} + \mathrm{e}^{\gamma L})^2 \qquad \text{式 92A. 9}$$

式 92A. 9 を $\left(\mathrm{e}^{-\gamma L} + \mathrm{e}^{\gamma L}\right)^2 = \left(\mathrm{e}^{-\gamma L} - \mathrm{e}^{\gamma L}\right)^2 - 4$ に注意して変形すると，式 92A. 10 が得られる．

$$\left(\gamma^2 - k^2\right)^2\left(\mathrm{e}^{-\gamma L} - \mathrm{e}^{\gamma L}\right)^2 + 16\gamma^2 k^2 \qquad \text{式 92A. 10}$$

式 92A. 7 の分子の絶対値の 2 乗は$16\gamma^2 k^2$となるので，式 92A. 7 の 2 乗を式 92A. 10 を用いて書き下し，$\sinh(x) = (\mathrm{e}^x - \mathrm{e}^{-x})/2$を使って変形すると，透過率$T$の表式 92A. 11 が得られる．

$$T = \left|\frac{a_3}{a_1}\right|^2 = \frac{1}{1 + \left(\dfrac{\gamma^2 + k^2}{2\gamma k}\right)^2 \sinh^2(\gamma L)} = \frac{4E(V_0 - E)}{4E(V_0 - E) + V_0^2 \sinh^2(\gamma L)} \qquad \text{式 92A. 11}$$

問題 3　$V_0 - E \sim 1$ eV，$L \sim 1$ nmとして式 92A. 10 式のsinhの引数の大きさを検討すると，

$$\frac{\sqrt{2m_\mathrm{e}(V_0 - E)}}{\hbar} L = \frac{\sqrt{2\times 9.11\times 10^{-31}\times 1.60\times 10^{-19}}}{1.05\times 10^{-34}} \times 1\times 10^{-9} \sim 5.1$$

となり$x > 1$なので，式 92A. 11 式において $\sinh(x) \sim \mathrm{e}^x/2$ とし，さらに分母と分子を$16E(V_0 - E)$で割って整理すると式 92A. 12 が得られる．

$$T \sim \frac{16E(V_0 - E)}{16E(V_0 - E) + V_0^2 \exp\left(2L\dfrac{\sqrt{2m_\mathrm{e}(V_0 - E)}}{\hbar}\right)}$$

$$= \left(1 + \frac{\exp\left(\dfrac{2L\sqrt{2m_\mathrm{e}(V_0 - E)}}{\hbar}\right)}{16\dfrac{E}{V_0}\left(1 - \dfrac{E}{V_0}\right)}\right)^{-1} \qquad \text{式 92A. 12}$$

$x(1 - x) < 0.25$より，最右辺第二項の分母は最大で 4，かつ$\mathrm{e}^{5.1}/4 = 41 \gg 1$であるため，第一項の 1 を無視すると，

$$T \propto \exp\left(-\frac{2L\sqrt{2m_\mathrm{e}(V_0 - E)}}{\hbar}\right) \qquad \text{式 92A. 13}$$

となり，エネルギー差$(V_0 - E)$の平方根と障壁の厚さ L が大きくなると透過率は指数関数的に減少する．

問題 4　(a) 仕事関数→大きくする

(b) 分子の長さ→短くする

(c) 分子へ付加する官能基→電子供与性基

解説

この問題の目的は，トンネルモデルによる単分子接合の電子透過率のエネルギー依存性と長さ依存性を理解することである．問題 1, 2 は，計算は面倒だが量子化学分野の基本的な問題である．問題 3 では単分子接合に典型的なオーダーを用いて，電子透過率がエネルギー差と長さに指数関

数的に依存することを確認した．分子を用いた電子デバイスには，単分子デバイス以外に，有機 EL などの有機デバイスが知られている．その多くは，局在化したサイトを介したホッピング輸送であり，トンネル輸送が主な単分子デバイスとは，輸送機構の違いから障壁高さや長さに対する依存性が異なる．問題 4 では，実際の単分子接合における電子透過率（コンダクタンス）の制御方法を考えた．HOMO 伝導の場合，仕事関数が大きくなれば $V_0 - E$ は小さくなり，コンダクタンスは上昇する．また，分子の長さは短い方が透過率は上昇する．分子の長さに対するコンダクタンスの変化率 β はアルカン骨格やフェニレン骨格をはじめ，いろいろな骨格に対して調べられている．また，電子供与基を付加することにより，HOMO レベルを上昇させると，エネルギー差 $V_0 - E$は小さくなり，コンダクタンスは上昇する．一方で LUMO 輸送の場合には，仕事関数を小さくして，電子求引性基を付加するとコンダクタンスが上昇する．ある分子接合が HOMO 輸送か LUMO 輸送かを実験的に区別するためには，単分子接合の熱起電力計測が用いられている．また，実際には問題 4 で挙げた 3 つの要素のみが電子透過率を決定するわけではなく，分子と電極のアンカーや分子の幾何構造など様々な要素が輸送に影響する．

参考文献

1. W. T. Geng, et al., *Appl. Phys. Lett.*, **85**, 5992 (2004).
2. J. A. Malen, et al., *Nano Lett.*, **9**, 1164 (2009).
3. L. Venkataraman, et al., *Nano Lett.*, **7**, 502 (2007).
4. L. Rincón-García, et al., *Chem. Soc. Rev.*, **45**, 4285 (2016).

第 9 章　計算化学［解答］

問 93　量子化学計算：計算手法［解答］

問題 1　電子の入れ替えに対する波動関数の反対称性：同一粒子は原理的に区別ができない．したがって，粒子が複数ある系では，粒子の入れ替えてに対して（量子力学的な）状態は不変である．一方，波動関数φについては，粒子の入れ替えに対してφと$-\varphi$のどちらでもよいという符号の任意性が残る．符号が正になるか負になるかは粒子の種類によって決まり，電子のような Fermi 粒子の場合は負の符号がつく．したがって，多電子系の電子の波動関数は，電子の入れ替えに対して反対称性をもつ．

規格化条件：波動関数の 2 乗はその電子状態の存在確率を表す．そのため，電子が消滅したりしないような条件下では，全空間に対する電子の存在確率を 1 とするように波動関数を定めることができる．これを規格化条件と呼ぶ．

2 電子系における証明

2 電子系の波動関数は Slater 行列式（式 93.1）より，

$$\varphi(1,2) = \frac{1}{\sqrt{2}}\begin{vmatrix} \chi_1(\boldsymbol{x}_1) & \chi_2(\boldsymbol{x}_1) \\ \chi_1(\boldsymbol{x}_2) & \chi_2(\boldsymbol{x}_2) \end{vmatrix} \qquad \text{式 93A. 1}$$

と表すことができる．電子の入れ替えに対する反対称性は式で表現すると，

$$\varphi(1,2) = -\varphi(2,1) \qquad \text{式 93A. 2}$$

であることから，以下の式変形で証明される．

$$\varphi(2,1) = \frac{1}{\sqrt{2}}\begin{vmatrix} \chi_1(\boldsymbol{x}_2) & \chi_2(\boldsymbol{x}_2) \\ \chi_1(\boldsymbol{x}_1) & \chi_2(\boldsymbol{x}_1) \end{vmatrix} \qquad \text{式 93A. 3}$$

$$= -\frac{1}{\sqrt{2}}\begin{vmatrix} \chi_1(\boldsymbol{x}_1) & \chi_2(\boldsymbol{x}_1) \\ \chi_1(\boldsymbol{x}_2) & \chi_2(\boldsymbol{x}_2) \end{vmatrix} \qquad \text{式 93A. 4}$$

$$= -\varphi(1,2) \qquad \text{式 93A. 5}$$

一方，規格化条件は，式で表現すると，

$$\int |\varphi(1,2)|^2 \,\mathrm{d}\boldsymbol{x}_1 \mathrm{d}\boldsymbol{x}_2 = 1 \qquad \text{式 93A. 6}$$

となることより，左辺を展開すると，

$$\int |\varphi(1,2)|^2 \,\mathrm{d}\boldsymbol{x}_1 \mathrm{d}\boldsymbol{x}_2 = \frac{1}{2}\Big(\int |\chi_1(\boldsymbol{x}_1)|^2 |\chi_2(\boldsymbol{x}_2)|^2 \,\mathrm{d}\boldsymbol{x}_1 \mathrm{d}\boldsymbol{x}_2$$

$$+ \int |\chi_1(\boldsymbol{x}_1)|^2 |\chi_2(\boldsymbol{x}_2)|^2 \,\mathrm{d}\boldsymbol{x}_1 \mathrm{d}\boldsymbol{x}_2 \qquad \text{式 93A. 7}$$

$$- \int \chi_1{}^*(\boldsymbol{x}_1)\chi_2{}^*(\boldsymbol{x}_2)\chi_1(\boldsymbol{x}_2)\chi_2(\boldsymbol{x}_1) \,\mathrm{d}\boldsymbol{x}_1 \mathrm{d}\boldsymbol{x}_2$$

となるが，軌道χ_iの規格直交性より，第一項および第二項は 1，第三項および第四項は 0 となるので満たすべき式が証明される．

問題 2　分子軌道理論は Hartee–Fock 法が基礎理論である．Hartee–Fock 法では，分子の全体のエネルギーの 99 %程度の精度を与えるが，反応などのエネルギー差を扱う際にはより高い精度が求められるため十分な精度ではない．計算コストとしては，計算のスケールを決定する基底関数の数(N)のおよそ 4 乗に比例する．

密度汎関数(DFT)法は Hohenberg–Kohn 定理が基礎理論である．DFT 法では，電子密度からエネルギーを求める汎関数が必要であり，量子化学計算ではその汎関数の定め方によって B3LYP や PBE といった様々な汎関数の種類が存在する．DFT 法では非常に高い精度を与えることもあるが，計算に用いる汎関数と対象とする系や物性値との相性が非常に重要となる．計算コストとしては，N のおよそ 3 乗に比例する程度と低い計算コストで済むという利点がある．

問題 3　Hartree–Fock 法では電子の分布を平均場で記述するため，1 つの電子がある位置を占める際に，その電子近傍に他の電子が近寄る確率が低くなるといった状況を記述できず，誤差が生じる．この誤差を電子相関と呼ぶ．

解説

問題 1　電子と同様に粒子の交換に対して波動関数が反対称になる粒子を Fermi 粒子，陽子のように粒子の交換に対して波動関数が対称になる粒子を Bose 粒子と呼ぶ．Fermi 粒子の重要な性質として 2 つ以上の粒子が同じ状態（同じ軌道）をとることが許されないことが挙げられる．これは上の Slater 行列式において $\chi_2(\boldsymbol{x}_2) \rightarrow \chi_1(\boldsymbol{x}_1)$とすると存在確率が 0 となることと対応している．（問 9 および 13 を参照）

問題 2　分子軌道理論の基礎理論である Hartree–Fock 法は Schrödinger 方程式をベースとしており，電子−電子相互作用を平均場によって置き換え，波動関数を分子軌道によって表現したものである．計算コストは二電子積分が存在するため N^4 に比例する．

密度汎関数(DFT)法は，電子密度を決定することにより波動関数を求めることができるという Hohenberg–Kohn 定理が基礎理論となる．DFT 法を用いた量子化学計算をする場合には解答に示したように汎関数と系や物性値との相性（汎関数依存性）を検討したうえで，使用する汎関数を決定することが重要である．

問題 3　電子相関による誤差を補正し，系統的に近似精度を上げる方法として，電子相関を摂動論的に取り扱う MP*n* 法やクラスター展開により取り込む CC 法などの post Hartree–Fock 法が提案されている．ただしこれらの方法は，高い精度を与える一方で計算コストが N^5 ～ N^8 に比例するため，計算コストが劇的に増加するという欠点を有する．一方でこれらの計算手法では DFT にみられるような汎関数依存性がないため十分に高い精度の計算を行えば系や物性値の計算精度はある程度保証されることとなる．

参考文献

1. 原田義也　『量子化学　上巻』　裳華房　2007 年
2. 原田義也　『量子化学　下巻』　裳華房　2007 年
3. A. Szabo, N. S. Ostlund　『新しい量子化学—電子構造の理論入門（上）』　東京大学出版会　1987 年　（訳：大野公男　他）

問94　量子化学計算：基底関数［解答］

問題1　(a) 原子価軌道　(b) 3　(c) 6　(d) 水素　(e) 陰イオン（アニオン）

問題2　1s 軌道に 1 つの基底関数
2s 軌道に 2 つの基底関数
$2p_i (i = x, y, z)$軌道に 2 つずつの基底関数で合計 $1 + 2 + 2 \times 3 = 9$ 組の基底関数となる．

問題3　基底関数の数:119 基底

CH_4の基底関数の数は 34 であるので，基底関数の数の比は 119/34 = 3.5 である．Hartree–Fock 法では，計算時間はおよそ基底関数の数の 4 乗(N^4)に比例する．したがって，$3.5^4 \sim 150$ 倍となる．

解説

問題 1　基底関数は分子軌道の表現の柔軟性に関与するとも解釈できる．そのため，一般に大きい基底関数系を使えば使うほど，良い精度を与えると考えられる．しかしながら，大きい基底関数系を用いると，計算時間の増大や計算の収束性の低下など様々な問題が生じる．量子化学計算を行う際は，精度と計算コストのバランスがとれた基底関数系を用いることが重要である．

縮約についてより詳細に説明する．前述のように記述する関数を多くすれば多くするほど分子軌道の表現の精度は上がるが，解の自由度も同時に増大する．そこで，ある程度の精度と低い計算コストを両立するための概念が縮約である．炭素の軌道を用いて説明すると，6-31G 基底関数系の場合，内殻の 1s 軌道(χ_{1s})は

$$\chi_{1s} = c_1\phi_1 + c_2\phi_2 + c_3\phi_3 + c_4\phi_4 + c_5\phi_5 + c_6\phi_6 \qquad \text{式 94A. 1}$$

として記述される．このとき，内殻の軌道を 6 個 1 組の Gauss 型関数の線形結合として記述し，この線形結合係数の比は分子軌道計算を行う間も変化させない．特に内殻の軌道は多くの場合，結合等の影響を受けにくいため，高い精度で記述しながら自由度を減らすということができる．このように，縮約された一組の軌道を 1 つの基底とみなした基底関数の線形結合として，目的の分子軌道を記述するのである．

問題 2，3　それぞれの分子を構成する原子において，基底関数の数え方は以下の通り，

H：1s 軌道に対して 2 つの基底関数，および 2p の分極関数が 3 つ加わるため合計 5 の基底関数となる．

C，N，O：1s 軌道に 1 つ，2s，2p にそれぞれ 2 つの基底関数に加えて 3d の分極関数となり，合計 14 の基底関数となる．これをもとにそれぞれの基底関数の数を計算できる．

量子化学計算でよく用いられる密度汎関数法は Hartree–Fock 法と同等程度の計算コストで，より精度が高く計算コストの大きな分子軌道理論(MP2($N^5 \sim N^6$), CCSD(N^7))に近い計算精度を与えることが知られている．

計算手法や基底関数により幾多もの組み合わせが存在する．複数の系の計算結果を比較する上では，計算手法および基底関数が同一のものどうしで比較する必要がある．これは計算手法や基底関数といった計算条件の異なる結果を比較すると，現実とは全く逆の傾向を示すことがありう

るためである．

参考文献

1. A. Szabo, N. S. Ostlund　『新しい量子化学―電子構造の理論入門（上）』　東京大学出版会　1987年　（訳：大野公男　他）
2. 平尾公彦，武次徹也　『すぐできる量子化学計算ビギナーズマニュアル』　講談社サイエンティフィク　2006年

問95　分子シミュレーション：分子動力学計算　［解答］

問題1　(1) 光励起反応は非常に速く進むうえ（$< 10^{-10}$ 秒），分子の電子構造が重要であるため分子軌道計算が最も適している．(2) 紫外吸収スペクトルは，分子の電子遷移に起因する．これには分子軌道のエネルギー準位および選択律が重要となるため，分子軌道計算が適している．(3) タンパク質の構造揺らぎは，各原子位置の時間変化（分子運動）を比較的長時間（10^{-9} ～ 10^{-3} 秒程度）調べる必要があるので，MD計算が適している．(4) アミノ酸配列は長く複雑であり，タンパク質の高次構造をシミュレーションで予測するのは困難である．インフォマティクスで高次構造の予測を行うのが適している．

問題2　第一項：原子間の結合長の変化に起因するポテンシャル
第二項：2個の結合の角度変化に起因するポテンシャル
第三項：結合の二面角（ねじれ）の変化に起因するポテンシャル
第四項：原子間の van der Walls 力に起因する Lennard–Jones ポテンシャル
第五項：電荷による Coulomb ポテンシャル
r_{eq}，θ_{eq}はそれぞれ平衡の結合距離，結合角度を意味する．

問題3　(a) 1, 3, 7, 9　　(b) 5, 6, 8　　(c) 2, 4

解説

問題1　問題でとり上げた3個の計算手法の特徴を簡単に説明する．分子軌道計算はSchrödinger方程式を解くことで分子の電子構造を求める手法である．基本的には真空中の孤立分子，温度0 K，時間発展なしの条件で計算される．発展系としては，溶媒中の分子の計算を行うために，誘電体や点電荷を溶媒に見立てて対象分子の周りに導入する近似的計算方法などがある．MD計算は分子間の相互作用をもとに，集団系の運動方程式を解くことで集団としてのふるまいを明らかにする手法である．経験的な分子間相互作用を元に計算する古典MD計算と，量子計算から分子間相互作用を求め計算する *ab initio* MD計算とがある．インフォマティクスは分子についての膨大な情報をコンピューター上で収集し，解析をすることによって分子の特性を調べる手法である．この手法は物理学的な背景のある前二者とは違い，情報工学的な方法で，実験結果のデータベースを元にした経験則である．

問題 2　AMBER 力場の関数を詳しくみると，第一項と第二項が安定構造（結合距離r_{eq}，結合角度θ_{eq}）を中心とした調和振動子ポテンシャルで表されていることがわかる．このときk_r，k_θはバネ定数に相当する．第三項は結合軸まわりの回転的振動を表しており，v_nはそのバネ定数に相当する．力場におけるそれぞれの構成要素の物理的な意味が理解できると，分子動力学法が光励起反応のような電子構造が関わる反応や，酸解離のような結合の変化が関わる反応に適用できない，などの適用範囲について理解できる．

問題 3　各用語について簡単に説明するが，専門用語などの詳細は参考文献を参照．

1. metadynamics　シミュレーション中に人為的なポテンシャル（バイアスポテンシャル）を付加していくことで，広範囲のサンプリングを可能にする手法．

2. Car–Parrinello　*ab initio* MD 手法の 1 種．DFT 計算における電子の波動関数に古典力学の自由度を与えることで，波動関数と原子運動の両方についての時間発展を記述できるようにした手法．

3. replica exchange　同時に異なる温度のカノニカルシミュレーションを行いながら，それぞれの温度間で状態を適切に交換していくことで，広範囲のサンプリングを可能にする方法．

4. Born–Oppenheimer　*ab initio* MD 手法の一種．Born–Oppenheimer 近似を元に各ステップにおける原子配置を固定し，波動関数を求めてから各原子，分子のポテンシャルを計算して，MD 計算を進める手法．

5. OPLS-AA　分子力場の一種．1000 種類近い原子種に対してパラメーターが用意されており，例えばアルカンの第一級炭素，第二級炭素，第三級炭素やアルコールの酸素に隣接する炭素，アルデヒドの酸素に隣接する炭素など，それぞれの環境に合わせた力場が設定できる．

6. TIP3P　水に対して一般的に利用される分子力場．

7. Berendsen　シミュレーション中に系の温度を制御するためのアルゴリズム．

8. CHARMM　タンパク質など生体系の分子のための分子力場．CHARMM は汎用プログラム名でもある．

9. Parrinello–Rahman　シミュレーション中に系の圧力を制御するためのアルゴリズム．

<u>参考文献</u>

1. 岡崎進，吉井範行　『コンピュータ・シミュレーションの基礎　第 2 版』　化学同人　2011 年
2. 神谷成敏　他　『タンパク質計算化学—基礎と創薬への応用』　共立出版　2009 年
3. 上田顯　『分子シミュレーション』　裳華房　2003 年

問 96　分子シミュレーション：平均力ポテンシャル［解答］

問題 1　(a) エルゴード仮説　(b) $\int \exp(-U(\boldsymbol{r})/k_BT)\,\mathrm{d}\boldsymbol{r}$　(c) $-k_BT\ln Z(N,V,T)$

(d) $\dfrac{\int \delta(\xi(\boldsymbol{r})-\xi)\exp(-U(\boldsymbol{r})/k_BT)\mathrm{d}\boldsymbol{r}}{\int \exp(-U(\boldsymbol{r})/k_BT)\mathrm{d}\boldsymbol{r}}$　(e) $-k_BT\ln Z(\xi,N,V,T)$

問題2　問題1の最後の式から，平均力ポテンシャル$A(x)$は，

$$A(x) = -k_B T \ln \frac{\int \delta(\xi(\boldsymbol{r}) - \xi) \exp(-U(\boldsymbol{r})/k_B T)\, d\boldsymbol{r}}{Z(T)}$$

反応座標$\xi = x$から，$U(\boldsymbol{r}) = U(x, y)$を代入することで，

$$\int \delta(\xi(\boldsymbol{r}) - \xi) \exp(-U(\boldsymbol{r})/k_B T)\, d\boldsymbol{r} = \int \exp\left[-\left\{E_b\left(x^2 - 1\right)^2 + \left(\frac{\kappa(x)}{2}\right) y^2\right\} / k_B T\right] dy$$

$$= \int \exp\left[-\left\{5\left(x^2 - 1\right)^2 + \left(\frac{1 + 3x^2}{2}\right) y^2\right\}\right] dy = \exp\left[-5\left(x^2 - 1\right)^2\right] \int \exp\left[-\left(\frac{1 + 3x^2}{2}\right) y^2\right] dy$$

積分公式を利用することで，平均力ポテンシャルが求められる．

$$A(x) = -k_B T \ln \left[\sqrt{\frac{2\pi}{1 + 3x^2}} \exp\left(-5\left(x^2 - 1\right)^2\right) / Z(T)\right]$$

よって，活性化障壁は$A(0) - A(1) = (5 - \ln 2) k_B T = 4.31 k_B T$．一方で$U_1(x)$の活性化障壁は$5k_B T$であり，$\ln(2)\, k_B T$だけ $A(x)$の方が低い．この差は，平均力ポテンシャルが反応座標xにおけるx以外の座標で平均化しているためである．$U_2(x, y)$はxに依存する幅をもつ調和振動子ポテンシャルであり，活性化状態($x = 0$)に比べて準安定点($x = \pm 1$)の方が幅の狭い調和振動子ポテンシャルになっており，その分だけ平均化したポテンシャルが高くなっているため，活性化障壁が小さくなっている．

解説

問題1　液体や固体での化学反応において重要となるのは，2つの状態の間でGibbsエネルギーがどう変化するかである．分子シミュレーションの計算結果から時間発展の存在分布を求めることができる．その存在分布は，当然ながらデータ集計（サンプリング）されていない範囲は不明となるが，長時間のサンプリングですべての位相空間が網羅されたとすれば，エルゴード仮説より時間平均はアンサンブル平均と等しくなる．

これによってHelmholtzエネルギーを導くことができる．しかし，実際は全次元の位相空間すべてをくまなく網羅することは困難であるため，特定の知りたい反応に沿ってのみサンプリングを行うことで，適切な計算量によってエネルギー差を求めることができる．反応の始状態と終状態との2つの熱力学的状態をつなぐために定義される連続パラメーターが反応座標である．これはどのような変数でも定義することができる．例えば距離や二面角，状態間の標準偏差の違いやエネルギー（Hamilton演算子）の違いなどで定義される．

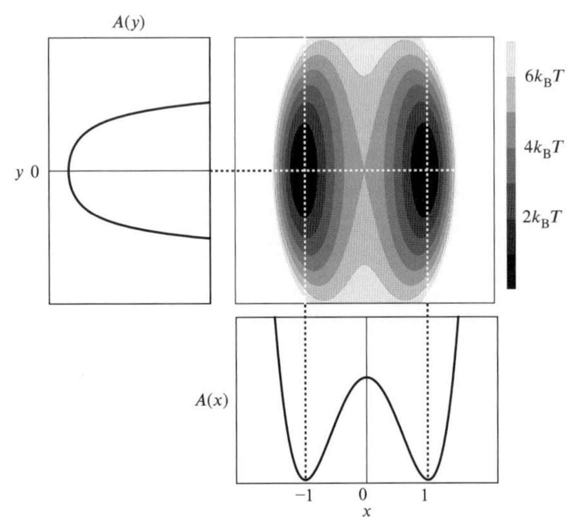

図 96A. 1　平均力ポテンシャルの二次元マップおよび断面図．

この問題では平均力ポテンシャルをHelmholtzエネルギーで定義しているが，液体や固体であった場合は圧力変化による体積変化は0とみなすことができるため，Gibbsエネルギーと等しいと扱うことができる．

問題 2　平均力ポテンシャルは一見，単なる Helmholtz エネルギーのように思うかもしれないが，実際の意味合いは異なる．その点を説明するため，問題で導出した平均力ポテンシャルについて考えてみる．$U_2(x, y)$とそれに対応する$\xi = x$とおいた平均力ポテンシャル$A(x)$と，$\xi = y$とおいた平均力ポテンシャル$A(y)$を図 96A. 1 に示した．

この問題において，$\xi = x$に反応座標をとった平均力ポテンシャル$A(x)$は，$\xi = x$以外の方向（y方向）を平均化する（数式的には積分する）ことによって求めている．この平均化によって，本来は二次元のポテンシャルを一次元に射影し，反応座標に沿った Helmholtz エネルギーを示すことができる．しかし，実際の化学反応などは高次元空間で起こっており，この空間すべてを調べ尽すことは不可能に近い．そのため「化学的知識」によって適切な低次元の反応座標に射影することによって，対象とする座標上での Helmholtz エネルギー変化を調べる．例えば，本問題で扱った$U(x, y)$はx軸方向に二重井戸ポテンシャルになっている．$(x, y) = (1,0), (-1,0)$の 2 カ所に安定点があるため，それぞれの点を反応物，生成物の座標と考えると，$\xi = x$とおくことで反応物→活性化障壁→生成物という反応経路に沿った反応座標となっている．しかし，ここでもし$\xi = y$とおいてしまうと，図 96A. 1 における$A(y)$のように安定点が$y = 0$の 1 つのみになってしまい，反応物と生成物の区別がつかなくなるため，正しく反応経路を知ることができない．分子動力学計算によって Helmholtz エネルギー差を計算する上で平均力ポテンシャルは必要不可欠だが，適切な反応座標の選び方が必要であることに注意しなければならない．

参考文献

1. 岡崎進，吉井範行　『コンピュータ・シミュレーションの基礎　第 2 版』　化学同人　2011 年
2. 上田顯　『分子シミュレーション』　裳華房　2003 年
3. D. M. Zuckerman　『生体分子の統計力学入門』　共立出版　2014 年（訳：藤崎弘士，藤崎百合）

第 10 章　化学工学［解答］

問 97　クロマトグラフィー［解答］

問題 1　n 回目の抽出後の I 相における P と Q の比率は A : B = $3^n : 1^n$ と表すことができる．したがって，2 回目の抽出後に I 相における P の純度は 90%となる．Q についてはその逆である．図 97A. 1 にモデル図を示す．2 回目の抽出操作後，I 相では P（●），II 相では Q（◇）がそれぞれ純度 90%となる．

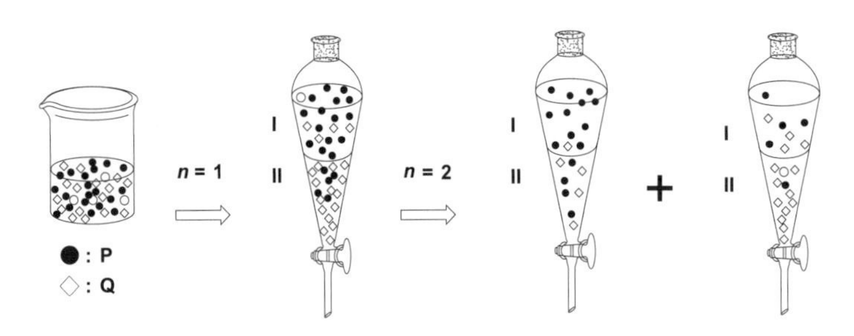

図 97A. 1　溶媒抽出操作のモデル図

問題 2　(a) 分配平衡, (b) 大きい, (c) 小さい

問題 3　H を u で微分し，極小値を与える u が u_{opt} となるため，

$$\frac{\mathrm{d}H}{\mathrm{d}u} = -Bu^2 + C = 0$$

となる．したがって，最適流速 u_{opt} と段高 H_{min} は以下のように表される．

$$u_{\mathrm{opt}} = \sqrt{B/C}$$

$$H_{\mathrm{min}} = A + 2\sqrt{BC}$$

A は渦拡散係数と呼ばれ，カラム内に長さの異なる多数の流路があることを考慮した項である．カラム中の固定相が均一に充填され，かつ粒子が小さいときほど A の値は小さくなる．また，A は移動相線速度 u には依存しない．B は分子拡散係数と呼ばれる．すなわち，B の項は移動相の流れる方向への溶質の拡散を考慮した項である．移動相線速度 u が十分に大きいときは，拡散が進む前に次の段へと進行すると考えられ，B 項の寄与は小さくなる．C は移動相–固定相間での物質移動抵抗係数である．すなわち，C の項は理想的な分配平衡からのズレを考慮した項である．移動相線速度 u が小さいときほど完全分配平衡に近づくため，C の項の寄与は小さくなる．

解説

問題 1, 2　クロマトグラフィーは，溶媒抽出に代表されるような分配による混合物の分離を連続的かつ多段階で行う方法と捉えることができる．理論段数 N および段高 H は，実験的に得られたクロマトグラムから求めることができる（図 97A. 2）．N は，式 97A. 1 を用いて，対象とする成分のピーク広がり（標準偏差 σ）および保持時間 t_{R} を用いて導出できる．N がわかれば，H は式 97A. 2 より求められる．また，ピークが正規分布で近似できる場合には，ピークの半値幅 $w_{1/2}$ またはベース幅 w_{b} を用いて表すこともできる（式 97A. 1）．

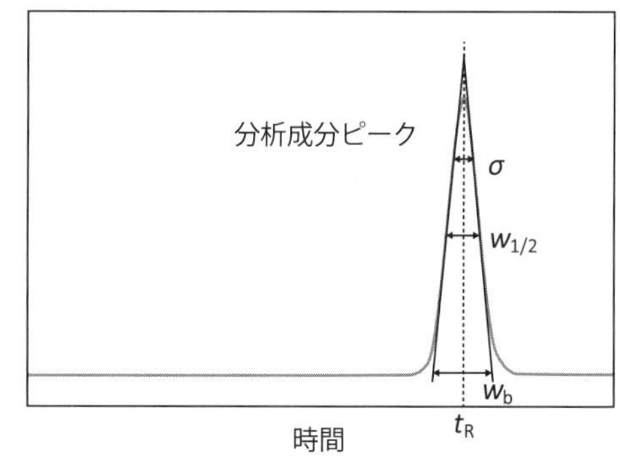

図 97A. 2　実験的に得られたクロマトグラムの模式図

$$N = \left(\frac{t_R}{\sigma}\right)^2 = 5.545\left(\frac{t_R}{w_{1/2}}\right)^2 = 16\left(\frac{t_R}{w_b}\right)^2 \qquad \text{式 97A. 1}$$

$$H = \frac{L}{N} \qquad \text{式 97A. 2}$$

問題 3　van Deemter 式に基づく段高 H と移動相線速度 u の関係は図 97A. 3 のようになる．

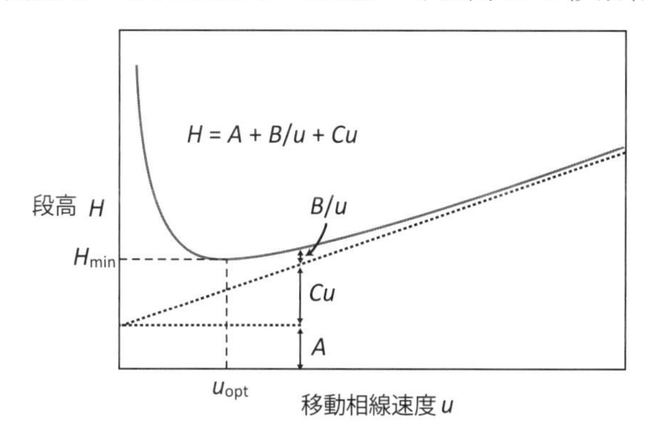

図 97A. 3　van Deemter 式に基づく段高 H と移動相線速度 u の関係

van Deemter 式は，もともと気相クロマトグラフィー（GC：移動相が気相）の充填カラムにおけるクロマトグラムの理解のため開発された．しかし，一般的な原理は液相クロマトグラフィー（LC：移動相が液相）にも拡張できる．LC では分子拡散の寄与が GC と比べて極めて小さいため，B 項が無視できる場合が多い．また，中空カラム（GC において主流）を用いた場合には充填剤が無いため，A 項が消失する（Golay 式）．

参考文献

1. G. D. Christian　他　『クリスチャン分析化学II 機器分析編　原書 7 版』　丸善出版　2017 年　（監訳：今任稔彦，角田欣一）

問 98　化学工学量論：プラントスケール［解答］

問題 1　(1) 各成分の流入量，生成量，流出量は表 98A. 1 のようになる．

表 98A. 1　CH_4，Cl_2，CH_3Cl，CH_2Cl_2，HCl の流入量，生成量，流出量のまとめ

成分	流入量 ［mol h^{-1}］	生成量 ［mol h^{-1}］	流出量 ［mol h^{-1}］
CH_4	100	$-20x$	$100-20x$
Cl_2	20	-20	0
CH_3Cl	0	$20x-20(1-x)$	$20(2x-1)$
CH_2Cl_2	0	$20(1-x)$	$20(1-x)$
HCl	0	20	20

反応器出口での CH_3Cl と CH_2Cl_2 のモル比が 4 : 1 であることから，

$$20(2x-1):20(1-x)=4:1 \qquad \text{式 98A. 1}$$

となり，$x=5/6\approx 0.833$ となる．

(2) 表 98A. 1 より，CH_4 の 100 mol h^{-1} の流入に対して，生成する CH_3Cl の量は 13.3 mol h^{-1}，リサイクルされる CH_4 の量は 83.3 mol h^{-1} である．1000 kg h^{-1} の CH_3Cl 流量をモル換算すると（CH_3Cl の分子量が 50.5 g mol^{-1} なので）$1000 / 50.5 = 19.8\times10^3$ mol h^{-1} となることから，リサイクルされる CH_4 の量は $83.3\times(19.8\times10^3)/13.3=124\times10^3$ mol h^{-1} = 124 kmol h^{-1} となる．

(3) CH_4：$(100-83.3)\times(19.8\times10^3)/13.3=24.9\times10^3$ mol h^{-1} = 24.9 kmol h^{-1}

Cl_2：$20\times(19.8\times10^3)/13.3=29.8\times10^3$ mol h^{-1} = 29.8 kmol h^{-1}

問題 2　(1) CH_4 1 mol h^{-1} を基準とし，生成した CO のうち y mol h^{-1} が水性ガス反応するとして物質収支式をまとめると表 98A. 2 のようになる．出口ガスに含まれる CO の組成比から，$(1-y)/5.5$ = 15 mol%であるから，$y=0.175$ となり，出口ガス組成は表 98A. 2 の右端ようになる．

表 98A. 2　CH_4，H_2O，CO，CO_2，H_2 の流入量，生成量，流出量，出口ガス組成のまとめ

成分	流入量 ［mol h^{-1}］	生成量 ［mol h^{-1}］	流出量 ［mol h^{-1}］	出口ガス組成 ［mol%］
CH_4	1	-1	0	0
H_2O	2.5	$-(1+y)$	$1.5-y$	24.1
CO	0	$1-y$	$1-y$	15.0
CO_2	0	y	y	3.2
H_2	0	$3+y$	$3+y$	57.7
合計	3.5		5.5	100

(2) 反応を進行させるために，反応器を加熱すべきか冷却すべきかは，反応器入口と出口のエンタルピー差が正になるか負になるかで判断できる．反応器入口と出口のエンタルピーは，各成分の（25 °C における）標準生成エンタルピーと温度変化に要したエネルギーの和で与えられる．CH_4 と H_2O の反応器入口における（1 時間あたりの）エンタルピー$\Delta H_1(CH_4)$，$\Delta H_1(H_2O)$は，

$\Delta H_1(CH_4) = 1\times［-74.87 + (0.044) \times (300-25)］= -62.77$ kJ h^{-1}

$\Delta H_1(H_2O) = 2.5\times［-241.89 + (0.035) \times (300-25)］= -580.66$ kJ h^{-1}

となることより，合計エンタルピーは $\Delta H_1 = \Delta H_1(CH_4) + \Delta H_1(H_2O) = -643.45$ kJ h^{-1} となる．

また，反応器出口における H_2O，CO，CO_2，H_2 のエンタルピーは，

$\Delta H_2(H_2O) = 1.325 \times［-241.89 + (0.039) \times (1000 - 25)］= -270.12$ kJ h^{-1}

$\Delta H_2(CO) = 0.825\times［-110.53 + (0.032) \times (1000 - 25)］= -65.45$ kJ h^{-1}

$\Delta H_2(CO_2) = 0.175\times［-393.64 + (0.050) \times (1000 - 25)］= -60.36$ kJ h^{-1}

$\Delta H_2(H_2) = 3.175\times［0.0 + (0.030) \times (1000 - 25)］= 92.87$ kJ h^{-1}

となり，合計の ΔH_2 は $\Delta H_2 = \Delta H_2(H_2O) + \Delta H_2(CO) + \Delta H_2(CO_2) + \Delta H_2(H_2) = -303.06$ kJ h^{-1} となるため，反応器入口と出口のエンタルピー差は $\Delta H = \Delta H_2 - \Delta H_1 = 340.4$ kJ h^{-1} となり，加熱が必要である．

解説

化学工学におけるプラント設計では，全体のシステムを構成する際に，それぞれの詳細を検討すると膨大な情報量となる．そこで各操作を単位操作という形に分解し，その操作の前後での変化を収支式でとらえることでシステムの構築を簡略化することができる．問題 1 では，物質収支式による系の設計をとり上げた．実際のプラントでも未反応の原料の一部をリサイクルすることがある．この際当たり前のことであるが，そのリサイクル量に合わせて原料供給量を調整する必要がある．物質の組成比さえ求まってしまえば，スケール因子をかけるだけなので，まずは適当な物質量において計算するとよい．問題 2 では，熱収支式による反応系の操作条件の設定をとり上げた．プラントでは，大スケールの反応が起こるため，熱量の管理というのは非常に重要な課題の 1 つとなる．

参考文献

1.　柘植秀樹　他　『化学工学の基礎』　朝倉書店　2000 年

問 99　化学工学量論：ミクロスケール［解答］

問題 1 (1) 系全体の温度分布は図 99A. 1 のようになる．ただし，高温側の鉄平板と空気相との界面温度を T_1，低温側の鉄平板と空気相との界面温度を T_2 とした．このときの熱流束は，

$$q = \frac{k(T_H - T_1)}{l} = \frac{k_{air}(T_1 - T_2)}{l_{air}} = \frac{k(T_2 - T_L)}{l} \qquad \text{式 99A. 1}$$

となるので，T_1，T_2 を消去すると，

$$q = \frac{T_H - T_L}{\frac{l}{k} + \frac{l_{air}}{k_{air}} + \frac{l}{k}} = \frac{T_H - T_L}{\frac{l_{air}}{k_{air}} + 2\frac{l}{k}} \qquad \text{式 99A. 2}$$

となる．

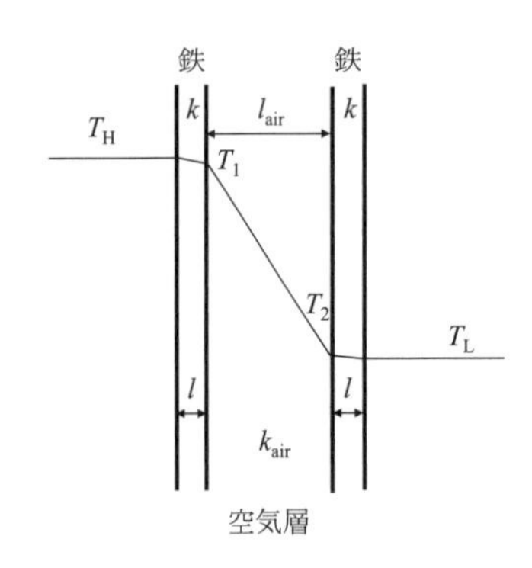

図 99A. 1　系全体の温度分布の概略図

(2) 式 99A. 2 に与えられた数値をそれぞれ代入すると，$q = 9.61 \times 10^3$ W m^{-2} および $q' = 3.34 \times 10^6$ W m^{-2} をそれぞれ得ることができる．つまり，空気相の有無によって熱の移動量が 3 桁も変化する．したがって，空気相が断熱層としての役割を果たしていることがわかる．

問題 2　界面でのモル分率についての概略は図 99A. 2 のようになる．流束を N_A とすると，気相および液相成分の物質収支から反応等での消費はないため，

$$N_A = k_y\left(y_A^* - y_{Ai}\right) = k_x(x_{Ai} - x_A) \qquad \text{式 99A. 3}$$

と書ける．ここに Henry の法則式（式 99. 1）を用いると，

$$N_A = \frac{\left(x_A^* - x_{Ai}\right)}{\dfrac{1}{mk_y}} = \frac{(x_{Ai} - x_A)}{\dfrac{1}{k_x}} \qquad \text{式 99A. 4}$$

となり，これを N_A と x_{Ai} の連立方程式とみなして解くと，流束 N_A は以下のようになる．

$$N_A = \frac{\left(x_A^* - x_{Ai}\right) + (x_{Ai} - x_A)}{\dfrac{1}{mk_y} + \dfrac{1}{k_x}} = \frac{(x_A^* - x_A)}{\dfrac{1}{mk_y} + \dfrac{1}{k_x}} \qquad \text{式 99A. 5}$$

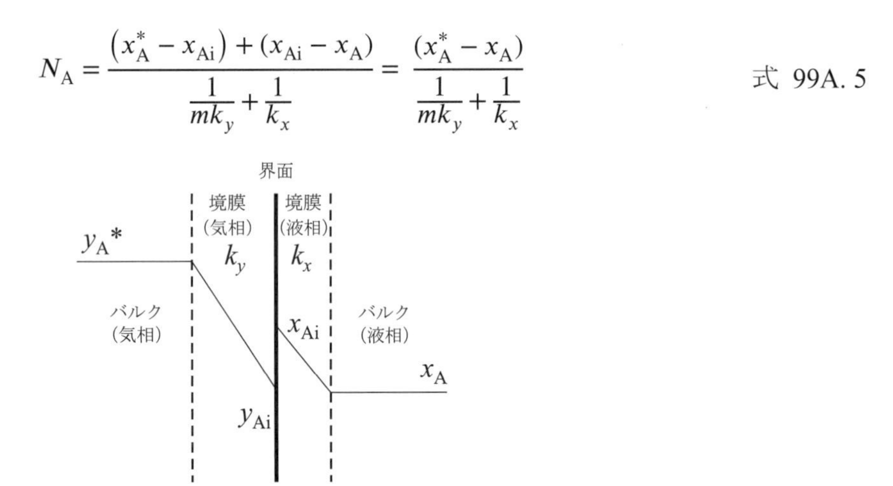

図 99A. 2 界面付近のモル分率の概略図（点線はバルクと境膜の境界を表す）

<u>**解説**</u>

問題 1 では，ミクロスケールでの熱移動を扱った．このような熱の移動の考え方は，熱交換器のサイズの設計などにおいて適用が可能である．移動する対象が熱以外の場合（運動量や物質など）であっても，基本方程式の形は非常に似通っており，相互の問題をアナロジー的に扱うことができる．いずれの場合でも単位面積，単位時間当たりの熱や物質のやりとりを表す流束を用い，それらの間での収支式をとることで立式が可能となる．

問題 2 では，ミクロスケールの物質や熱の移動をより詳細に記述するのに役立つ「二重境膜説」をとり上げた．二重境膜説は，ガス吸収塔での気相成分の物質移動や熱交換器での熱移動をミクロスケールに解釈する際の基礎的な考え方である．問題 2 では典型的な二重境膜説に基づく気相成分の液相への物質移動を扱った．界面で物質や熱をやりとりするとき，界面での濃度（分圧）や温度を決定する必要がある．そこで濃度（分圧）や温度の変化を記述するための仮想的な境界領域（境膜）を考え，ミクロスケールの移動現象を考察する．特に気液物質移動において，液相と気相それぞれに境膜を考え，その境膜で物質が拡散移動するという仮定の元で，物質移動を議論するのが「二重境膜説」である．

参考文献

1.　栢植秀樹　他　『化学工学の基礎』　朝倉書店　2000 年

問 100　プロセス化学［解答］

問題 1　メディシナル化学：汎用性，多様性，コンビナトリアル，基礎研究，構造活性相関
　　　プロセス化学：効率性，生産性，安全性，環境への配慮，開発研究，工業的製法

問題 2　変動費は合成する量によって変動する費用のことである．原料費や廃液処理費，電気代などが該当する．固定費は合成する量と関係ない費用のことである．人件費や設備維持費などが該当する．

問題 3　変動費（各試薬にかかる費用）と固定費をそれぞれ計算すると，以下のようになる．

原料 A：5,000 円 / kg × 100 kg = 50 万円
原料 B：10,000 円 / kg × 240 kg = 240 万円
触媒 C：100,000 円 / kg × 5 kg = 50 万円
溶媒 D：100 円 / kg × 1,000 kg = 10 万円
（変動費計 = 350 万円）
固定費 100 万円/日 × 3 日 = 300 万円
合計 650 万円　（単価 2.7 万円 / kg）

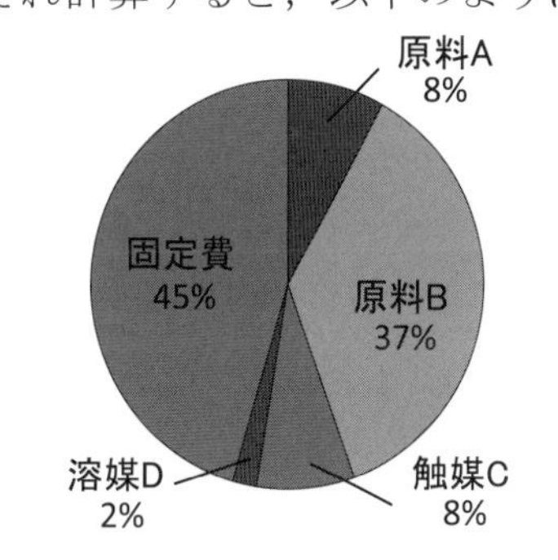

図 100A. 1　反応にかかる費用比率の内訳

各試薬にかかる費用および固定費について，合計でかかる金額に対する割合を図 100A. 1 に円グラフで示している．固定費が全体の 45%，原料 B が全体の 37%を占めていることから，生産日数の削減および原料 B の当量削減が，全体のコストダウンに対するインパクトが大きいことがわかる．

解説

問題 1　メディシナル化学は，新しい医薬品候補化合物を見つけ出す化学であるのに対し，プロセス化学は見つけた候補化合物を医薬品に育てるための合成化学，医薬品の品質保持のために設定された規制を満足する遵法化学，また医薬品を市場に提供し，病の苦痛から人を解放する対価

として利益を得るビジネスの一環であるとも言える．

コンビナトリアルケミストリーとは，組み合わせを利用し，多種類の化合物群（ライブラリー）を合成し，それらを様々な目的に応じて活用していく技術のことである．例えば，ある30種類の化合物群と別の30種類の化合物群を組み合わせて反応させ，900種類の生成物を作り出し，生理活性試験を行うことをコンビナトリアルケミストリーと呼ぶ．

問題 2　プロセス化学の分野に限らず，一般的に費用を固定費と変動費に分類することを固変分解と呼ぶ．この分類は損益分岐点を下げて利益を増やす上で重要となる．損益分岐点とは，売上高と費用の額が丁度等しくなる売上高を指す．

固定費は売上に関係なく一定の費用が必要である．そのため，固定費の割合が大きい場合，損益分岐点に到達しなかったときの損失は大きくなるが，売上高が伸びれば利益が増える．一方で，変動費は売上に（ほぼ）比例して発生する費用である．そのため，変動費の割合が大きい場合，売上高を伸ばしても利益はさほど増えないが，損益分岐点に到達しなかった場合でも損失は大きくならない（図 100A. 2）．このような固定費と変動費の特性を鑑みた上で，どの費用を削減するべきかを考えなければならない．

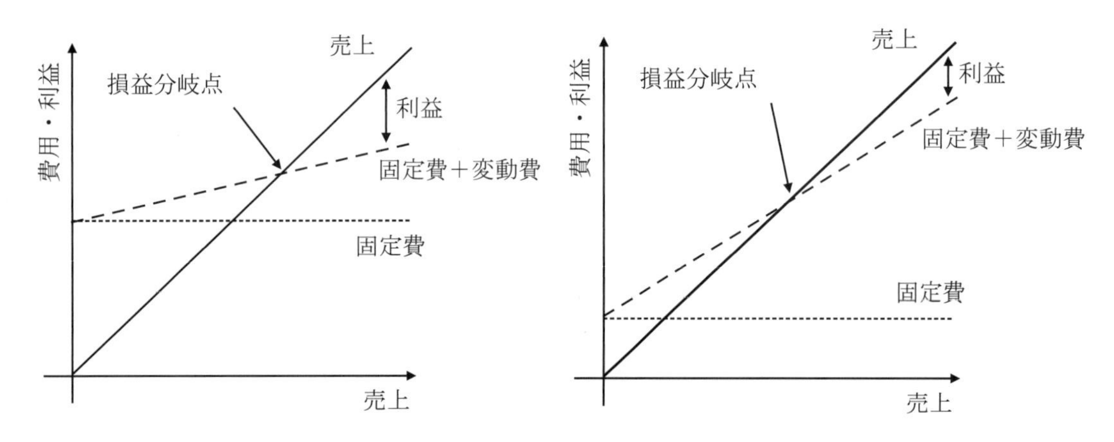

図 100A. 2 固定費・変動費の特性（左図：固定費の割合が大きい場合，右図：変動費の割合が大きい場合）

問題 3　解答例以外にも，収率の向上や溶媒の削減も，一度に生成される目的物 E の量が増えることで単価が下がり，結果的にコストダウンに効果的であるといえる．

参考文献

1.　日本プロセス化学会編　『医薬品のプロセス化学　第2版』　化学同人　2013年

本書に関するご意見，ご指摘などにつきましては，以下までご連絡下さい．

大阪大学インタラクティブ物質科学・カデットプログラム事務室

〒 560-8531 大阪府豊中市待兼山町 1-3
E-mail: chemistry100@msc.osaka-u.ac.jp
URL: http://www.msc.osaka-u.ac.jp/

物質化学100問集

発 行 日　2018 年 2 月 14 日　初版第 1 刷　〔検印廃止〕

編　　者　大阪大学インタラクティブ物質科学・カデットプログラム
物質化学 100 問集出版プロジェクト

監 修 者　今田勝巳・奥村光隆・久保孝史・塚原聡・中澤康浩

発 行 所　大阪大学出版会
代表者　三成賢次

〒 565-0871
大阪府吹田市山田丘 2-7　大阪大学ウエストフロント
電話：06-6877-1614（直通）　FAX：06-6877-1617
URL　http://www.osaka-up.or.jp

印刷・製本所　株式会社 遊文舎

ISBN 978-4-87259-610-6　C3043

定数表

定数	記号	値	単位	変換
電気素量	e	$1.6021766208(98)\times10^{-19}$	C	
電子の質量	m_e	$9.10938356(11)\times10^{-31}$	kg	
陽子の質量	m_p	$1.672621898(21)\times10^{-27}$	kg	
中性子の質量	m_n	$1.674927471(21)\times10^{-27}$	kg	
Avogadro 数	N_A	$6.022140857(74)\times10^{23}$	mol^{-1}	
Planck 定数	h	$6.626070040(81)\times10^{-34}$	J s	
Dirac 定数	$\hbar$	$1.054571800(47)\times10^{-34}$	J s	$h/2\pi$
光速	c	2.99792458×10^{8}	$m\ s^{-1}$	
Boltzmann 定数	k_B	$1.38064852(79)\times10^{-23}$	$J\ K^{-1}$	
真空誘電率	ε_0	$8.854\ 187\ 817\times10^{-12}$	$F\ m^{-1}$	
真空透磁率	μ_0	$1.2566\ 370\ 614\times10^{-6}$	$N\ A^{-2}$	
電子の g 因子	g_e	$-2.002\ 319\ 304\ 361\ 82(52)$		
Bohr 磁子	μ_B	$9.274009994(57)\times10^{-24}$	$J\ T^{-1}$	$e\hbar/2m_e$
核磁子	μ_N	$5.050783699(31)\times10^{-27}$	$J\ T^{-1}$	$e\hbar/2m_p$
磁束量子	Φ_0	$2.067833831(13)\times10^{-15}$	Wb	
気体定数	R	$8.3144598(48)$	$J\ K^{-1}\ mol^{-1}$	$N_A k_B$
Bohr 半径	a_0	$5.2917721067(12)\times10^{-11}$	m	
Faraday 定数	F	$9.648533289(59)\times10^{4}$	$C\ mol^{-1}$	$N_A e$

上記の値は 2014 CODATA 推奨値である

協定値

定数	記号	値	単位
炭素 12 のモル質量	$M(^{12}C)$	12×10^{-3}	$kg\ mol^{-1}$
標準状態圧力	1 bar	100000	Pa
Celsius 0 度	0 °C	273.15	K

元素周期表
Periodic Table of the Elements

族 / 周期	1	2	3	4	5	6	7	8	9	10	11	12	13	14	15	16	17	18
1	1 H 水素 Hydrogen 1.008																	2 He ヘリウム Helium 4.003
2	3 Li リチウム Lithium 6.941	4 Be ベリリウム Beryllium 9.012											5 B ホウ素 Boron 10.81	6 C 炭素 Carbon 12.01	7 N 窒素 Nitrogen 14.01	8 O 酸素 Oxygen 16.00	9 F フッ素 Fluorine 19.00	10 Ne ネオン Neon 20.18
3	11 Na ナトリウム Sodium 22.99	12 Mg マグネシウム Magnesium 24.31											13 Al アルミニウム Aluminium 26.98	14 Si ケイ素 Silicon 28.09	15 P リン Phosphorus 30.97	16 S 硫黄 Sulfur 32.07	17 Cl 塩素 Chlorine 35.45	18 Ar アルゴン Argon 39.95
4	19 K カリウム Potassium 39.10	20 Ca カルシウム Calcium 40.08	21 Sc スカンジウム Scandium 44.96	22 Ti チタン Titanium 47.87	23 V バナジウム Vanadium 50.94	24 Cr クロム Chromium 52.00	25 Mn マンガン Manganese 54.94	26 Fe 鉄 Iron 55.85	27 Co コバルト Cobalt 58.93	28 Ni ニッケル Nickel 58.69	29 Cu 銅 Copper 63.55	30 Zn 亜鉛 Zinc 65.38	31 Ga ガリウム Gallium 69.72	32 Ge ゲルマニウム Germanium 72.63	33 As ヒ素 Arsenic 74.92	34 Se セレン Selenium 78.97	35 Br 臭素 Bromine 79.90	36 Kr クリプトン Krypton 83.80
5	37 Rb ルビジウム Rubidium 85.47	38 Sr ストロンチウム Strontium 87.62	39 Y イットリウム Yttrium 88.91	40 Zr ジルコニウム Zirconium 91.22	41 Nb ニオブ Niobium 92.91	42 Mo モリブデン Molybdenum 95.95	43 Tc テクネチウム Technetium (99)	44 Ru ルテニウム Ruthenium 101.1	45 Rh ロジウム Rhodium 102.9	46 Pd パラジウム Palladium 106.4	47 Ag 銀 Silver 107.9	48 Cd カドミウム Cadmium 112.4	49 In インジウム Indium 114.8	50 Sn スズ Tin 118.7	51 Sb アンチモン Antimony 121.8	52 Te テルル Tellurium 127.6	53 I ヨウ素 Iodine 126.9	54 Xe キセノン Xenon 131.3
6	55 Cs セシウム Caesium 132.9	56 Ba バリウム Barium 137.3	57~71 ランタノイド	72 Hf ハフニウム Hafnium 178.5	73 Ta タンタル Tantalum 180.9	74 W タングステン Tungsten 183.8	75 Re レニウム Rhenium 186.2	76 Os オスミウム Osmium 190.2	77 Ir イリジウム Iridium 192.2	78 Pt 白金 Platinum 195.1	79 Au 金 Gold 197.0	80 Hg 水銀 Mercury 200.6	81 Tl タリウム Thallium 204.4	82 Pb 鉛 Lead 207.2	83 Bi ビスマス Bismuth 209.0	84 Po ポロニウム Polonium (210)	85 At アスタチン Astatine (210)	86 Rn ラドン Radon (222)
7	87 Fr フランシウム Francium (223)	88 Ra ラジウム Radium (226)	89~103 アクチノイド	104 Rf ラザホージウム Rutherfordium (267)	105 Db ドブニウム Dubnium (268)	106 Sg シーボギウム Seaborgium (271)	107 Bh ボーリウム Bohrium (272)	108 Hs ハッシウム Hassium (277)	109 Mt マイトネリウム Meitnerium (276)	110 Ds ダームスタチウム Darmstadtium (281)	111 Rg レントゲニウム Roentgenium (280)	112 Cn コペルニシウム Copernicium (285)	113 Nh ニホニウム Nihonium (284)	114 Fl フレロビウム Flerovium (289)	115 Mc モスコビウム Moscovium (288)	116 Lv リバモリウム Livermorium (293)	117 Ts テネシン Tennessine (293)	118 Og オガネソン Oganesson (294)
	S-ブロック元素		D-ブロック元素										P-ブロック元素					

1 H — 元素記号 / 原子番号
水素 — 元素名
Hydrogen — 元素名(英語)
1.008 — 原子量

ランタノイド	57 La ランタン Lanthanum 138.9	58 Ce セリウム Cerium 140.1	59 Pr プラセオジウム Praseodymium 140.9	60 Nd ネオジウム Neodymium 144.2	61 Pm プロメチウム Promethium (145)	62 Sm サマリウム Samarium 150.4	63 Eu ユウロピウム Europium 152.0	64 Gd ガドリニウム Gadolinium 157.3	65 Tb テルビウム Terbium 158.9	66 Dy ジスプロシウム Dysprosium 162.5	67 Ho ホルミウム Holmium 164.9	68 Er エルビウム Erbium 167.3	69 Tm ツリウム Thulium 168.9	70 Yb イッテルビウム Ytterbium 173.0	71 Lu ルテチウム Lutetium 175.0
アクチノイド	89 Ac アクチウム Actinium (227)	90 Th トリウム Thorium 232.0	91 Pa プロトアクチニウム Protactinium 231.0	92 U ウラン Uranium 238.0	93 Np ネプツニウム Neptunium (237)	94 Pu プルトニウム Plutonium (239)	95 Am アメリシウム Americium (243)	96 Cm キュリウム Curium (247)	97 Bk バークリウム Berkelium (247)	98 Cf カリホルニウム Californium (252)	99 Es アインスタニウム Einsteinium (252)	100 Fm フェルミウム Fermium (257)	101 Md メンデレビウム Mendelevium (258)	102 No ノーベリウム Nobelium (259)	103 Lr ローレンシウム Lawrencium (262)
	F-ブロック元素